센스 앤 **넌센스**

SENSE AND NONSENSE

센스 앤 넌센스

초판 1쇄 펴낸날 2014년 9월 23일 | **초판 7쇄 펴낸날** 2024년 12월 16일

지은이 케빈 랠런드·길리언 브라운 | **옮긴이** 양병찬 | **펴낸이** 한성봉
편집 안상준·강태영 | **디자인** 김경주·김숙희 | **마케팅** 박신용 | **경영지원** 국지연
펴낸곳 도서출판 동아시아 | **등록** 1998년 3월 5일 제1998-000243호
주소 서울시 중구 필동로8길 73 [예장동 1-42] 동아시아빌딩
블로그 blog.naver.com/dongasiabook | **전자우편** dongasiabook@naver.com
페이스북 www.facebook.com/dongasiabooks | **인스타그램** www.instagram.com/dongasiabook
전화 02) 757-9724, 5 | **팩스** 02) 757-9726

ISBN 978-89-6262-085-6 93470

SENSE & NONSENSE

센스 앤 넌센스

케빈 랠런드 · 길리언 브라운 지음 | 양병찬 옮김

동아시아

찰스 다윈 탄생 200주년을 맞은 지도 어언 일 년이 지났지만, 인간의 행동을 진화론적으로 설명하려는 시도는 여전히 세간의 주목을 받고 있다. 인간행동에 대한 진화론적 설명은 상당한 논란의 소지를 안고 있어서, 한편에서는 적의를 품은 비판이 쏟아져 나오는가 하면, 다른 한편에서는 활기차고 열정적인 옹호를 받기도 한다. 여러분이 진화론의 옹호자인지 비판자인지는 알 수 없지만, 이 분야가 학계 안팎에서 많은 주목을 받고 있으며, 무한한 발전 가능성을 지녔다는 점에 대해서는 이의가 없을 줄로 안다. 하지만 이 책의 초판이 발간된 후 8년 동안 많은 변화가 일어났다. 결코 사소하지 않은 다양한 측면에서, 진화론의 전 영역에 걸쳐 중대한 진보가 이루어졌다. 재판 발행을 통해 이러한 변화들을 다룰 기회를 준 옥스퍼드 대학교 출판부에 감사의 뜻을 표한다.

지난 8년은 매우 특별한 시기였다. 예컨대 인간게놈프로젝트를 통해 인간의 유전체가 해독된 것은 진화론 전반에 엄청난 파장을 몰고 왔으므로, 이 책에서 비교적 자세히 다루려 한다. 또한 최근(지난 5만 년 동안)에 이루어진 인간 진화에 대한 이해도 대폭 증진되어 진화론적 사고에 큰 영향을 미쳤다. 한편 진화론 내부에서도 진화심리학에서의 방법론 확대, 문화진화론에서의 실험연구 등장, 문화에 대한 계통발생학적 접근방법의 적용 등과 같은 중요한 발전이 이루어졌다. 하지만 안타깝게도 미메틱스memetics는 문화진화론 분야의 급속한 발전을 제대로 따라가지 못했다. 따라서 이번 판에서는 변화하는 학문적 경향을 반영하기 위해, 이전 판에서 밈meme에 할애했던 제6장은 문화진화론을 다루는 장으로 바꾸고, 밈은 하나의 소항목으로 대폭 축소했다.

우리는 이 책에서 진화론을 비판적으로 평가함과 동시에, 건설적이고 공정하며 불편부당한 자세를 견지하기 위해 늘 최선을 다했다. 혹자들은 진화론을 비판하면서 지나치게 공격적인 입장을 취하며 필요 이상으로 대립각을 세우기도 한다. 그러나 우리는 그런 식의 비판이 건설적이라고 믿지 않는다. 그래서는 진화론 연구자들의 연구방식을 바꾸지 못한 채, 찬반진영 간에 반목과 불신의 골만 깊어질 것이기 때문이다. 이와 대조적으로, 풍부한 정보를 바탕으로 광범위한 공감을 자아내는 비판적 분석은 연구자들에게 변화를 일으키고 통찰력을 증진시킬 수 있다. 궁극적으로 우리의 작은 노력이 풍부하고, 다면적·다원적이며, 체계가 잘 갖춰진 진화론을 구축하는 데 기여하게 된다면 더 이상 바랄 나위가 없겠다.

이번에 우리가 염두에 둔 독자층은 초판에서와 마찬가지로, 대학 학부나 대학원에서 생물학, 동물학, 인류학, 심리학, 인문·사회과학을 전공하는 학생들, 이 분야의 전문 연구자들, 그리고 인간행동을 진화론적으로 설명하는 데 관심이 있는 일반인 등이다. 전 세계에서 여러 동료 교수들이 학생들을 가르치는 데 이 책을 활용하고 있다고 알려왔으며, 우리는 이런 호응을 매우 고맙게 생각한다. 그리고 재판에 대한 의견을 피력하거나 기타 다양한 방법으로 도움을 준 로버트 보이드, 톰 디킨스, 마크 펠드먼, 댄 페슬러, 러셀 그레이, 킴 힐, 제러미 켄델, 데이비드 로슨, 알렉스 메수디, 마크 페이젤, 루크 렌델, 레베카 시어, 어맨다 시드 등에게 감사드린다. 또 비서 역할을 해준 캐서린 미첨과 옥스퍼드 대학교 출판부 직원 여러분들에게도 고마움을 전한다.

2010년 7월

세인트앤드루스에서

초판 서문

진화론이 인간의 행동과 사회를 이해하는 데 도움을 줄 수 있을까? 진화론을 기반으로 하는 생물학자, 인류학자, 심리학자 등은 진화론의 원리를 인간의 행동에 적용할 수 있다고 낙관하며, 살인, 종교, 남녀의 행동차이 등 광범위한 인간 특성에 대해 진화론적인 설명을 내놓고 있다. 그러나 한편으로는 이 같은 설명에 회의를 품고 학습과 문화의 효과를 강조하는 사람들도 있다. 이들은 인간을 하나의 동물인 것처럼 연구하기에는 너무나 특별한 존재라고 말한다. 즉, 인간은 복잡한 문화, 언어, 문자를 갖고 있으며, 주택을 짓고 컴퓨터 프로그램을 작성하는 존재라는 것이다.

이상의 두 가지 입장 모두 나름의 일리는 있다. 하지만 인간의 행동 중 일부는—다른 접근방법보다—진화생물학의 접근방법을 사용할 경우 훨씬 더 유용하게 탐구할 수 있다. 이 경우 과학자들이 당면한 도전은 이런 종류의 분석에 어울리는 인간성의 측면이 어떤 것이고, 인간의 진화에 관한 가설을 검증하는 방법은 무엇인지를 모색하는 것이다. 이 같은 도전에 매료된 연구자들에게는 진화론적 관점에서 인간행동을 연구하는 다양한 접근방법에 대한 지식이 선행조건처럼 여겨질 것이다.

이 책에서는 인간행동을 탐구하는 데 사용된 다섯 가지 진화론적 접근방법들을 개략적으로 소개하면서 그 방법론과 가정이 지니는 특징을 살펴본다. 이들 접근방법은 사회생물학, 인간행동생태학, 진화심리학, 미메틱스(단, 2판에서는 문화진화론으로 대체된다), 유전자-문화 공진화론이다. 우리는 각 장에서 개별 접근방법의 긍정적인 면과 한계를 다루고, 마지막 장에 가서는 모든 접근방법들의 상대적 장점들을 비교한다.

인간의 행동과 진화를 다룬 대중서적들은 이미 많이 출판되어 있다. 예컨대 『이기적 유전자』, 『제3의 침팬지의 흥망성쇠』,[1] 『다윈의 위험한 생각』, 『마음은 어떻게 작동하는가』, 『밈』 등이 그것이다. 이 책들은 하나같이 인간성에 대한 독특하고 자극적인 견해를 제시한다. 하지만 이들은 인간의 진화에 대해 단일한 관점을 취하는 것이 보통이며, 진화심리학 또는 미메틱스와 같은 특정 학파와 견해를 같이하는 경우가 많다. 한편 이들과 다른 관점을 취한 학술서적들도 나와 있다. 예컨대 『문화와 진화 과정』,[2] 『적응된 마음』,[3] 『적응과 인간행동』,[4] 『다윈화하는 문화』[5] 등이 그것이다.

이 책은 위의 책들과는 달리 복수의 접근방법을 취하며, 다섯 가지 학파에 속하는 연구자들이 '진화론을 이용하여 인간성을 연구하는 최선의 방법은 무엇인가'에 대해 얼마나 다양한 견해를 지니고 있는지를 조명한다는 점에서 상당한 차이가 있다. 때로는 상이한 학파에 속하는 연구자들 사이에서 벌어진 격렬한 논쟁과 인신공격까지도 소개한다. 일부 접근방법들은 그 바탕을 이루는 이론들이 전문 학술지에만 게재됐기 때문에, 많은 독자들에게 생소하게 느껴질 수도 있다. 우리는 독자들의 이해를 돕기 위해, 이들 방법론을 가능한 한 쉽게 이해할 수 있는 사례로 각색하여 소개하는 수고를 마다하지 않았다.

우리는 다음과 같은 세 가지 핵심사항들을 염두에 두고 이 책을 썼다. 첫째, 에릭 올든 스미스와 그 동료들이 말했던 것처럼[6] 우리는 '당혹감을 느끼는 사람들'을 돕기 위한 지침서가 절실히 필요하다고 생각한다. 여기서 '당혹감을 느끼는 사람들'이란 진화론을 이용하여 인간행동을 설명하려는 사람으로서, 혼란스러운 용어나 다양한 의견 및 접근방법 때문에 혼란을 겪는 사람들을 말한다. 둘째, 우리가 재직하고 있는 케임브리지 대학교 동물행동학과 연구팀의 오랜 전통에 따라, 우리는 진화론 연구가 엄격하고 자기비판적인 과학에 의해 주도되어야 한다고 믿는다. 또한 인간의 행동을 연구하는 데는 '인간의 행동이 진화한 과정'은 물론 '개인의 행동이 일생 동안 발달하는 과정'까지 통합하는 폭넓은 관점이 필요하다고 믿는다. 셋째, 우리는 다양한 접근방법을 사용하고 통합하는 데 있어 다원주의를 최고의 가치로 신봉한다.

이 책은 경제학, 법학, 문학 등 인문·사회과학 분야에서 진화론이 사용되는 사례를 다루지 않는다. 우리는 이들 영역에서도 중요한 연구가 이루어졌음을 인정하지만, 보다 익숙한 영역에 머무름으로써 이 책의 두께를 더 이상 늘리지 않는 쪽을 택하고자 한다. 우리가 이 책에서 언급한 연구자들의 연구내용이 공정하게 소개되었기를 바라며, 귀중한 시간을 할애하여 우리의 토론에 응해준 전문가들께 감사드린다.

이 책에서 설명된 다섯 가지 학파의 상대적 장점에 대해서는 우리의 사적 견해를 배제하고, 해당 학파의 대표적 연구자들에게 견해를 제시해 달라고 요청함으로써 그들의 입장을 정확하고 공평하게 전달하고자 노력했다. 어쩌면 우리가 이 책에서 제안한 방법들이 일부 연구자들의 문제의식을 환기시키고, 나아가 미래의 대안으로 통합될지도 모르겠다.

아직도 많은 비판자들이 '생물학은 인간의 행동을 설명하는 데 적절치 않다'는 생각을 갖고 있다. 우리는 이 책이 일부 비판자들의 생각을 바꿔줄지도 모른다는 기대를 갖고 있다. 좀 더 구체적으로 말하면, "모든 진화론자들이 유전자 결정론자, 낙천적 적응주의자, 생물학 만능주의자는 아니며, 그들 중 상당수가 열린 마음의 소유자"라는 사실을 깨달음으로써, 많은 비판자들이 회의적인 태도를 누그러뜨리기 바란다.

이 책은 대학 학부나 대학원에서 생물학, 동물학, 인류학, 심리학, 인문·사회과학을 전공하는 학생들, 이 분야의 전문 연구자들, 그리고 인간행동을 진화론적으로 설명하는 데 관심이 있는 일반인 등을 위해 씌어졌다. 그리고 이 분야에 관심이 있는 사람이라면 누구나 이해할 수 있도록, 친숙한 소재를 이용하여 서술하려고 노력했다. 하지만 우리의 궁극적 의도는 모든 분야를 교과서적으로 시시콜콜히 서술하는 것이 아니라, 독자들로 하여금 다양한 대안들을 음미하게 하는 것이다. 그러므로 특정한 관점에 대해 더 자세히 알고 싶은 독자들은 각 장 말미에 수록된 '더 읽을거리'를 참고하여 지적 욕구를 해소하기 바란다.

이 책을 쓰면서 가장 즐거웠던 일은 각 분야를 대표하는 권위자들과의 상호작용이었다. 그분들은 우리에게 자신의 연구내용을 설명해주고, 이 책의 각 장에 대해 코멘트를 해줬다. 우리는 그분들의 친절과 후의에 압도됐을 뿐만 아니라, 그분들로부터 많은 것을 배웠다. 그리고 이 책에 수록된 소재를 함께 논의해준 로버트 옹거, 팻 베이트슨, 길리언 벤틀리, 수전 블랙모어, 모니크 보거호프 멀더, 로버트 보이드, 니키 클레이턴, 팀 클러턴브록, 레다 코스미디스, 앨런 코스톨, 닉 데이비스, 리처드 도킨스, 대니얼 데닛, 로빈 던바, 도미닉 드와이어, 마크 펠드먼, 댄 페슬러, 제프 갈레프, 올리버 구디너프, 러셀 그레이, 크리스틴 호크스, 로버트 하인드, 세라 블래퍼 허디, 데이비드 헐, 루퍼스 존스턴, 마크 커크패트릭, 리처드 르원틴, 엘리자베스 로이드, 존 메이너드 스미스, 존 오들링스미, 샐리 오토, 헨리 플로트킨, 피터 리처슨, 에릭 올든 스미스, 엘리엇 소버, 존 투비, 마커스 빈젠트, 에드 윌슨 등 많은 분들에게 심심한 사의를 표한다. 특히 이 책을 끝까지 읽고 자세하게 피드백을 해준 제프리 브라운, 도미니크 드와이어, 로버트 하인드, 클레어 랠런드, 보브 레빈, 에드 모리슨, 존 오들링스미 등에게 고마울 따름이다. 우리는 또한 각 장의 초고 때부터 우리와 협동하면서 매우 소중한 충고와 조언을 아끼지 않은 매딩글리 토론 그룹의 회원들(로즈 아먼드, 이프커 판 베르헌, 제임스 켈리, 레이첼 데이, 팀 포셋, 윌 호핏, 제러미 켄델, 보브 레빈, 리즈 필리 등)에게 감사의 뜻을 표하고 싶다. 그리고 맷 앤더슨, 마틴 데일리, 진 도벨, 리처드 맥컬리스, 헤더 프록터, 조앤 실크 등의 애정어린 충고도 큰 도움이 되었다. 옥스퍼드 대학교 출판부의 마틴 봄과 왓슨 리틀의 셰일라 왓슨의 조언과 지도에 감사 드린다.

이 책은 케빈 N. 랠런드에 대한 영국왕립협회의 대학연구 펠로십과 길리언 R. 브라운에 대한 의학연구위원회의 연구비 지원을 받아 저술되었음을 밝혀둔다. 마지막으로 열렬한 지원과 격려를 아끼지 않은 에드 윌슨과 세라 블래퍼 허디에게 감사를 드린다. 이들의 지원과 격려 덕분에 우리는 더 이상 감당할 수 없다는 생각이 들 때도 연구를 계속할 수 있었다.

2002년 3월

케임브리지에서

차례

| 제 7 장 |

유전자 – 문화 공진화론

| 제 8 장 |

진화론에 접근하는 다섯 가지 방법

SENSE & SENSE

제 1 장

센스와 넌센스

NONSENSE

인간이란 종種은 참으로 독특하다. 자신의 존재 이유를 곰곰이 생각할 뿐만 아니라, 왜 지금처럼 행동하는지 이해하려고 애쓰니 말이다. 유사 이래 끊임없이 제기되어온 이런 의문에 대해 현대 과학이 내놓을 수 있는 가장 설득력 있는 답변 중 하나는 진화론을 바탕으로 한 설명이다. 지금껏 '자연선택에 의한 진화'라는 다윈의 이론만큼 큰 반향을 불러일으킨 사상은 거의 없었기 때문이다.

오늘날 진화론적 사고는 도처에 퍼져 있다. 전도유망한 젊은 경영자들은 참신한 사업 아이디어를 얻기 위해 진화론적 지식에 귀를 기울이며, 교도소에서는 재소자들 간의 긴장 완화를 위해 진화론의 논리를 활용한다. 의사들은 기존의 진단법을 수정하고 새로운 치료법을 개발하기 위해 인간의 진화에 대한 지식을 탐구한다. 심지어 식료품점에서도 진화론적 마인드를 지닌 심리학자들을 컨설턴트로 초빙하여 최선의 진열 방식에 대해 자문을 받을 정도다.

언론보도나 학술적·대중적 과학서의 내용으로 판단해 보건대, 진화론은 거의 모든 수수께끼에 대해 해답을 제공할 것처럼 여겨진다. 신문지면은 날마다 '공격성'이나 '범죄 행위' 같은 인간성을 진화론적으로 설명하는 기사들로 넘쳐난다. 한편 서점의 서가에는 진화론이 '완벽한 배우자를 찾는 방법', '성공적인 결혼생활을 영위하는 방법', '자신의 직업에서 최고가 되는 방법' 등을 알려줄 것이라고 대담하게 주장하는 대중적인 과학서들이 즐비하다. 우리가 많은 저자들로부터 귀에 못이 박히도록 듣는 말들을 나열해보면 대충 이렇다.

"우리의 정신은 본래 원시시대의 수렵·채집인처럼 생각하도록 설계되어 있다. 우리가 현대사회에서 발버둥 치다 보면 자연스럽게 '털 없는 원숭이'처럼 행동하게 된다. 강간은 자연스럽고 남성의 바람기는 불가피하다. 우리의 모든 행위는 궁극적으로 유전자를 퍼뜨리기 위한 수단이다."

하지만 인간의 행동 중에서 진화론으로 설명할 수 있는 부분은 실제로 얼마나 될까? 신문보도와 대중 과학서의 이면에는 어떤 불편한 진실이 숨어 있을까? 단도직입적으로 말해, 이 책은 이러한 의문에 답을 제시하기 위해 씌어졌다.

많은 학자들은 진화론적 관점이 인간의 행동과 사회를 설명하는 데 유용한 수단이라는 것에 이의를 제기하지 않는다. 진화론은 생물학 분야만 지배하는 게 아니라, '진화심리학', '진화인류학', '진화경제학' 등 신생 학문 분야를 통해 사회과학 쪽으로도 점점 더 그 영향력을 확대해가고 있다.

하지만 진화론의 관점이 그처럼 생산적이라면 왜 모든 사람들이 진화론을 받아들이지 않는 것일까? 사회과학을 전문적으로 연구하는 학자들 대다수가 진화론적 방법론을 무시할 뿐 아니라, 그중 상당수가 진화론에 극단적인 적대감을 보이는 이유는 무엇일까? 만약 진화론의 파문이 인간 사회의 모든 분야로 번져나갈 만큼 위력적이라면, 우리는 진화론이라는 이름 아래 제기되는 모든 주장들을 안심하고 받아들일 수도 있을 것이다. 하지만 설사 그렇다고 해도, 세계 유수의 진화생물학자들 중 일부가 '진화론적 방법론을 이용한 인간 본성 연구'에 몹시 비판적이라는 사실에 주의를 기울이지 않아도 되는 것일까?

사실, 인간의 행동을 진화론적 관점에서 바라보는 방법론은 과학자들 사이에서조차 자주 논쟁을 야기한다. 물론 진화론은 모든 과학사상 중에서 내용이 가장 풍부하고 광범위하며 영감을 불러일으키는 것 가운데 하나로, 인간행동을 설명하는 데 사용할 수 있는 일련의 방법론과 가설을 제공한다. 하지만 학자들은 '진화론적 방법론을 이용하여 인간의 행동을 설명하는 것이 과연 타당한가?'라는 문제를 놓고 한 세기 이상 열띤 논쟁을 벌여왔다.

따지고 보면, 편견에 사로잡힌 사상이나 이념을 지지하기 위해 진화론적 추론을 오용했던 과거의 사례가 이 같은 논쟁의 빌미를 제공했다고 볼 수 있다. 이러한 선례는 종종 다윈의 사상을 왜곡한 데서 비롯되었지만, 이로 인해 다양한 학문 분야들이 우후죽순 생겨났고, 새로 등장한 학문 분야들은 하나같이 '인간의 본성이 유해하거나 위험하다'는 점을 밝히기 위해 진화론을 이용했다. 그러다 보니 대부분의 사회과학 및 인문학 연구자들은 진화론적 접근방법을 아직도 몹시 불편해 하고 있다. 결과적으로, '진화론을 이용한 인간성 해석의 타당성'에 대한 논쟁은 사상의 양극화를 조장한 셈이 되고 말았다.

진화론이 점점 더 전문화되면서, 많은 사람들이 기본적인 생물학적 사실과 사변적인 이야기나 편견에 사로잡힌 주장을 구분하는 데 어려움을 느끼고 있다. 여느 과학 분야와 마찬가지로, 진화론 분야의 연구도 질적 수준이 매우 다양하다. 인간의 행동을 진화론적으로 분석한 연구 중에는 최고의 연구 기준을 만족하는 탁월한 수작이 있는가 하면, 타블로이드 신문 수준의 선정적인 사이비 과학에 불과한 것도 있다. 더욱이 진화론적 분석을 둘러싸고 극단적인 찬반양론이 대립하고 있다. 진화론을 격렬하게 비판하는 사람들은 진화론에도 몇 가지 이점이 있음을 수긍하는 경우가 매우 드물고, 반면 진화론의 열렬한 옹호자들은 자신들의 연구결과가 지니는 한계를 인정하는 경우가 거의 없다.

이 책은 현재 인간행동 연구에 사용되고 있는 진화론적 접근방법 및 이론 중에서 핵심적인 것들을 골라 개괄적으로 설명하면서, 독자들을 혼란스러운 용어, 주장과 반박, 논쟁적 진술 등이 뒤섞여 있는 진흙탕 사이로 안내한다. 우리는 이들 진화론적 방법으로 인간행동을 얼마나 타당하게 연구할 수 있는지를 탐구할 것이다. 이와 동시에, 인간 사회나 문화에 존재하는 고유한 특징들이 때때로 그러한 방법론을 무력화하지는 않는지 검토한다. 이 과정에서 우리는 진화론에 관한 찬성자와 비판자들의 주장을 모두 꼼꼼하게 살펴볼 것이다. 그리하여 이 책의 마지막 장에 이를 때쯤 되면, 독자들은 '진화론의 이름을 내걸고 이루어진 인간행동에 관한 주장'의 타당성을 평가하는 데 한 걸음 더 접근해 있는 자신을 발견하게 될 것이다.

오랜 전쟁을 끝내기 위해

'인간행동을 분석하는 데 진화론을 사용할 것인가?'라는 문제를 둘러싼 대표적 논쟁 사례 중 하나는, 하버드 대학교의 저명한 생물학자 에드워드 윌슨Edward O. Wilson 교수가 쓴 대학 교재에 대한 특별한 반응에서 비롯되었다.

1975년 윌슨은 『사회생물학』이라는 책을 내놓았는데, 이것은 동물의 행동에 관한 백과사전적 서적이었다. 정상적인 경우라면 동물행동에 관한 교과서가 베스트셀러가 되거나 언론매체의 관심을 불러일으키는 경우가 드물지만, 윌슨의 책은 달랐다. 그 책의 마지막 장에서 윌슨은 "동물의 행동에 관한 최근의 연구, 특히 생물학자 로버트 트리버스Robert Trivers와 빌 해밀턴Bill Hamilton의 통찰력이 인간행동의 다양한 측면들을 설명해줄지도 모른다"고 밝혔다. 그리고 논란의 여지가 많은 광범위한 주제들, 이를테면 인간의 성적性的 차이, 공격성, 종교, 동성애, 외국인 혐오 등을 생물학적으로 설명했다. 뿐만 아니라 "머지않아 사회과학은 생물학으로 흡수될 것"이라는 충격적 예측까지 내놓았다.

윌슨의 책은 격론을 불러일으키면서 1970년대와 1980년대를 뒤흔든 이른바 '사회생물학 논쟁'의 시발점이 되었다. 사회과학자들은 윌슨의 주장을 통렬하게 비난했고, 윌슨의 방법론을 흠집 내는 데 골몰하는가 하면, 그의 설명을 사변적인 이야기에 지나지 않는다고 깔아뭉갰다. 흥미롭게도, 비판자들 중에서 가장 저명한 축에 드는 진화생물학자 리처드 르원틴Richard Lewontin과 스티븐 J. 굴드Stephen J. Gould는 윌슨과 하버드 대학교에서 한솥밥을 먹는 사이였다. 두 사람은 유명 언론을 통해 "윌슨은 단세포동물이자 환원주의자"라고 맹비난했다.

하지만 대부분의 생물학자들은 윌슨의 주장에서 새로운 가능성을 발견했다. 동물들의 행동을 이해하는 데서 사회생물학의 가치가 입증되자, 많은 학자들이 이 '새로운 도구'를 이용하여 인간성 해명을 시도했다. 그 결과 논쟁은 양극화되었고, 급기야 매우 정치적인 색깔을 띠게 되었다. 비판자들은 사회생물학자들을 '우익의 보수적 가치를 옹호한다'고 비난했고, 사회생물학자들은 비판자들을 '마르크스주의 이념과 연루되어 있다'고 몰아세웠던 것이다(이 문제에 대해서는 제3장에서 좀 더 자세히 다룬다).

감정이 격앙되어 생각 없이 내뱉은 말들이 난무하는 논쟁의 와중에서 균형 잡힌 판단과 공정성으로 눈길을 끈 사람이 있었으니, 그는 세계적인 진화생물학자 중 한 명인 존 메이너드 스미스John Maynard Smith였다. 메이너드 스미스는 열띤 논쟁의 와중에도 점잖게 중도적 입장을 견지하면서, 논쟁이 과학적 관점을 일탈하여 정치적으로 흐르는 것을 경계했다. 또한 윌슨을 겨냥한 온당치 못한 비판을 꾸짖는가 하면, 생물학적 원리의 부적절한 적용이 지니는 위험을 꾸준히 경고했다. 1981년 어느 인터뷰에서 그는 다음과 같이 밝혔다.

> 나는 우리 시대가 '생물학을 사회과학에 적용하려는 시도'에 충격과 경악을 금치 못하고 있음을 직감적으로 느낀다. 인종에 관한 이론, 나

치즘, 반유대주의 등이 모두 그렇다. 그래서 윌슨의 『사회생물학』을 처음 봤을 때 나는 매우 짜증스러웠고, 심지어 고통스럽기까지 했다.[1]

메이너드 스미스는 "인간행동에 관한 윌슨의 견해 중에서 일부는 설익고 심지어 어처구니없는 것으로 생각된다"고 논평했다. 하지만 그는 균형감 있는 분석을 통해 윌슨의 『사회생물학』이 동물의 행동을 이해하는 데 크게 공헌했다고 인정하는 한편, 책의 여러 가지 긍정적인 특징들을 조심스럽게 강조하기도 했다.[2]

사회학자 울리카 세예르스트롤레Ullica Segerstråle는 사회생물학 논쟁을 분석하면서, "옹호자와 비판자 모두를 이해하는 과학자가 거의 없다보니, 양자 사이에서 의사소통과 중재를 맡을 만한 적임자를 찾을 수가 없다"라고 논평했다.[3] 이 논쟁에서 찬반론자들이 얼마나 양극화되고 이성을 잃었던지, 후에 메이너드 스미스는 다음과 같이 인정할 정도였다.

> 르원틴이나 굴드와 한두 시간 동안 이야기를 나누다보면 나는 자연스레 사회생물학을 열렬히 지지하게 되었다. 이와 반대로, 윌슨이나 트리버스와 한두 시간 동안 대화하면 나도 모르게 사회생물학을 신랄히 비판하게 되었다.[4]

우리는 이 책에서 기본적으로 메이너드 스미스와 같은 입장을 취하고자 한다. 우리는 사회생물학자('진화론적 접근방법을 사용한 인간행동 연구'를 옹호하는 사람들)와 그 비판자들 사이에서 중도적 입장을 취하고자 노력할 것이다. 즉, 진화론적 방법론의 긍정적인 면을 개관하면서도, 타당성이 의심스러운 부분을 지적하는 데 망설이지 않고 생물학적 원리를 무책임하게 적용하는 위험을 경계함으로써, 시종일관 균형 잡힌 중도적 견해를 유지하고자 한다. 연구자들 중에는 인간의 진화사를 참고함으로써 인간행동의 모든 측면들이 명쾌하게 설명되리라 믿는 사람도 있는 것 같다. 하지만 우리는 그들과 노선을 달리하며, 인간의 행동을 설명할 때는 다양한 대안을 고려하지 않으면 안 된다고 믿는다.

사회생물학 논쟁의 높은 열기와 자신들을 향해 쏟아지는 혹독한 비판에 부담을 느낀 사회생물학자들은, 빗장을 닫아걸고 외부와 접촉을 끊고 싶은 마음이 생겼던 것 같다. 비난이 심해지자 그들은 똘똘 뭉쳐 연합전선을 형성했으며, 때로는 '반대편에게 빌미를 주지 않기 위해 우리 편끼리는 공개적으로 비판하지 않는다'는 원칙에 암묵적으로 동의하는 경우도 있었다. 1989년 에번스턴에서 개최된 인간행동 및 진화협회Human Behavior and Evolution Society(HBES)의 창립총회 기조연설에서, 회장 빌 해밀턴은 비장한 표정을 지으며 "우리들은 적들에게 겹겹이 에워싸여 있다"고 말했다.[5]

당시 자리에 참석했던 사람들 중에는, 해밀턴이 열광적인 지지자들을 향해 "우리의 이론과 가설이 아무리 황당하고 검증 불가능해 보이더라도 두려워하지 말고, 결과에 상관없이 과감하게 앞으로 밀고 나가자"고 독려한 것을 기억하는 사람들도 있다. (지금은 중견 연구자지만) 당시 HBES의 소장파 회원이었던 한 연구자는 "일각에서는 그런 식의 발언이 본의 아니게 부정확한 연구관행을 조장할 수 있다는 우려도 제기됐지만, 당시에는 강경파에 밀려 아무런 주목을 받지 못하는 분위기였다"고 술회했다. 다른 회원들에 의하면, 오늘날에도 HBES 내부에는 자기비판에 대한 거부감이 분명히 존재한다고 한다.

진화론적 관점의 진정한 이점 중 하나는 창의성이다. 우리는 진화론에 담긴 창의성이 억눌리는 것을 원치 않으며, 브레인스토밍의 가치와 이를 위한 시간 투자의 필요성도 인정한다. 그럼에도 불구하고 우리는 '어떠한 과학 분야도 발전을 위해서는 자기 자신의 가설과 연구 방법론을 평가할 필요가 있다'는 원칙을 신봉한다. 이제 인간의 행동과 진화에 관한 연구가 웬만큼 자리를 잡은 만큼, 외부의 비판에 대항하는 가장 강력한 방어수단은 '한 차원 높은 과학 기준을 지속적으로 유지하는 것'이라고 생각한다.

진화론적 접근방법을 이용하여 인간행동을 탐구하는 연구자들 중 일부는 특정한 하위분야를 인정하고, 각 하위분야의 접근방법 사이에 존재하는 중요한 차이를 파악하고 있는 것 같다.[6] 그러나 어떠한 분파도 인정하지 않고, "대표적인 학파들의 접근방법들 간에 의미 있는 차이를 느낄 수 없다"고 주장하는 사람들도 있다. 대다수의 연구자들은 전자의 입장을 취하고 있는 것으로 판단되므로, 우리는 이 책에서 1970년대에 개념적 발전을 이루면서 등장한 다섯 가지 접근방법을 다루고자 한다.

이들 다섯 가지 접근방법은 인간의 행동을 연구하기 위한 것으로, 인간사회생물학, 인간행동생태학, 진화심리학, 문화진화론, 유전자-문화 공진화론이다. 대부분의 연구자들이 이들 하위분야의 이론과 방법론에 중요한 차이가 있다고 믿고 있으므로, 우리도 그러한 차이점을 강조하고자 한다. 이러한 차이점 중 일부는 분야 자체의 속성과 연구 전통의 차이에서 유래하기도 하지만, 어떤 것은 다분히 관념적이다. 우리는 이 책의 마지막 장에서 다양한 진화론적 관점들을 비교하여, '타당성과 통찰력을 지닌 관점'과 '질적으로 미흡하다고 여겨지는 관점'을 가려낼 것이다. 나아가 그중에서 가장 훌륭한 접근방법을 이용할 경우 인간행동을 일관성 있게 연구하는 것이 가능한지, 만약 가능하다면 구체적 방법은 무엇인지도 생각해볼 것이다.

용어와 개념의 혼란스러운 지뢰밭 건너기

인간의 행동과 진화를 연구하는 분야는 혼란스러운 용어들로 가득한데, 이는 외부인은 물론 해당 분야 종사자들에게도 마찬가지다. 우선 '다윈주의 심리학자', '진화인류학자', '문화선택주의자', '유전자-문화 공진화주의자' 등의 용어가 있는가 하면, '진화심리학', '이중二重유전이론', '인간행동생태학', 미메틱스memetics라는 용어도 있다. 이들 접근방법을 모두 뭉뚱그려 '인간사회생물학'이라고 부르는 사람이 있는 반면, 이것들을 굳이 구분하려고 애쓰는 사람도 있다.

얼마 전까지만 해도 영국의 가장 유명한 '사회생물학자'인 리처드 도킨스는 자신을 일컬어 동물행동학자라고 했으며, '사회생물학'이라는 명칭을 싫어한다는 점을 숨기지 않았다.[7] 한편 에드워드 윌슨은 『사회생물학』 밀레니엄 판에서 "최근에는 인간사회생물학을 진화심리학이라고도 부른다"고 주장했다.[8]

현재 세계에서 가장 저명한 진화심리학자인 레다 코스미디스Leda Cosmides와 존 투비John Tooby는 자신들의 분야가 윌슨의 사회생물학에서 많은 것을 얻었음을 부인하지만, 다른 사람들은 이들의 입장에 동의하지 않는다. 다른 대표적 진화심리학자인 마틴 데일리Martin Daly와 마고 윌슨Margo Wilson은 한 논문에서 "진화심리학은 인간행동의 진화론적 분석에 종사하는 모든 사람들의 작업장"이라고 설명했다가, 이 학파를 인정하지 않는 에릭 올든 스미스Eric Alden Smith, 모니크 보거호프 멀더Monique Borgerhoff Mulder, 킴 힐Kim Hill 등의 분노를 샀다.[9] 사회과학자들은 진화론자들이 인간행동의 문화적 측면을 무시한다고 비판하지만, 밈meme의 관점을 옹호하는 사람들은 진화를 오로지 문화적으로만 설명한다.

이 책의 목표 가운데 하나는 독자 여러분들이 이상과 같은 용어와 개념의 지뢰밭을 무사히 통과할 수 있도록 안내하는 것이다. 사실, 진화론을 이용하여 인간의 행동을 연구하는 데는 여러 가지 방법이 있으며, 어떤 방법이 최선인지에 대해서는 연구자들 사이에도 이견이 많다. 이러한 상황은 진화론을 이용하려는 사람, 다양한 방법론을 구분하려고 애쓰는 사람들뿐 아니라 외부인들에게도 혼란을 일으킬 수 있다. 각 학파의 가정은 무엇인가? 다른 것보다 더 신뢰할 만한 접근방법이 있는가? 옳은 것과 그른 것이 있는가?

우리는 다윈까지 거슬러 올라가, '진화론적 접근방법을 이용한 인간행동 연구'의 역사를 다루고자 한다. 이렇게 하면, 오늘날 일부 분파들이 존재하는 이유를 설명하는 데 도움이 될 것으로 보인다. 이후에는 상이한 접근방법들을 비교하고 각각의 가정과 방법론을 비판적으로 평가함으로써, 어느 관점이 가장 강력하며 어느 방법이 가장 유익한지를 평가하는 데 필요한 정보를 제공할 것이다.

잘못된 질문, 섣부른 설명

노벨상을 수상한 동물행동학자 니콜라스 틴베르헌Nikolaas Tinbergen에 의하면, 인간의 행동패턴에 관해 제기할 수 있는 의문에는 크게 네 가지가 있다고 한다.[10] 예컨대 인간의 모성행동 중에서 수유를 생각해보자. 어머니의 자녀양육 행동을 연구하는 사람이라면 다음과 같은 의문을 가질 수 있다. ① 어머니의 수유 행위를 유도하는 호르몬과 자녀-어머니 간의 신호전달 메커니즘은 무엇일까? ② 일생 동안 자녀 양육의 경험이 많아지면서, 어머니의 양육 행태는 어떻게 변화할까? ③ 수유는 어떤 이점 때문에 자연선택된 것일까? 수유는 단지 영양을 공급할 뿐인가, 아니면 모자 간의 유대감을 조성하기도 하는가? 모유 수유는 질병을 예방하는 데 도움이 되는가? ④ 다른 영장류의 경우 새끼 양육은 주로 암컷의 몫인데, 인간의 경우에는 왜 양친이 공동으로 자녀를 양육할까?

첫 번째 의문은 행동의 근저에 깔린 근접 메커니즘proximate mechanism이나 직접 원인을 탐구하는 반면, 두 번째 의문은 개인의 생애에 걸친 행동의 발달과정을 탐구한다. 세 번째 의문은 행동패턴의 생존가치나 기능을 다루며, 특정 행동패턴이 우리 조상들의 생존·번식 투쟁에 어떤 이점으로 작용했는지를 살핀다. 네 번째 의문은 행동의 진화사를 탐구하면서, 특정한 종이 유독 특정한 형질을 갖게 된 이유를 묻는다. 세 번째 질문과 네 번째 질문은 동일한 행동패턴의 진화를 다루지만, 바라보는 관점이 다르다는 차이점이 있다.

독자들은 이 책에서, 각 하위분야별로 네 가지 의문들의 상대적 중요성을 다르게 평가하며, 각 분야의 옹호자들이 이 점을 분명히 구분하지 못했을 때 논쟁이 벌어졌음을 알게 될 것이다. 우리는 하나의 행동패턴이 생겨난 이유를 제대로 이해하기 위해서는 네 가지 의문 모두에 대답해야 한다고 믿는다. 우리가 이 책에서 강조하는 것 가운데 하나는, 인간행동을 온전히 설명하려면 네 가지 의문 모두를 제대로 파헤쳐야 한다는 것이다.

진화론적 관점에서 인간행동을 설명하는 데 있어 또 하나의 중요한 문제는 종의 경계를 넘어 상이한 종들을 비교하는, 일명 종간種間 비교의 유용성이다. 다른 동물들의 행동방식에 대한 지식은 인간행동을 해석하는 데 유용할 수 있다. 그러나 얼핏 비슷해 보이는 인간과 동물의 행동이 실제로는 전혀 다른 것일 수도 있다는 점을 명심하지 않으면 안 된다.

하나의 좋은 예가 많은 원숭이들에게서 관찰되는 '수컷끼리 올라타는 행동'인데, 많은 사람들이 이를 종종 '동성애적 행동'으로 묘사하기도 한다.[11] 그렇지만 '비인간 영장류의 수컷끼리 올라타기'와 '인간 남성의 동성애'가 동일한 근접인과proximate causation, (전 생애를 통한) 발달과정, 기능, 진화사를 공유한다는 증거는 거의 없다. 비인간 영장류의 경우, 동성끼리 올라타기는 사회적 상호작용의 일환으로 생각되며, 성적 취향을 만족시키기보다는 우월감을 과시하는 수단인 것으로 보인다.[12] 따라서 수컷끼리 올라타기와 동성애는—행위의 피상적인 유사성에도 불구하고—각각 다른 원인에서 유래하는 별개의 행동패턴으로 보는 것이 타당하다.

적절한 비교 검토를 통해 증거가 확보되기도 전에 선불리 진화론적 설명을 시도할 경우 무슨 일이 벌어지는지를 보여주기 위해, 다른 사례를 한 가지 더 들어보자. 1970년대 이래로 과학자들은 '여성들이 왜 배란을 은폐하는가?'라는 의문을 제기해왔다. 다른 영장류의 암컷들과 달리, 인간 여성들은 '난자가 난소에서 방출되어, 성교를 할 경우 임신할 가능성이 매우 높은 시기에 이르렀다'는 징후를 명백히 드러내지 않는다. 실은 여성들도 자신의 배란 시기를 알지 못하는 경우가 허다하다. 그러나 침팬지와 개코원숭이의 암컷은 다르다. 이들은 임신 가능성이 매우 높은 시기에는 성기 주위가 잔뜩 부풀어 오르고 선홍색 빛을 띰으로써 자신의 배란을 대외에 알린다. 암컷의 성기가 부풀어 오르면 수컷들은 암컷과 교미하기 위해 경쟁하며, 암컷은 한 배란주기에 여러 마리의 수컷과 교미할 수 있다.

인간 여성의 배란이 은폐되는 선택이 이루어진 진화 과정을 설명하기 위해, 과학자들은 인간과 근연관계에 있는 동물에 대한 관찰 결과를 토대로 다양한 가설을 제시했다. 예컨대 리처드 알렉산더Richard Alexander와 캐서린 누넌Katharine Noonan(1979)은 "배란을 감춤으로써 남성으로 하여금 여성의 곁을 지키게 하고 다른 여성과 바람을 피우지 못하게 할 수 있다"는 견해를 내놓았다. 그렇게 함으로써 남성은 자신이 아기의 아버지임을 더욱 확신하게 되어, 자녀양육에 더 힘을 쓴다는 논리였다. 그밖에 대립되는 가설로는 "은폐된 배란 때문에 지배적인 남성이 모든 성교를 독점하지 못함으로써 여성의 선택권이 강화되었다"는 설,[13] "배란 시기를 알았던 여성들은 출산의 고통을 피하기 위해 그 시기에 성교를 피하려고 했을 것"이라는 설,[14] "남성들이 다산 여성에 대한 접근을 놓고 경쟁하지 않게 됨으로써 집단 내부의 긴장이 줄어들어, 사회적 결속과 협력이 강화되었을 것"이라는 집단선택론적 주장[15] 등이 있다.

많은 가설들은 '진화사'와 '기능'이라는 두 가지 관점에서 은폐된 배란의 의미를 설명했다. 이러한 가설들의 문제는, '은폐된 배란'을 '드러난 배란'보다 진일보한 형태로 간주했다는 점이다.[16] 그러나 일반적 통념과는 달리, 나중에 진화한 것은 인간의 '은폐된 배란'이 아니라 다른 동물에서 나타나는 '드러난 배란'이다. 침팬지와 보노보가 '드러난 배란'의 특징을 보인다고 해서, 침팬지와 인간의 공통조상 역시 '드러난 배란'의 특징을 갖고 있었다고 추정할 이유는 없다. 대부분의 유인원을 비롯한 대다수 영장류가 배란 시기를 드러내지 않는다는 점을 감안할 때, 침팬지는 인간과의 공통조상에서 갈라져나간 뒤 배란을 드러내는 쪽으로 진화했을 가능성이 더 높다.

이러한 추론이 옳다면, 과학자들은 지금껏 잘못된 의문을 제기했던 셈이다. 즉, '인간 여성의 배란이 왜 은폐되었을까?'라고 묻는 대신, '몇몇 영장류의 암컷이 배란 신호를 드러내도록 진화한 이유는 무엇일까?'라고 물어야 한다. 인간에게 은폐된 배란이 존재하는 것에 대해 별도의 설명을 요구할 필요는 없다. 이처럼 '특정한 형질이 자연선택의 결과인가?'라는 의문은 진화론적 분석을 괴롭히는 고질적인 문제 중의 하나다.

인간의 행동을 연구하는 과학자들은 동물들, 특히 다른 영장류의 행동으로부터 유용한 정보를 많이 얻을 수 있다.[17] 인간과 동물의 종간 비교분석은 진화론적 의문을 해결하는 데 없어서는 안 될 중요한 단계다. 하지만 위의 사례에서 보는 바와 같이, 섣부른 진화론적 분석은 때때로 큰 오류를 범할 수 있으므로, 우리는 확실한 근거 없이 특정 행동을 진화된 형질이라고 부르는 우를 범하지 말아야 한다.

유전자 그리고 문화와 학습

진화론적 관점에 입각한 대중과학서의 제목들은 인간을 '털 없는 원숭이', '냄새나는 원숭이', '좌우 비대칭의 원숭이', '수생水生 원숭이' 등으로 다양하게 표현했으며, '사냥꾼 남자'와 '어머니 같은 자연' 등과 같은 언급도 있었다. 그에 덧붙여 '마음은 어떻게 작동하는가', '섹스의 진화', '의식의 수수께끼를 풀다' 등의 제목을 가진 책도 나왔다. 하지만 인간의 행동을 진화론적으로 단순 명료하게 설명하는 것이 과연 가능할까? 사촌뻘인 영장류나 다른 동물들과 비교할 때, 인간에게는 뭔가 다른 점이 있지 않을까? 우리 인간에게는 언어와 문자를 토대로 하여 성립된 복잡한 문화가 있다. 인간의 행동을 생물학 하나만으로 설명할 수 있을까? 문화가 인간을 예외적 존재로 만들지 않았을까?

대부분의 사회과학자들은 인간의 행동을 대체로 다른 사람들로부터 학습되는 것으로 간주한다. 따라서 뉴요커들의 사고방식과 행동이 파라과이 아체 족(수렵·채집인)이나 캐나다 북극권의 이누이트 족과 다른 주된 이유는, 각자 다양한 문화에 노출되었거나 상이한 사회적 경험을 가졌기 때문으로 여긴다. 사회과학자들은 문화를 생물학의 영역과는 전혀 다른 영역에 존재하는, 일련의 관념·신념·지식의 응집체로 간주하는 것이 보통이다. 이들은 문화가 인간의 행동에 영향을 미치는 주된 요인이라고 믿는다.

이와 대조적으로, 진화론을 선호하는 연구자들은 문화를 '진화 과정의 산물'이라고 좀 더 폭넓게 생각하는 경향이 있다. 많은 동물종은 동종同種의 개체들로 구성된 환경 속에서 성장하며, 대부분의 영장류는 복잡한 사회를 구성한다.[18] 게다가 많은 동물들은 다른 개체로부터 기술과 지식을 습득하며, 종종 자신이 속한 무리의 문화적 전통을 받아들이기도 한다.[19] 한 저명한 과학 논문에 의하면, 일부 침팬지 무리에서 도구 사용, 구혼求婚, 심지어 의료기술 등을 포함한 39가지의 뚜렷한 행동패턴들이 발견됐는데, 이러한 행동패턴들은 한 묶음의 문화적 전통으로 유지되며 한 세대에서 다른 세대로 전승되는 것으로 나타났다고 한다.[20] 이보다 정도가 덜하고 변형된 형태이기는 하지만, 오랑우탄, 원숭이, 고래 등의 경우에도 이와 유사한 사례가 관찰되었다.[21] 물론 동물의 문화와 인간의 문화 사이에는 중요한 차이가 있지만, 양자 사이에는 얼마간의 연속성도 있는 듯하다.

이 책에서 간략하게 소개하는 다섯 가지의 진화론적 접근방법들은 인간의 문화를 바라보는 방식과 문화에 부여하는 중요성에서 차이가 있다. 일부 연구자들은 인간의 문화를 유전적 편향biases과 성향predispositions에 의해 형성되는 것으로 간주하여, "인간의 행동과 사회에는 전통적인 사회과학자들이 믿는 것보다 더 많은 획일성이 있다"고 강조한다. 이들은 모든 사회에 걸쳐 보편적으로 발견되는 은밀한 공통성이 있다고 주장하는데, 이를테면 모든 문화가 지위와 역할로 구성되어 있으며, 분업의 원리를 포함한다고 주장한다.[22]

인간과 생태적·사회적 환경 간의 상호작용을 문화라고 간주하고, 이러한 상호작용의 결과 적응성이 뛰어난 인간행동이 나오기 마련이라고 생각하는 연구자들도 있다. 이들의 견해에 따르면, 얼핏 제멋대로인 것처럼 보이는 사냥 및 요리 습관일지라도, 해당 지역의 조건을 감안한 최적의 해결책이라고 할 수 있다. 한편 "문화는 그 자체가 하나의 진화 과정이며, 생물학적 진화에서 유전자가 선택되는 것과 유사한 방식으로 다양한 변종 관념variant ideas 중에서 하나가 선택된다"고 주장하는 사람도 있다. 이들에 의하면, 과학이론이나 정치 이념은 생물학적 진화와 마찬가지로 시간이 경과함에 따라 변화한다고 한다.

마지막으로, 대다수의 사회과학자들과 의견을 같이 하는 일군의 생물학자와 인류학자들도 있다. 이들은 사회에서 전달되는 정보를 문화라고 부르는데, 여기서 정보란 개인들이 주고받는 정보를 의미하지만, 유전적 과정과 문화적 과정 간의 상호작용에 초점이 맞춰진다. 예컨대, 아마도 우리는 오른손잡이가 되도록 배우는 경향이 있을지 모르지만, 오른손잡이의 비율은 문화권마다 차이가 있다. 이유는 왼손잡이에 대한 관용도가 각 문화권별로 다르기 때문이다.

다섯 가지의 진화론적 접근방법들은 유전자, 발달, 학습, 문화 사이의 관계에 대해서도 매우 다른 개념을 제시한다. 어떤 연구자는 "자기주도 학습능력을 포함한 인간의 발달과정은 유전적 구성에 의해 엄격하게 제한된다"고 주장한다. 인간은 오랜 진화사를 통해 자신의 생존과 번식에 도움이 되는 것을 학습하도록 프로그램 되었으며, 이러한 과정에서 진화된 성향이 사회에 반영된다는 것이다. 예컨대 우리가 뱀이나 거미를 무서워하는 성향이 있는 이유는 뱀이나 거미가 우리의 먼 조상에게 매우 위험한 존재였기 때문인지도 모른다.

"인간의 발달이 매우 유연한데다 유전자는 매우 느슨한 방법으로 학습에 영향을 미치다보니, 발달 및 학습 과정에서 진화의 방향성에서 이탈한 듯한 행동이 발생할 수 있다"고 주장하는 연구자들도 있다. 예컨대 진화는 생선튀김이나 초콜릿 등 특정 식품을 선호하는 취향보다는, 입맛에 맞는 음식이라면 뭐든지 먹는 경향을 발달시켰을 것이다. 왜냐하면 우리 혀의 맛봉오리는 (건강과 웰빙을 증진시킬 만한) 열량과 영양을 지닌 식품을 감지하도록 진화했기 때문이다. 문화와 학습에 관한 관념의 차이에 대해서는 이 책의 후반부에서 중점적으로 다룰 예정이다.

여기서 미리 언급해둘 중요한 사실 하나는 진화론과 유전자 결정론은 별개라는 것이다. 유전자 결정론이란 "유전자 속에 행동에 관한 청사진이 들어 있어 항상 그것에 따라야 하고, 그것에 의해 우리의 운명이 결정된다"는 믿음이다. 이러한 믿음은 '인간의 행동이 어떻게 발달하는지'에 대한 기존의 관념과 크게 어긋난다. 연구자들이 인간행동에 대한 유전자의 영향을 논한다고 해서 인간의 행동이 유전자에 의해 완전히 결정된다거나, 유전자 이외의 다른 요인들이 인간의 발달에 아무런 영향을 미치지 못한다거나, 하나의 유전자가 인간의 모든 행동을 주관한다는 뜻은 아니다.

비록 대부분의 진화생물학자들이 유전에 초점을 맞추고 있기는 하지만, 그렇다고 이들을 유전자 결정론자로 속단해서는 안 된다. 대다수의 진화생물학자들은 "인간 발달의 전 과정에 걸쳐서 다양한 환경요인들이 나름의 역할을 수행한다"는 점을 당연하게 받아들이고 있다. 예컨대 우리는 '특정한 형질에 관여하는 유전자'를 기술하는 진화론자[23]

와 마주치게 될 것이다. 그런데 그들이 말하는 '특정한 형질에 관여하는 유전자'란 환경요인을 배제하는 개념이 아니라, '다양한 환경요인과 더불어 특정한 형질에 영향을 미치는 유전적 변이'를 의미한다. 진화생물학자들이 사용하는 용어는 다른 생물학자들[24]로부터 "많은 이들의 오해를 불러일으킬 소지가 있다"는 비판을 받았고, 실제로 일부 연구자들이 발달 과정의 중요성을 간혹 과소평가한 경우도 있었던 것이 사실이다. 하지만 그렇다고 해서 진화론을 인간행동에 대한 유전자 결정론과 동일시해서는 안 된다.

본성과 양육의 상대적 중요성에 관한 수십 년간의 논쟁이 끝난 뒤, 연구자들은 "본성(일반적으로 유전자와 관계가 있다)과 양육(일반적으로 환경요인, 학습, 문화를 의미한다)이 모두 중요하다"는 다소 맥 빠진 결론에 도달했다. 그렇다면 우리는 이제부터 어떻게 해야 할까? 인간의 문화와 사회구조는 사회과학자들끼리 논의하도록 내버려두고, 생물학자들은 인간의 행동에서 유전으로 설명할 수 있는 부분이 어느 정도인지를 판단하는 데만 전념해야 할까?

우리는 그렇게 생각하지 않는다. 대부분의 생물학자들은 오랫동안 이 같은 이분법적 추론을 거부해왔다.[25] 우리는 "과학자들이 유방암이나 조현병(정신분열증)과 같은 몇몇 형질에 관여하는 유전자를 찾아냈다"는 내용의 언론보도를 끊임없이 접하지만, 이 말은 오해의 여지가 매우 많다. 인간의 행동에 영향을 미치는 유전적·환경적 요인은 케이크믹스 속에 뒤섞여 완성되기를 기다리는 케이크 재료와 같다.[26] 아무도 케이크를 분해하여 각각의 재료를 모두 구분하려고 하지 않는 것과 마찬가지로, 어느 누구도 특정 유전자와 개인의 행동 또는 개성 사이의 일대일 대응관계를 발견하려고 하지는 않을 것이다. 심지어 발달생물학자들조차도 "행동의 발달 과정에는 다양한 상호작용이 개입되어 있기 때문에, 개인의 행동을 본성과 양육이라는 두 가지 요소로 분해할 수 있다는 발상 자체가 넌센스"라는 데 의견을 같이하고 있다.[27] 이런 점에서 볼 때, 인간행동에 대한 완전한 이해는 '풍부한 사회환경 속에서 성장하며 복잡한 문화전통에 젖어 있는 동물'로서의 인간을 연구함으로써 비로소 가능해질 것 같다.

이 책은 무엇을 다루는가

'진화론적 관점을 통한 인간행동 해석'의 역사는 학술적 개념들로 이루어진 무미건조하고 따분한 연대기가 아니다. 지난 150년 동안 진화론적 사고는 '인간이 자기 자신을 성찰하는 방법'이나 '사회가 공유하는 가치, 제도, 법률 등을 구성하는 방법'에 엄청난 영향을 끼쳤다.

제2장에서 우리는 진화론적 관점에 입각한 인간행동 해석의 역사를 간략히 소개하고자 한다. 가장 먼저 소개할 인물은 찰스 다윈이다. 다윈은 인간에 관해 많은 분량의 글을 썼는데, 인간과 다른 동물 간의 지적 능력의 차이가 기존에 생각했던 만큼 크지 않다는 것을 보여주는 증거를 많이 수집했다. 또한 동물들도 놀랄 만큼 지적인 행동을 할 수 있을 뿐 아니라 인간에게도 야수와 같은 성향이 감추어져 있음을 증명했다.

우리는 또 다윈의 친척이자 총명한 과학자 중 한 명인 프랜시스 골턴Francis Galton도 만날 것이다. 골턴은 유전이 인간행동에 미치는 영향을 조사하기 위해 일란성 쌍둥이를 이용하는 방법을 고안했다. 하지만 그는 인간의 행동과 지적 능력을 생물학적으로 설명하는 데 강한 선입견을 가지고 있었다. 이러한 선입견은 그의 우생학 관련 저서의 바탕이 되는 한편, 세월이 흐른 뒤 인종차별과 강제 불임수술을 주장하는 운동으로 나타났다.

우리는 진화에 대한 다윈주의적 견해가 사회적 다윈주의로 왜곡되었던 사례도 살펴보게 될 것이다. 사회적 다윈주의는 적자생존 원칙을 사회제도에 적용하는가 하면, 잘못된 진화론적 주장을 내세워 무절제한 자본주의를 정당화하고 '사회주의 유해론'을 주장했다. 또한 진화론적 사고를 가진 19세기 인류학자와 생물학자들은 진화와 진보를 혼동한 나머지, 자연선택의 개념을 인간 사회의 진화에 적용하여 "어떤 인종이 다른 인종보다 더 높은 수준의 진화단계에 이르렀다"고 주장하기도 했다. 다윈주의의 개념은 심리학의 인간 발달이론에도 중요한 영향을 미쳤다. 예컨대 지그문트 프로이트는 성 선택과 교접 본능이라는 다윈의 개념을 빌려와 리비도 개념을 개발하는 데 사용했다. 프로이트는 리비도가 성충동의 핵심이며, 인간행동의 근저에 깔려 있는 중요한 힘이라고 주장했다.

그 다음으로는 20세기로 넘어와, 본능과 학습의 상대적인 중요성을 둘러싼 동물행동학자와 심리학자들 간의 갈등에 진화론이 어떠한 영향을 미쳤는지를 논의한다. 1960년대에는 콘라트 로렌츠Konrad Lorenz의 『공격론』On Aggression이나 데즈먼드 모리스의 『털 없는 원숭이』와 같은 대중적인 동물행동학 서적들이 출판되어, 의심스럽고 선정적인 진화론적 주장을 일반 대중에게 소개함으로써 격렬한 반응을 불러일으켰다.

진화론을 이용하여 인간성을 설명한 것에는 많은 긍정적 측면이 있지만, 제2장에서 살펴볼 역사는 많은 사람들이 아직도 '진화론에 입각한 인간행동 해석'을 경계하는 이유와 현대의 접근방법이 출현하게 된 배경을 이해하는 데 도움을 준다. 제3장부터 제7장에서는 1960년대 이후 새로 등장한 '인간행동 연구를 위한 진화론적 접근방법들'을 제시한다. 우리는 모든 하위분야를 전반적으로 개관하기보다는, 독자로 하여금 각각의 하위분야를 음미하게 하는 것을 목표로 한다. 먼저 각 하위분야가 어떻게 부상했는지를 개괄적으로 설명하고, 그 과정에서 중요한 역할을 했던 연구자들을 소개한다. 이후 해당 하위분야의 특징을 나타내는 중요한 개념과 방법론을 다루고, 특정 학파의 추론, 장점, 결론 등을 보여주는 몇몇 연구결과를 설명한다. 각각의 장은 해당 하위분야의 가설과 방법론에 대한 비판적인 분석으로 끝을 맺는다. 이 비판적 분석을 통해, 우리는 연구자들의 주장과 그들이 사용한 도구에 대한 공정한 평가를 시도하며, 각 접근방법에 대해 제기된 주요 비평들을 검토한다.

인간행동에 관한 현대의 진화론적 관점은 1960~70년대부터 등장하기 시작했다. 이 시기에는 동물행동 연구 분야에서 이루어진 흥미롭고 획기적인 일련의 성과로 인해 진화론적 사고에 일대 혁명이 일었다. 빌 해밀턴, 로버트 트리버스, 존 메이너드 스미스 등의 연구를 통해 혈연선택, 상호이타성, 진화적 게임이론 등과 같은 중요한 개념이 새롭게 출현하여 동물학의 연구과정을 송두리째 바꿨다. 나아가 이러한 개념들은 '사회생물학'이라는 깃발 아래 통합되고, 에드워드 윌슨과 리처드 도킨스의 저서를 통해 많은 사람들의 주목을 받았다.

제3장에서는 이러한 새 이론과 방법론들을 기술하고, 이들 개념이 인간의 행동에 어떻게 적용되었는지를 설명하며, 그에 수반된 격렬한 정치적·과학적 반응을 평가한다. 그리고 인간사회생물학을 반대하는 사람들이 종종 제기하는 비판, 즉 "이론이 단순하고 편견에 사로잡혀 있다"는 험담에 대해서도 생각해본다. 또한 인간사회생물학으로부터 등장한 중요한 개념들, 예컨대 '인간의 행동과 다른 동물들의 행동을 신중하게 비교 분석한다'는 발상에 대해서도 중점적으로 다룬다. 왜냐하면 이러한 생각이야말로 지금껏 인간의 본성에 대한 우리의 이해를 넓혀준 은인이라고 할 수 있기 때문이다.

비록 사회생물학자들이 전통적인 가치를 강화하기 위해 과학을 남용했다는 비난을 받았지만, 우리는 인간의 성적 차이라는 고정관념에 도전했던 사회생물학적 연구 사례들을 제시할 것이다. 마지막으로, 우리는 사회생물학이 현대의 네 가지 주요 접근방법인 인간행동생태학, 진화심리학, 문화진화론, 유전자-문화 공진화론의 발전을 어떻게 촉진했는지를 설명할 것이다. 사회생물학을 둘러싼 논란 때문임이 거의 확실하지만, 오늘날의 연구자들 가운데 자신을 인간사회생물학자라고 소개하는 사람은 거의 없다(물론 주목할 만한 예외가 없는 것은 아니다).

제4장에서는 인간행동생태학 분야를 다룬다. 이 분야의 연구자들은 인간에 관한 의문을 제기하기 위해 동물행동학의 방법론을 꾸준히 활용해왔다. 이들은 인류학적 배경을 가진 경우가 많은데, 인간행동의 차이점 중에서 거주지에 대한 적응반응adaptive response으로 설명할 수 있는 부분이 어느 정도인지에 관심을 가지고 있다. 인간행동생태학자들

은 '인간의 행동은 환경에 반응하여 진화한다'는 가정 아래, 주어진 맥락에 적합한 인간행동을 계산하기 위해 종종 수학적 모델을 구축한다. 그런 다음에는 주로 수렵·채집인이나 농부 등으로 이루어진 전통사회를 연구함으로써 모델의 예측력을 검증한다. 우리는 이 연구자들이 "인간은 열량 섭취를 최대화하기 위해 식품을 선택하고, 적절한 규모의 집단을 구성하여 사냥을 한다"는 증거를 발견했다고 주장하는 것을 보게 될 것이다.

이들은 또한 "부부가 현재 부양하고 있는 자녀의 수와 재산 규모를 알면, 향후 추가 출산 여부를 예측할 수 있다"고 주장한다. 무엇보다 놀라운 것은, 이들이 "현대, 즉 후기 산업사회의 부모들이 자녀의 수를 줄임으로써 가장 효과적으로 유전자를 후세에 전달할 수 있는 이유는 무엇인가?"라는 의문에 대해 그럴 듯한 진화론적 설명을 내놓았다는 사실이다. 하지만 인간이 정말로 환경에 적응하여 최적의 방식으로 행동할까? 비판자들은 그렇지 않다는 의견을 제시하면서, "인간행동생태학의 연구 프로그램은 '행동을 유도하는 진화된 정신과정'에 관한 가설을 검증하지 않고 행동의 현재 기능만 조사하기 때문에, 근본적으로 방향을 잘못 잡았다"고 주장한다. 우리는 이러한 문제제기가 얼마나 타당한지도 탐구할 것이다.

제5장에서는 급성장하고 있는 분야인 진화심리학을 소개한다. 진화심리학자들은 주로 인간행동의 밑바닥에 깔려 있는 진화된 심리적 메커니즘evolved psychological mechanisms에 관심을 가진 연구자들로 구성되어 있다. 이들은 현대인을 '석기시대의 조상들이 환경에 적응함으로써 탄생한 존재'로 간주하고, 이 개념을 이용하여 현대인의 행동패턴을 설명하

고자 한다. 즉, 우리 조상들이 수렵·채집인이었던 시절의 자연선택 방식을 재구축할 경우, 현대인의 모호한(현대의 환경에서 분명한 용도를 찾아내기 힘든) 행동 패턴들을 좀 더 쉽게 이해할 수 있다는 것이다.

진화심리학자들은 "현대사회에도 인간행동을 규제하는 정신적 적응이 상당수 존재하는 것을 확인했다"고 주장하는데, 구체적 사례로는 '사회의 규칙을 어기는 사람들에게 과민반응을 보이는 경향'과 '남성이 여성보다 더 폭력적인 경향' 등이 있다고 한다. 또한 남성과 여성이 파트너에게 바라는 특징에는 성적 차이가 있는데, 그것은 "남성들은 여러 명의 젊은 여성들과 짝짓기하기를 원하고, 여성들은 부와 권력을 거머쥔 남성에게 헌신하는 쪽을 택한다"는 것이며, 이는 전 세계에 공통으로 적용되는 보편적인 현상이라고 한다. 진화론은 이러한 성적 차이를 설명하는 데 활용되어 왔지만, 이와 동시에 상당한 비판을 받기도 했다. 많은 이들은 "우리 조상들의 생활방식에 대한 지식이 불충분하여, 현재에 관해 신뢰할 만한 가설을 세우기가 어려울 것"이라며 우려를 표명하고 있다.[28]

제6장에서는 문화진화론을 평가하면서, "문화는 자체적으로 진화과정을 밟는다"는 가설을 탐구할 것이다. 문화진화론 분야의 연구자들은 실험실 연구와 수학모델을 사용하여, 모방과 기타 사회적 학습을 통해 습득된 지식이 전파되는 규칙을 탐구하려고 한다. 여기서 핵심적인 생각은 "진화의 원칙을 연구함으로써, 인간의 행동 및 지식과 관련된 기술, 신념, 절차 등의 빈도변화 패턴을 이해하고, 심지어 예측까지도 할 수 있다"는 것이다.

이들에 따르면, "문화적 지식에는 선택과정이 작용하는데, 이 과정은 행동 혁신(다양한 변종을 만든다)과 선택적 유지(최선의 것을 선택한다)라는 두 가지 요인으로 구성된다"고 한다. 우리는 문화적 선택이 완벽한 화살촉을 만들고, 언어 구조의 등장을 유도하며, 지식을 누적시키는 과정을 보여주는 실험사례를 제시할 것이다. 또한 역사적으로 볼 때 인간 언어의 진화는 생물학적 진화와 매우 유사하게 진행되었으므로, 진화생물학에 사용되는 이론적 방법론을 언어학 데이터에 적용함으로써 다양한 언어들 간의 역사적 관계를 재구축하고, 민족 이동에 관한 가설을 검증할 수 있음도 보여줄 것이다.

마지막으로 우리는—아마도 독자들은 매우 놀라겠지만—무작위 복제와 무작위 유전적 부동浮動이라는 개념을 이용하여 문화현상을 기술하는 방법을 소개할 것이다. 하지만 비판적인 사람들은 "문화변동은 생물학적 진화와 너무 달라, 다윈의 법칙을 적용하는 것은 무리"라고 지적하고 있는데, 우리는 이들의 주장이 타당한지에 대해서도 검토할 것이다.

제7장에서는 유전자-문화 공진화론을 소개한다. 이것은 문화진화론과 많은 유사점을 공유하는 정량적 과학이다. 이 분야의 연구자들은 생물학적·문화적 진화가 복잡한 방식으로 상호작용한다고 믿는다. 따라서 이들은 집단유전학에서 개발된 수학모델을 이용하여, 문화형질이—사회적 학습을 통해—인간 집단에 전파되는 과정과 유전자와 문화가 공진화하는 메커니즘을 예측한다.

이들에 의하면, 지난 200만 년 동안은 유전자와 문화의 공진화가 지배한 시기이며, 유전자-문화 공진화는 새로운 진화의 메커니즘을 만들어내고 진화의 속도를 변화시켰다고 한다. 수학모델은 문화적 관행이 유전적 진화에 중요한 영향을 미치는 메커니즘을 보여준다. 예컨대 대부분의 서양인들은 우유를 많이 마셔도 탈이 나지 않지만, 대다수의 동양인 성인들은 젖당 분해 효소를 코딩하는 유전자가 없기 때문에 우유를 많이 마시지 못한다.[29] 흥미롭게도, 유제품을 자유롭게 섭취할 수 있는 성인들은 오랜 낙농전통을 가진 문화권에 속하는 것이 보통이다. 우리는 낙농의 문화적 관행이 성인에게 아무 탈 없이 우유를 마실 수 있도록 선택 압력으로 작용한 증거를 보게 될 것이다.

유전자-문화 공진화 모델은 '개인의 유전적 차이가 형질의 차이를 얼마나 설명하는지'를 분석하는 새로운 방법을 제공한다. 우리는 "일란성 쌍둥이와 이란성 쌍둥이를 이용한 연구를 통해, 사람들 간의 형질(특히 지능) 차이를 유전적으로 해명했다"는 보고를 자주 접하지만, 유전자-문화 분석은 이 같은 행동유전학적 연구결과에 이의를 제기한다.

그러나 유전자-문화 공진화론의 방법론 역시 비판에서 자유로울 수는 없다. 예컨대 어떤 사회과학자들은 '문화는 마치 별개의 심리적·행동적 특징으로 이루어진 것처럼 분석할 수 있다'는 유전자-문화 공진화론자들의 생각에 반대하는가 하면, 다른 사회과학자들은 "인간의 문화는 너무 빨리 변화하기 때문에 인간의 정신과 행동을 제대로 형성하지 못한다"고 주장한다.

제8장에서는 이상의 다섯 가지 분야들을 모두 함께 비교한다. 각 접근방법의 옹호자들은 종종 "진화와 인간행동에 관해 가장 (또는 유일하게) 타당한 관점을 가지고 있는 것은 바로 우리"라고 주장하며, 때로는 상이한 학파에 속한 연구자들끼리 서로 다투기도 한다.

그러나 과연 어느 접근방법이 가장 좋을까? 모든 학파들이 제각기 강점과 약점을 갖고 있을까, 아니면 어느 하나의 방법론이 다른 방법론보다 우월하거나 더 타당할까? 이질적인 학파들의 접근방법들을 하나의 포괄적 관점으로 통합할 수는 없을까? “한 학파가 옳다면 다른 학파는 분명히 틀리기 때문에, 애당초 양립 가능성이 존재하지 않는다”고 말할 수 있을까? 상이한 의견의 핵심적 차이는 무엇이며, 어떻게 해결할 수 있을까? 우리는 여러 대안들을 비교하고 그 이념적·방법론적 차이를 살펴본 뒤, 이들 사이의 경계를 뛰어넘어 광범위함과 엄밀함을 겸비한 이론으로 통합시키는 것이 얼마나 가능한지를 평가한다.

이 책은 ‘독자들에게 상이한 진화론적 관점들을 구분하고 그것들로부터 배울 수 있는 안목을 제공한다’는 목표 아래 다양한 진화론적 관점들을 명쾌하게 설명하고자 노력했다. 이 책을 읽은 독자들이 인간성에 관한 진화론적 가설들을 스스로 평가하고, 무엇이 센스이고 무엇이 넌센스인지 판단하는 데 필요한 지식과 능력을 습득하기를 바란다.

더 읽을거리

본성·양육 논쟁에 대한 최근의 논의는 베이트슨과 마틴의 『생명의 설계: 행동은 어떻게 발달하는가』Design for a Life: How Behaviour Develops(1999)와 르원틴의 『3중 나선』(한국어판, 잉걸, 2001)을 참조하라. 현대 진화 이론에 대한 개론은 리들리의 『진화』Evolution(1997), 푸투이마의 『진화 생물학』Evolutionary Biology(1998), 찰스워스 부부의 『진화: 아주 짧은 개론』Evolution: Very Short Introduction(2003) 등에 나와 있다. 다이아몬드의 『제3의 침팬지의 흥망성쇠』The Rise and Fall of the Third Chimpanzee(1991)와 폴 에얼릭의 『인간 본성(들)』(한국어판, 이마고, 2008)은 인간행동의 진화이론에 대한 읽을 만한 개관을 제공한다.

SENSE & SENSE

제 2 장

150년 진화논쟁 약사略史

NONSENSE

'자연선택에 의한 진화'라는 다윈의 이론만큼 생물학 지식에 지대한 공헌을 한 사상은 거의 없다. 그러나 진화론이 생물학 분야에서 일으킨 혁명은, 다윈주의라는 거대한 사상이 인류의 지성사에 미친 영향에 비하면 빙산의 일각에 지나지 않는다. 진화론의 매혹적인 설명력에 이끌린 수많은 과학자, 사회과학자, 정치가, 기업가 등을 통해, '자연선택'은 거부할 수 없는 추상적 개념으로 자리잡았다. 다윈의 사상은 예술과 문학 분야에도 엄청난 영감을 제공하는 화수분이었다.[1]

하지만 유감스럽게도, 1859년 『종의 기원』이 출간된 이후 오랫동안 진화론을 이용하여 인간의 행동과 사회를 분석하는 과정에서 상당한 혼선이 빚어졌다. 메이너드 스미스(1975)도 지적했듯이, 19세기의 사회적 다윈주의에서부터 20세기의 인종이론에 이르기까지, 생물학 이론을 사회학에 도입하려는 시도가 악평에 시달린 것은 어찌 보면 당연하다고 할 수 있다.

이 장에서는 1850년대부터 1960년대까지 전개된, 진화론적 접근방법을 통한 인간행동 연구의 역사를 살펴보고자 한다. 우리는 진화론이 때로는 인종차별과 성차별을 조장하고, 때로는 옳지 못한 견해를 타파하기도 하면서, 인간성에 대한 개념을 형성하는 데 중요한 역할을 했음을 알게 될 것이다. 실제로 지난 150년은 진화론의 옹호자와 비판자들 간에 벌어진 부단한 논쟁으로 점철된 시기였다. 흥미로운 점은 그동안 논쟁의 균형추가 '본성론'과 '양육론' 사이를 주기적으로 왕복하는 추세를 보였다는 것이다.

우리는 일부 인종이 다른 인종들보다 더 진보했다고 주장하기 위해서, 또는 우생학, 나치즘, 규제 없는 자본주의, 인종주의적 이민정책, 강제 불임수술 등을 정당화하기 위한 핑계로 진화론적 주장이 이용된 사례를 제시할 것이다. 이러한 주장의 대다수는 다윈의 이름을 종종 부당하게 거론하면서 그의 이론을 조잡하게 왜곡하지만, 사실은 장 라마르크Jean Lamarck나 허버트 스펜서Herbert Spencer 같은 19세기 지식인들의 저서에서 유래하는 경우가 많다.

한편 우리는 진화생물학자들이 인종차별과 사회적 편견에 대항하여 싸웠던 훌륭한 사례도 기술할 것이며, 그 뒤를 이은 수많은 과학적 성찰과 발전도 진화론적 관점에서 살펴볼 것이다. 하지만 유감스럽게도 많은 사람들의 뇌리에는 진화론의 선용보다는 오남용과 악용에 관련된 기억이 더 많이 남아 있는 것이 사실이다.

이렇듯 역사적 검토는 진화론의 적용을 둘러싸고 벌어지는 현대적 논란을 이해할 수 있는 기초지식을 제공한다. 예컨대 대부분의 사회과학자들이 진화론의 가설에 거세게 저항하는 이유를 이해하는 데 도움이 된다. 또한 에드워드 윌슨의 『사회생물학』에 격분한 반대자들이 그를 물리적으로 공격하기에 이르렀던 까닭(제3장), 그리고 현대의 많은 진화심리학자들이 인간 본성의 보편적 특징을 강조하는 까닭(제5장)을 설명하는 데 도움을 줄 것이다. 이 장의 나머지 부분에서는 현대의 진화론적 접근방법이 인간행동에 대한 우리의 이해를 어떻게 높였는지를 보여줄 것이다. 우리는 과학이론의 사회적 영향력을 늘 인식하고 있지 않으면 안 된다.

다윈이 진화에 대해
이야기한 것들

'진화론을 통한 인간행동 이해'의 역사는 찰스 다윈으로부터 시작된다. 이는 다윈이 진화에 대한 신뢰할 만한 설명, 즉 자연선택의 과정을 최초로 거론한 인물이기 때문만이 아니라, 인간에 대해 많은 분량의 글을 썼기 때문이기도 하다.

다윈은 『종의 기원』에서, 일련의 논리적 단계를 밟아가며 자연선택이 어떻게 작동하는지를 끈기 있게 설명했다. '인구가 증가하다 보면 궁극적으로 식량이 부족한 상태에 도달하게 될 것'이라는 토머스 맬서스의 견해에 감명 받은 다윈은 "한 집단에서 환경에 가장 적합한 해부학적·생리학적·행동학적 특징을 가진 개체가 가장 높은 생존 및 번식 능력을 보유하게 될 것"이라는 의견을 내놓았다. 나아가 그는 "환경에 적합한 특징들이 자손에게 상속된다면, 후세에는 그러한 특징을 가진 개체들이 증가할 것이고, 결국 그 집단은 세월이 흐르면서 변화하게 될 것"이라고 생각했다.

『종의 기원』이 출간되던 당시, 자연계에 대한 지배적 견해는 "각각의 종은 개별적으로 창조되었으며 바뀔 수 없다"는 것이었다. 따라서 다윈이 주장한 자연선택의 원리, 즉 '개체 사이에서 탄생한 변이가 환경적응을 통해 새로운 종의 탄생으로 이어지는 과정'은 세상의 인정을 받지 못했다. 그러나 이후 수많은 실험에 의해 설명력이 입증됨에 따라, 오늘날 자연선택은 이론의 여지가 없는 원리로 받아들여지고 있다.[2]

그런데 우리가 주목해야 할 사실이 하나 있다. 바로, 다윈은 『종의 기원』에서 '인간의 진화'라는 말을 전혀 언급하지 않았으며, 고작해야 맨 마지막 페이지에 나오는 다음과 같은 말이 전부였다는 것이다.

> 나는 먼 미래에 훨씬 더 중요한 연구가 이루어질 수 있는 장이 활짝 열린 것을 본다. 심리학은 새로운 기초 위에 서서, 정신력과 지능을 이해하는 데 필요한 지식을 차곡차곡 습득하게 될 것이다. 인간의 기원과 역사에도 한 줄기 빛이 드리워질 것이다.[3]

다윈이 『종의 기원』 말미에서 은근슬쩍 내뱉은 화두를 정교하게 발전시키는 데는 10여 년의 세월이 필요했다. 호기심에 휩싸인 대중은 다윈의 입만 바라보며 주야장천 기다리는 수밖에 없었지만, 그러는 동안 '인간이 진화해왔다'는 관념은 대중 사이에서 애증(강렬한 관심과 적개심)의 원천으로 자리잡았다. 하지만 다윈은 요지부동이었다. 세상의 박해와 조롱을 두려워한 나머지, 확실한 증거를 제시할 수 있을 때까지 인류의 기원에 대해 자세히 언급하려 들지 않았다.[4]

다윈을 대신하여 결연히 싸움터에 뛰어든 것은 그의 훌륭한 지지자였던 토머스 헉슬리였다. 헉슬리는 1860년 옥스퍼드 대학교에서 벌어진 유명한 논쟁에서 윌버포스 주교를 완파한다. 헉슬리는 강연과 함께 『자연에서의 인간의 위치에 대한 증거』Evidence as to Man's Place in Nature(1863)라는 책을 출간했다. 그는 이 책에서 유인원의 머리뼈를 이용하여 '인간의 조상은 동물'이라는 부정할 수 없는 증거를 제시했다. 고고학자들은 인간과 유인원 사이의 누락된 연결고리missing link를 설명해줄 화석을 찾기 시작했다.

1870년이 되자 다윈의 불도그로 불렸던 토머스 헉슬리는 과학이 지배하는 신세계의 도래를 알리는 예언자가 되어 있었다.[5] '과학자'가 어엿한 직업으로 인정받고 '과학'이 중요한 정치적 영향력을 발휘하게 된 것은 순전히 헉슬리의 노력 덕분이었다고 해도 과언이 아닐 것이다. 그리고 이러한 역사적 발전과정에서 핵심으로 작용한 것은 다윈주의였다.[6]

1870년대에 이르자 다윈은 유명해졌고, 사람들 모두가 '위대한 다윈 선생'이 인간의 진화에 대해 무슨 말을 할 것인지 기다렸다.[7] 다윈은 특유의 조심성을 발휘하며 기회를 엿보다가, 결국 『인간의 유래』(1871)와 『인간과 동물의 감정 표현』(1872)을 내놓았다. 다윈은 헉슬리의 영역이었던 인간의 해부에 머무르지 않고, '지적 능력의 진화'라는 문제에 주목했다. 그는 "종의 내부는 물론 종 사이에도 지능의 변이가 존재한다"고 주장하며, "선천적으로 높은 지능을 부여받은 쪽이 생존과 번식을 위한 투쟁에서 유리한 고지를 점한다"는 의견을 내놓았다.

『인간의 유래』에서는 "성공적으로 적을 피하거나 공격하는 것, 야생동물을 포획하는 것, 무기를 발명하고 만드는 것 등에는 높은 정신적 능력, 즉 관찰, 추론, 발명, 상상력이 필요하다"고 언급했다.[8]

다윈은 "인간과 다른 동물 간의 지적 능력 차이가 널리 알려진 만큼 크지는 않다"는 것을 입증하려고 노력했다. 또한 "동물이란 내장된 메커니즘에 의해 움직이는 기계에 지나지 않으며, 추론과 고도의 인지처리가 가능한 것은 오직 인간뿐"이라는 사회적 통념을 반박했다. 이와 대조적으로, 다윈과 거의 비슷한 시기에 '자연선택에 의한 진화'라는 개념을 생각해냈던 앨프리드 월리스Alfred Wallace는 "인간의 복잡한 언어, 음악, 미술, 도덕 등은 자연선택만으로 설명할 수 없으며, 신성한 조물주가 인간의 진화 과정에 개입했음에 틀림없다"는 결론을 내렸다.[9] 이처럼 양쪽(월리스와 사회적 통념)에서 제기되는 이분법을 공격하면서, 다윈은 "인간은 좀 더 야수적인 성향을 가지고 있으며, 동물은 지금까지 생각했던 것보다 더욱 높은 지능을 가지고 있다"고 주장했다.

다윈은 『인간의 유래』 첫 부분에서 자기보존, 성애性愛, 신생아에 대한 모성애, 신생아의 젖 빠는 힘[10] 등을 열거하며, "인간과 다른 동물들은 수많은 행동특성을 공유한다"고 설명했다. 마찬가지로, 『인간과 동물의 감정 표현』에서는 인간과 동물의 동일한 얼굴 표정을 무수히 나열했다. 그리고 특정 감정을 표현하는 인간과 동물의 표정이 놀랄 만큼 유사함을 지적하면서, "표정이란 인간에게만 주어진 독특한 것으로, 타인에게 자신의 감정상태를 전달하기 위해 사용된다"는 세간의 주장을 일축했다.

예컨대 다윈은 유인원과 원숭이가 인간과 마찬가지로 '뱀에 대한 본능적 두려움'을 가지고 있으며, 이들도 뱀을 보면 상당수의 인간들처럼 기겁한 표정으로 비명을 지를 것이라고 생각했다. 그리고 어느 날 짓궂게도 가짜 뱀을 만들어 런던 동물원의 원숭이 우리에 넣어 보고는, "그 가련한 동물들은 우리 안을 이리저리 뛰어다니며, 날카로운 비명을 지름으로써 다른 원숭이들에게 위험신호를 보냈다"고 적었다.[11] 다윈은 또 침팬지가 돌멩이를 이용하여 견과류를 깨뜨린다는 것을 현대의 연구자들[12]보다 약 1세기나 먼저 주목했다. 이는 인간과 유인원의 정신상태가 빅토리아 시대의 영국인들이 믿고 싶은 것보다 훨씬 더 유사함을 암시하는 것이었다.

다윈은 매우 인간적인 관점에서 다른 동물들의 정서생활을 매혹적으로 기술했다. 심지어 무척추동물조차 즐거움과 고통, 행복과 불행을 느끼며, 약간의 지능을 보유하고 있다고 믿었다. 아울러 공포감에 대해서는 "모든 동물들은 인간과 마찬가지로, 공포를 느끼면 근육이 떨리고 심장이 빨리 뛰며 괄약근이 이완되고 털이 곤두선다"고 주장했다.[13] 어린 개미들이 마치 강아지들처럼 서로 뒤쫓고 깨무는 장면을 기술하면서, 개미들도 인간과 똑같은 감정에 이끌려 흥분한다는 주장을 펴기도 했다. 심지어 개에게서도 용감함과 소심함을 찾아볼 수 있고, 말도 토라질 수 있으며, 원숭이는 앙심을 품기도 한다고 주장했다.

지금의 기준으로 판단할 때, 이상과 같은 주장들은 순진하고 일화적이며 의인화된 것이라고 볼 수 있다. 하지만 동물의 지적 능력에 관한 다윈의 기본적 주장들은 대부분 옳은 것으로 입증되었다. 대부분의 동물행동 연구자들은 많은 동물들이 즐거움과 고통을 느끼고, 학습과 지적 행동을 할 수 있으며, 인간과 여러 가지 감정상태를 공유한다는 데 동의할 것이다. 다윈은 감정이나 표현이 인간에게 특유한 것이 아님을 보여주려는 의도에서 의인화 방식을 썼으며, 인간의 다양한 문화를 비교할 때는 정서적 표현의 보편성을 강조했다.

다윈은 『인간의 유래』에서 자연선택이 유기체 이외의 다른 실체에도 작용할 수 있음을 시사했다. 언어의 진화를 입증하는 논거를 펼치면서, 그는 리처드 도킨스가 제기한 밈 개념을 예견이라도 한 듯 다음과 같이 적었다.

> 생존경쟁은 모든 언어의 어휘와 문법에서도 부단히 계속되고 있다. 어휘와 문법에서는 더 훌륭하고 짧고 쉬운 형식이 끊임없이 우위를 차지하는데, 이러한 성공은 그들이 보유한 고유의 장점 때문이다.[14]

인간의 행동에 관한 다윈의 저서가 출판되었을 당시 심리학 분야를 지배하고 있었던 사람들은 뇌의 메커니즘을 탐구하는 생리학자들과, 정신작용을 이론화하는 철학자들이었다. 17세기부터 19세기 초까지 존 로크, 데이비드 흄, 존 스튜어트 밀과 같은 영국의 철학자들은 "처음 태어난 인간의 정신은 내장된 지식이 없는 텅 빈 상자와 같으며 세상을 경험하면서 차츰 채워진다"고 주장했다. 이러한 견해를 연합주의associationism라고 하는데, "인간은 다양한 관념과 관찰을 통합시킴으로써 주변의 사물들을 차츰 이해하게 된다"는 내용으로 요약된다.

곰곰이 생각해보면 연합주의가 어째서 잘못된 것인지를 알 수 있다. 우리의 마음속에 지식 습득을 가능케 하는 구조가 미리 구축되어 있지 않다면, 우리의 정신이 세계에 대한 그림을 그리는 것은 불가능하기 때문이다. 독일의 위대한 철학자 이마누엘 칸트는 유명한 『순수 이성 비판』에서 "인간의 정신 속에는 세계를 인식하는 데 기여하는 어떤 전제조건이 존재하고 있음에 틀림없다"고 지적했는데, 칸트의 통찰력은 신경학, 심리학, 인공지능 분야에서 최근에 이룩된 방대한 연구성과에 의해 확인되고 있다. 오늘날 우리는 주변 세계를 인식하고 해석하며 모방할 수 있게 해주는 정신 기구mental apparatus가 어느 정도 유전자의 산물임을 이해하고 있다. 다윈이 펴낸 세 권의 위대한 책은 심리학 분야에서 연합주의적 견해가 쇠퇴하는 데 어느 정도 기여했다고 볼 수 있다.[15]

다윈은 『인간의 유래』 제2부에서 암수 간의 신체적·정신적 차이를 부연설명하기 위해 성 선택이라는 개념을 소개했다. 자연선택의 원리에 이어 등장한 이 개념에 의하면, "암컷과 수컷은 각각 이성과의 교미 가능성을 높이기 위해 동성 간의 경쟁력(암컷 간의 경쟁보다 수컷 간의 경쟁이 치열하다고 간주된다)을 강화하거나 이성에게 배우자로 선택될 가능성(배우자 선택권은 암컷에게 있다고 간주된다)을 높여야 하며, 이를 위해 제각기 몇 가지 특징을 진화시켰다"고 한다. 성 선택 개념은 특정한 성별 특징, 예컨대 수사슴의 커다란 뿔이나 수공작의 화려한 꼬리 등이 선택된 이유를 설명하기 위해 제안된 것이었다. 성 선택에 관한 다윈의 이론에는 처음부터 인간이 포함되어 있었으며, 이 이론은 남녀의 차이뿐 아니라 다윈이 비글호를 타고 항해하며 관찰했던 인간 집단 간의 신체적·행동적 변이까지도 설명하는 이론으로 발전했다.[16]

오늘날의 관점에서 보면, 인간의 양성 사이에 존재하는 정신적 차이에 대한 다윈의 견해는 약간 고리타분해 보인다. 그는 다음과 같이 적었다.

> 남성은 여성보다 더 용감하고 호전적·정력적이며, 발명에 관한 재능이 더 많다.[17]
> 수컷 원숭이는 인간 남성과 마찬가지로 암컷보다 대담하고 사납다.[18]
> 가장 강하고 용감한 남성들은 아내를 차지하여 많은 자손을 남길 뿐 아니라, 전반적인 생존경쟁에서도 승리함으로써 그러한 특징들이 보존되거나 강화되는 데 기여한다.[19]

다윈은 성별 차이의 부정적인 면도 언급했다.

> 남자는 경쟁을 즐긴다. 경쟁은 야심으로 이어지며, 야심은 자칫 이기심으로 변질될 수 있다.[20]

나아가 다윈은 다음과 같은 의견을 내놓았다.

> 여성은 기질적으로 상냥하고 이기심이 적다는 면에서 남성과 다른 것 같다. 여성의 경우 직감, 빠른 인식, 모방 등의 능력이 남성보다 훨씬 뛰어나다.[21]

빅토리아 시대의 영국 사회를 지배했던 통념과 비교한다면, 다윈의 견해는 어느 정도 용납될 수 있는 수준이었다. 그러나 "여성도 교육을 받으면 남성과 똑같은 지적 수준에 도달할 수 있다"[22]는 그의 말로 미루어볼 때, 다윈의 견해는 당대의 많은 사람들보다 자유분방했던 것으로 보인다. 그리고 '성 선택 과정에서 암컷의 선택이 중요한 역할을 한다'는 생각은 '여성이 배우자 선택과 성 행동에서 흔히 허용된 것보다 능동적인 역할을 한다'는 것을 인정한 것이라고 볼 수 있다.[23]

한편, 『인간의 유래』에 언급된 인종별 차이에 대한 내용을 읽어보면, 오늘날의 기준으로 볼 때 다윈은 인종적 편견을 가진 사람으로 여겨질지 모른다. 하지만 그는 '적절한 기회가 주어지면 인종별 차이는 해소될 수 있다'고 생각하는 입장이었다. 다윈은 1831년부터 1836년까지 비글호를 타고 항해할 때 세 명의 티에라델푸에고 섬 사람들과 동행했다.[24] 세 사람은 이전 항해에서 피츠로이 선장과 인연을 맺었는데, 그중 두 사람은 선박 절도사건에 연루되어 인질로 억류된 사람들이었다. 나머지 한 사람의 이름은 제러미 버튼이었는데, 그의 부모에게 진주로 만든 단추를 쥐어준 선원들에 의해 반강제로 끌려온 사람이었다(그래서 그는 '버튼'이라는 이름을 얻었다). 세 사람은 영국으로 이송되어 영국 문명과 기독교에 동화된 뒤, 이제 선교사로 일하기 위해 고향으로 돌아가는 길이었다. 특히 버튼은 뛰어난 언어능력, 유머감각, 세련된 매너 때문에 다윈과 동료 선원들에게 깊은 인상을 남겼다.

남아메리카 남단의 티에라델푸에고 섬에 도착한 다윈은 다른 원주민들이 버튼보다 열등하고 야만스럽게 보이는 데 놀라지 않을 수 없었다. 이로 인해 다윈은 '민족 간의 다양한 차이는 기후와 문화로 인해 초래되는 것이며, 기회가 주어진다면 지적 발달이 가속화될 수 있다'는 점을 깨닫게 되었다.[25] 곧 보게 되겠지만, 다윈의 동시대인들 중에서 상당수는 그와 상반된 태도를 견지하고 있었다. 그들은 "성性과 인종에 따른 지적 능력 차이는 불가피한 것이며 기회를 준다고 해서 결코 바뀔 수 있는 것이 아니다"라고 생각했다.

그 후 다윈이 개인적으로 기록한 노트를 세심하게 살펴보면, 『인간의 유래』에서 표명된 여러 생각들이 1838년부터 머릿속에 자리잡기 시작했음을 알 수 있다.[26] 노트에는 기억, 학습, 상상력, 언어, 감정, 정신병리학을 비롯한 광범위한 심리학적 주제가 깨알같이 적혀 있다.

1838년 8월 16일의 노트에서, 다윈은 "개코원숭이를 이해하는 사람은 존 로크보다 형이상학에 더 많이 기여할 수 있다"고 주장했다. 이것은 '인간의 정신이 어떻게 작동하는지를 이해하는 데는 동물의 행동을 연구하는 것이 철학보다 더 유용하다'는 뜻이었다. 다소 놀라운 이 주장은 150년 뒤 인간사회생물학 분야에서 나오게 되는 몇몇 대담한 언급과 매우 비슷하다. 하지만 다윈의 경우, 정식 출판한 책에서는 사적인 기록보다 훨씬 더 사려 깊고 신중한 태도를 유지했다. 그럼에도 불구하고, "심리학과 인간행동의 연구는 생물학과 변이·유전·적응 등의 개념에 대한 이해를 바탕으로 이루어져야 한다"는 다윈의 견해는 후학들에게 지대한 영향을 미쳤다.

골턴과 우생학의 탄생

다윈의 사촌동생 프랜시스 골턴은 『종의 기원』이 출간되기 이전에 다윈의 사상을 함께 논의했던 최측근 지식인 그룹의 일원이었다. 다윈은 유전과 개인차를 강조함으로써, 사람의 지적 능력이 왜 다른지를 설명하려는 골턴의 연구에 많은 영감을 주었다. 골턴의 주요 저서인 『유전하는 천재』Hereditary Genius는 1869년 출판되었다. 이 책에서 골턴은 영국의 판사, 귀족, 군 지휘관, 과학·문학·시·음악 종사자들 중에서 명문가 출신들을 선별하여 이들의 족보를 분석했다. 골턴은 바흐 일가가 모두 뛰어난 음악가였으며, 다윈의 가문(골턴은 겸손하게 자신은 제외시켰다)은 훌륭한 과학자 집안이라는 점에 주목했다. 그러고는 "인간의 정신은 자연법칙과 독립적으로 작용한다"는 당시의 지배적인 견해와는 반대로 "인간의 지적 능력은 유전된다"는 의견을 내놓았다.

골턴은 수학, 심리학, 진화론에 크게 기여한 만물박사였으며, 일란성 쌍둥이를 이용하여 유전이 행동에 미치는 영향을 연구하는 방법을 개척했다.[27] 그다지 잘 알려지지 않은 업적 중 하나는 범죄수사를 돕는 지문채취법을 발명한 것이다. 또한 남녀의 신체적·정신적 특성을 연구하기 위해 인체측정연구소를 만들었다. 결국 골턴은 측정에 광적으로 집착하게 되었다. 예컨대 영국 각지를 여행하면서 은밀하게 각 도시의 미인美人 지도를 만들고는, 아름다운 아가씨가 가장 많은 도시는 런던, 가장 적은 도시는 애버딘이라는 결론을 내렸다. 그리고 과학연구 모임에 활기를 불어넣기 위해 청중이 따분해 하는 정도를 정량화하려고 시도했다. 골턴은 기어코 청중들이 꼼지락거리는 횟수를 분分 단위로 측정하기에 이르렀고, 이 연구결과를 과학잡지 《네이처》에 발표했다.

그러나 골턴은 지독한 편견의 소유자이기도 했다.[28] 예컨대 '선천적으로 범죄형인 사람이 있으며, 아무리 환경을 개선하더라도 이것을 바꿀 수 없다'든지, '다양한 와인을 구분하지 못하는 것만 봐도 여성의 지적 능력이 열등하다는 것을 알 수 있다'는 등의 낭설을 믿었다. 그리고 모든 개인차를 유전(오늘날 우리가 '유전자'라고 부르는 것)의 탓으로 돌렸으며, 교육이나 기회의 역할을 전혀 인정하지 않았다.

유전에 관한 골턴의 편견은 천재성을 '천부적으로 타고난 매우 뛰어난 능력'[29]이라고 규정한 데서 극명하게 드러난다. 교육이 지적 잠재력을 활짝 꽃피울 수 있다는 점을 인정했지만, 교육을 통해 타고난 지능을 뛰어넘는 것은 애당초 불가능하다고 생각한 것이다. 이런 이유에서 골턴은 여성의 교육이나 참정권을 반대했다. 인종에 대해서도 편견을 드러냈다. 예컨대 아프리카인들의 평균 지능이 유럽인들보다 낮다고 보았다. 심지어 영국 내에서도 스코틀랜드 남부 및 잉글랜드 북부 거주자들이 잉글랜드 중부, 특히 런던 거주자들보다 훨씬 더 가치 있는 사람들이라고 주장했다.

골턴은 「상이한 인종의 가치 비교」라는 장章에서, "유구한 역사를 가진 인종은 하나같이 자신들이 살아온 조건에 특유한 적합성을 가지고 있기 마련인데, 이는 다윈의 자연선택 법칙이 분명히 작용했기 때문"이라고 적었다.[30] 그리고 세월이 흐르면서 문명화된 인종이 미개한 원주민을 몰아내는 것은 불가피한데, 이유는 후자의 지적 능력이 부족해 우수한 문명사회의 임무를 감당할 수 없기 때문이라고 주장했다.

골턴이 『유전하는 천재』를 쓰기 시작한 것은 아내 루이즈가 건강 때문에 아기를 가질 수 없다는 것을 알았을 때쯤이었다. 아마 이것은 골턴이 나중에 인류의 지적 수준의 미래를 점점 더 우려하게 된 이유 중 하나였을 것이다. 하층계급이 상류층보다 왕성하게 번식하는 것을 두려워했던 것이다. 1894년에 쓴 글에서는 "오늘날 우리는 인종의 번식 상태를 개선하는 방안을 심각하게 고려해야 할 지경에 이르렀다. 평범한 시민은 너무 천박해서, 현대문명의 일상적 과업을 수행할 수 없다"고 말했다.[31] 또한 『유전하는 천재』에서는 "미래 세대의 복지를 위해서는 현재의 평균적인 능력 수준을 높이는 것이 대단히 중요하다"고 말했다.[32] 구체적인 실천방안으로, 우수한 유전형질을 가진 사람의 분별력 있는 조혼早婚을 적극 장려하고, 심신이 나약하고 범죄자적 기질이 있는 사람들은 수도원으로 보내 결혼을 막는 방법을 제안했다.

골턴의 우생학 이론이 탄생하게 된 배경은 이상과 같다. 그는 우생학을 "인종의 선천적 형질을 개선하는 데 영향을 미치는 모든 요인들을 다루는 학문"이라고 정의했다. 다윈은 『인간의 유래』에서 골턴의 저서들을 언급하기는 했지만, 그의 견해를 전적으로 용납한 것은 아니었다. 다윈은 오히려 "약자나 도움을 필요로 하는 사람들을 의도적으로 방치하는 것은 분명코 커다란 죄악"이라고 지적했다.[33]

골턴은 우생학에 열정적으로 매달렸다. 하지만 우생학 사상을 집대성한 저서 『인간의 능력과 발달에 대한 탐구』Inquiries into Human Faculty and Its Development(1883)가 출판되었을 때 비난의 표적이 되었던 것은, 아이러니하게도 우생학 원리가 아니라 주로 반종교적 견해였다. 골턴은 가족사에 관한 정보를 이용하여, "교회의 고위 성직자들처럼 기도를 많이 하는 사람들이 타직업(예컨대 법률가)의 고위층보다 오래 살지 못하고, 선교선도 화물선과 거의 같은 빈도로 침몰한다"고 이야기하면서, 놀랍게도 "기도는 아무런 효험이 없다"고 결론을 내렸던 것이다.

골턴은 그 후 세계에서 가장 잘나가는 심리학자 중 한 명이 되었고, 20세기 초에는 골턴의 이론에 바탕을 둔 우생학 운동이 영국, 미국, 독일을 비롯한 30여 개 나라에서 활발하게 전개되었다.[34] 그리고 1914년이 되자, 미국의 30개 주에서는 우생학을 근거로 하여 정신박약자의 결혼을 금지하는 법률을 도입하기에 이르렀다.[35]

진화는 진보인가?

19세기 말 무렵 다윈의 자연선택 이론은 진화적 변화를 제대로 설명하지 못해 인기를 잃고 있었다.[36] 진화론의 발목을 잡았던 요인은 어느 정도 유전학 지식이 결여되어 있다는 점에 있었지만, 자연선택에 대한 주요 반론은 켈빈 경Lord Kelvin과 같은 물리학자들에 의해 제기되었다. 이들의 계산에 따르면 자연선택에 의한 진화가 진행되려면 수십억 년의 시간이 필요한데, 그러기에는 지구의 나이가 너무 젊었던 것이다. 물론 이들이 계산한 지구 나이의 추정치는 정확하지 않았지만, 1870년 당시에는 그것 말고도 자연선택에 반대되는 증거가 산적해 있는 것처럼 보였다. 한편 다른 한쪽에서는 또 한 명의 위대한 진화론자 장 바티스트 드 라마르크의 이론이 부상하고 있었다.

1809년 파리 자연사박물관의 교수로 재직하던 라마르크는 진화에 관한 저서를 출판하면서 "모든 종은 한꺼번에 창조된 것이 아니라 따로따로 탄생했으며, 일렬로 늘어놓으면 가장 유사한 종들끼리 어깨를 나란히 하도록 순차적으로 배열할 수 있다"는 의견을 내놓았다.[37] 라마르크는 각각의 종은 존재의 사슬을 따라 상향 이동하며, 이들의 최종 목표는 인간이라고 했다. 이러한 이동 과정은 부모가 일생동안 획득한 형질들, 예컨대 축적된 지식이나 잘 발달된 근육 등을 자식에게 물려줌으로써 가능하다고 생각했다. 진화에 대한 라마르크의 견해는 직선적이며, 진보적이라고 할 수 있다. 왜냐하면 각각의 종은 더욱 복잡한 종으로 진화함으로써, 최정상에 있는 인간의 자리에 도달하려고 노력하는 존재이기 때문이다.

라마르크의 이론은 처음 프랑스에서 퇴짜를 맞았는데, 이는 주로 조르주 퀴비에Georges Cuvier의 반대 때문이었다. 퀴비에는 당시 프랑스에서 영향력 있는 생물학자였다. 한편 영국에서는 라마르크의 이론을 '위험할 정도로 무신론적이고, 프랑스 혁명사상과 너무 밀접하게 관련되어 있다'고 간주했다.[38] 사실, 다윈이 점진적인 견해를 강조한 것도 아마 어느 정도는 진화론을 혁명으로부터 떼어 놓으려는 의도였을 것이다.

라마르크는 학문적 논란이 한창일 때 가난하게 죽었는데, 장례식 때 딸이 "아버지, 세월이 아버지의 원수를 갚아줄 거예요!"라고 외쳤다고 한다. 딸이 옳았다. 19세기의 물리학자들이 "자연선택이 이루어질 만큼 충분한 시간이 없었다"며 다윈의 진화론을 비판하는 가운데, '획득형질이 유전된다'는 라마르크의 견해만큼 빠른 진화를 설명하는 데 안성맞춤인 것은 없었기 때문이다. 획득형질이 유전된다는 이론은 널리 신뢰를 받지 못했지만,[39] 진보와 진화를 동일시하는 라마르크의 견해는 오늘날까지도 살아남아 있다.

라마르크 사상의 옹호자 중 한 명이었던 허버트 스펜서는 19세기 말에서부터 20세기 초에 걸쳐 큰 영향력을 발휘한 학자였다.[40] 스펜서는 1820년 잉글랜드에서 태어나, 처음에는 토목기술자가 되기 위해 교육을 받았지만, 주요 관심사는 사회학, 심리학, 철학 등이었다. 이후 교양을 쌓은 스펜서는 '종種과 인간 사회를 비롯한 모든 것이 단순한 상태에서 좀 더 복잡한 상태로 변화해가는 것은 불가피하다'는 사상을 널리 전파했다. 예컨대 「진보의 법칙과 원인」이라는 제목의 논문에서 스펜서는 다음과 같이 적었다.

> 잇단 분화를 통해 단순한 것에서 복잡한 것으로 진보해가는 것은 지구의 지질학적·기후적 진화는 물론 지표면에 서식하는 모든 유기체의 진화에서도 똑같이 나타나는 현상이다. 이는 인간의 진화에서도 찾아볼 수 있다. 정치적·종교적·경제적 조직체들의 관점에서 보는 사회의 진화에서도, 그리고 우리 일상생활의 환경을 구성하는 인간 활동의 온갖 구체적·추상적 산물의 진화에서도 마찬가지다.[41]

현대를 사는 우리는 진화와 진보를 동일시하는 것을 다윈주의 사상의 왜곡이라고 규정하고 싶을지 모른다. 그러나 사실 '진화'라는 용어는 다윈이 등장하기 오래전부터 이미 존재했다. '진화'라는 말은 본래 '진보'라는 의미를 함축하고 있었으며,[42] 17세기 이후로 가지런히 연속된 일련의 사건들, 특히 애초에 결과가 내포되어 있는 사건들을 가리키는 데 널리 사용되었다.

스펜서가 제시한 정신적 진화의 개념은 '단순한 동물의 반사작용'에서 시작하여 '문명화된 인간의 지능'에서 정점을 이루는 하나의 연속체를 의미한다. 영향력 있는 저서 『심리학 원론』에서 스펜서는 "원시인보다 정신적으로 훨씬 더 진보한 '뇌 큰 유럽인'의 등장과 더불어, 인간 사회는 점차적으로 더욱 발전해나갔다"고 썼다. 한편 카를 마르크스는 이와 비슷한 관점에서, "인간 사회는 때때로 발생하는 혁명을 통해 다양한 단계를 경유하여 진보하며, 혁명은 사회를 더 높은 단계에 올려놓는 역할을 한다"고 주장했다.

19세기 후반 미국에서는 진화와 사회에 대한 스펜서의 견해가 다윈의 견해와 나란히 인기를 끌었으며, 종교 지도자 및 기업가들로부터 많은 지지를 얻었다.[43] 스펜서는 1882년 미국을 방문하여 환대를 받았고 그의 저서는 수천 권씩 팔렸다. 왜냐하면 그의 견해는 새로 부국이 된 미국의 기업가 정신을 정당화했기 때문이었다. 부의 크기가 적자適者 여부를 판단하는 확실한 척도로 통하는 기업가 사회에서, 적자생존이라는 스펜서의 구호는 큰 호응을 얻었다.

진화론 사상이 사회와 기업으로부터 지지를 받자 이른바 '사회적 다윈주의' 운동이 시작되었다. 하지만 이 운동은 다윈보다는 스펜서로부터 유래하기 때문에, 엄밀히 따지면 '사회적 스펜서주의'라는 이름이 더 적절해 보인다. 1894년에 발간된 스펜서의 저서 『인간의 진보』The Ascent of Man의 제목을 보면, 다윈이 인간의 진화에 대한 저서들을 출판한 지 불과 20년 만에, 진화론 사상이 진화와 진보 모두를 아우르는 포괄적 개념으로 부상했음을 알 수 있다.

다윈(1859)은 진화를 '사다리'보다는 '가지를 뻗은 나무'로 묘사했다. 그러나 사회적 다윈주의자들은 생물학적 진화를 '사다리를 밟고 올라가는 과정'으로 오해하여, 경쟁이 장려되어야 한다고 결론을 내렸다. 그리하여 사회적 보수주의, 군국주의, 우생학, 자유방임 경제, 규제 없는 자본주의 등과 같은 원칙들을 정당화했다.[44]

미국 학계를 대표하는 사회적 다윈주의자는 예일 대학교의 정치경제학 교수였던 윌리엄 섬너William Sumner였다. 섬너는 "백만장자도 자연선택의 결과다. 그들은 사회적 합의에 따라 높은 보수를 받고 호화로운 생활을 하며, 이러한 합의는 사회를 위해서도 바람직하다"[45]고 주장했다. 이와 대조적으로 사회주의 제도는 '부적격자들의 생존을 증진한다'는 이유로 사회에 대한 위협으로 간주했다. 앤드루 카네기와 J. D. 록펠러 같은 기업가들은 진화의 개념을 자기들 입맛에 맞게 이용했다. 예컨대 카네기는 "소수의 수중에 기업을 집중시키는 것은 인류의 미래 발전을 위해 필요불가결하다"[46]고까지 주장했다. 이것은 다윈 사상의 중대한 왜곡으로, 다윈은 자신의 생각이 이처럼 해석되는 것을 전적으로 거부했다.

사회적 다윈주의가 번성한 이유는 19세기의 마지막 20년 동안 '인간의 행동을 설명하는 데 본성이 양육보다 훨씬 더 중요하다'는 사상이 유럽과 북아메리카를 지배했던 탓도 있다. 이 지역 국가들의 권력과 부는 여타 지역의 국가들과 큰 대조를 이루었는데, 이는 차츰 인종들 간에 존재하는 심리나 능력의 차이를 반영하는 것으로 여겨졌다. 예컨대 저명하고 영향력 있는 독일의 동물학 교수였던 에른스트 헤켈Ernst Haeckel은 '종의 진화는 개체의 발달과 마찬가지로, 점점 더 높은 단계를 향해 나아가는 방식으로 진행된다'는 견해를 옹호했다. 그는 이 견해를 발전시켜 자신의 생물발생법칙biogenetic law을 수립했는데, 이 법칙의 내용은 "개체발생(수정으로부터 죽음에까지 이르는 과정)이 계통발생(종의 진화사)을 되풀이한다"는 것이었다.[47]

헤켈은 『종의 기원』을 읽고 진화론으로 전향했으며, 진화에 대한 일련의 글과 저서를 통해 세계적인 진화론자의 반열에 올랐다.[48] 그러나 스펜서와 마찬가지로 헤켈의 진화론 역시 라마르크 쪽으로 기우는 경향을 보였다. 진화론은 헤켈에게 매우 분명한 정치적 의미로 다가왔으며, 정치제도 개혁과 독일의 통일을 열망하는 그에게 이론적 틀을 마련해주었다. 그는 제1차 세계대전이 발발할 때까지, 독일어권 국가들에 대한 자신의 막강한 영향력을 활용하여 인종차별론을 부각시켰다. 역사가들은 나치 이론가들의 끔찍한 교리에서, 헤켈에게서 직접 계승된 강한 생물학적 전통을 주목하고 있다.[49]

그로부터 몇 년 후 『나의 투쟁』이 출판되면서, 사이비혁명의 탈을 쓴 정치적 주장의 극악무도함은 절정에 달했다. 아돌프 히틀러는 이 책에서 '인종의 순수성이 필요하다'는 유사과학적 주장을 입증하기 위해 혼합유전이라는 엉터리 개념과 스펜서의 적자생존 원칙을 들이대는가 하면, 인간과 동물을 아전인수 격으로 비교하는 행위도 서슴지 않았다. 생물학적으로 볼 때 『나의 투쟁』에 실린 히틀러의 주장은 넌센스였지만, 생물학적 진화를 진보로 왜곡시키는 견해가 얼마나 위험한지를 이보다 더 적나라하게 보여준 사례는 없다.

다윈이 자신의 후계자로 선택한 조지 로매니스George Romanes조차 진화를 진보로 간주했다.[50] 로매니스가 1874년 다윈에게 편지를 쓰기 시작한 후부터, 두 사람 간의 관계는 강한 우정으로 발전했다. 로매니스는 인간과 동물의 행동을 비교함으로써 인간의 지적 능력이 어떻게 진화했는지를 연구했다. 동물의 정신은 1870년대에 매우 인기 있는 주제였으며, 과학 및 대중 잡지에는 동물들의 지적 능력에 대한 놀라운 관찰 결과를 보고하는 편지들이 쇄도했다. 로매니스는 이들 일화를 수집하고 검토하여, 그 결과를 1882년에 쓴 『동물의 지능』에 발표했다. 이 책에서 로매니스는 매일 아침 커튼을 타고 기어올라 먹이를 먹도록 훈련된 집게벌레에서부터 나사의 기계적 원리를 이해한 개에 이르기까지, 동물 애호가나 과학자들이 수집한 수많은 사례들을 지적 능력의 수준에 따라 배열하고 분석했다.

하지만 로매니스는 다윈보다 스펜서와 헤켈로부터 더 많은 영향을 받은 듯, 두 사람의 저서들을 빈번하게 인용했다. 로매니스는 헤켈의 생물발생법칙을 이용하여 동물들의 지적 능력을 오름차순으로 배열하고, 맨 위에 인간을 배치했다. 그런 다음 인간이 개체발생 과정을 거치면서 진화의 사다리를 차례로 밟고 올라간다는 의견을 내놓았다. 또한 각 나이마다 그에 상응하는 동물의 지능을 예시했다(〈표 2-1〉). 이를테면 생후 3주의 갓난아기는 지적 능력 면에서 곤충과 비슷하고, 4개월이 되면 파충류와 비슷하며, 한 살이 되면 코끼리만큼 영리하고, 생후 15개월이 되면 유인원과 개보다 더 똑똑하다는 식이었다.

인간 사회가 다양한 수준을 거쳐 진보한다는 생각은 새로 출현한 인류학 분야에도 널리 퍼져 있었다.[51] 다윈과 매우 밀접한 관계에 있던 인류학자 존 러벅John Lubbock과 에드워드 타일러Edward Tyler조차도 '수준 높은 문화는 더욱 크고 효과적인 뇌를 가진 더욱 진보된 인종과 관련

〈표 2-1〉 인간의 정신발달 단계별 지능과 그에 상응하는 동물의 지적 능력

인간의 정신발달 단계	대응되는 다른 동물	심리학적 능력
정자와 난자	원생동물	운동
배아	강장동물	신경계
출생		쾌락과 고통
1주	극피동물	기억
3주	곤충의 애벌레	기초적 본능
10주	곤충과 거미	복잡한 본능
12주	어류	연상 학습
4개월	파충류	개체 인식
5개월	벌	의사소통
8개월	새	단순한 언어
10개월	포유동물	기계장치 이해
12개월	원숭이와 코끼리	도구 사용
15개월	유인원과 개	도덕성

되어 있다'는 가설을 전혀 의심하지 않았다. 러벅과 타일러는 모든 문명국이 야만인들의 후예라고 주장하면서, 다음과 같은 두 가지 이유를 들었다. 첫째, 문명국의 관습과 언어, 그리고 부싯돌과 같은 고고학적 유물에 야만인의 흔적이 일부 존재한다. 둘째, 야만인도 독자적으로 문명화될 수 있으며, 때때로 이 과정에서 문명 수준이 몇 단계 상승하기도 한다.

타일러는 주요 저서 『인류와 문명의 발달에 관한 초기 역사 연구』(1865)와 『원시 문화』(1871)에서 이러한 이론을 펼치며, "세계의 여러 지역에서 석기시대 문화를 연구하는 사람이라면 유럽의 석기시대 문화를 역사적으로 이해할 수 있을 것"이라고 추론했다. 루이스 헨리 모건Lewis Henry Morgan은 1877년 저서 『고대 사회』에서, 사회의 진보 과정에서 나타나는 문화적 진화의 단계를 제시함으로써 이 견해를 극한까지 밀고나갔다(〈표 2-2〉).

이들 인류학자는 "모든 인종이 공통의 조상을 가졌지만, 그중에는 다른 인종보다 높은 수준으로 진보한 인종이 있다"고 주장했다. 이 견해는 "인종이 다르면 종 자체가 다르므로 노예제도는 자연스러운 것"

〈표 2-2〉 루이스 헨리 모건이 제시한 문화적 진화의 단계

단계	특징
하급 야만	과일과 견과류 채취
중급 야만	물고기 포획, 불 사용
상급 야만	활과 화살을 무기로 사용
하급 미개	토기 사용
중급 미개	동물 사육, 관개를 통해 옥수수 재배, 점토 및 석조 건축
상급 미개	철기 사용
문명	표음문자 사용 및 기록

이라고 주장한 일군의 인류학자들의 생각과 대조적이었다.[52] 후자의 전형적인 예로는 골상학자 새뮤얼 조지 모턴Samuel George Morton을 들 수 있다. 그는 영향력 있는 하버드의 동물학자였던 루이스 애거시즈Louis Agassiz의 지지를 받았으며, 전 세계의 다양한 인종들을 구체적으로 설명하고 분류하는 데 많은 시간을 할애했다.[53] 인종차별주의자들은 하나의 집단에 속한 모든 인간들을 특정한 유형으로 기술할 수 있다는 생각에 의존했다. 하지만 이것은 진화에 대한 다윈의 견해와 판이하게 달랐다. 다윈은 유형학적 사고를 거부하고, 집단 속에 존재하는 변이의 중요성을 강조했다.[54]

진화적 증거는 인간의 종이 하나라는 견해를 뒷받침했다. 토머스 헉슬리는 "모든 인간이 이종교배를 할 수 있다는 것은 우리가 하나의 종이 틀림없다는 것을 의미한다"고 주장했고, 다윈도 "모든 인종은 지적 능력과 감정표현이 유사하다"는 연구결과를 발표함으로써 이 견해를 분명히 지지했다. 그러나 영국과 북아메리카 사회가 다른 문화권 사회보다 우월하다는 인식이 만연하면서 사회적 다윈주의 운동의 추진력은 더욱 커졌다.[55] 빅토리아 시대의 사회제도는 자연스럽고 훌륭하고 건전한 반면, '원시사회'는 비정상적이고 타락한 것으로 간주되었다. 1890년대 동안 영국의 토머스 헉슬리와 미국의 제임스 마크 볼드윈James Mark Baldwin을 비롯한 다수의 생물학자들은 부당한 사회적·윤리적 가치를 정당화하기 위해 진화론이 악용되는 것을 보고 격앙된 반응을 보였다. 하지만 안타깝게도 그들의 항거는 쇠귀에 경 읽기였다.

본성인가
양육인가

빅토리아 시대의 영국 지도층은 동물학을 비롯한 당대의 과학 발전에 관심이 많았을 뿐만 아니라 상당한 식견까지 보유하고 있었다. 더글러스 스폴딩Douglas Spalding이라는 젊은 과학자가 새를 대상으로 실시한 일련의 특별한 실험으로 유명해진 것은 이런 분위기 때문이었다.[56] 이 연구는 많은 사람들의 생각을 '인간의 정신은 본능에 의존할지도 모른다'는 쪽으로 기울게 만들었다.

원래 슬레이트 지붕 수선공으로 생계를 유지하던 스폴딩은 애버딘과 런던에서 철학에 관한 공개강좌를 수강하며 지식을 넓혔다. 그런데 영국 최고의 심리학자와 철학자들이 아무런 실험도 해보지 않은 채 '정신이 본능의 영향을 받는가?'라는 문제를 논의하는 것에 크게 실망했다.

스폴딩은 알에서 깨어난 새에게 타고난 본능이 작용하는지 검사하기 위해, 햇병아리를 대상으로 실험을 시작했다. 햇병아리가 주위의 물체와 충돌하지 않고 돌아다니며 정확하게 모이를 쪼고, 아무런 감각경험이 없는 상태에서 소리를 알아차릴 수 있는지 알고 싶었던 것이다. 병아리가 부화하기 직전 달걀에 구멍을 뚫어, 병아리의 귀에 밀랍을 넣고 눈을 헝겊으로 가려 시청각 자극이 전달되지 못하게 하고는, 알에서 나오자 밀랍과 눈가리개를 제거하고 본격적인 실험에 착수했다. 실험 결과 이들 병아리는 다른 병아리들과 마찬가지로 정확하게 모이를 쪼고 몸놀림을 제대로 해 물체와의 충돌을 피하는가 하면, 매의 공격과 같은 위험에 적절하게 대응하는 것으로 밝혀졌다. 실험을 마친 스폴딩은 병아리의 이러한 능력들이 본능적인 것임에 틀림없다고 결론을 내렸다. 또한 병아리가 부화 직후 처음 눈에 띄는 물체(보통 그들의 어미)에 집착하여 본능적으로 그 뒤를 쫓아다닌다는 사실도 덤으로 발견했다.

스폴딩은 그 후 영국 총리의 아들 앰벌리 경의 장남을 가르치는 개인교수로 채용되었고, 이들의 저택에서 앰벌리 부인을 조수로 삼아 선구적인 연구를 계속하도록 권유받았다. 불행하게도 스폴딩의 연구는 스캔들 때문에 갑자기 막을 내렸다. 앰벌리 경과 부인이 사망한 뒤 자녀의 후견인으로 스폴딩이 지명되자, 크게 실망한 자녀들의 할아버지가 문제를 제기했던 것이다. 막강한 권력을 등에 업은 할아버지에게 밀려난 스폴딩은 어쩔 수 없이 프랑스로 떠났고, 그곳에서 37세의 나이로 요절했다. 앰벌리 경의 아들이었던 철학자 버트런드 러셀이 나중에 폭로한 바에 의하면, 스폴딩의 독신생활을 측은히 여긴 앰벌리 부인이 그를 침실로 불러들였다고 한다.

영국에서는 인간과 동물의 지적 능력을 비교하는 것이 꾸준히 강조되었다. 콘위 로이드 모건Conwy Lloyd Morgan은 로매니스의 일화적逸話的 접근방법을 비판하며, 인간과 동물의 본능을 객관적으로 비교하는 연구에 착수했다. 비교심리학과 동물행동학의 창시자 중 하나였던 그는 『습관과 본능』(1896), 『동물의 행동』(1900), 『동물의 마음』(1930) 등 14권의 중요한 저서를 남겼다. 특히 모건은 정확한 개념정의, 객관적 관찰, 실험결과의 재현성을 중시하고, "정확한 근거 없이 동물에게 복잡한 지적 능력이 존재한다고 주장해서는 안 된다"고 강조했다. 또한 '동물의 행동이 보다 저차원의 인지과정의 결과라고 해석될 수 있을 때는, 이를 고차원의 인지과정 결과라고 해석해서는 안 된다'는 원칙을 남겼는데, 이를 비교심리학에서는 모건의 준칙이라고 부른다.

모건의 저서들은 동물 행동에 관한 연구를 엄밀한 과학으로 확립하는 데 크게 기여했다. 모건의 준칙은 행동주의 운동의 초석이 되었고, "일견 복잡하게 보이는 행동일지라도, 그 근저에는 단순한 학습과정이 존재할 수 있다"는 주장의 밑거름이 되었다. 그러나 모건이 준칙을 만든 의도는 연구를 위축시키려는 것이 아니라, 종의 행동에 대한 설명을 (종 자체에 내재하는 것으로 알려진) 심리적 과정에 국한시키려는 것이었다.

이런 점에서 보면, 모건의 준칙은 결과적으로 역효과를 낳았다고 할 수 있다.[57] 오늘날 널리 유포되어 있는 본능적 행동에 관한 견해, 즉 "본능이란 전적으로 선천적인 신경계 조직에 의해 결정되는 행동"이라는 견해의 창시자는 바로 모건이었다. 오늘날의 용어로 말하면, 모건은 "개별 동물이 어미로부터 물려받는 행동은 본능, 반사작용, 학습능력 이렇게 3가지밖에 없다"고 주장한 셈이었다.

19세기 말부터 20세기 초에 걸쳐 동물의 학습에 관한 연구는 동물학 내부에서 각광받는 연구주제로 부상했으며, 상세한 관찰과 실험을 강조했다. 그러나 다른 한편에서는 왜곡된 진화론적 견해의 위세도 만만치 않아, 20세기 초까지 과학적 사고, 특히 심리학에 끈질긴 영향력을 발휘했다.[58] 예컨대 심리학을 대학의 정규과목으로 확립한 사람 중 하나로, 심리학을 '자녀의 교육과 양육에 이용할 수 있는 실용적 학문'이라고 옹호한 미국인 그랜빌 스탠리 홀Granville Stanley Hall은 라마르크의 유전이론과 헤켈의 생물발생법칙을 저술활동의 주요 원칙으로 삼았다.

지그문트 프로이트의 정신병리학 이론 역시 다윈과 헤켈로부터 많은 영향을 받았다.[59]

프로이트는 '성 선택'과 '교접 본능'이라는 다윈의 개념을 빌려 자신의 리비도 개념을 발전시키는 데 활용했다. 리비도는 대체로 성과 관련된 본능적 충동을 말하며, 인간행동의 배후에서 은밀히 추진력으로 작용한다. "표면에 드러나는 현상을 통해 인간 내면의 정신작용을 간접적으로 들여다볼 수 있으며, 질병은 잊힌 경험 때문에 발생하는 것일지도 모른다"는 프로이트의 견해는 감정의 표현에 관한 다윈의 저술로부터 영향을 받았다. 게다가 프로이트의 성 심리이론은 신빙성을 잃은 헤켈의 생물발생법칙으로부터 직접 도출된 것이었다.[60] 프로이트는 "만약 인간의 발달단계에 상응하는 동물에게 성이 있다면 유아에게도 성이 있을 것이며, 입으로 성적 쾌감을 얻는 구강기口腔期가 지나면 항문기와 남근기에 이를 것"이라고 추론했다.

스펜서파 심리학의 견해에 도전한 영향력 있는 심리학자는 미국의 소설가 헨리 제임스의 형 윌리엄 제임스William James였다. 철학자로서 유럽을 자주 드나들던 윌리엄 제임스는 당시 유럽에서 발달하던 생리심리학 분야에 조예가 깊었다.[61] 그는 처음에는 스펜서를 숭배했지만, 인간행동에 대한 결정론적 견해가 심리학을 지배하는 데 차츰 불만을 느꼈다. 인간을 환경 변화의 노예처럼 반응하는 수동적인 유기체로 희화화하는 것이 영 못마땅했던 것이다. 제임스는 좀 더 다원주의적인 관점으로 되돌아가, "정신은 외부 세계에 의해 형성되지 않는다. 정신은 다양한 관념(변이)을 만들어내며, 그중에서 세계를 다루는 최선의 방법을 제공하는 관념(변이)만이 유지(선택)된다"는 견해를 제시했다.

제임스는 의식이나 본능과 같은 정신의 중요한 특징들을 설명하면서 적응이라는 개념을 중시했다. 1890년에 초판이 나오고 이후 여러 차례 판을 거듭한 『심리학의 원리』는 각 장의 제목에 인식, 감각, 본능, 추론, 정서, 기억 등을 포함하고 있었고, 내용은 매우 유물론적이었다. 예컨대 습관은 신경중추를 통과하는 경로가 재배열됨으로써 형성되는 것이라고 썼다.[62] 비록 제임스는 특정한 가설이나 실증적 예측에 진화론을 명시적으로 반영하지는 않았지만, 그의 모든 저서에는 다윈주의 관점이 구석구석 스며들어 있었다.[63]

탁월한 진화론적 견해를 갖고 있었음에도 불구하고 그에 걸맞은 영향력을 행사하지 못한 심리학자로 제임스 마크 볼드윈이 있었다.[64] 볼드윈 효과를 발견하고 일류 심리학 잡지 《사이콜로지컬 리뷰》Psychological Review 창간에도 참여했던 볼드윈은 심리학에 진화론적 접근방법을 적용했지만, 인간행동을 단순히 유전의 관점에서 바라보는 견해는 거부했다.[65] 볼드윈은 진화론에 부합하는 심리학 이론을 전개하려고 노력하는 한편, 진화론의 입장에서 문화적 유전의 영향을 설명했다. 볼드윈의 주요 관심분야는 아동발달이었는데, 그는 이 분야가 G. 스탠리 홀의 라마르크적 접근방법 때문에 왜곡되었다고 믿었다.

볼드윈은 유아의 점진적 발달과정을 세심하게 관찰하여 유아에게 나타나는 상이한 지적 능력을 단계별로 배열하고, 지식의 사회적 전달이 지적 발달과정에서 차지하는 중요성을 강조했다. 볼드윈은 상대적으로 고정된 인식발달 단계, 개인의 발달 경험, 그리고 양자 간의 상호작용을 구분했다. 이런 면에서 그는 시대를 앞선 사람이었다.

하지만 안타깝게도, 미국의 대표적 심리학자 중 한 명이었던 이 똑똑한 인물은 1909년 매음굴에서 체포된 뒤 존스 홉킨스 대학교에서 쫓겨났다.[66] 볼드윈은 결백을 주장했지만, 평소의 까칫한 태도로 인해 학계에 친구가 거의 없다는 점이 문제였다. 결국 불명예스럽게 파리로 이주했고, 심리학 발전에 기여한 공로는 역사에서 지워져버렸다. 하지만 파리에 거주하면서도 연구를 중단하지 않았고, 특히 스위스의 심리학자 장 피아제Jean Piaget를 통해 심리학계에 계속 영향을 미쳤다.

1908년 『사회심리학 개론』을 출판한 저명한 하버드대 교수 윌리엄 맥두걸도 인간의 본능을 강하게 옹호한 사람이었다. 맥두걸은 인간이 공포, 혐오, 분노, 들뜸elation, 부모의 마음parental emotion 등 일곱 가지의 본능을 가지고 있다고 주장했지만, 이를 뒷받침할 만한 구체적 증거는 제시하지 않았다. 그러나 20세기 초에는 본능을 근거로 한 인간행동 이론과 우생학에 반발하는 세력이 힘을 얻고 있었다. 불만세력이 제기하는 비판 중 하나는 "본능의 개념이 모호하고 비과학적"이라는 것이었다. 어느 비판자는 "지난 20년 동안 약 6,000가지의 본능이 제안되었는데, 그중에는 '머리카락을 매만지며 정리하는 소녀들의 본능'이나 '술탄의 지배하에 있는 기독교도를 해방시키려는 욕망' 등이 포함되어 있다"며 우려를 표명했다.[67]

게다가 인간의 행동과 인식을 선천적인 것으로 설명하려는 심리학계 내부의 경향은 사회적으로 큰 파문을 일으켰다. 제1차 세계대전 초에 미국 육군은 신병 확충과 모병의 효율성 개선을 목적으로, 심리학자 로버트 여키스Robert Yerkes에게 병사들을 대상으로 지능검사를 실시하도록 허용했다. 이에 따라 약 200만 명이 지능검사를 받았는데, 전쟁이 끝나고 검사 결과를 분석한 여키스와 그의 동료들은 유전설의 강력한 신봉자들이었다. 프린스턴 대학교의 심리학자 칼 브리검Carl Brigham(1923)이 『미국인의 지능 연구』라는 책으로 출판한 연구결과는 "지능은 인종별로 다양하며, 이민자들의 경우 최근에 이민 온 사람일수록 지능이 떨어진다"는 것이었다. 이 자료는 널리 우려됐던 것처럼 "이민자의 지적 능력이 꾸준히 쇠퇴하고 있다"는 설을 입증하는 증거로 받아들여졌다. 좀 더 그럴듯한 설명은 "이민자들은 시간이 지남에 따라 미국 문화에 친숙해지므로, 미국에 오랫동안 거주한 이민자들일수록 지능검사에서 더 높은 점수를 받았다"는 것이지만, 이러한 의견은 무시되었다.

1920~30년대에는 지능검사에 대한 비판이 높아지고 있었는데도 불구하고 쿨리지 대통령은 여키스의 결론을 받아들였다. 그 결과 1924년, 미국 정부가 선호하는 인종과 국민에게만 이민을 허용하는 이민법이 시행되었다. 쿨리지는 이 법안에 서명하면서 "미국은 미국답게 유지되어야 한다"고 언급했다. 그로부터 50년이 지난 후, 이 제한적인 이민법은 인간사회생물학의 비판자들에 의해 '인간행동 연구에 진화론적 방법론을 적용하는 것이 얼마나 위험한지를 보여주는 대표적 사례'로 인용되었다.

바야흐로 심리학계 내부에서는 "관찰 및 측정 가능한 행동패턴만을 연구하자"는 목소리가 힘을 얻기 시작했다. 반사작용과 자극반응 학습처럼 예측 및 제어 가능한 행동이 관심의 초점이 되었으며, 학습이 중요한 연구주제로 떠올랐다. 이러한 사조를 행동주의라고 하는데, 1913년 출판된 존 왓슨John Watson의 저서가 시발점이 되었다. 왓슨은 유전이 인간의 행동을 설명하는 유의미한 요인이라는 생각을 거부했다. 인간의 행동을 이해하기 위해서는 후천적으로 학습된 것만 고려해야 하며, 학습이야말로 심리학이 탐구해야 할 적절한 주제라는 것이다. 잘 알려진 인용문에서, 왓슨은 다음과 같이 과감하게 주장했다.

> 나는 교육 전문가다. 내게 건강하고 토실토실한 아기를 열두 명만 보내, 내 방식대로 양육하게 하라. 장담하건대, 그들 중에서 임의로 한 명을 골라 의사, 법률가, 화가 등의 전문가, 심지어는 거지나 도둑으로도 기를 수 있음을 증명하겠다. 아기들의 재능, 선호, 경향, 능력, 소질, 인종 따위는 아무런 상관이 없다.[68]

미국의 행동주의 심리학은 기회균등을 강조하는 정치이념과 훌륭한 조화를 이루었다. 한편 러시아에서는 생리학자 이반 페트로비치 파블로프의 연구를 바탕으로 이와 유사한 움직임이 전개되었다. 레닌은 파블로프가 볼셰비키의 인간행동 통제작업을 도와줄 수 있는지를 타진하기 위해, 1919년 은밀하게 그의 연구소를 방문했다고 한다.[69] 파블로프는 설사 타고난 본능이라도 파블로프식 조건반사라는 학습방식으로 없앨 수 있다고 말했는데, 그 말이 레닌의 마음에 들어 공산당의 노선이 되었으며, 파블로프의 연구도 널리 장려되었다고 한다. 1930년대에 이르러 본능이라는 개념은 실험심리학에서 거의 모습을 감추었고, 진화라는 개념도 덩달아 사라지고 말았다.

심리학에서 행동주의가 시작된 직후, 인류학에서도 본능과 유전설에 반대하는 움직임이 일어났다.[70] 이 새로운 움직임의 지도자는 미국의 프란츠 보아스Franz Boas였다. 1883년 베를린에서 공부하던 25세의 보아스는 배핀 섬으로 가 주민들과 생활하면서 인간의 관습이 지니는 상대성과 임의성을 깨달았다. 이 같은 깨달음은 브리티시컬럼비아의 원주민 연구를 위한 탐험에서 더욱 강화되었다. 보아스는 다양한 수준의 문화들이 존재한다는 것을 부인하지 않았지만, 그것들이 발달의 보편적인 순서를 의미하는지에 대해서는 이의를 제기했다. 따라서 그는 개별적인 문화 공동체를 주의 깊게 연구하고, 진화학파들이 범하기 쉬운 포괄적 일반화의 오류를 피해야 한다고 촉구했다.

보아스는 두 제자 마거릿 미드Margaret Mead 그리고 루스 베네딕트Ruth Benedict와 더불어, 양육을 본성보다 우위에 두는 새로운 인류학을 개척했다. 단언컨대 이들의 인류학은 진화론 운동만큼이나 급진적이었다. 그들은 사회생활이 전적으로 문화에 의해 결정된다고 생각했다. 심지어 남녀의 짝짓기 및 자녀양육 방식과 같은 가장 기본적인 요소까지도 문화에 의해 형성되고 장소에 따라 달라진다고 여겼다. 아마도 보아스와 동료들은 사회적 다윈주의 연구자들 사이에서 대두되는 인종차별적 견해에 반박하려고 노력했던 것 같다. 1930년대의 시대적 사조가 유전설에서 환경설로 비교적 빨리 전환된 것은 어느 정도 프란츠 보아스, 마거릿 미드, 루스 베네닉트 등의 노력 덕분이었다.

아이러니하게도, 진화론이 통합되고 있던 바로 그 시기에 심리학, 인류학, 기타 인문사회과학들은 진화론을 거부하는 상황이 벌어졌다. 현대의 종합 진화론은 멘델의 유전학과 다윈사상을 통합하고, 라마르크적 유전론을 거부하며, 자연선택을 중요한 진화 과정으로 재확립함으로써 1930년대에 형성되었다. 테오도시우스 도브잔스키의 『유전학과 종의 기원』(1937), 에른스트 마이어의 『계통학과 종의 기원』(1942), 줄리언 헉슬리의 『진화: 현대적 종합』(1942), 조지 심프슨의 『진화의 속도와 방식』(1944) 등 고전적인 저서들은 진화의 계보와 현대의 유기체 집단의 특징을 이해하는 데 새로운 종합이론을 활용할 수 있음을 보여주었다. 진화론은 1920년대부터 1950년대까지 J. B. S. 홀데인, R. A. 피셔, 슈얼 라이트 등의 저서를 통해 굳건한 이론적 토대를 확립했는데, 이들 서적에서는 집단유전학의 방법론과 수학적 진화론이 전개되고 적응도 등의 중요한 개념들이 규정되었다. 진화생물학은 이제 성숙한 학문의 반열에 올라설 수 있었다.

통합된 현대 진화론이 출현하자, 그 직접적인 결과로 자연집단의 유전자 변이 목록을 만들 필요성이 대두되었다. 목록을 만들어 분석한 결과, 인간 집단 사이의 유전자 차이는 집단 내부에 존재하는 변이에 비해 매우 작은 것으로 드러났다. 이는 도브잔스키(1962)를 비롯한 여러 진화생물학자들이 인종차별주의에 반대하면서 내놓은 격렬한 주장들을 뒷받침하는 것이었다.

본능의 부활

심리학자와 인류학자 대다수가 진화론의 주장을 무시하는 동안, 행동연구 분야에서는 설득력 있는 지식들이 점점 더 누적되고 가치 있는 방법론들이 하나둘씩 개발되었다. 이는 동물행동학이라는 새 학문의 탄생으로 이어졌는데, 동물행동학을 의미하는 영어의 에솔로지ethology는 성격을 뜻하는 그리스어 에토스ethos에서 유래한다.[71] 동물행동학자들은 동물의 자연사에 대한 지식을 이용하여, 다른 종에서는 보이지 않고 하나의 종 내에서만 활발하게 나타나는 행동패턴을 조사하려고 했다. 바야흐로 본능적 행동이라는 개념이 다시 등장하고 있었다.

동물행동학은 앞으로 이 책에서 설명하는 다양한 분야를 이해하는 데 상당한 배경지식을 제공하기 때문에 여기서 약간의 지면을 할애하여 자세히 검토하기로 한다. 아래에서는 동물행동학이라는 이름 아래 이루어진 인간행동에 관한 연구들을 몇 가지 소개하고자 하는데, 그중 일부는 오히려 동물행동학의 명성을 손상시키는 결과를 초래했다는 점을 미리 밝혀둔다.

19세기 말부터 20세기 초에 걸쳐 독일의 오스카 하인로트Oskar Heinroth와 미국의 찰스 오티스 휘트먼Charles Otis Whitman이라는 두 과학자는 각각 별도로 조류의 구애행동과 같은 동작들의 패턴을 기록하고 있었다.[72] 하인로트는 오리의 구애행동 동작이 오리의 특징을 아주 잘 나타낸다고 생각했다. 또한 종 사이의 유사점과 차이점을 이용하면 그들의 공통조상을 추적할 수 있으므로, 신체적 특징을 이용하는 것만큼이나 진화사를 복원하는 데 유용할 것이라고 생각했다. 휘트먼도 비둘기 연구를 통해 이와 비슷한 견해를 내놓았다.

20~30년이 지난 뒤 콘라트 로렌츠라는 오스트리아의 젊은 해부학 전공 학생은 하인로트와 휘트먼의 작업에 큰 영향을 받아, "비교형태학에서 사용하는 방법론을 동물행동학 연구에 적용할 수 있다"고 결론 내렸다. 로렌츠는 계통발생학적 관점('진화론적 관점'을 의미하는 로렌츠 자신만의 용어이다)을 이용하여 동물행동학 분야에서 큰 성과를 이뤄야겠다고 결심했다.

로렌츠는 어린 시절부터 동물을 지나칠 정도로 사랑했고, 스폴딩의 실험을 전혀 모르는 상태에서 고향 알텐베르크에서 거위를 직접 기르며 각인刻印 현상을 발견했었다.[73] 오스트리아의 농촌에서 한 무리의 거위새끼들이 뒤를 졸졸 따라다니는 모습이 담긴 콘라트 로렌츠의 사진은 동물행동학을 상징하는 최고最古의 사진 중 하나가 되었다. 1936년 로렌츠는 네덜란드 레이던 대학교의 동물학자 니콜라스 틴베르헌을 만났다. 틴베르헌은 특별한 연구 프로그램을 개발한 학자였는데, 이 프로그램의 특징은 '자연환경 속의 동물을 대상으로 관찰과 실험을 수행한다'는 것이었다.[74] 서로의 견해가 비슷하다는 점에 놀란 두 사람은 금세 친구가 되었다.

로렌츠와 틴베르헌은 동물행동학의 진정한 창시자로, 행동연구에 대한 새로운 접근방법을 개척했다.[75] 1950년대 초에 이르러 동물행동학은 새로운 학문분야로 등장했는데, 로렌츠가 그 태두였고 틴베르헌의 『본능의 연구』(1951)는 이 분야의 고전이 되었다. 오스트리아 출신의 또 한 명의 위대한 동물행동학자 카를 폰 프리슈Karl von Frisch가 수행한 꿀벌의 의사소통에 관한 연구는, 단언컨대 동물행동학 분야에서 가장 이름난 걸작이다.

동물행동학 연구는 영국에서도 활발하게 이루어졌다. 케임브리지에서는 빌 소프Bill Thorpe와 로버트 하인드Robert Hinde가 「새소리에 관한 연구」와 「조류와 유인원의 행동발달에 관한 연구」를 처음으로 시작했다. 1950년 틴베르헌이 영국으로 건너오면서 옥스퍼드에서도 연구가 시작되었다. 동물행동학은 미국에도 큰 영향을 미쳤는데, 그 계기가 된 것은 20세기 중엽 윌리엄 모턴 휠러William Morton Wheeler와 칼 스펜서 래슐리

Karl Spencer Lashley가 수행한 연구였다.[76]

동물행동학의 연구 방법론은 전형적으로 동물을 자연환경 속에서 장기간 관찰하는 것에서 시작했으며, 뒤를 이어 행동기록표ethogram를 이용하여 동물의 적절한 행동패턴을 세심하게 기술하는 방법이 등장했다. 그 결과 거미가 거미줄을 치는 것이나 오리가 구애행동을 하는 것처럼 정형화된 행동패턴들이 많이 확인되었는데, 이것을 고정 동작 패턴이라고 한다.

또한 동물행동학자들은 동물의 성장과정에서 명확한 기능이 발달하기도 전에 나타나는 행동패턴도 발견했다. 예컨대 갓 태어난 오리새끼는 아직 기름을 생성하지 못함에도 불구하고, 털을 다듬는 동안 꼬리 끝부분의 기름샘에 부리를 갖다 댄다고 한다.[77] 이 같은 행동패턴은 연습이 거의 필요하지 않으므로, 강화학습reinforcement learning 개념으로는 설명할 수 없다. 이와 마찬가지로, 대부분의 어린 새들은 첫 번째 시도에서 바로 비행에 성공한다.

동물행동학자들에게 본능이란 신경계 내부에 존재하는 조정시스템으로, 유전될 뿐만 아니라 상황에 적응하기도 하는 것으로 간주되었다. 틴베르헌은 특정 행동패턴의 생존 가치에 초점을 맞추어 연구를 진행했다. 그는 자연조건에서 단순한 실험을 통해 인과관계 및 기능에 관한 가설을 검증함으로써, 실험설계의 모범답안을 제시했다. 일부 동물행동학자들은 본능을 실험연구의 대상으로 간주하여 생리학적으로 설명하려고 노력했는데, 특히 행동반응을 이끌어내는 호르몬의 역할에 초점을 맞추었다.[78]

또한 동물행동학자들은 환경의 신호(예컨대, 사회적 상호작용에서 발생하는 신호)가 적절한 행동반응을 이끌어내는 메커니즘을 설명하기 위해 다양한 모델을 고안해냈다. "시간이 경과함에 따라 본능적 행동을 만들어내는 경향이 형성되며, 이러한 경향이 적절한 자극에 의해 활성화될 경우 고정 동작패턴으로 표현된다"는 로렌츠의 말은 대단히 유명하다. 로렌츠는 수압모델hydraulic model을 이용하여 행동의 동인動因을 다음과 같이 설명했다.

> 영양을 섭취하거나 싸우거나 교미하려는 동인은 탱크 속에 액체가 채워지는 것처럼 축적된다. 시간이 경과하면서 행동 특이적 에너지action-specific energy가 누적되면, 행동의 동인은 점점 더 강력해진다. 그러다가 외부에서 자극(신호)이 가해지면 방출 메커니즘이 작동하여 탱크 밑의 밸브가 열리고, 탱크를 빠져나간 액체는 고정 동작패턴으로 표출된다.[79]

로렌츠는 또한 "에너지가 너무 많이 누적되면 적절한 자극이 존재하지 않아도 동작반응이 일어난다"고 주장했다. 동물행동학자들은 이 같은 방출 메커니즘을 계층구조로 배열하고 상이한 동인들의 강도를 비교함으로써, 행동반응이 일어나는 임계점을 측정하려고 노력했다. 하지만 수압모델은 관찰연구에서 입증된 행동반응을 제대로 설명하지 못한다는 이유로 다른 동물행동학자들로부터 비판을 받았다.[80] 예컨대 수압모델은 '보상받은 행동이 향후 보상에 대한 행동반응을 약화시키기는커녕 오히려 강화시키는 현상', 즉 점화효과priming를 설명하지 못했다.[81]

전반적으로 말하면, 동물행동학은 미국의 비교심리학파와 끊임없는 논쟁을 벌였다고 할 수 있다. 두 진영은 동물과 인간의 행동에 대한 관심을 공유했지만, 접근하는 관점은 판이하게 달랐다. 동물행동학자들은 대개 유럽에서 활동하는 동물학자나 박물학자로, 자연환경에서 동물을 연구한다는 특징이 있었다. 이와 대조적으로, 행동주의의 영향을 받은 비교심리학자들은—그 이름에도 불구하고—종 사이의 비교에는 관심이 없고, 쥐나 비둘기처럼 한두 가지 종에만 초점을 맞추는 경향이 있었다. 연구대상이나 실험환경에 관계없이 유지되는, 일반적인 행동규칙이 존재한다고 믿었기 때문이다. 이에 대해 동물행동학자들은 "심리학자들이 말하는 일반적 규칙이란 빈약한 실험조건에서 유래하는 인공물에 불과하다"고 주장했다.

동물행동학에 대한 중요한 비판은 1953년 미국의 심리학자 대니얼 레먼Daniel Lehrman에 의해 제기되었다. 레먼은 다음과 같은 두 가지 비판을 통해 선천적 행동에 대한 동물행동학자들의 설명을 일축했다. 첫째, 유기체는 환경과 완전히 격리된 채 발달하지 않는다. 따라서 외부 사건의 영향을 받지 않은 행동패턴은 존재하지 않는다. 둘째, '선천적'이라는 개념은 학습을 배제하고 있으므로 아무런 쓸모가 없는 개념이다. 또한 레먼은 "아무리 보편적인 유전형질이라도 그것이 어떻게 발달할지 알 수 없는 것처럼, 특별한 종이 보편적인 행동패턴을 보인다고 해서 선천적이라고 말할 수는 없다"고 지적했다. 그보다 앞서서 시어도어 슈나이얼라Theodore Schneirla는 "행동패턴에 대한 '선천적 영향'과 '후천적 영향'을 구분하여 상대적 중요성을 논하는 것은 불가능하며, 개체의 발달은 유전정보, 발달 주체, 환경 간의 복잡한 상호작용을 통해 이루어진다"고 언급한 바 있다.[82] '선천적 행동과 학습된 행동의 구분이 잘못됐다'는 지적은 오늘날까지도 계속되고 있다.[83]

비교심리학자들과의 싸움에 온통 정신이 팔려 있었던지, 동물행동학자들은 하나의 종에게 특징적으로 나타나는 고정 행동패턴을 끊임없이 강조하며, 종 내부의 다양성을 등한시했다. 하지만 다양성은 다윈주의의 핵심이었다. 로렌츠가 유형학적 사고에 매몰된 것은 젊은 시절 공부했던 비교해부학 때문인 것으로 보인다. 그리고 많은 동물행동학자들이 "자연선택은 종의 이익을 위해 작동되는 메커니즘"이라고 생각하는 실수를 거듭 되풀이한 것은 로렌츠의 영향을 받았기 때문이라고 생각된다. 모든 개체가 똑같은 방식으로 행동하리라 생각한다면, 그들의 이해관계도 비슷하리라 생각하는 것은 당연하다. 결국 동물행동학자들은 본능이 동물의 행동을 적절히 설명하지 못한다는 사실을 인정하기에 이르렀는데, 그 이유는 본능만으로는 동물의 행동발달을 제대로 연구할 수 없음을 깨달았기 때문이다.[84]

동물행동학자들은 실험을 통해, '선천적'이나 '본능'과 같은 개념들이 난해하고 애매모호하다는 것을 깨달았다. 이들 용어는 '태어날 때부터 존재하는 것', '유전자 차이에 의해 나타나는 행동의 차이', '진화의 과정을 통해 적응을 거친 것', '발달의 전 과정을 통해 변화하지 않는 것', '종의 모든 구성원이 공유하는 것', '학습되지 않은 것'을 비롯하여 여러 가지 의미를 지니고 있다.[85] 만약 로렌츠가 원래 예상했던 것처럼 본능에 귀속되는 상이한 특징들이 항상 병존했다면, 이상과 같은 다의적多義的 개념이 문제없이 사용되었을지도 모른다.

하지만 동물행동학자들의 연구에 의하면 그렇지 않았다. 예컨대 길버트 고틀립Gilbert Gottlieb(1971)은 알에서 갓 깨어난 오리 새끼가 어미의 소리를 좋아하는 이유는 알 속에서 그 소리를 들었기 때문임을 증명했다. 그러므로 새끼가 어미의 소리를 좋아하는 것은 '태어날 때부터 존재하는 것'이지만 '학습되지 않은 것'은 아니다. 갓 부화한 갈매기 새끼가 먹이를 먹기 위해 어미의 부리를 쪼지만, 새끼가 성장함에 따라 쪼는 부위가 날로 정확해짐을 밝힌 틴베르헌(1953)의 실험은 유명하다. 따라서 어미의 부리를 쪼는 행동은 종 특이적species-specific이며 태어날 때부터 존재하지만, 갈매기의 일생 동안 변화한다고 할 수 있다.[86]

이와 동시에 발생생물학자들은 동물의 발달과정에서 나타나는 내부요인과 외부요인 간의 부단한 상호작용을 강조했다. 예컨대 대니얼 레먼(1965)은 교미와 번식을 앞둔 비둘기 암컷의 호르몬 농도를 변화시키는 것은 비둘기 수컷의 구애춤이라는 외부요인(또는 경험요인)임을 발견했다.

이 같은 인식에 따라 틴베르헌(1963)은 줄리언 헉슬리가 요약한 생물학의 세 가지 질문, 즉 '생리학적 근접원인', '기능(또는 생존가치)', '계통발생(진화사)'에 '발달과정'을 추가했다. 그리하여 동물의 행동을 연구하는 데 필요한 네 가지 핵심질문이 확정되었으며, 이것은 나중에 로버트 하인드(1982)에 의해 핵심 동물행동학이라고 명명되었다.

동물행동학에 대한 로렌츠의 중요한 기여 중 하나는 "학습 자체도 진화된 능력이므로, 본능과 학습은 모두 중요하며 상호 배타적인 개념이 아니다"라는 견해를 제시했다는 점이다. 로렌츠는 1965년 저서 『행동의 진화와 변화』Evolution and Modification of Behavior에서 '선천적인 학습지도 교사'라는 개념을 소개함으로써, 본성-양육 논쟁에서 흔히 간과되어 왔던 부분적 해결책partial solution을 마련했다. 동물행동학이 사회과학에 제공한 아이디어 중에서 가장 중요한 것 중 하나는 "개체의 발달이란 예정된 수순에 따라 진행되지 않고 학습에 의해 안내되며, 학습의 시기, 대상, 방법에 영향을 미치는 것은 진화된 성향"이라는 것이었다.

인간은
털 없는 원숭이?

1972년 로렌츠, 틴베르헌, 폰 프리슈는 '개인과 사회의 행동패턴이 형성·발현되는 메커니즘을 발견한 공로'로 노벨 생리의학상을 받았다. 인간행동 연구 분야에 주어지는 최초의 노벨상이 동물행동학자들에게 돌아갔다는 사실은 심리학자들 사이에서 많은 논란을 불러일으켰다.[87] 하지만 그 상은 동물행동학 연구가 의학과 정신병리학 분야에 새로운 통찰력을 제공하고 인간행동 연구에 빛을 밝혀주리라는 당시의 낙관적인 분위기를 반영한 것이었다.

로렌츠는 처음부터 동물행동학이 인간행동 연구에 중요한 통찰력을 제공할 것이라 믿었다. 로렌츠가 쓴 책의 맨 마지막 장에는 거의 예외 없이 '인간행동에 관한 시사점'이 등장하는 것을 볼 수 있다. 하지만 인간행동에 관한 그의 견해는 정치에 오염되었다. 1940년대 초 로렌츠는 애매모호한 성격의 논문들을 발표했는데, 이 논문들은 나치를 지지하고, '인종의 순수성을 지키고 사회의 타락 요인을 제거해야 한다'는 나치의 주장을 옹호한 것으로 널리 해석되고 있다. 여러 해가 지난 후 로렌츠는 나치의 이론 중 일부에 매력을 느꼈던 것은 사실이지만 정치적으로 순진했으며, 그것이 대학살로 이어질 줄은 꿈에도 생각하지 못했다고 고백했다.[88] 그리고 전쟁이 끝날 때쯤 되어서야 비로소 나치즘의 사악함을 깨달았다고 덧붙였다.

하지만 로렌츠의 글을 읽은 사람이라면 그가 '인종차별을 정당화하기 위해 생물학적 주장을 남용했다'고 비난 받는 이유를 이해하기 어렵지 않을 것이다. 그와 대조적으로 틴베르헌은 점령지 네덜란드와 포로수용소에서 겪은 경험 때문에 독일어 발음을 듣는 것조차 견디지 못할 지경이었다.[89] 제2차 세계대전은 동료와 친구들의 관계를 단절시킴으로써 동물행동학의 발전을 지연시켰던 것이다. 그러나 로렌츠와 틴베르헌은 오랜 세월이 흐른 뒤 우정을 회복했다.

로렌츠가 1966년에 발표한 『공격론』은 사회적으로 큰 물의를 일으켰고, 많은 지식인과 사회과학자들을 크게 당황시켰다.[90] 로렌츠는 싸움과 전쟁을 '인간의 본능적인 공격성이 자연스럽게 표출된 것'이라고 정의하면서, "공격성은 우리 몸 안에서 샘물처럼 솟아오르다가, 달리 표출되지 않을 경우 아무런 이유도 없이 불쑥 분출될 것"이라고 경고했다. 마지막에 가서 낙관론으로 돌아서기는 했지만, 로렌츠가 내놓은 인류의 청사진은 암울했다.

> 오늘날 우리 인간은 지능의 산물인 원자탄을 손에 들고, 유인원 조상으로부터 물려받은 공격적 충동을 가슴 속에 품고 있다. 이 충동은 지성으로도 통제할 수 없다. 다른 행성에서 날아온 편견 없는 관찰자가 우리의 모습을 본다면, 인류의 만수무강을 예언하기는 힘들 것이다.[91]

로렌츠는 특유의 직설적 표현을 사용하여, "공격성을 유발할 만한 조건으로부터 인간을 격리시키거나 적절한 훈련을 통해 공격성을 제거하려는 시도는 결코 성공할 가망이 없다"고 단언했다.[92] 인간의 유일한 선택은 냉엄한 현실에 맞서는 것밖에 없다고 주장하며, "너 자신을 알라"고 점잖게 충고하는가 하면, 스포츠에 몰입함으로써 공격적 충동을 발산하라는 등 한두 가지 신통찮은 방안을 제시했다.

로렌츠의 저서는 상당한 적개심을 불러일으켰으며,[93] 많은 영어권 동물행동학자들은 그와 절교를 선언했다.[94] 비평가들은 동물로부터 인간을 유추하는 것에 반대하며, "공격적인 행동은 학습되는 것"이라고 주장했다. 일부 전문가들은 "만약 공격성이 표출되는 것을 막을 수 없다면 전쟁은 불가피하다"는 충격적인 결론을 내리기까지 했다.[95]

논쟁은 20년 이상 계속되었다. 1983년에는 한 무리의 전문가들이 에스파냐에 모여 공격성에 관한 회의를 갖고, 그 결과를 '폭력에 관한 세비야 성명'(〈표 2-3〉)이라는 이름으로 발표했다. 주요 전문가 단체들

〈표 2-3〉 폭력에 대한 세비야 성명

1. 우리가 조상인 동물로부터 전쟁을 하는 경향을 물려받았다고 말하는 것은 과학적으로 부정확하다.
2. 전쟁 또는 그 밖의 폭력행동이 인간의 본성 안에 유전적으로 프로그래밍되어 있다고 말하는 것은 과학적으로 부정확하다.
3. 진화 과정에서 다른 종류의 행동을 누르고 공격적인 행동이 선택되었다고 말하는 것은 과학적으로 부정확하다.
4. 인간이 폭력적인 뇌를 가지고 있다고 말하는 것은 과학적으로 부정확하다.
5. 본능 또는 그 밖의 단일 요인이 전쟁을 초래한다고 말하는 것은 과학적으로 부정확하다.

의 지지를 받으면서 권위 있는 간행물들에 일제히 실린 세비야 성명은 결국 유네스코에 의해 채택되었다. 유네스코는 "인간은 필연적으로 전쟁을 하게 되어 있다는 통념을 깬다"는 기치를 내걸고 이 성명을 더욱 널리 전파했다. 하지만 아이러니한 것은, 비록 자신의 주장이 세비야 성명의 내용과 유사할지언정, 로렌츠는 성명서에 명시된 '과학적으로 부정확한 언급'을 한 적이 한 번도 없다는 것이었다.

인간의 행동을 연구한 동물행동학자가 로렌츠 한 명뿐이었던 것은 아니다. 때마침 인간행동학이라는 동물행동학의 하위분야가 출현했다.[96] 현역에서 은퇴한 틴베르헌은 여러 해 동안 동물행동학의 방법론을 사용하여 유아 자폐증과 스트레스 관련 질환을 연구했다. 로버트 하인드로부터 큰 영향을 받은 정신병리학자 존 보울비Johh Bowlby는 '어린이가 왜 어머니에게 애착을 보이며, 어머니와 접촉하지 못하면 왜 불안해하는지'를 설명하기 위해 동물행동학적 관점을 적용했다. 로렌츠의 제자 이라나우스 아이블-아이베스펠트Iranaus Eibl-Eibesfeldt는 전 세계를 일주하면서, 외부세계와 거의 접촉이 없었던 오스트레일리아 원주민을 비롯한 여러 종족들이 특정 감정을 나타내는 표정을 촬영함으로써 다윈의 감정 연구를 확대시켰다. 미국에서는 폴 에크먼Paul Ekman이 이와 비슷한 연구를 수행했는데, 두 사람 모두 "동일한 감정을 나타내는 얼굴 표정은 세계 어디서나 같다"는 결론을 내렸다. 아이블-아이베스펠트와 에크먼은 "표정이 문화적으로 결정된다"는 견해를 피력했던 미드 등의 인류학자들과 대립했다.

하지만 인간행동학은 초기의 기대에 부응하지 못했다. 상당수의 동물행동학자들이 '인간 특유의 복잡성을 고려해야 한다'는 필요성을 인정하면서 대열에서 이탈했기 때문이다.[97] 한편 동물행동학의 개념과 방법론은 다른 분야에 파급되었지만, 본래의 영역인 동물행동 연구 분야에서는 사회생물학이라는 신생학문에 추월당하고 말았다. 이에 따라 연구의 초점은 당초 동물행동학자들이 강조했던 '행동의 원인과 발달'에서 벗어나, '기능과 진화'의 문제로 옮겨갔다.

동물학적 인간론(동물학적 방법론을 이용한 인간행동 연구)의 과학적 신뢰성을 추가로 손상시킨 것은, 동물학자이자 런던 동물원의 포유류 큐레이터였던 데즈먼드 모리스가 제시한 대중지향적 방법론이었다. 1967년 모리스는 『털 없는 원숭이』를 출판함으로써 로렌츠의 『공격론』보다 더욱 큰 논란을 불러일으켰다. 이 책은 1,000만 권 이상 판매되고 모든 주요 언어로 번역되었을 정도로 엄청난 인기를 끌었다. 『털 없는 원숭이』의 기본 전제는 '인간은 사냥꾼으로 전향한 전형적 유인원으로 간주할 때 가장 잘 이해할 수 있다'는 것이었다.

> 인간의 신체와 생활방식은 숲속에서 살아가기에 적합했는데, 어느 날 갑자기 '무기를 든 영리한 늑대'처럼 살아야만 생존할 수 있는 세계로 내몰렸다.[98]

모리스는 "옛날 옛적 '사냥하는 원숭이' 시절에 형성된 인간의 기본적 행동패턴은 오늘날 모든 인간생활에서 여전히 나타나고 있다"고 주장하면서,[99] 성 행동, 부모로서의 행동, 공격성, 기타 일상생활의 거의 모든 측면에 대해 근거 없는 진화론적 설명을 늘어놓았다.

모리스는 독자들에게 "나는 인간이라는 동물을 순수한 동물학적 개념으로 기술하는 소박한 동물행동학자"라고 소개하고는, "여러분들이 금기시하는 인간의 동물적 자아에 관한 생물학적 진실을 솔직히 전달하는 것이 목적"이라고 말했다. 하지만 거침없이 이어지는 그의 문장은 성性과 선정주의로 가득 찼고, 민감한 화제를 자주 건드렸다. 예컨대 모리스는 "포르노그래피와 매춘은 비교적 무해하고 어쩌면 실제로 도움이 될지도 모른다", "남편이 친구들과 밖에서 어울리지 못하게 막는 것은 잘못"이라고 언급했고, "남성적인 특징을 가진 여성은 아들을 동성애자로 만들 위험이 있다"고 경고했다.[100] 상당수의 동료 동물행동학자들이 모리스의 글에 동의하지 않았던 것은 충분히 이해할 수 있는 일이다.[101] 로렌츠도 "『털 없는 원숭이』가 인간의 문화를 마치 생물학적으로 부적절한 현상인 것처럼 다루었기 때문에, 그 책의 몇 가지 관점에 동의하지 않는다"고 말했다.[102]

1960년대와 1970년대 초에는 모리스가 그랬던 것처럼 '인간의 본성은 과거 유인원이나 수렵·채집인으로 살아가던 시절의 생존방식에 뿌리를 두고 있다'고 가정한 뒤, 오늘날의 사회행동에서 나타나는 다양한 현상을 '진화사의 반영'이라는 관점에서 설명하는 대중적 동물행동학 서적이 쏟아져 나왔다. 이러한 유類의 책으로는 로버트 아드리Robert Ardrey(1966)의 『텃세』The Territorial Imperative, 라이어널 타이거Lionel Tiger(1969)의 『집단 속의 인간』Men in Groups, 타이거와 로빈 폭스Robin Fox(1971)가 함께 쓴 『제국적 동물』The Imperial Animal 등이 있다. 이런 책들은 소위 선천적 행동경향을 내세우며 기존의 사회적 불평등을 정당화함으로써 많은 논란을 불러일으켰다.[103]

우리가 아는
다윈은 없다

돌이켜 생각해보면 『털 없는 원숭이』 등은 독자에게 '옳은 것', '자연적인 것', '불가피한 것'에 관한 메시지를 전달하기 위해 진화론을 억지로 갖다댄 책들 중의 대표적 사례라고 할 수 있다. 인간 행동에 대한 주장을 정당화하기 위해 진화론을 이용하는 관행은 다윈이 살던 시대까지 거슬러 올라가는 오랜 역사를 갖고 있다. 자칭 진화론의 전도사들은 처음부터 '뼈아픈 생물학적 진실을 알려주겠다'고 호언장담했지만, 토머스 헉슬리 같은 사람들은 이 같은 지나친 주장에 반대하면서 "그들의 추측에는 편견과 은밀한 동기가 감춰져 있다"고 비판했다. 그러고 보면 많은 사람들이 진화론의 주장을 경계하게 된 것도 그리 놀라운 일은 아니다.

역사적으로 볼 때, 진화를 바라보는 시각은 크게 두 가지로 나뉜다. 여러 종들을 사다리 위에 배열하고 직선적·진보적인 변화가 일어난다고 했던 라마르크의 진화론은 편견을 초래하는 것이 불가피했을 것이다. 왜냐하면 사다리 위쪽에 있는 종이 아래쪽에 있는 종보다 더 진보했거나 서열이 높은 것으로 간주될 수밖에 없었기 때문이다. 인종을 불평등하게 바라보는 견해들 중 상당수는 간접적으로 라마르크의 견해에서 유래한다고 볼 수 있다. 이와 대조적으로, 다윈의 진화론은 종 내부의 다양성을 강조하고 인종차별에 내재하는 유형학적 사고를 거부한다. 나아가 현대의 다윈주의는 자연선택뿐만 아니라 돌연변이나 유전적 부동과 같은 우연적 사건도 상당히 강조한다.

자연선택은 최종목표나 '더 높은 상태'로 올라가는 것을 의미하지 않는다. 사실 다윈 자신도 '진화'를 '진보'로 잘못 표현할 가능성이 매우 높음을 깨닫고, 개인 노트에 "절대로 '더 높다'거나 '더 낮다'는 말을 쓰지 말 것"이라는 문구를 적어 놓고 평생 좌우명으로 삼았다.[104] 그러나 유감스럽게도, 진화론을 주창한 다윈조차 이 '지당한 말씀'을 늘 실천하지는 못했다. 오늘날 진화생물학자들은 진화를 진보라고 주장할 만한 객관적 근거가 없음을 인정하고 있다.[105] 어떠한 변종도 다른 개체보다 더 진보했다고 간주할 수 없으므로, 다윈주의적 진화는 인종차별이나 사회적 다윈주의와 양립할 수 없다.

편견이나 불평등을 정당화하기 위해 진화를 들먹인 사람들은 대부분 다윈주의 사상을 왜곡했다. 그 결과 많은 이들이 진화론 하면 편견, 인종차별, 성차별, 유전자 결정론, 사회적 다윈주의 등의 부정적 특징을 떠올리곤 한다. 그러나 이것들은 대체로 다윈과 무관하며, 그의 이론을 왜곡시킨 다른 사람들로부터 유래한다.

다윈의 저서에서 우리가 배워야 할 덕목은 세심함과 근면함이다. 그는 연구결과를 뒷받침하기 위해 가능한 한 많은 증거를 수집했다. 사정이 이렇다 보니, 다윈은 자연선택의 아이디어가 처음 떠오른 지 20년 만에 『종의 기원』을 출판했고, 그러고 나서도 무려 10년이 지나서야 비로소 인간의 진화를 언급했다. 다윈의 책과 논문에는 증거와 사례가 흘러넘치는데, 이것들은 모두 가설을 지지하고 반론을 제압하기 위해 꼼꼼히 선별된 것이었다.

가장 설득력 있는 진화론적 설명이란 가급적 많은 출처로부터 엄밀한 기준에 따라 수집된 데이터의 뒷받침을 받는 것이다. 이러한 점에서 볼 때, 다윈의 책과 논문들은 이 장에서 언급된 많은 책들, 특히 별다른 증거도 없이 과감한 주장을 펼치는 책들과 극명한 대조를 이룬다. 또한 다윈은 자신의 저서에 대해 사회가 어떠한 반응을 보일지, 그리고 그러한 반응이 지니는 의미는 무엇인지를 충분히 깨닫고 있었다. 때문에 자신의 견해를 세상에 내놓기 전에 허점이 드러나지 않도록 세심한 주의를 기울였다.

다윈이 모든 점에서 항상 옳을 수는 없었지만, '자연선택에 의한 진화'라는 그의 사상은 세월의 시련을 이겨냈다. 해를 거듭하면서, 진화론은 '학습된 형질과 유전된 형질 간의 관계', '개인차의 원인', '행동발달' 등과 같은 주제를 이해하는 데 값진 기여를 했다. 또한 진화론은 유전자 결정론과 백지설(존 로크의 견해로, 인간의 타고난 마음은 백지와 같다는 설_옮긴이) 모두를 거부하기에 이르렀다.

동물행동학자들이 수행한 「각인과 새소리의 생물학적 근거에 관한 연구」는 학습 및 기억에 대한 연구를 선도하고, 발달을 행동학적 측면에서 조명함으로써 뇌의 메커니즘을 이해하는 방법을 제시했다. 또한 '유전자는 환경의 영향을 받고, 학습은 유전자의 발현에 의존한다'는 점을 밝힘으로써, 본성-양육의 이분법이 무의미함을 강력히 시사했다. 진화론 연구는 '집단 내부의 유전자 변이가 집단 간의 차이를 압도한다'는 점을 입증함으로써 인종차별을 불식시키는 데도 기여했다. 하지만 진화론이 거둔 이 같은 긍정적 성과들은 진화론의 오남용에 가려 빛을 잃었다.

진화론을 이용하여 인간성을 설명하는 데는 많은 긍정적 측면이 있지만, 지금까지 살펴본 '센스와 넌센스의 역사'는 많은 이들이 아직도 진화론에 거부감을 느끼는 이유와 현대의 진화론적 접근방법들이 출현하게 된 배경을 짐작하게 한다. 제3장부터 제7장에서는 1960년대 이후에 등장한 새로운 진화론적 통찰과 접근방법들을 소개하고자 한다. 이것들은 올바로 사용하기만 한다면 인간의 행동과 사회를 이해하려는 노력에 새로운 자극을 줄 것이다. 제일 먼저 사회생물학 혁명에 대한 이야기부터 시작해보자. 인간사회생물학을 둘러싼 격렬한 논쟁에 비하면 로렌츠와 모리스의 책을 둘러싼 논란은 아무것도 아니었음을 깨닫게 될 것이다.

더 읽을거리

인간의 행동에 관한 다윈의 견해에 대해서는 『인간의 유래』(한국어판, 한길사, 2006)와 『인간과 동물의 감정 표현』(한국어판, 지만지, 2014)을 참고하라. 『종의 기원』의 현대판 격인 존스의 『진화하는 진화론』(한국어판, 김영사, 2008)도 읽어 보라. 진화의 역사와 인간행동 연구에 대한 더 많은 정보는 보크스의 『다윈에서 행동주의까지』From Darwin to Behaviourism(1984), 올드로이드의 『다윈주의의 영향』Darwinian Impacts(1983), 플로트킨의 『심리학에서의 진화사상』Evolutionary Thought in Psychology(2004) 등을 참고하라. 이들 문제에 대한 인류학자의 견해로는 쿠퍼의 『네안데르탈인 지하철 타다』(한국어판, 한길사, 2000)를 참고하라. 볼하위스와 호건의 『동물 행동의 발달』The Development of Animal Behaviour(1999)은 레어먼, 궈런위안郭任遠, 로렌츠, 하인드 등이 행동 발달에 대해 쓴 획기적인 논문들을 다루고 있다. 인간의 진화에 대한 현재의 견해에 대해서는 스트링어와 앤드루스의 『인간 진화의 전모』The Complete World of Human Evolution(2005), 르빈과 폴리의 『인간 진화의 원리』Principles of Human Evolution(2004)나 보이드와 실크의 『인간은 어떻게 진화했는가』How Human's Evolved 제5판(2009)를 읽어보라.

토론할 문제들

1. 진화론과 그 아이디어를 인문학에 이용하려고 한 역사로부터 이끌어낼 수 있는 중요한 교훈은 무엇인가?
2. 진화생물학자 존 메이너드 스미스는 "생물학 이론을 사회과학에 도입하려는 시도가 나쁜 평판을 받은 것은 당연하다"고 말했다. 이 말은 공정한가?
3. 진화론을 잘못 적용했다고 진화론자를 비난하는 것은 합당한가?
4. 사회적 다윈주의는 어떤 방법으로 진화생물학을 왜곡했는가?
5. 진화된 성격을 바꾸는 것은 불필요하거나 불가능할까?
6. 현대 생물학자는 인간성의 지적 자질이 유전적으로 퇴화하는 것을 우려해야 할까?

제 3 장

사회생물학 논쟁

1973년 로렌츠, 틴베르헌, 폰 프리슈가 동물행동에 연구에 기여한 공로로 노벨상을 받았을 때, 동물행동학은 진화생물학 내부에서 새로 등장한 분야에 가려 이미 빛을 잃어가고 있었다. '사회생물학'으로 알려진 새로운 접근방법은 동물행동학 연구를 기반으로 했지만, 행동의 인과관계(동물의 특정한 행동패턴을 초래한 자극은 무엇인가)를 배제한 채 기능적 의미(동물이 특정한 방법으로 행동하도록 선택된 이유는 무엇인가)를 연구하는 데 치중했다.[1] 사회생물학은 일련의 참신한 방법 및 통찰력을 제시했으며, 동물의 행동이라는 맥락 속에서 진화론적 사고를 근본적으로 점검하려고 노력했다.

영국과 유럽에서는 동물행동학으로부터 사회생물학으로의 이행이 점진적으로 이루어졌지만, 미국의 경우에는 사정이 좀 달랐다. 미국에서는 애당초 동물행동학이 그다지 두드러지지 못했던 탓인지, 에드워드 윌슨의 등장 이후 사회생물학이 급부상했다.[2] 1976년 봄에는 미국의 주요 대학에 사회생물학 강좌가 개설되었으며, 1970년대 말까지 사회생물학을 전문적으로 다루는 과학 잡지들이 잇달아 창간되었다. 열성적인 연구자들의 눈앞에는 갑자기 새로운 방법론과 의문점들이 펼쳐지고, 낙관적 희망이 샘처럼 솟아오르는 것 같았다. 다윈을 비롯한 위대한 사상가들을 괴롭혔던 수수께끼들이 고해상도의 분석도구 앞에 정체를 드러내는 것처럼 보였다. 그러자 이러한 성과에 고무된 연구자들은 다음과 같은 생각을 하게 되었다. "개미, 갈매기, 원숭이 등의 행동을 명확히 설명하는 것처럼 보이는 새로운 방법론을 우리 인간에게 적용해보면 어떨까?"

사회생물학의 개척자는 조지 윌리엄스George C. Williams, 로버트 트리버스, 윌리엄 해밀턴, 존 메이너드 스미스 등이다. 그러나 일반 대중이 사회생물학에 관심을 갖게 된 것은 두 권의 책 때문이었다. 먼저, 1975년 하버드대 교수 에드워드 윌슨이 내놓은 『사회생물학』은 대중들에게 깊은 인상을 남겼으며 출간 즉시 커다란 논란에 휩싸였다.

윌슨의 중요한 공로는 '사회생물학'이라는 분야를 창시하고 문패를 내겲으로써, 뿔뿔이 흩어져 있던 연구자들에게 사회생물학이라는 분야가 존재함을 보여줌과 동시에 그 실행 가능성과 중요성을 일깨워줬다는 것이다.[3] 그로부터 1년 뒤에는 옥스퍼드의 동물학자 리처드 도킨스가 20세기 최고의 인기 과학도서 『이기적 유전자』를 펴냈다. 이 두 권의 책들은 유전자 관점gene's-eye view을 옹호하는 입장에서 쓰인 책이라고 할 수 있다. '유전자 관점'의 개념은 다음과 같이 요약된다. "어떤 특징이 진화할 것인지를 이해하는 가장 편리하고 유용한 방법은, 유전자의 관점에서 그 문제를 바라보고 '다음 세대에서 출현 빈도가 증가할 형질은 무엇인지'를 질문해보는 것이다." 『사회생물학』과 『이기적 유전자』는 사회생물학의 아이디어 및 방법론에 내포된 참신성과 흥미 요소를 성공적으로 포착했다는 점에서, 그 영향력을 아무리 높이 평가해도 결코 지나치지 않다. 전 세계의 생물학자들은 이들 두 저서를 거론하기 위해 강의 내용을 수정했고, 일반인들도 이 책들을 통해 진화생물학의 복잡한 개념들을 이해할 수 있었다.

도킨스는 사회생물학적 방법론을 인간에게 직접 적용하는 것에 대해 신중한 자세를 취했다. 그는 "문화가 인간을 새로운 영역으로 인도한다"고 주장하며, 사회생물학과 인간 사이의 거리를 유지하려고 애썼다. 이에 반해, '자신의 신념을 떳떳이 밝히는 과학자'로 유명한 윌슨은 이러한 도전을 결코 망설이지 않았다. 그는 『사회생물학』의 마지막 장에서 인간의 본성 쪽으로 방향을 틀어, 남녀의 역할, 공격성, 종교 등 논란의 여지가 많은 문제에 대해 과감하고 모험적인 진화론적 가설을 제시했다. 그리고 노골적으로 "사회생물학의 목표 중 하나는 사회과학 분야를 개편하여 현대 진화론으로 통합하는 것"이라고 선언했다.[4]

윌슨의 책이 발간된 것을 계기로 수많은 사회생물학 서적들이 쏟아져 나왔는데, 이 책들의 관심사는 하나같이 사회생물학의 주제를 활용하고 확장시키는 것이었다. 혁명적 열정에 사로잡혀 과감해진 연구자들은 인간의 행동을 '만만한 먹이감' 정도로 간주했다. 그 결과 많은 생물학자들이 인문학의 영역을 넘보며 몰려들었고, 이에 위기감을 느낀 인문학자들은 극단적인 적대감으로 대응했다. 사회생물학을 둘러싼 전

대미문의 소동은 1970년대의 가장 큰 과학적 논란거리였다.

사회생물학의 발달과정을 자세히 들여다보면, 그 이면에는 '사회생물학이 인간성을 다뤄도 좋은가?'라는 우려 이상으로 많은 문제들이 도사리고 있다. 이 장에서는 사회생물학의 주된 개념과 방법론을 인간중심적 관점에서 검토하고, 사회생물학적 방법론이 인간성 연구에 적용된 사례를 살펴본 뒤, 마지막으로 사회생물학을 겨냥해 제기된 수많은 비판들에 대해 논의할 것이다.

주요 개념

윌슨은 사회생물학을 '모든 사회행동의 생물학적 근거를 체계적으로 연구하는 학문'이라고 정의했다.[5] 그러나 이 정의는 너무 포괄적이어서, 정의라기보다는 그의 비전을 제시한 '선언' 정도로 보는 것이 타당하다. 윌슨은 동물통계학, 집단생물학, 의사소통, 집단형성 행동, 양육 행위, 공격성 등에 관한 실험적·이론적 연구들을 집대성하여, 모든 종들(미생물로부터 시작하여 무척추동물, 조류, 포유류를 거쳐 인간에 이르는 다양한 종들)을 아우르는 새로운 학문분야를 창시했다. 1975년에 이르러 진화론과 생태학이 발전하면서, 동물행동 연구를 위한 진화론의 이론적 틀이 더욱 엄밀하게 확립되었다. 사회생물학이 동물행동학과 구분되는 이유는 유전자 관점, 혈연선택, 상호이타성을 비롯한 일련의 핵심 개념들을 도구로 사용하기 때문이다. 윌슨이 사회생물학을 창시하는 과정에서 중시한 또 하나의 개념으로는 최적성 모델optimality model이 있다(이들 개념은 다음 장에서 더욱 상세히 기술할 예정이다). 게다가 진화적 게임이론과 진화적으로 안정된 전략evolutionarily stable strategies은 도킨스의 저서들을 통해 상당한 주목을 받았다.

한편 사회생물학의 등장과 더불어, '선택의 수준'이라는 측면에서 몇 가지 진전이 이루어졌다. 사회생물학이 하나의 분야로 대두되기 이전에는 선택이 이루어지는 수준(개체, 집단, 또는 종 전체)은 거의 관심을 끌지 못했다. 대부분의 동물행동학자들은 이 문제를 다루지 않았으며, 많은 이들은 집단선택의 관점에 입각하여, '개체들은 종의 이익을 위해 행동하도록 선택될 것'이라고 생각했다. 그러나 기존의 집단선택론에 반발하여 몇 가지 혁신적 주장들이 제기되면서, 동물행동 연구에 있어서 중요한 발전이 이루어지게 되었다. 아래에서는 이들 개념과 방법론 중 일부를 소개하고, 그것들이 인간 분석에 적용되는 과정에서 얼마나 많은 논란과 화제를 불러일으켰는지 살펴보고자 한다.

유전자 관점

집단선택의 옹호자들은 동물에게서 관찰되는 다양한 사회적 행동들에 대해, '집단의 이익을 위한 희생'이라는 개념으로 설명될 수 있다고 주장했다. 예컨대 일부 동물행동학자들은 이렇게 설명했다. "집단의 규모가 증가하면 먹이를 과도하게 소비하고, 이렇게 될 경우 먹이가 부족하게 되어 집단의 몰살을 초래할 수 있다. 따라서 동물들은 교미를 포기하거나 심지어 자살을 감행함으로써 개체수를 줄여, 먹이 부족을 방지하고 집단을 유지시킨다." 이것은 스코틀랜드의 생태학자 윈-에드워즈V. C. Wynne-Edwards가 저서 『사회적 행동과 관련된 동물의 확산』(1962)에서 매우 강력하게 주장한 내용이다.

윈-에드워즈는 "집단 규모의 제한은 일부 개체들이 이타적으로 번식을 억제함으로써 가능하다"고 주장함으로써, 집단 내부에서 하층계급에 속하는 개체들이 가끔 번식을 하지 않는 현상을 설명했다. 이 같은 방법으로 규모가 제한된 집단은 그렇지 않은 집단(규모를 제한하지 않은 결과, 과도한 먹이 섭취로 서식지를 황폐화시킨 집단)보다 번성할 가능성이 높아질 것이다. 동물들은 발성, 다양한 표현, 무리짓기 등 다양한 수단을 통해 개체군 밀도를 평가함으로써, 번식 여부를 결정하는 것으로 생각되었다.

한편 로렌츠는 『공격론』(1966)에서, 권투에서 사용되는 퀸즈베리 규칙과 유사한 룰에 따라 동물들 간에 벌어지는 매우 절제되고 의례적인 싸움을 설명했다. 그는 이 싸움을 '번식할 자와 퇴장할 자를 결정하기 위한 경쟁'으로 묘사하고, "동물들 사이에 종의 미래를 지키기 위한 일종의 계약이 성립된 것으로 봐야 한다"고 주장했다.

동물의 사회적 행동을 이타적 행동으로 설명한 윈-에드워즈와 로렌츠의 말은 표면상 그럴 듯해 보인다. 하지만 뒤집어 말하면, 이러한 행동은 멸사봉공滅私奉公의 행동이라기보다는, 개체들이 자신들의 번식 성공률을 극대화하기 위해 선택한 '쩨쩨한 행동'이라고 설명할 수도 있다. 1964년 존 메이너드 스미스는 집단선택을 반박하는 짧은 글을 발표했고, 1966년 데이비드 랙David Lack은 윈-에드워즈의 집단선택론적 해석, 특히 조류의 개체수 제한에 대한 해석에 도전했다.

윈-에드워즈가 집단선택의 측면에서 설명한 사회적 행동, 즉 '여건이 좋지 않거나 계층이 낮은 개체가 번식을 하지 않는 현상'은 집단 내에서 이루어지는 자연선택의 관점에서도 설명할 수 있다. 최악의 상황(살아남는다는 것이 시간과 자원의 낭비에 불과한 상황)에서 번식을 지연시키는 유전자는, 모든 상황에서 번식을 촉진하는 유전자보다 선택 이익이 있기 때문이다. 이와 마찬가지 관점에서, 개체 간의 영역 다툼도 번식에 필요한 자원을 둘러싼 경쟁으로 이해할 수 있다. 즉, 경쟁에서 패한 개체는 집단을 위해 이타적으로 절제하는 것이 아니라, 번식 자체가 불가능하거나 번식을 하지 않는 것이 더 유리하기 때문에 번식을 시도하지 않는 것이라고 볼 수 있다.

집단선택을 반박하는 가장 강력한 근거는 조지 윌리엄스의 고전적 저서 『적응과 자연선택』(1966)을 통해 제시되었다. 윌리엄스는 집단선택론의 주장이 매우 불만스러웠다. 그는 "일부 개체들이 자신의 이익을 위해 시스템을 교묘히 속일 경우 집단선택은 일어나기 어려울 것"이라고 지적했다. 왜냐하면 감쪽같은 속임수로 다른 구성원들을 제압할 수 있다면, 개체는 굳이 자신을 희생시키지 않더라도 타인들을 희생시킴으로써 자신의 세勢를 불릴 수 있기 때문이다. 또한 윌리엄스는 "집단 간에 개체 이동이 일어날 경우, 집단 간의 차이를 잠식함으로써 집단선택을 더욱 약화시킬 것"이라고 지적했다.

윌리엄스는 분석의 수준을 (개체보다 한 단계 더 낮은) 유전자 수준으로 낮춰, 하나의 유전자가 다음 세대에 더욱 많이 발현되기 위해 갖춰야 할 특징이 무엇인지를 생각해 본다면, 동물의 사회적 행동을 훨씬 더 간단하고 그럴듯하게 설명할 수 있음을 깨달았다. 그리하여 "유전자는 오직 하나의 기준, 즉 '미래 세대에 그 유전자의 발현을 최대화할 수 있는 개체를 얼마나 효율적으로 생산할 수 있는가'에 의해서만 선택된다"[6]는 결론에 도달했다.

이 같은 유전자 관점은 나중에 도킨스의 『이기적 유전자』에서 훨씬 더 강력하게 표현되었다. 유전자 관점의 중요성은 혈연선택, 부모와 자녀 간의 갈등, 상호이타성 등의 개념을 논의하는 동안 점점 더 명확해질 것이다.

혈연선택

집단선택에 반기를 든 진화생물학자들을 괴롭히는 주된 난점은 이타성을 설명하는 것이었다. 개체가 자신의 생존 및 번식 기회를 줄이고 다른 개체의 번식을 성공시키려고 행동하는 까닭은 무엇일까? 그처럼 명백한 자기희생적 행동이 어떻게 진화할 수 있었을까? 예컨대 개미, 꿀벌, 말벌 등 벌목Hymenoptera 곤충 군락지의 경우, 대다수를 차지하는 일개미 또는 일벌은 암컷이다. 그러나 이들은 평생 동안 번식을 하지 못하며, 번식 가능한 하나 이상의 암컷, 즉 여왕의 새끼들을 기르는 데 헌신한다.

찰스 다윈은 『종의 기원』에서 이들 일개미나 일벌의 존재에 대해 "특히 곤란했던 문제로, 처음에는 대처하기가 불가능했고 실제로 내 이론 전체에 치명타를 가했다"라고 적었다.[7] 이 수수께끼는 그 후 100여 년 동안 진화생물학자들을 헷갈리게 하다가, 1964년에 이르러 영국의 대학원생 빌 해밀턴이 해답을 내놓으면서 일단락되었다. 해밀턴이 제시한 해답의 핵심은 혈연관계로, 현대 유전학과 모순되지 않는 만족할 만한 것이었다. 좀 더 구체적으로 말하면, "가까운 친척은 같은 유전자를 많이 공유하므로, 그들의 번식을 도움으로써 공유된 (이타적) 유전자가 다음 세대에 출현하는 빈도를 증가시킬 수 있다"는 것이었다.

해밀턴의 연구는 R. A. 피셔의 연구결과를 바탕으로 한 것이었다. 피셔는 1957년 케임브리지 대학교 유전학과 교수직에서 물러났고, 해밀턴은 그 즈음 대학에 입학하여 학부 강의를 듣기 시작했다. 케임브리지와 런던에서 해밀턴을 가르친 교수들은 주로 집단선택론자였으므로, 피셔를 인정하지 않았다.[8] 한편 영국을 대표하는 또 한 명의 집단유전학자 J. B. S. 홀데인은 이타성에 관한 집단선택론적 모델을 제안했고, 해밀턴은 홀데인의 모델을 곧 거부했다.

해밀턴의 해답은 홀데인이 제시한 다른 개념에서 비롯되었다. 1955년 어느 대중잡지에 실린 기사에서 홀데인은 두 형제 또는 여덟 명의 사촌을 위해 기꺼이 목숨을 버리겠노라고 농담을 했다. 해밀턴은 "홀데인이 목숨을 거느냐 마느냐의 여부는 혈연관계로부터 얻을 수 있는 이익에 달려 있다"고 생각하고, 두 사람 간의 유전적 근친도에 따라 이타적 행동을 예측할 수 있는 방법을 고안해냈다. '혈연선택론'으로 명명된 해밀턴의 이론은 동물의 사회적 행동을 이해하는 데 혁명을 가져왔다.

혈연선택의 기본 개념은 간단하다. 예컨대 자신의 이익을 희생하면서(이 희생을 c라 한다) 친척에게 선행을 베푸는 개체가 있다고 하자. 그의 이타적 행동은 친척의 생존 및 번식 가능성을 증가시키는 이점(이 이점을 b라 한다)이 있다. 그런데 친척 역시 그와 동일한 유전자를 보유하고 있다고 하자(이 확률을 r이라고 한다). 이 경우 희생된 개체는 자신의 유전자를 후손에게 직접 전달할 기회가 줄어들지만, 살아남은 친척은 그럴 가능성이 증가하기 때문에 이타적 행위의 명분을 제공하게 된다. 그렇다면, 이 개체가 이타적 행동을 선택하는 경우는 언제일까? 그

때는 이타적 행위의 적응비용이 친척에게 주는 이익의 기댓값(이익×확률)보다 작을 때, 즉 $c<b\times r$일 때 일어난다. 앞으로 차차 알게 되겠지만, 공여자의 희생과 수혜자의 이익을 비교평가하는 것은 사회생물학의 여러 핵심 개념들을 이해하는 데 필수적이다.

후에 로버트 트리버스는 혈연선택을 "다윈 이후 진화론에서 이루어진 가장 중요한 진전"[9]이라고 평가했고, 윌슨은 "무엇보다도 가장 중요한 개념"[10]으로 간주했다. 해밀턴은 지도교수와 동료들에게 자기 이론을 이해시키기 위해 곤욕을 치렀으며, 천신만고 끝에 이타성의 유전학에 관한 박사학위 논문심사를 통과하게 된다. 그는 자신의 연구결과를 두 권의 논문으로 정리하여, 1964년 「사회적 행동의 유전적 진화」라는 제목으로 출판했다. 첫 번째 논문에서는 이론과 모델을 제시했고, 두 번째 논문에서는 다윈을 당혹시켰던 바로 그 문제, 즉 '사회적 곤충의 군락에 비생식 일꾼non-reproductive workers이 존재하는 현상'에 자신의 모델을 적용시켰다. 그 후 독학으로 명성을 날렸던 미국 생물학계의 이단아 조지 프라이스George Price(1970)가 "혈연선택도 집단선택의 특수한 경우로 간주될 수 있다"는 사실을 입증하자, 해밀턴은 즉각 그 논리를 수용했다.[11]

혈연선택은 특히 사회생활을 하는 벌목 곤충을 연구하는 데 적절한 개념이다. 왜냐하면 이들은 단수배수성haploidiploidy이라는 특이한 성 결정 형태를 가지고 있기 때문이다. 벌목 곤충의 새끼 중에서 암컷은 수정란으로부터 태어나기 때문에 두 벌의 염색체를 지니는 반면(이배체), 수컷은 미수정란으로부터 태어나기 때문에 한 벌의 염색체밖에 지니지 않는다(단수체).

먼저 새끼 암컷들부터 생각해보자. 모든 새끼 자매들이 아비로부터 물려받은 유전자 세트는 똑같다. 왜냐하면 아비는 한 벌의 염색체밖에 갖고 있지 않기 때문이다. 그러나 새끼 자매들이 어미에게서 물려받은 유전자는 경우가 다르다. 어미는 두 벌의 염색체를 갖고 있으므로, 새끼 자매들이 어미의 유전자 하나를 공유할 확률은 50%가 된다. 따라서 전체적으로 자매들은 75%의 유전자를 공유하게 된다. 이와 대조적으로, 새끼 형제들은 어미의 특정 유전자를 공유할 확률이 50%이므로, 형제들 간의 근친도는 50%에 불과하다. 따라서 벌목 곤충 자매들의 근연관계는 다른 동물들(다른 성 결정 형태를 가진 동물들)의 경우보다 가깝다. 그러므로 새끼 암컷들은 자신의 새끼(근친도: 50%)보다 자매들(근친도: 75%)을 양육함으로써, 자신의 유전자를 후세에 더 많이 전할 수 있다. 벌목 곤충의 군락에서 사냥, 둥지 짓기, 방어, 육아에 종사하는 일꾼은 모두 암컷이다.

해밀턴은 "개체의 번식 성공이 '직계자손의 수'뿐 아니라 '친척을 도와줌으로써 얻을 수 있는 여분의 적응도'에도 의존한다"는 개념을 다루기 위해, 포괄적응도inclusive fitness라는 용어를 만들어냈다. 나중에는 직계자손은 물론 다른 친척까지도 선택하는 현상을 설명하기 위해 혈연선택이라는 용어도 사용했다. 혈연선택은 벌목 곤충에만 한정되지 않으며, 개체가 포괄적응도를 증가시키기 위해 근친에게 이타적으로 행동하는 모든 상황에 일반적으로 적용할 수 있다.

세계 최고의 사회적 곤충 전문가 중 한 명이었던 윌슨은 해밀턴의 논문이 지니는 의의를 간파한 최초의 인물 가운데 하나였다. 해밀턴의 연구결과를 열렬히 옹호했던 윌슨은 도킨스와 더불어 혈연선택의 개념을 널리 알리는 데 크게 기여했다. 윌슨은『사회생물학』에서 여러 영장류, 사회생활을 하는 육식동물, 협동하여 번식하는 조류, 심지어 진딧물이 어미를 도와 함께 자매들을 기르는 이유, 그리고 여러 포유류와 조류가 자신의 위험을 무릅쓰면서 포식자가 다가오는 것을 동료들에게 알리는 이유를 설명하는 데 혈연선택이 어떻게 사용될 수 있는지를 보여주었다. 이윽고 윌슨은 인간성으로 사고의 방향을 돌려, 일군의 인간들, 즉 동성애자들이 직접적인 번식 기회를 포기하려는 이유를 혈연선택의 측면에서 설명하려고 시도했다. 그는 트리버스가 제안한 개념을 발전시켜 다음과 같이 생각했다.

> 원시사회의 동성애자들은 도우미 기능을 수행했을 것이다. '부모의 의무'라는 특별한 책임에서 해방된 그들은 매우 효율적으로 가까운 친척들을 도와줄 수 있었을 것이다. 그렇다면 혈연선택 하나만으로도 동성애를 선호하는 유전자가 높은 평형수준을 유지하는 것이 가능했을 것이다.[12]

동성애에 관한 윌슨의 가설은 하나의 과감한 추측에 불과하며 (순진할 정도로) 정치적 의미에 무감각하다는 점에서,『사회생물학』의 마지막 장에 나오는 내용의 전형적인 예라고 할 수 있다. 그럼에도 불구하고 혈연선택은 인간의 수많은 이타적 행동을 설명하는 데 이용되면서 다소 성공을 거두었다. 그러나 동물의 행동에 대한 혈연선택의 설명력은 최근 들어 문제시되고 있다.[13]

부모와 자녀 간의 갈등

해밀턴의 획기적인 연구에 이어, 하버드 대학교의 로버트 트리버스도 그에 못지않은 영향력을 지닌 논문들을 내놓았다. 트리버스는 정신질환 때문에 정상적인 활동에 지장을 받았음에도 불구하고,[14] 1970년대 초 수년 동안 혼자 힘으로 많은 사회생물학 이론을 수립하며 활발하게 활동했다.

해밀턴과 마찬가지로 트리버스 역시 대학원생 시절부터 천재성을 드러냈다. 트리버스는 하버드 대학교에서 윌슨과 똑같은 학과에 재학 중이었다. 윌슨에 의하면 그는 놀라운 지능을 가진 조울증 환자로, 주기적으로 연구실로 달려와 때로는 거칠고 때로는 멋진 생각들을 뿜어냈다고 한다. 윌슨은 트리버스와의 대화를 "정신상태를 바꾸는 위험한 약물을 복용하는 것과 같았다"[15]고 묘사했으며, 트리버스와 2~3시간을 보내고 나면 하루 종일 녹초가 되었노라고 고백했다. 트리버스의 특출한 공헌은 유전자 관점을 터득한 데서 기인한 것이었다.

트리버스는 상이한 근친도 때문에 개체들 간의 이해관계가 충돌할 것이라고 주장했다. 트리버스는 두 편의 선구적인 논문 「부모의 노력과 성 선택」(1972)과 「부모-자녀의 갈등」(1974)에서, "이배체 종의 경우 부모는 비용이 똑같다면 모든 자녀들에게 똑같이 투자할 것이며, 한편 자녀들은 부모가 현재 또는 미래의 형제자매보다 자신에게 더 많이 투자하는 것을 선호할 것"이라고 추론했다. 이러한 추론은 "부모는 모든 자녀들과 동일한 근연관계를 가지고 있는 반면, 자녀들은 형제자매보다 자기 자신에게 더 많은 관심을 가진다"는 근거에 기반한 것이었다.

트리버스는 "자연선택으로 인해 부모와 자녀가 각각 다른 행동을 나타내게 되었을 것"이라는 의견을 내놓았다. 즉, 자녀들은 독립을 앞두고 부모로부터 가능한 한 많은 식량과 후원을 얻어내는 행동을 선호하는 한편, 부모는 '현재의 자녀에게 투자하는 것'과 '나중에 태어날 자녀를 위해 에너지와 자원의 일부를 비축해두는 것' 사이에서 균형을 취하는 행동을 선호한다는 것이다.

트리버스는 많은 조류를 대상으로 한 연구에서, 깃털이 나올 즈음의 새끼가 먹이를 요구하면서 부모를 향해 요란스럽게 소리를 지른다는 점을 주목했다. 또한 캥거루, 개코원숭이, 붉은털원숭이 등의 경우 젖떼기로 인한 갈등이 여러 주 동안 계속되기도 한다는 점을 보고했다. 새끼는 어미의 젖을 먹거나 등에 올라타기 위해 날카로운 소리를 계속 지르는 반면, 어미는 새끼의 머리를 젖꼭지에서 떼어내거나 몸에 달라붙는 새끼를 밀쳐낸다는 것이다. 트리버스는 어린 조류나 원숭이의 분노발작을 '어미의 마음을 움직여 양육투자 기간을 연장하려는 시도'라고 해석했다. 부모-자녀 간의 다툼에 대한 이전의 해석은 '부모-자녀 간의 유대관계 단절로 인한 부적응의 결과' 또는 '겁 많은 새끼들의 독립을 촉진하려는 장치'라는 것이었다. 그러나 이와 대조적으로, 트리버스는 '두 세대 사이에서 반대방향으로 작용하는 자연선택의 결과'로 해석한 것이다.

부모-자녀 사이에서 빚어지는 갈등의 정확한 역학관계는 쉽게 연구할 수 없음이 입증되었지만,[16] 트리버스의 생각은 생물학자들의 후속 연구에 커다란 자극이 되었으며, 인간에게서 나타나는 부모-자녀 간의 상호작용을 새롭게 해석하도록 이끌었다. 그렇다면 인간의 경우에는 어떨까? 어린이의 분노발작이 엄마의 마음을 움직여 수유나 다른 형태의 양육투자를 연장하게 하려는 시도일 수 있을까? 현재까지 밝혀진 사실로 미루어볼 때, 두 살배기 어린이의 분노발작은 젖떼기를 둘러싼 충돌이라기보다는 부모로부터 독립하려는 과정과 관련된 것처럼 보인다.[17] 하지만 트리버스의 통찰력은 인간을 비롯한 영장류의 부모-자녀 간 갈등에 대한 연구를 자극함으로써, 굵직굵직한 학문적 발달을 촉진하는 원동력으로 작용한 것으로 평가된다.

1973년 트리버스는 댄 윌러드Dan Willard와 함께, "부모는 손자의 출생을 최대화할 수 있다고 판단될 경우, 딸과 아들에게 상이한 양의 자원을 투자하는 방법을 선택할 수 있다"는 내용의 논문을 발표했다. 이 개념은 인류학자 밀드레드 디크먼Mildred Dickemann(1979)에 의해, 일부 인간 부모들이 아들이나 딸을 선호하는 이유를 조사하는 데 사용되었다.

세계의 많은 지역에서, 소녀는 소년보다 살해되거나 버려지거나 음식물 또는 의약품을 제공받지 못할 가능성이 많다. 예컨대 대부분의 서구사회에서 남녀 출생비는 여아 100명당 남아 105명인 데 반해, 중국의 출생비는 여아 100명당 남아 114명이다. 이 차이에 해당하는 여아의 대부분은 임신 중 낙태되거나 출생 후 살해되는 것으로 추측된다.[18] 디크먼은 인도, 중국, 중세 서유럽 등의 사례를 이용하여, 남아선호는 재산상속의 패턴과 관련되어 있다는 의견을 제시했다. 예컨대 모든 사람이 태어날 때부터 엄격한 사회경제적 계급(카스트)에 속할 수밖에 없었던 19세기 인도에서는 아들이 가족의 재산을 상속한 반면, 딸은 더 높은 사회계층의 남자와 결혼하는 것이 기대되었다. 인도를 식민지로 지배했던 영국인들은 최상위층에 해당하는 라지푸트 계급의 가정에 딸이 없다는 사실을 의아해했지만, 이윽고 이 계급의 딸은 대부분 출생 직후 살해된다는 것을 알게 되었다. 최상위층의 딸은 더 높은 계층의 남자와 결혼할 수 없기 때문에 아들에게 상속되어야 할 재산을 축내기 마련이었다. 이에 반해 아들은 여러 명의 아내를 거느릴 수 있었으므로, 부모의 입장에서 볼 때 아들이 딸보다 훨씬 더 가치가 있었던 것이다.

디크먼은 낮은 계급의 가정보다 높은 계급의 가정에서 여아살해가 더 흔한 것을 발견함으로써, 트리버스와 윌러드의 이론을 이용하여 이들 국가에서 사회경제적 지위에 따라 성비가 달라지는 이유를 설명할 수 있었다. 하지만 "사회경제적 지위가 낮은 가정은 아들보다 딸을 선호할 것"이라는 디크먼의 예측은 자료에 의해 뒷받침되지 못했다. 이유는 아마도 지참금, 즉 딸을 데려가는 대가로 요구되는 금전이나 물품의 부담 때문이었는지도 모른다.

사실 인간과 다른 동물들을 대상으로 트리버스와 윌러드의 가설을 검증하기란 당초 예상보다 훨씬 더 복잡한 것으로 판명되었다.[19] 그럼에도 불구하고 트리버스와 윌러드의 생각은 '인간의 부모가 왜 아들과 딸을 다르게 대우하는가?'라는 문제에 대해 흥미로운 새 관점을 제공한 것으로 여겨진다.

상호이타성의 비밀

트리버스는 1971년에 발표한 논문에서 상호이타성의 요체가 되는 개념을 다음과 같이 소개했다. "서로 남남인 개체들이 오랫동안 상호작용을 계속하게 되면 양자 사이에서 '특별한 행위'들이 일어날 수 있다. 이는 당장에는 완전한 이타적 행위(즉, 비용은 행위자가 부담하고 이익은 상대방에게 돌아가는 행위)인 것처럼 보일지 몰라도, 나중에 두 개체 모두에게 득이 될 가능성이 높다고 판단되는 행위들이다." 트리버스는 이 '특별한 행위'를 상호이타적 행위라고 불렀다. 시간이 지나면서, 상호이타적 행위를 주고받는 개체들은 각자도생各自圖生할 때보다 더 많은 이익을 얻게 될 것이다.

하지만 극복해야 할 어려움도 있다. 서로 속이거나 상대방의 호의에 보답하지 않으려는 경향 등이 바로 그것이다. 따라서 상호이타적 행위는 개체들이 정기적으로 상호작용하면서 이전의 상호작용에 대한 기억을 유지할 경우 더욱 자주 일어날 것이라 예측할 수 있다. 상대방을 속이는 개체는 미래에 이타적 이익을 누리지 못할 가능성이 높다. 하지만 더욱 교묘한 형태의 속임수(예컨대, 자신이 받은 것 이하로만 보답함)는 상대방에게 발각되지만 않는다면 얼마든지 가능하다고 할 수 있다.

자연계에서 일어나는 가장 유명한 상호이타성의 사례 중 하나는, 1984년 메릴랜드 대학교의 제럴드 윌킨슨Gerald Wilkinson이 발표한 흡혈박쥐에 관한 연구다. 밤새 먹이를 찾아 헤매다가 허탕을 친 몇몇 흡혈박쥐는 아침이 되면 굶주려 핼쑥해진 채 둥지(속 빈 나무)로 돌아온다. 윌킨슨은 같은 나무에 서식하는 다른 개체들이 굶어죽을 위험에 처한 개체를 위해 뱃속의 먹이를 게워내는 것을 관찰했다. 이 박쥐들은 상대적으로 안정적인 집단을 이루어 생활하며 매일 아침 똑같은 나무로 귀환한다는 사실로 미루어볼 때, 이들의 먹이 교환을 상호이타성의 일례로 간주하는 것은 무리가 없어 보인다.

공여자(먹이를 제공하는 개체)의 입장에서 볼 때, 상호이타적 행위에 소요되는 비용은 적다. 하지만 수혜자(먹이를 얻어먹는 개체)의 입장에서 볼 때 이것은 생사가 걸린 문제다. 따라서 수혜자는 향후 공여자의 친절에 보답할 기회를 반드시 찾을 것이다. 어류, 조류, 원숭이류의 경우에도 상호이타성과 유사한 행위에 대한 증거가 기록으로 남아 있지만, 결정적인 데이터가 부족하거나 다른 메커니즘으로도 설명이 가능한 경우가 대부분이다. 예컨대 상호이타성의 사례로 제시된 사례 중 대부분은 상호주의(두 개체가 모두 즉각적인 이익을 얻는다), 조정manipulation(한 개체가 다른 개체에게 도움을 제공하도록 강제된다), 또는 혈연선택으로도 충분히 설명할 수 있다고 한다.[20]

사실 인간만큼 상호이타성이 흔히 나타나는 동물은 없을 것이다. 트리버스는 "우리 조상들은 지난 수백만 년에 걸쳐 안정적인 소집단을 이루어 살면서 상호이타성을 진화시켜 왔을 것"이라고 주장했다. 상호이타성을 진화시킨 덕분에 인간은 이타적 교환의 이점을 누리고, 중대하거나 교묘한 속임수로부터 보호받을 수 있었지만, 때때로 자신에게 이득이 될 경우에는 속임수를 쓰기도 했을 것이다. 게다가 트리버스는 상호이타성을 이용하여 인간의 특정한 형질을 설명하는 것이 가능하다고 주장했다.

예컨대 '우정'은 이타적 행위를 주고받을 수 있는 사람을 찾아 관계를 맺도록 동기부여를 해준다. 반면에 '도덕적 비난'은 속임수를 쓰는 사람들이 처벌받지 않고 두루뭉술 넘어가는 것을 막아주며, 친절의 수혜자가 표시하는 '고마움'은 친절의 제공자가 '앞으로 기회가 있으면 보답을 받을 것'이라고 믿게 해준다. 마지막으로 상호이타성을 주고받는 복잡한 사회제도 속에서는 다른 사람의 행동을 판단하는 기준으로 '정의감'이 필요하다. 이상과 같은 인간의 형질이 진화된 과정을 설명하기 위해 다른 이유를 댈 수도 있지만, 트리버스의 설명은 직관적일 뿐 아니라 설득력까지 겸비한 것이었다. 트리버스의 연구 덕분에, 경제학자들은 '인간이 금전이나 자원의 배분을 위해 협상할 때 이타적으로 행동하는지' 여부에 특별한 관심을 기울이게 되었다.

진화적 게임이론

진화론의 접근방법 중에는 경제학 개념의 영향을 받은 것도 있다. 진화적 게임이론은 '특정한 방식으로 행동하는 것의 이점이 다른 사람들의 행동 여하에 달려 있다'는 전제 하에, 진화에 관한 이론을 전개한다.

메이너드 스미스와 프라이스(1973)는 경제학자들이 내놓은 게임이론의 개념을 바탕으로 진화적 게임이론을 개척했다. 이 이론의 목표는 진화가 수백만 년에 걸쳐 이러이러하게 일어났다는 가정 아래, 가장 안정적 전략이라고 생각되는 행동을 연구하는 것이다. 예컨대 어떤 자원을 차지하기 위해 싸움을 벌일 것인지 여부를 결정하는 경우, 개체는 '항상 공격한다', '결코 싸움을 시작하지 않는다', 또는 '도전을 받으면 항상 공격한다' 등의 전략을 채택할 것이다. '상대의 몸집이 나보다 작은 경우에만 공격한다', '상대의 몸집이 나보다 큰 경우에만 후퇴한다' 등과 같은 조건부 전략을 채택할 수도 있다. 만약 컴퓨터나 수학모델을 이용하여 모든 가능한 대안들을 평가할 수 있다면, 필승전략을 도출하는 것이 가능하다. 이러한 필승전략을 진화적으로 안정된 전략(ESS)이라고 하는데, ESS가 집단의 모든 구성원에 의해 채택될 경우 다른 전략으로 대체될 수 없다.

진화적 게임이론은 원래 제프 파커Geoff Parker 등에 의해 '자원을 사이에 둔 동물들의 싸움'을 연구하는 데 사용되었지만, 그 후 '먹이를 직접 구할 것인가 아니면 훔칠 것인가', '다른 개체와 언제 협조할 것인가', '어떤 정보를 다른 개체들과 공유할 것인가' 등 매우 광범위한 상황에서 개체가 어떻게 행동하는지를 연구하는 데도 효과적으로 사용되어 왔다. 특정 전략이 ESS에 해당되는지 여부는 그와 유사한 것이 자연적인 동물집단에서 관찰되는지를 조사함으로써 검증할 수 있다. ESS의 정량적 엄밀성을 감안할 때, ESS가 동물의 적응을 연구하는 데 필수적인 도구가 되었음은 의심의 여지가 없다.

도킨스는 『이기적 유전자』에서, ESS를 자신의 주장을 뒷받침하는 토대로 삼았다. 예컨대 그는 진화적 게임이론을 활용하여 양육투자와 관련된 암수 사이의 갈등을 설명했다. 도킨스는 트리버스가 1972년 소개한 개념을 발전시켜, "부모가 모두 자녀를 원하더라도, 부모 각각의 입장에서는 자녀에게 투자하는 시간과 자원을 (정당한 몫보다) 덜 투입하는 것이 이익이 될 수도 있다"고 지적한다. 배우자에게 육아의 부담을 떠넘길 수 있다면, 자신의 유전자를 자손에게 효과적으로 전달할 수 있음은 물론, 그 이상의 번식에 몰두할 시간과 자원을 추가로 확보할 수 있기 때문이다. 트리버스는 '양육투자에 대한 암수의 상대적 기여도'에 따라 종을 분류하고는, "척추동물의 경우 암컷의 기여도가 수컷을 훨씬 능가하며, 수컷이 양육을 위해 제공하는 것은 생식세포 하나뿐인 경우가 많다"고 지적한 바 있다.

도킨스에 의하면, 암컷이 이 문제를 해결하기 위해 택할 수 있는 전략 중 하나는 믿을 만한 수컷을 물색한 다음 그의 충직함을 평가하기 위해 오랫동안 구애하도록 만드는 것(내숭)이라고 한다. 실제로 도킨스는 수컷의 전략 두 가지(충직과 바람둥이)와 암컷의 전략 두 가지(내숭과 헤픔)를 제안한다. 내숭 떠는 암컷은 오랜 구혼기간이 끝나기 전에는 교미를 허락하지 않지만, 헤픈 암컷은 수컷을 만나는 즉시 교미할 것이다. 충직한 수컷은 오랫동안 구혼할 마음의 준비가 되어 있으며, 새끼 양육도 도울 것이다. 반면에 바람둥이 수컷은 구혼 따위에는 관심이 없으며, 즉각 교미가 이루어지지 않으면 미련 없이 떠나버리고, 설사 교미에 성공하더라도 새끼 양육에 대해서는 나 몰라라 할 것이다.

이러한 개념을 좀 더 쉽게 설명하기 위해, 도킨스는 다양한 비용과 이익에 대해 임의의 값을 부여했다. 예컨대 성공적인 자녀양육의 이익은 15단위, 양육비용은 20단위, 구혼비용은 3단위 등이다. 이들 특정한 값을 모델에 대입하여 ESS를 계산하면, "암컷의 6분의 5는 내숭을 떨고 수컷의 8분의 5는 충직하다", 또는 "각각의 암컷은 생애의 6분의 5를 내숭을 떨며 지내고, 각각의 수컷은 생애의 8분의 5를 충직하게 보낸다"는 답이 나온다. 따라서 이 특정한 예에서는, 암컷이 헤퍼지기보다는 수컷이 바람을 피울 가능성이 더 높다고 할 수 있다.

논의의 끝부분에 이르러, 도킨스는 이 같은 추론이 인간에게 어느 정도 적용될 수 있는지를 검토했다. 비용과 이익에 할당되는 값이나 전략의 선택이 매우 임의적이어서, 할당된 값이 달라지면 결과도 달라지는 것이 당연하다. 그리고 인간의 경우 바람기는 진화된 성향이라기보다는 문화의 영향을 받는 부분이 많다고 할 수 있다. 도킨스는 이러한 점들을 모두 감안하여, "백 보 양보하더라도, 인간 남성들은 일반적으로 바람을 피우는 경향이 있다고 볼 수 있다"는 결론을 내렸다.[21]

진화적 게임이론은 인간의 생활사 전략보다는 동물의 생활사 전략을 연구하는 데 널리 적용되고 있다. 하지만 이 방법론은 '타인들의 결정이 선택 결과에 영향을 미칠 때, 사람들은 여러 가지 대안 중에서 어떤 것을 선택하는지'에 관심을 가진 연구자들에게 여전히 중요한 접근방법으로 여겨지고 있으며, 진화경제학에도 커다란 영향을 미쳤다.[22]

격렬한 논쟁

윌리엄스, 해밀턴, 트리버스, 메이너드 스미스 등의 혁명적 사상은 동물의 행동을 연구하는 데 대단히 중요한 것이었다. 논란이 일어난 것은 사회생물학을 인간에게 적용했기 때문인데, 특히 윌슨은 이 때문에 많은 주목을 받았다. 윌슨은 후에 인간사회생물학에 대한 자신의 생각을 다음과 같이 요약했다.

> 인간은 특정한 성향(또는 형질)을 유전받아 행동과 사회구조를 형성하는데, 많은 사람들이 공유하는 형질을 인간의 본성이라고 부른다. 인간의 본성 중 뚜렷한 것으로는 남녀 간의 분업, 혈연 간의 유대, 근친상간 회피, 기타 윤리적 행동, 낯선 사람에 대한 의심, 동족의식, 집단 내부의 서열, 전반적인 남성지배, 제한된 자원을 확보하기 위한 영역 침범 등이 있다. 인간에게는 자유의지가 있어서 여러 가지 방향을 선택할 수 있지만, 심리적 발달방향은 유전자에 의해 특정한 방향으로 치우치는 경향이 있다. 문화는 매우 다양함에도 불구하고 이러한 형질로 수렴되는 것이 불가피하다.[23]

윌슨의 이 같은 견해는 강력한 반발에 부딪혔고, 오래지 않아 사회생물학 논쟁은 언론의 관심거리로 떠올랐다. 그러자 인간사회생물학에 적대적인 비평가들은 즉시 강경하게 대응하고 나섰다. 인류학자, 심리학자, 사회학자, 몇몇 저명한 생물학자 등은 사회생물학자들의 연구결과를 강하게 부인하고 방법론을 공격했으며, '편견에 사로잡혀 이야기를 꾸며낸다'고 성토했다. 수많은 논문과 서적들이 사회생물학 논쟁의 역사를 다뤘지만,[24] 여기서는 정치적 공방은 간단히 살펴보고, 과학적 논쟁 부분에 좀 더 많은 지면을 할애하고자 한다.

『사회생물학』의 맨 마지막 장에서 제기된 개념들에 대한 즉각적인 반대는 활발한 정치활동을 벌이던 학자들로부터 나왔다. 보스턴을 중심으로 활동하던 일군의 과학자와 사회과학자들이 모여 사회생물학 연구그룹을 결성했으며, 이 그룹은 곧 민중을 위한 과학Science for the People(1960년대에 설립되어 과학자들의 비행을 폭로하던 미국의 거국적 사회운동조직_옮긴이)의 산하단체가 되었다. 인종차별과 지능검사 문제 때문에 한바탕 소동을 치른 데 이어 학생들의 베트남전 반대시위가 빈발하던 때였으므로, "체제전복을 꾀하는 위험한 과학자들을 몰아내자"고 학생들을 부추기는 것은 식은 죽 먹기였다.

'사회생물학 연구그룹'을 주도하던 세력은 하버드 출신의 마르크스주의자 및 좌파 학자들이었다. 그들 중에서 가장 명성이 높고 과격했던 인물들은 진화생물학자 리처드 르원틴과 스티븐 제이 굴드였는데, 이들은 하버드의 같은 건물에서 윌슨과 동고동락하던 사이였다. 실제로 인간사회생물학을 가장 공개적으로 비판했던 과학자와 사회과학자들은 윌슨의 연구실 바로 아래층에 위치한 르원틴의 연구실에서 회동

했다.

사회생물학 연구그룹은 1975년 11월 13일 《뉴욕 북 리뷰》에 보낸 서한을 통해, "인간사회생물학은 성, 계층, 인종과 관련하여 지지를 받지 못할 뿐 아니라, 현상유지를 유전적으로 정당화하고 불균형을 영속화하는 경향이 있다"고 선언했다.[25] 또한 그들은 "사회생물학은 환원주의와 생물학적 결정론에 치우쳐 있으며 무지와 쇼비니즘의 소치"라고 비난했고, 사회생물학의 기본 가정('사회는 생물학적 필요성을 반영한다')을 트집 잡았으며, "과거에 진화론이 오용됐던 것은 순전히 사회생물학 때문"이라며 얼토당토않은 누명을 씌웠다

> 1910~30년 미국의 단종법sterilization law과 제한적 이민법 제정, 나치 독일의 우생학 정책 수립과 가스실 설치에 중요한 근거를 제공한 이론들을 상기해보라. 최근 사회생물학이라는 새로운 분야가 탄생한 것은, 생각만 해도 지긋지긋한 이들 이론을 되살리려는 시도에 다름 아니다.[26]

윌슨은 "훌륭한 과학자란 어려운 문제를 회피하지 말아야 하며, 일단 연구를 시작한 이상 비난이 들끓더라도 꾸준히 밀고나가는 용기를 지녀야 한다"는 원칙을 신봉했다. 그리고 자신이 『사회생물학』에서 언급한 내용의 정당성을 확신하고 반격에 나섰다.

윌슨은 비판자들을 '백지설이라는 신화의 영속화를 획책하는 정치적 극단주의자'라고 몰아세우며, "그들의 생각은 완전한 사회에 대한 그들의 순진한 꿈과 일맥상통한다"고 혹평했다. 이와 동시에 인간행동

에 대한 연구를 확대한 윌슨은 1978년 『인간 본성에 대하여』를 발표했고, 이 책은 출간 즉시 베스트셀러가 된데다 퓰리처상까지 수상했다. 윌슨은 "남녀의 행동 차이는 과거의 진화사를 반영하며, 상당한 사회적 비용을 치러야만 비로소 근절될 수 있다"는 등 과감한 주장을 계속함으로써 끊임없는 논란의 중심에 섰다. 논쟁은 격렬해지면서 정치적 성격을 띠었으며, 1978년에는 감정이 격화된 나머지 불상사가 일어나고 말았다. 어느 중요한 학술회의에서 일군의 시위자들이 단상을 점거하고 있다가, 윌슨이 발표를 시작하려는 순간 "인종차별주의자!"라고 외치면서 머리에 얼음물 한 주전자를 쏟아 부은 것이다.

윌슨은 많은 비판자들을 '생물학적으로 순진한 사람들'이라고 간단히 무시해버렸다. 그러나 그럴 수 없는 인물이 단 한 명 있었으니, 그는 바로 절친한 동료 리처드 르원틴이었다. 내로라하는 진화생물학의 권위자들로, 하버드의 같은 학과에 재직하는 동갑내기 과학자들 간의 갈등은 사회생물학 논쟁에서 가장 흥미를 끌었던 점 중 하나였다. 공교롭게도 1970년대 초 르원틴이 하버드에 부임하는 데 가장 크게 기여한 장본인이 윌슨이었으니, 누가 봐도 르원틴은 은혜를 원수로 갚은 배은망덕한 사람이 분명했다. 하지만 나중에 윌슨은 르원틴이 훌륭한 반대자임을 인정하면서, 르원틴이 없었다면 논란이 그처럼 격렬해지거나 그토록 많은 관심을 끌지는 못했을 것이라고 인정했다.[27]

르원틴은 수많은 대중강연을 통해 사회생물학을 비판하는가 하면, 사회생물학 서적들을 비난하는 서평을 끊임없이 내놓았다. 세계에서 가장 뛰어난 집단유전학자 중 한 사람으로, 언젠가 스티븐 굴드에게 "내가 지금까지 알고 있는 과학자 중에서 가장 똑똑하다"는 소리를 들었을 만큼, 르원틴의 자질은 흠잡을 데가 없었다. 르원틴은 강경한 정치적 견해에도 불구하고 늘 개방적이었고 매우 강직한 성품의 소유자였다. 꽤 젊은 나이에 미국 국립과학원 회원으로 선출되었지만, 과학원이 군사 연구를 후원하는 데 반발하여 사임한 것이 그 단적인 예다.

사회생물학 논쟁의 격렬한 분위기 속에서는, 누구라도 어느 한쪽에 편승하여 "윌슨이 편견에 사로잡혀 있다"거나 "르원틴이 마르크스주의 이념에 사로잡혀 있다"고 일축하기 쉬웠다. 그러나 찬반 양측 모두 정치나 편견과는 무관했고, 그들의 차이는 주로 과학에 대한 것이었다.[28]

윌슨은 굵직굵직한 문제가 제기되는 것을 즐기고, 대국적인 견지에서 끊임없이 새로운 이론을 개발하고 통합함으로써 국면을 주도해나가는 타입의 과학자였다. 이와 대조적으로 르원틴은 신중했고, 광범위한 언급과 근거 없는 추측을 경계하며, 생물학적 주장의 남용 가능성에 매우 민감했다. "잘못된 과학이론은 정치적으로 악용될 수 있으므로, 과학은 가능한 한 정확하지 않으면 안 된다"는 것이 르원틴의 신념이었다.[29] 사실 제2장에서 언급한 진화론의 오용 사례를 감안할 때, 르원틴의 신념은 충분히 납득할 만했다.

대부분의 비판자들이 인간사회생물학의 '묵과할 수 없는 문제'로 지목한 것은, 언어나 문화와 관련된 인간의 특별한 지위를 인정하지 않는다는 것이었다.[30] 사실 윌슨은 자신과 다른 사회생물학자들을 겨냥한 몇 가지 비판을 수용할 준비가 되어 있었다. 자서전에서 윌슨은 "인간사회생물학이 지적·정치적 난관을 타개하려면, 문화를 분석대상에 포함시켜야 한다고 절실히 느꼈다"고 술회했다.[31] 1979년 윌슨은 자신의 연구실에서 박사후 과정을 밟던 캐나다 출신의 이론물리학자 찰스 럼즈든Charles Lumsden과 함께 연구를 시작했다. 두 사람은 유전자와 문화 간의 관계를 탐구하는 수학모델을 개발하기로 하고 매진한 끝에, 2년도 채 안 되어 『유전자, 정신, 문화』라는 제목의 책을 발표했다. 윌슨은 이 책에서 "인간의 문화는 사회적으로 전달되는 특징을 공유하며, 이 특징이 인간의 문화를 다른 표현형phenotype과 구분해준다"고 인정했다.

여러 면에서 볼 때, 『유전자, 정신, 문화』는 『사회생물학』을 비롯한 윌슨의 전작前作들을 훌쩍 뛰어넘은 것으로 평가된다. 『사회생물학』이 인간의 본성을 구두로 설명하는 데 그침으로써 객관성이 부족하다는 비판을 받은 데 반해, 『유전자, 정신, 문화』는 인간사회생물학을 확고한 이론적·계량적 토대 위에 올려놓았다. 럼즈든과 윌슨은 기본으로 돌아가, 인간 심리학, 인류학, 사회 행동론 등으로부터 가능한 한 많은 것을 흡수함으로써, 사회생물학 논쟁의 핵심문제들을 다룰 수 있는 새로운 이론체계를 구축하려고 애썼다.

윌슨과 럼즈든은 문화가 인간의 행동에 영향을 미친다고 주장하며, 개인들 사이에서 전달되는 특정한 사상, 신념, 행동패턴 등 문화요소를 문화유전자culturgen라고 불렀다. 또한 사회를 '구성원들에게 문화유전자를 집단적으로 배포하는 곳'으로 묘사했다. 아울러 "개인이 특정한 문화유전자를 채용할 것인지 여부는 뇌가 지니는 특징에 달려 있으며, 이 특징은 발달과정을 통해 형성되는 유전적 편향genetic biases에 의존한다"고 설명하고, 이러한 편향을 후성규칙epigenetic rules이라고 불렀다.

또한 사람들은 다양한 문화요소들을 학습하더라도 다른 문화유전자보다 특정 문화유전자를 훨씬 더 수월하게 획득하도록 프로그램되어 있는데, 이는 자연선택이 특정 후성규칙(적응행동을 유도하는 후성규칙)을 지닌 사람들을 선호하기 때문이라고 했다. 두 사람은 수학적 분석을 통해 중요한 결론들을 많이 도출했는데, 그중 대표적인 것은 다음과 같다. ① 백지설을 인간의 정신에 적용하는 것은 불가능하다. ② 문화는 유전자의 진화 속도에 영향을 미칠 수 있다. ③ 유전적 성향이 문화를 특정한 방향으로 진화시키는 데 소요되는 시간은 약 1,000년이다.[32]

윌슨은 『유전자, 정신, 문화』가 많은 이들에게 무시받았다는 사실이 의아스럽다고 실토했다.[33] 하지만 공동저자인 윌슨이 사회과학계에서 버림받은 몸인데다가 사회생물학 논쟁이 한창일 때 출판되었던 만큼, 이 책은 인정을 받기는커녕 객관적 평가를 받는 것조차 어려웠다. 게다가 고도의 전문적 내용과 럼즈든의 수학적 방법론이 독자들의 흥미를 반감시켰던 점을 감안하면, 『유전자, 정신, 문화』는 애초부터 흥행 가능성이 없었다고 봐야 한다.

거의 모든 사람들이 책의 내용을 이해하지 못하다 보니, 여론은 적대적인 서평[34]에 휘둘릴 수밖에 없었다. 생각건대 이는 심히 부끄러운 일이 아닐 수 없다. 왜냐하면 윌슨은 이 책에서 비판자들의 의견에 긍정적으로 대응하기 위해 많은 노력을 기울였기 때문이다.

불행한 일이지만 때는 이미 늦은 것 같았다. 많은 사회과학자들에게 사회생물학이라는 단어는 '입에 담을 수 없는 말'이 되어 있었고, 그들 중 대부분이 윌슨을 강하게 의심했다. 그 결과 생물학과 인문학을 새롭게 통합하겠다던 윌슨의 비전은 성취되지 못했다. 생물학계에서 쌓은 신뢰성에도 불구하고, 윌슨의 인간사회생물학은 사회과학자들에게 완전히 거부당하고 말았다.[35] 윌슨은 믿는 도끼에 발등을 찍힌 것이나 다름없었다. 왜냐하면 그는 "사회생물학의 가장 큰 수혜자는 사회과학자들"이라고 철석같이 믿고 있었기 때문이다.

비판적 평가

시작은 요란했지만, 사회생물학이 과연 사회적 행동에 대한 우리의 이해를 증진시켰다고 말할 수 있을까? 혹시 사회생물학의 방법론과 개념을 무시한 사회과학자들이 옳았던 것은 아닐까? 여기서 분명히 짚어두고 넘어가야 할 것은, 해밀턴, 트리버스, 윌리엄스, 메이너드 스미스, 윌슨, 도킨스 등이 제공한 아이디어, 특히 『사회생물학』의 27개 장 중 (맨 마지막 장을 제외한) 26개 장과 『이기적 유전자』의 13개 장에서 제시된 개념들이 지성사에 미친 영향이다. 이들의 아이디어와 개념은 사회적 행동 연구에 혁명을 일으켜, 순진하기 짝이 없는 집단선택론을 물리치는 데 도움을 주고 다양한 동물종의 행동을 설명할 수 있는 기반을 마련했다. 이들 개념은 행동생태학에 계승되었고, 행동생태학은 덕분에 매우 생산적이고 엄밀한 탐구 분야로 발전했다.[36]

사회생물학을 둘러싼 논란의 대부분은 이들 개념을 인간행동에 적용하는 것과 관련이 있었다. 우리는 '환원주의와 유전자 결정론', '성·계급·인종에 대한 편견', 허무맹랑한 이야기'라는 명목 하에 제기된 비난들을 살펴본 뒤, 사회과학자들이 사회생물학을 거부했던 문제를 되짚어보고자 한다.

유전자가 모든 것을 결정한다?

인간사회생물학은 '환원주의와 유전자 결정론이라는 죄악에 빠져 있다'는 상투적 비난에 시달렸다. 비판자들은 사회생물학자들이 "사람의 행동은 유전자에 의해 결정되며, 아무리 복잡해 보이는 행동도 유전자의 효과로 환원시킬 수 있다"고 주장한다며 분노했다. 유전자 결정론과 환원주의에 강력하게 반대한 사람은 역시 르원틴이었다. 그는 로즈, 카민과 함께 출간한 『우리 유전자 안에 없다』(1984)라는 책에서 다음과 같이 썼다.

> 사회생물학자들은 환원주의와 생물학적 결정론에 입각하여 인간의 존재를 설명한다. 그들은 현재와 과거의 사회적 현상들을 세세한 부분까지 거론하며, 특정한 유전자들이 작용함으로써 발현된 불가피한 현상이라고 주장한다.[37]

유전자 결정론에 대한 르원틴의 비판은 첫눈에 봐도 사실무근이라는 것을 알 수 있다. 윌슨은 "나의 목적은 인간의 행동패턴이 전적으로 유전자에 의해 영향 받는다는 것을 보여주는 데 있지 않다"고 누누이 밝혔기 때문이다. 모든 동물의 행동은 유전자-환경 간 상호작용의 산물이며, 개체는 학습과 경험을 통해 새로운 정보를 획득할 수 있다. 달리 말해서, 유전자가 인간의 활동에 미치는 영향은 산발적이기 때문에, 유전자 결정론에 관한 논쟁은 종종 '유전자의 영향력이 얼마나 되는가'의 문제로 귀결된다.

사회생물학을 선도하는 연구자들은 하나같이 자신들이 유전자 결정론을 믿지 않는다는 점을 분명히 하려고 애썼다. 하지만 오늘날에도 '특정한 행동에 관여하는 유전자'라는 용어를 사용하거나 '개체의 번식 성공률은 자손에게 전달되는 유전자의 수에 따라 결정된다'고 언급할 때는 여전히 많은 혼란이 생긴다. 하나의 유전자가 특정한 행동에 영향을 미칠 수 있고, 또 다음 세대에 유전된다고 해서, 그러한 행동패턴이 하나 이상의 유전자에 의해서만 결정된다거나 고정적이거나 불가피함을 뜻하지는 않는다. 오히려 "유전자 이외의 요인들도 행동발달에 영향을 미치지만, 이런 영향은 대체로 유전될 수 없기 때문에 진화론적 분석에서는 무시해도 좋다"는 가정을 바탕으로 한다.

많은 생물학자들은 "'특정한 행동에 관여하는 유전자'라는 용어를 자주 사용하다 보면, 부지불식간에 발달과정을 등한시하거나 사소하게 여길 수 있다"는 우려를 표명하기도 했다.[38] 그러나 실제로 논쟁의 많은 부분을 차지했던 것은 유전자 결정론이 아니라, 유전자의 제약이나 성향propensities에 관한 것이었다. 윌슨은 "인간의 유전자는 단일 형질을 지정한다기보다, 일련의 형질들을 발현시킬 수 있는 포괄적 능력을 부여한다"는 의견을 내놓았다.[39] 그의 견해에 따르면, 개인의 구체적 행동패턴은 사회적·문화적 영향을 비롯하여 그가 평생 동안 마주치게 될 수많은 요인에 따라 달라진다고 한다.

그러나 유전자 결정론과는 달리, 환원주의에 대한 윌슨의 생각은 독자들의 허를 찌른다. 르원틴과는 대조적으로, 윌슨은 환원주의가 행동을 연구하는 데 적절한 접근방법이라고 믿었다. 사전을 보면, 환원주의란 '복잡한 자료와 현상을 좀 더 단순하게 설명할 수 있다고 믿는 것'으로 정의되어 있다. 환원주의란 세상을 이해하는 방법 중 하나로, 과학 전반에 걸쳐 적용되고 있으며, 죄악은커녕 미덕인 것처럼 보인다. 윌슨은 자신의 사고방식이 바로 환원주의며, 그 자체가 잘못된 것이라고 생각하지는 않는다고 당당히 밝혔다.

아마도 비판자들이 반대한 것은 환원주의 자체가 아니라, '부적절한 환원주의'였을 것이다. 부적절한 환원주의란 현상을 엉뚱한 수준에서 다루는 것을 말하는데, 대표적 예로 원자 수준에 바탕을 둔 사회행동 이론을 들 수 있다. 일부 사회과학자들이 "인간의 이타적 행동을 유전학적으로 설명하는 것은 부적절하다"고 느끼는 것은 어느 정도 납득이 간다. 그들의 입장에서 보면, 유전자보다는 문화적 요인들이 인간의 이타적 행동을 더 잘 설명해주는 것처럼 보일 수 있기 때문이다. 하지만 환원주의 자체를 비판하는 것은 문제가 있다. 과학은 부적절한 환원주의에 대한 자기조절 메커니즘을 보유하고 있어서, 현상을 잘못된 수준에서 설명하는 이론은 유용성을 잃고 곧 더욱 강력한 이론으로 대체되기 때문이다.

르원틴에게는 환원주의가 창발성emergent property을 등한시하는 것처럼 보였던 모양이다.

> 환원주의자들은 "세상은 산산조각으로 쪼갤 수 있으며, 이 경우 모든 조각들은 각각 고유의 속성을 지니고 있어, 결합시키면 더 큰 사물이 만들어진다"고 믿는다. 이를테면 개인이 사회를 만들고, 사회는 개개인의 속성이 집단적으로 표출된 것에 불과하다고 생각한다.[40]

르원틴은 "사회 및 사회단체에는 개인의 속성으로 환원되지 않는 요인이 있으며, 때로는 이들 요인의 중요성을 무시할 수 없는 경우가 있다"고 주장했다. 어느 의미에서는 윌슨도 『유전자, 정신, 문화』에서 문화 자체를 하나의 역동적인 과정으로 취급함으로써 이것을 인정했다고 볼 수 있다. 하지만 "유전자는 문화의 고삐를 쥐고 있다"[41]는 유명한 말에서 보듯, 윌슨은 인간의 생물학적 유산이 문화를 제약한다고 간주한 것이 분명하다. 대다수의 사회과학자들은 아직도 "인간의 행동은 대부분 문화 때문에 일어나며, 유전자는 역할이 미미하므로 인간을 연구하는 데 적합하지 않다"고 가정하는 데 만족하고 있다. 윌슨이 이러한 가정에 도전장을 내밀었다고 해서, 그를 환원주의나 결정론으로 비난할 이유는 전혀 없다. 윌슨이 사회과학자들을 향해 던졌던 다음과 같은 질문은 전적으로 정당하다. "문화의 강력한 영향력에도 불구하고, 이를 이겨내는 적응적·생물학적 영향이 존재하지 않을까?"

인종차별주의자인가 정치적으로 순진한 것인가

윌슨은 『사회생물학』에서 언급했던 몇 가지 내용 때문에 '성·계급·인종에 대한 편견을 갖고 있다'는 비난에 휩싸였다. 비평가와 역사가들은 하나같이 "인간성에 관한 윌슨의 저서들에는 미국 남부에서 성장하고 인종차별이 버젓이 존재하던 앨라배마 대학교에서 학부 시절을 보낸 그의 가치관이 고스란히 반영되어 있다"고 결론을 내리고 있다.

윌슨이 『사회생물학』에서 몇 가지 분별없는 언급을 했으며, 그 때문에 상당한 적개심을 불러일으켰다는 것은 분명한 사실이다. 예컨대 성차性差에 대한 견해는 때때로 현상유지를 조장하는 것처럼 보였으며, 인종들 간에 나타날 수 있는 적성차適性差에 대한 견해도 쉬운 공격 대상이었다. 또 하나의 예는 '성공과 지위 향상에 영향을 미치는 유전자가 최상위의 사회경제적 계층에 급속하게 집중될 것인지'를 다룬 그의 논의였다.[42]

사실 글을 찬찬히 읽어보면, 윌슨은 장차 어떠한 반론이 제기될 것인지를—적어도 일부는—잘 알고 있었던 것 같다. 예컨대 그는 "사회는 유동적이고 유전자는 광범위하게 전해지므로, 계급 간의 유전자 차이는 유지될 수 없다"고 적었다. 하지만 윌슨은 일부러 악역을 떠맡는 지적 유희를 즐긴 나머지, 자신의 발언이 일으킬 파문을 거의 예상하지 못했던 것이 분명하다. 성, 인종, 계급과 유전자와의 관련성에 관한 그의 언급은 정치적으로 약삭빠른 과학자들이 노리던 것으로, 그들에게 공격의 빌미를 주기 십상이었다.

윌슨은 자신의 책이 세상을 격분시키리라고는 미처 생각하지 못했다고 주장했다. 하지만 메이너드 스미스는 『사회생물학』의 맨 마지막 장을 지목하며, "그것이 엄청난 적개심을 불러일으키리라는 것은 누가 봐도 뻔했다. 윌슨이 몰랐다는 것은 말도 안 된다"고 지적했다.[43] 윌슨은 자서전에서 자신의 정치적 순진성을 계속 언급하면서도 다음과 같은 점만은 솔직히 인정했다.

> 나는 1970년대 동안 줄곧, 매우 강력한 유전론적 입장을 유지했다. 당시 사회과학은 양육론의 승리를 바탕으로 하여 새 판짜기에 들어가고 있던 참이었다. 오랫동안 계속된 본성론과 양육론 간의 논쟁에서 승부가 양육론 쪽으로 기우는 상황에서, 나는 꺼져가는 논쟁의 불씨를 살리는 데 힘을 보탰다.[44]

많은 비판자들은 사회생물학자들의 주장이—그들의 개인적 성향과 무관하게—인종주의적·편파적 해석에 취약하다고 공격했다.[45] 영국의 생물학자 스티븐 로즈Steven Rose가 1981년 《네이처》에 보낸 서신을 통해 "어느 극우파 조직이 인종주의적 강령을 뒷받침하기 위해 사회생물학 서적을 이용하고 있다"고 밝혔을 때, 많은 사람은 드디어 올 것이 왔다고 생각했다.[46] 로즈가 대표적인 사회생물학자들을 향해 "신나치주의적 견해와 결별하라!"고 촉구하자, 메이너드 스미스, 도킨스, 윌슨 등은 즉각 "사회생물학은 결코 인종차별주의를 정당화하지 않는다"는 내용의 성명서를 발표하며 단호히 대응했다.[47]

"인간의 사회조직은 자연선택의 역사를 반영한다"는 사회생물학의 주장에 초점을 맞추다 보면, 옹호자나 비판자 모두 '현재의 사회 상태가 어떤 면에서는 최적일 수 있다'는 결론에 도달할 수 있다. 윌슨은 "유전적 유산이 사회를 특정한 방향으로 개혁하는 것을 어렵게 만든다"고 주장하며, "평등사회를 만들려면 반드시 모종의 희생을 치러야 할지도 모른다"고 경고하기도 했다. '미국 사회는 인종·계급·남녀 등의 편견이 뒤섞여 엉망이 되어버렸다'고 생각하던 1970년대 사람들에게, 윌슨의 경고는 저주의 메시지나 다름없었다.

하지만 인간사회생물학자들 모두가 윌슨의 견해에 공감한 것은 아니었다. 미시간 대학교의 생물학자 리처드 알렉산더는 『다윈주의와 인간 문제』Darwinism and Human Affairs(1979)라는 저서에서, "인간의 역사에 대한 진화론적 해석이 결정론적 미래를 의미하는 것은 아니며, 생물학적 원리를 면밀히 분석함으로써 적응 극대화라는 역사의 굴레로부터 해방될 수 있다"고 언명했다. 게다가 리처드 도킨스는 로즈의 신나치주의 관련

발언에 대한 답변에서, "유전자를 통해 유전되는 형질이 변경 불가능하다고 생각하면 오산"이라고 강조했다.

> 나는 "자연선택으로 인해 이기적이거나 인종주의적인 경향이 진화할 수 있다"는 비판을 문제삼고 싶지는 않다. 내가 반대하는 것은 "일단 진화된 경향은 불가피하며 근절할 수 없다"거나, "인간은 생물학적 본성에 사로잡혀 그것(진화된 경향)을 바꾸지 못한다"는 고정관념이다.[48]

마지막으로, 도킨스는 '사회생물학자들은 유전적 영향의 불가피성을 신봉한다'는 황당무계한 신화를 퍼뜨렸다며 비판자들을 질타했다.

그냥 그런 이야기들

아마도 사회생물학에 대한 가장 강력한 비판은 "많은 가설들이 인간의 행동형질의 기원을 그럴듯하게 꾸며댄 허무맹랑한 이야기에 불과하다"는 것일 게다. 예컨대 로즈 등(1984)은 다음과 같이 비아냥거렸다.

> 윤리, 종교, 남성지배, 공격성, 예술적 능력 등에 대해 상상이 가미된 이야기가 전개되었다. 사회생물학자가 하는 일은 이미 유전적으로 정해진 대조적 형질들을 확인한 뒤, 약간의 상상력을 발휘하여 키플링의 『그냥 그런 이야기들』Just So Stories을 다윈주의 버전으로 각색하는 것뿐이다.[49]

아이러니하지만, 모든 문제는 '진화론적 추론에 풍부한 상상력이 내포되어 있다'는 사실에서 유래한다. 진화론적 이야기를 꾸며내기란 매혹적일 정도로 쉬운 일이다. 예컨대 오늘날 남녀의 평균신장 차이를 설명하려 한다면, 우리는 수많은 진화론적 가설을 제기할 수 있다. 남성의 평균신장이 여성보다 큰 것은 과거에 여성이 키 큰 남성과 짝짓기하는 것을 선호했었거나, 아니면 키 큰 남성이 사바나에서 사냥을 하거나 먹이를 찾거나 창을 던지는 데 이점이 있었거나, 아니면 다른 남성들과 싸우는 데 이점이 있었기 때문일 것이다. 그리고 키 작은 여성은 어쩌면 채집생활을 하는 동안 땅 위의 식물을 채집하기가 수월하다거나 포식자의 눈에 덜 띈다는 이점이 있었을지도 모른다.

남녀의 신장 차이를 연구하는 것은 그나마 쉬운 편에 속한다. 신장은 화석에 분명히 드러나는 특징이고, 쉽게 정량화할 수 있으며, 남녀의 차이가 사회적·경제적 차이에서 유래할 가능성이 매우 낮기 때문이다. 그러나 난혼亂婚이나 지능과 같은 행동적·심리적 속성을 연구하려면, 신장과 완전히 다른 차원에서 접근해야 한다. 가설 설정은 과학적 연구과정의 기본 요소이며, 진화론이 과학자들로부터 끊임없는 사랑을 받아온 이유도 어느 정도는 가설 설정을 위한 효과적인 도구이기 때문이다. 하지만 가설을 세우는 것만이 능사는 아니다. 모든 가설은 검증 가능해야 하며, 실제로 검증을 거쳐야 한다는 점을 잊어서는 안 된다.

윌슨이 혈연선택을 이용하여 동성애를 설명했던 사건으로 되돌아가 보자. 로즈 등(1984)은 이 주장의 약점을 몇 가지 지적했다. 첫째, 과거에 동성애자의 자녀수가 이성애자보다 적었다는 증거가 없다. 둘째, 동성애가 유전자에서 유래한다는 증거는 만족스럽지 않다. 셋째, 과거나 지금이나 동성애자가 이성애자보다 친척의 자녀 양육을 더 많이 돕는다는 증거가 없다.[50] 이 문제의 정치적 민감성을 감안하면, 윌슨의 피상적 설명이 얼마나 무책임한 것으로 여겨졌는지 능히 짐작할 수 있다.

인간과 다른 동물의 행동을 직접 비교하는 것은 인간행동학을 대중화한 연구자들(모리스, 아드리, 타이거, 폭스 등)이 흔히 사용했던 방법이다. 윌슨은 인간행동의 비교분석에 약간의 엄격성을 도입하려고 노력했다. '문제를 다루는 방법이 비능률적이고 오해의 소지가 많다'는 비난을 받았던 선행 연구자들을 타산지석으로 삼아, 이들의 전철을 밟지 않으려고 조심했던 것이다.[51] 예컨대 윌슨은 "생물의 종種 또는 속屬간에 나타나는 형질 차이는 진화적으로 매우 불안정하기 때문에 이를 이용하여 인간의 행동을 비교·추론하려는 시도는 무모하다"는 의견을 내놓았다. "과課 또는 목目의 수준에서 항상 나타나는 특징들은 충분히 안정적이므로, 현대인이 진화하는 과정에서 비교적 변함없이 지속되었을 것"이라는 게 그의 생각이었다. 윌슨은 이 같은 보존형질만이 진화론적 설명을 정당화할 수 있다고 믿었다.

이 같은 신중한 접근방법은 경탄할 만하지만, 많은 비교연구들은 영장류의 사회적 행동과 수렵·채집인의 생활방식을 토대로 이루어졌으며, 그중 상당부분은 오늘날 다르게 해석되고 있다. 그렇다고 해서 "1975년 이후 크게 발전해온 비교분석 방법[52]이 인간행동에 관한 검증 가능한 추론을 이끌어내는 데 유용하지 않다"고 폄하하려는 것은 아니다. 다만, 인간과 가까운 친척들이 모조리 멸종한 관계로 호모Homo 속의 다른 종들(호미닌hominins)에 대한 정보가 거의 없기 때문에, 인간과 유인원이 공유하는 행동형질이 정말로 공통조상으로부터 물려받은 것인지를 확인하기가 어렵다는 것이다.

신중한 비교분석 방법론을 이용하여 인간행동 이해에 도움을 주고, 인간의 본성에 대한 낡은 견해를 타파하는 증거를 제시한 모범사례로 손꼽히는 인물은 세라 블래퍼 허디Sarah Blaffer Hrdy다. 허디는 사회생물학이 등장한 때를 전후하여 하버드 대학교 인류학과에서 학부생과 대학원생으로 공부했으며, 그녀의 멘토 중에는 윌슨과 트리버스 외에도 영장류학자 어빈 드보어Irven DeVore가 있었다. 허디가 수강한 학부 강의에서, 드보어는 "인도에서 연구하는 일본인 영장류 학자가 랑구르 원숭이 수컷들이 어미들로부터 어린 새끼를 빼앗아 물어뜯어 죽이는 광경을 목격했다"고 언급했다. 드보어는 이 행동이 병적이며, 집단의 밀도가 높은 것이 원인일 거라고 설명했다.

허디는 이에 흥미를 느껴, 대학원에 진학한 후 랑구르 원숭이를 집중적으로 연구했다. 연구 결과, 수컷의 영아살해는 하나의 번식집단에 새로운 수컷이 들어올 때만 발생하는 것으로 나타났다. 이 경우 암컷들은 새끼를 보호하려고 애쓰기도 하지만, 방금 전 새끼를 죽인 수컷과 곧바로 교미하는 경우도 적지 않은 것으로 밝혀졌다. 허디(1977)는 트리버스의 관점을 이용하여, "수컷들이 젖먹이 의붓자식을 제거하는 것은, 암컷의 배란을 촉진하기 위해서다"라는 결론을 내렸다(새끼에게 젖을 먹이는 암컷은 배란이 중단된다). 랑구르 암컷들이 영아살해를 자행한 수컷들과 선선히 교미를 하는 것은, 해당 집단의 수컷들이 빈번하게 교체되는 현상에 대응한 암컷 나름의 적응전략이라는 것이 허디의 견해였다.

1981년 허디는 『여성은 진화하지 않았다』라는 책을 출판했는데, 이 책에서 인간 여성과 영장류 암컷의 진화에 대한 자신의 견해를 피력했다. 그녀의 개념은 다윈의 『종의 기원』이 출판된 직후 "다윈은 암컷의 행동이 어떻게 진화했는지를 강조하지 않았다"고 지적했던 앤트워넷 브라운 블랙웰Antoinette Brown Blackwell(1875)과 클레망스 루아예Clémence Royer(1870) 등 다른 여성학자들의 전통을 계승한 것이었다. 20세기 말까지만 해도 영장류 암컷의 행동은 제대로 주목을 받지 못했다.

허디는 『여성은 진화하지 않았다』에서, "여성과 영장류 암컷이 성적으로나 사회적으로 수동적인 동물이라는 견해를 뒷받침할 만한 증거는 현재로서는 없다"고 지적했다. 그녀는 영장류 암컷이 어떻게 그들 나름의 전략을 구사하는지, 그리고 영장류 암컷의 사회적 관계가 집단의 역학에 얼마나 큰 영향을 미치는지를 설명했다. 이후 나온 저서 『어머니의 탄생』(1999)에서는, "인간의 경우, 외부에서 침입한 남성의 영아살해 사례는 랑구르, 고릴라, 침팬지 등의 영장류만큼 흔하지 않다. 그러나 인간 유아가 낯선 사람들을 두려워하는 것은 우리 인간 사회에도 어느 정도 그러한 위협이 존재한다는 것을 시사한다"고 주장했다. 허디의 저서들은 동물의 행동에 대한 사고가 인간의 행동을 이해하는 데 어떻게 적용될 수 있는지를 보여주며, 사회생물학이 인간의 본성에 대한 편견을 조장하는 것이 아니라 불식시키는 데 기여할 수 있음을 입증한 사례로 평가된다.

사회과학자들의 거부반응

대부분의 사회과학자들은 사회생물학이 환원주의적·결정론적이거나, 편견에 사로잡혀 있거나, 사회과학의 영역을 침범해서 근본적으로 문제가 있다고 생각한 것은 아니었다. 그보다는 인간사회생물학자들의 태도가 너무 딜레탕트적(학문 따위를 직업으로 하는 것이 아니고 취미 삼아 하는 태도를 일컫는 말_옮긴이)이라는 점 때문이었다.

사회생물학자들은 진화론에 열광한 나머지, 잠깐 멈춰 서서 문제에 대한 확고한 이해를 발전시키거나, 사회과학 문헌을 읽거나, 대안이 될 만한 (진화론 이외의) 설명을 고려하지 않은 채, 이 문제에서 저 문제로 즉흥적으로 옮겨 다니면서 피상적인 이야기만 지어내기 일쑤였다. 설상가상으로 사회과학자들의 집중공격은 초기의 인간사회생물학자들로 하여금 똘똘 뭉쳐 상호비판을 삼가게 하는 요인으로 작용했다. 사회생물학자들이 자신들의 가정에 문제가 없는지 자문自問하고, 비진화론적 설명의 장점을 고려하며, 사회과학자들이 수집한 자료와 통찰력을 활용하는 등 좀 더 성의 있는 자세를 보였다면, 인간행동에 진화론을 적용하는 것과 관련된 부정적 반응은 훨씬 줄어들었을 것이다.

사회생물학자들이 만들어낸 훌륭한 개념들 중 상당수가 사회생물학의 실패 때문에 무시된 것은 비극이 아닐 수 없다. 윌슨은 자서전에서, "나를 비판하는 자들의 사회적·문화적 모델은 명백한 오류를 지적받지만 않으면 참으로 추정되는 반면, 사회생물학의 가설은 완벽한 증거자료를 제시하지 않으면 거짓으로 추정된다"며 불만을 토로했다. 사회과학자들의 편향성을 지적하는 윌슨의 불평에 일리가 있는 것은 분명하지만, 그러한 편향성을 정당화하는 주장에도 귀를 기울일 필요가 있다. 즉, 사회생물학에는 모름지기 "모든 유형의 사회가 가능하며, 하위집단 간의 모든 행동 차이는 제거될 수 있다"고 가정하는 출발점, 즉 귀무가설이 존재해야 한다는 것이다. 만약 사회생물학자들이 가설검증 기준을 좀 더 까다롭게 유지했다면, 진화론적 설명이 남용될 여지는 줄어들었을 것이다.

사회생물학이 인간행동, 특히 협동, 이해관계 상충, 양육투자, 여성의 성적 행동 등을 이해하는 데 도움이 되었다는 것은 의심의 여지가 없다. 게다가 사회생물학은 유전자 관점, 혈연선택, 진화적 게임이론, 상호 이타성 등 인간행동을 탐구하는 새로운 방법론까지도 제공했다. '이기적 유전자'의 관점은 동물의 행동과 진화를 이해하는 데 크게 기여했으며, 인간에게도 마찬가지로 적용될 수 있다. 다만 명심해야 할 것은 '이기적 유전자'의 관점이 '이기심'이라는 인간의 형질을 의미하지는 않으며, 사회생물학적 추론을 통해 협동행동의 근거를 도출하는 것이 가능하다는 점이다. 요컨대 사회생물학 이론은 인간의 다양한 이타적 행동들을 이기적 유전자의 관점에서 설명하는 것이 가능하다는 것을 보여줬던 것이다.

또 하나 주의할 점은 "인간행동의 특정한 패턴이나 차이가 진화한 것과 그것이 옳은 것은 별개의 문제"라는 것이다. 사회생물학자들은 이러한 오해를 막기 위해 거듭 주의를 촉구해왔다. 도킨스는 『이기적 유전자』에서 "나는 사물이 어떻게 진화해 왔는지를 말하고 있는 것이지, 우리 인간이 도덕적으로 어떻게 행동해야 한다고 말하고 있는 것은 아니"라고 적었으며,[53] 윌슨은 "사회생물학에는 끊임없이 경계해야만 피할 수 있는 치명적인 덫이 하나 있다. 그 덫은 바로 윤리학의 자연주의 오류로서, '존재는 당위'라고 무비판적으로 결론을 내리는 것"이라고 말했다.[54]

인간을 다른 사회적 동물들(특히 영장류)과 비교하면, 인간에게 특이한 점이나 다른 동물과 비슷한 점을 찾아낼 수 있다.[55] 게다가 광범위한 종에 속하는 동물들의 행동을 엄밀하게 분석하면, 인간에게도 적용할 수 있는 일반원칙을 찾아낼 수 있다. 더욱이 동물의 행동을 상세하게 연구한 다음 이와 유사한 방법론을 인간에게 조심스럽게 사용하면, 현재의 견해(예컨대, '남녀의 행동 차이는 자연스러운 것이며, 인간의 동물적 유산에 깊이 뿌리를 두고 있다'는 견해)가 동물의 사회적 행동에 대한 오해에서 기인하는지를 이해하는 데 도움이 될 것이다. 진화생물학은 편견에 사로잡힌 근거 없는 믿음을 지지하기도 하지만 그것을 제거할 수도 있다.

인간행동 연구의 새벽을 열다

윌슨은 사회생물학이라는 새로운 학문분야에 기여한 공로로, 1977년 카터 미국 대통령으로부터 국가 과학메달을 받았다. 또한 사회생물학을 창시하고 과학 발전에 다방면으로 기여한 공로를 인정받아 노벨상 후보로 거듭 지명되었다. 어쩌면 그의 창조성, 용기, 정치적 순진성이 독특하게 어우러져, '생물학과 사회과학의 통합'이라는 원대한 꿈이 형성되는 촉매로 작용했는지도 모른다. 윌슨의 비전은 아직 완전히 실현되지 않았지만, 그의 영향 하에 사회과학적 사고에 큰 울림을 주는 접근방법들이 하나둘씩 등장하고 있다.

첫 번째 접근방법은 '인간행동생태학'이다. 인간행동생태학은 '사회적·생태적 환경의 다양한 특징들이 문화를 형성한다'는 가정 하에 인간의 행동이 얼마나 적응적인지를 탐구하는 분야로, 주로 생물인류학자들에 의해 주도되었다. 대부분의 인간행동생태학자들은 인문학 쪽으로 재빨리 방향을 돌린 생물학자들(이러한 방향전환은 그 자체로서 커다란 진보였다)이 아니라, 애초에 인류학적 배경을 가진 사람들이었다.

몇 년 후에는 '진화심리학'이라 명명된 두 번째 접근방법이 등장했다. 진화심리학은 대학의 심리학자들에 의해 주도되었으며, 보편적 인간성의 정신적·행동적 특징을 뒷받침해주는 심리적 메커니즘의 진화를 탐구하는 것이 목적이었다.

도킨스가 『이기적 유전자』 마지막 장에서 소개한 밈 개념은 문화의 사회생물학적 설명에 대한 대안으로 제시된 것이었다. 한편 생물학자와 인류학자들에 의해 '문화진화론'의 수학적 모델이 탄생했고, 이와 거의 같은 시기에 '유전자-문화 공진화론'도 출현했다. 유전자-문화 공진화론자들은 럼즈든과 윌슨이 『유전자, 정신, 문화』에서 추구한 노선과 일맥상통하는 개념과 방법론을 전개했지만, 그 핵심세력은 사회생물학의 비판자 그룹에 속하는 일부 이론적 집단유전학자와 인류학자들이었다. 인간행동생태학, 진화심리학, 문화진화론, 유전자-문화 공진화론은 각각 제4, 5, 6, 7장에서 다룬다.

인간행동생태학, 진화심리학, 문화진화론, 유전자-문화 공진화론은 중요한 측면에서 사회생물학과 다르고, 각 분야의 지지자들은 이러한 차이를 중요한 발전으로 간주한다. 그러나 이들 네 가지 분야는 모두 사회생물학 시대에 뿌리를 내렸고, 사회생물학에 얼마간의 빚을 지고 있다. 많은 연구자들은 인간사회생물학이라는 용어를 꺼리지만, 이들의 연구결과는 윌슨의 저서들을 둘러싼 논쟁 덕분에 탄생한 것이다.

따라서 어떤 의미에서 보면, 인간사회생물학의 명맥은 오늘날에도 끊어지지 않고 면면히 이어지고 있다고 할 수 있다.

모든 이들이 사회생물학의 방법론(동물행동의 연구방법을 인간행동에 적용하는 것)을 부정적으로 평가했던 것은 아니다. 허디를 비롯한 연구자들은 이에 대한 존경의 뜻으로, 자신의 연구를 인간사회생물학이라고 부르는 것을 자랑스럽게 여겼다. 사회생물학의 풍부하고 생산적이고 다원적인 성격 덕분에, 연구자들은 인간행동 연구에 다양한 진화론적 접근방법들을 적용할 수 있었다. 한마디로 말해, 인간사회생물학은 인간행동 연구의 새벽을 열었던 것이다.

더 읽을거리

유전자 관점의 사고에 대한 개론서로는 윌리엄스의 『적응과 자연선택』(한국어판, 나남, 2013)과 도킨스의 『이기적 유전자』(한국어판, 을유문화사, 2010)가 있다. 윌슨이 왜 그처럼 논란을 불러일으켰는지 알고 싶다면 그의 저서 『사회생물학』(한국어판, 민음사, 1992)의 마지막 장과 『인간 본성에 대하여』(한국어판, 사이언스북스, 2000)를 읽어보라. 사회생물학 논쟁에 대한 훌륭한 사회학적 분석에 대해서는 세예르스트롤레의 『진실의 옹호자: 사회생물학 논쟁』Defenders of the Truth: The Sociobiology Debate(2000)을 참고하라. 사회생물학에 대한 낙관적 옹호에 대해서는 올콕의 『사회생물학의 승리』(한국어판, 동아시아, 2013)를 참고하라. 사회생물학 논쟁에 대한 개인적인 설명은 윌슨의 자서전 『자연주의자』(한국어판, 사이언스북스, 1996)를 참고하고, 인간사회생물학에 대한 적대적인 견해는 살린스의 『생물학의 이용과 남용: 사회생물학에 대한 인류학적 비평』The Use and Abuse of Biology: An Anthropological Critique of Sociobiology(1976)과 필립 키처의 『솟구치는 야심』Vaulting Ambition(1995)을 참고하라.

토론할 문제들

1. 인간사회생물학자들이 과오를 범했는가? 만일 그렇다면, 무슨 잘못을 저질렀는가?
2. 사회과학자들이 인간사회생물학자들에게 보인 반응을 이해할 수 있는가? 그것이 합당한가?
3. 환원주의는 나쁜 것인가?
4. 인간사회생물학자들은 선입견을 가진 사람들이었나?
5. 인간사회생물학자들은 문화를 적절하게 다뤘는가?
6. 사회생물학 논쟁은 무엇을 둘러싼 다툼이었나? 정치, 철학, 밥그릇 싸움? 아니면 그 밖의 다른 쟁점은?

SENSE & NONSENSE

제 4 장

인간행동생태학

사회생물학 논쟁이 뜨겁게 달아오르고 있는 가운데, 다수의 인류학자들은 인간 집단으로부터 입수한 실제 자료를 갖고서 사회생물학 개념들의 검증에 나섰다. 이들은 '인간이 식량을 획득하는 동안 최상의 전략을 구사하는가?' 혹은 '인간은 환경에 따라 양육하는 자녀의 수를 바꾸는가?'와 같은 의문을 제기하는 것에서부터 시작했다. 인간행동생태학의 밑바탕에 깔려 있는 전제조건은 '인간의 행동전략은 광범위한 생태적·사회적 조건에 적응할 수 있다'는 것이었다.

인류학 내부에서는 일찍부터 '환경과 생태계가 인간행동에 미치는 영향'에 상당한 관심을 갖고 있었다. 예컨대 생태인류학자들은 인간사회와 환경 간의 관계를 검토하면서, 인간은 거대한 정적 생태계static ecosystem의 일부에 지나지 않는다고 생각했다.[1] 하지만 이들은 주로 에너지의 흐름에 초점을 맞추었고, 때로는 집단선택론의 주장에 의존하기도 했다.[2] 이와 대조적으로, 진화인류학자들은 '개인이 생식 성공률을 극대화하기 위해, 현재의 상황에 맞추어 유연하게 행동을 수정하는 과정'에 관심을 가졌다. 후자가 추구했던 연구 방향을 보통 '인간행동생태학' 또는 좀 더 광범위하게 인간진화생태학이라고 부른다.

인간행동생태학자들의 관심사는 '생활환경이 개인의 행동에 영향을 미치는 과정'과, '개인이 채택한 행동전략이 문화의 차이를 만들어내는 과정'이다. 보거호프 멀더는 1991년 발표한 「인간행동생태학」이라는 제목의 논문에서 다음과 같이 말했다.

> 인간행동생태학의 목표는 생태적·사회적 요인이 집단 내/집단 간 행동 차이를 초래하는 메커니즘을 연구하는 것이다. 어떤 의미에서 보면, 인간행동생태학은 전통적 인류학자들이 믿었던 '문화를 결정하는 미지의 힘'을 대체하는 대안으로 여겨진다. 한편 다른 의미에서 보면, 인간행동생태학은 사회과학에서 이미 잘 확립되어 있었던 인과관계, 발전, 역사적 제약 등의 연구에 기능 연구를 가미한 것으로 볼 수 있다.[3]

초기의 인간행동생태학자들은 동물행동학 분야에서 이루어진 발전에 크게 영향을 받아, 인간을 마치 여러 동물종 중 하나인 것처럼 연구하기 시작했다. 이들은 최적화 및 생활사 전략에 관한 새 이론을 이용하여, 개인의 행동패턴과 신체적·사회적 환경 간의 관련성을 분석했다. 또한 개인들이 실생활에서 수행하는 일을 관찰하여, 관찰 결과를 진화론적 가설에서 도출된 예측치와 비교하는 방식으로 연구를 진행했다.

일찍이 1956년 영국의 진화생물학자 J. B. S. 홀데인은 "대조적인 인간 집단에서 나타나는 행동 차이는 특정 환경에 대한 적응반응이며, 기본적으로 유사한 유전자 구성을 가진 인간들일지라도 환경에 따라 상이한 행동패턴을 보인다"고 주장했다. 이 생각은 그 후 윌리엄 아이언스William Irons와 나폴리언 섀그넌Napoleon Chagnon이 함께 엮은 기념비적인 책 『진화생물학과 인간의 사회적 행동: 인류학적 관점』(1979)의 서론에서 아이언스에 의해 다시 언급되었다.

아이언스와 섀그넌은 노스웨스턴 대학교에서 진화론적 접근방법을 가르치면서 신세대 인류학도들에게 큰 영향을 미쳤다. 유타 대학교에서는 1970년대 후반부터 생물학자 에릭 샤노브Eric Charnov의 지휘 하에 크리스턴 호크스kristen Hawkes가 인간행동생태학을 가르치기 시작했다. 동물학자 리처드 알렉산더(1974)와 로버트 하인드(1974)의 연구도 떠오르는 분야에 추진력을 보탰다. 동물 사회생태학의 개척자에서 인간 연구자로 변신한 존 크룩John Crook은 "사회 시스템은 생태적 적응의 결과로 볼 수 있다"고 주장함으로써 중요한 시사점을 제공했다.[4]

새로 등장한 인간행동생태학 분야에서 가장 영향력이 컸던 인물 중 한 명은, 윌슨과 같은 시기에 하버드에서 연구했던 인류학자 어빈 드보어였다. 드보어는 시카고 대학교에서 자연인류학을 강의하던 셔우드 워시번Sherwood Washburn의 제자였다. 드보어가 영장류에 아무런 관심이 없는 사회인류학과 대학원생이었는데도 불구하고, 워시번은 1958년 그를 케냐로 보내 개코원숭이의 사회생활에 관한 선구적 연구를 수행하게 했다.[5] 워시번은 비인간 영장류 연구가 인간행동의 진화에 대해 알려줄 것이라고 확신했다. 또한 오늘날 아프리카에 살고 있는 수렵·채집인들을 대상으로 현장조사를 실시하면, 초기 인류가 환경압력에 적응한 방식을 이해하는 데 도움이 될 것이라고 믿었다. 그 후 드보어는 대학원생 리처드 리와 함께, 칼라하리 사막에 거주하는 쿵 부시먼 족Kung Bushman을 대상으로 중요한 연구를 시작하게 되었다.

하버드로 적을 옮긴 드보어는 (당시 초보 연구자였던) 로버트 트리버스와 만났다. 드보어는 트리버스의 개념에 곧 매료되었고, 어려움을 겪고 있던 트리버스의 열렬한 지지자가 되었다.[6] 한편 워시번은 드보어와 달리 사회생물학을 격렬하게 거부하면서 집단선택론을 고수했으므로, 스승과 제자 간의 관계는 크게 소원해졌다.

드보어는 1970년대 내내 활발한 연구모임을 주재했다. 이 모임에는 정기적으로 저명한 연구자들이 찾아와 끊임없이 사회생물학적 개념과 방법을 논의했는데, 마치 지식살롱을 방불케 하는 분위기였다. 윌슨의 『사회생물학』이 출판되기 전 여러 해 동안, 드보어와 트리버스는 하버드의 인류학과에 재직하면서 「진화생물학을 이용한 인간행동 탐구」라는 과목을 가르쳤다.

드보어와 윌슨은 우호적인 동료이기는 했지만, 드보어는 윌슨이 사회생물학을 인간에게 적용하는 것을 마뜩찮게 여겼다. '윌슨에게는 인류학 문헌들에 대한 포괄적 이해가 부족하다'고 느낀 것이 이유였다. 드보어는 나중에 이렇게 말했다.

> 『사회생물학』이 거의 완성되었을 무렵 윌슨은 내게 마지막 장을 보내왔다. 내 의견과 다르지는 않았지만, 그가 다른 책을 썼으면 더 좋았을 거라는 생각이 들었다. 책은 전반적으로 내용이 빈약했다. 당시 윌슨

은 여러 가지 면에서 순진하기 그지없었다. 내 말은 '그가 사회과학을 존중하지 않았다'는 뜻이 아니라, '그에게는 그것 말고도 할 일이 산적해 있었다'는 뜻이다. 솔직히, 그 일의 적임자는 나와 트리버스라는 생각을 지울 수 없었다.[7]

인간행동생태학의 주요 목표는 '최적성과 적응극대화 모델이 개인차를 제대로 설명하는지를 확인함으로써, 인간행동의 차이를 해명하는 것'이었다. 인간행동생태학의 결정적 가정은 "인간은 고도의 유연성을 보유하고 있어서, 모든 종류의 환경에 적응하여 적절한 대응행동을 취할 수 있다"는 것이다. 그러나 행동의 정확한 원인은 행동생태학자들의 중요한 관심사가 아니어서, 많은 연구자들은 심리적 메커니즘과 사회적 정보가 특정 전략의 표출에 미치는 영향에 대해서는 상세한 논의를 회피했다.

1970년대 말부터 1980년대 초 사이에 인간행동생태학자들이 수행한 최초의 연구는 주로 생태학적 문제, 특히 식량획득 행동에 초점을 맞추었는데, 이는 동물행동학자들이 상당한 관심을 기울였던 문제였다. 예컨대 수렵·채집인 집단의 식단에 관한 자료를 가용加用식품과 비교하여, 식량획득 행동의 최적성(즉, 단위시간당 얻는 열량의 극대화 여부)을 검증하는 모델이 만들어졌다. 이윽고 인간행동생태학의 영역은 확장되어, 사회적 관계 및 갈등 문제까지 다루게 되었다. 좀 더 최근에 이르러, 인간행동생태학자들은 폐경의 진화, 노쇠, 아들과 딸에 따라 달라지는 부모의 양육투자, 생태계에 대응하는 생식패턴의 변화 등 인간 생활사의 다양한 측면에도 관심을 보이고 있다.[8]

인간행동생태학 내부에서 수행된 연구들은 대부분 세계의 오지, 즉 서구사회와 거의 접촉하지 않은 소규모 공동체에서 이루어졌다. 연구를 위한 자료는 직접적인 행동 관찰, 면담, 과거의 유물을 통해 수집되었다. 따라서 연구주제와 방법론은 진화론을 채택하지 않은 인류학자들, 특히 민족지학자들의 연구와 비슷하지만, 이론적·인식론적 틀은 달랐다. 상세한 자료 수집에는 엄청난 노력과 시간이 필요했지만, 많은 연구진들의 노력으로 다수의 훌륭한 자료들이 수집되었다(〈표 4-1〉 참조). 자료에 포함된 부족들은 다양한 거주지에 살고 있어, 인간이 광범위한 생태계에 대응하여 어떻게 행동하는지를 비교 및 대조할 수 있는 기회를 주었다. 또한 인간행동생태학자들은 현재 및 과거의 다양한 자료들을 활용하고 있는데, 그중에는 독일(폴란트Voland 및 바이제Beise), 핀란드(룸마Lummaa), 스웨덴(로Low)을 비롯한 여러 국가들의 교회 서고書庫에서 발견된 족보들도 포함되어 있다.

〈표 4-1〉 인간행동생태학 연구자들 및 연구 부족

국가	부족	연구자
파라과이	아체 족	힐, 허타도, 캐플런, 호크스
케냐	킵시기스족	보거호프 멀더 등
보츠와나	쿵 산족	블러턴 존스, 드레이퍼, 코너
탄자니아	하드자족	호크스, 블러턴 존스, 오코널, 말로
볼리비아	치마네족	거번, 캐플런
말리	도곤족	스트래스먼
감비아, 에티오피아	산간벽지 거주민	메이스, 시어, 깁슨

주요 개념

인간행동생태학의 주요 개념으로는 '개인 행동의 유연성', '모델설계와 예측력 검증', '다양한 대안의 적응적 절충' 등이 있다. 이들 개념을 좀 더 자세히 설명하면 아래와 같다.

개인 행동의 유연성

인간행동생태학의 중요한 가정 중 하나는 "인간은 환경조건에 대응하여 행동을 유연하게 바꿈으로써, 일생 동안의 생식 성공률을 최적화하도록 진화했다"는 것이다. 인간행동생태학자들은 인간의 행동이 특정한 사회적·생태적 자원에 대응하여 수시로 변화한다고 믿는다. 그리고 과거의 선택들이 누적되어, 특정한 환경에서 '이익과 비용의 차이를 최대화하는 전략'을 선택할 수 있는 능력이 형성되었을 것이라고 생각한다. 이러한 전략의 일반적 형태는 "*X*라는 배경에서는 *a*를 선택하고, *Y*라는 배경에서는 *b*를 선택한다"는 것이다.[9]

인간행동생태학자들은 인간을 고도의 적응성adaptability을 지닌 존재로 간주한다. 적응성이란 진화생물학자들이 사용하는 용어로, 하나의 생물종이 광범위한 환경에서 생존하여 성공적으로 번식할 수 있는 정도를 나타낸다.[10] 그렇다고 해서 인간의 유연성이 무한하다고 생각하는 것은 아니다. 인간행동생태학자들은 "적응반응의 근저에 깔린 유전자 및 신경 메커니즘의 제약 때문에, 적응반응이 일어날 수 있는 환경조건의 범위가 제한된다"고 가정한다.

인간행동생태학이 상정하는 인간은 한마디로 적응 극대화를 지향하는 행위자라 할 수 있다. 즉, 인간은 최적성 기준에 따라 행동을 바꾸는 것이 생활화되어 있는 존재다. 그러나 적응 극대화를 위한 의사결정이 반드시 의식적으로 이루어질 필요는 없다. 사실, 가능한 한 많은 후손을 남기는 방법을 의식적으로 계산하는 사람은 거의 없다. 오히려, 인간행동생태학자들은 "개인은 무의식적 의사결정을 통해 식량획득 비율이나 사회적 지위를 최적화하는 경향이 있으며, 이들 변수(식량획득 비율, 사회적 지위)의 값은 일생 동안의 생식 성공률 증가와 밀접한 상관관계가 있을 것"이라고 말한다. 중요한 것은 우리 인간이 선택의 역사를 통해 환경에 대응하는 성향을 얻게 되었으며, 우리는 자신도 모르는 사이에 특정한 전략에 수반되는 이익과 비용을 저울질하게 된다는 것이다.

특정 환경요인이 행동을 변화시키는 과정은 '생리적·심리적 메커니즘'과 '사회에서 전달되는 정보'에 따라 달라질 것이다. 하지만 인간행동생태학자들은 이 두 가지 요인들의 상대적 중요성을 이해하는 것이 특정 전략의 적합성을 연구하는 데 필수적인 것은 아니라고 믿는다.

모델설계와 예측력 검증

인간행동생태학자들이 수행하는 중요한 작업 중 하나는, '수학적·형식적 진화이론을 바탕으로 분석모델을 구축한 다음, 현실세계의 자료를 이용하여 그 모델의 유용성(예측력)을 검증하는 것'이다. 먼저 '인간의 행동은 생식 성공률을 최적화하기 위해 선택된다'는 가정에 입각하여, 주어진 상황에서 최적의 행동패턴을 예측하는 모델을 만든다. 그 다음에는 인간이 실제로 어떻게 행동하는지에 대한 자료를 수집하여 모델과 비교한다. 자료가 모델과 부합하면 모델의 유용성이 인정되는데, 이는 해당 모델이 사람들의 행동전략, 의사결정 방식, 관심사 등을 상당히 정확히 설명한다는 것을 의미한다. 그런 다음에는 인간이 다른 환경에서도 그와 유사하게 행동할 것인지 예측해보고, 다른 집단의 자료를 수집하여 모델과 비교한다. 자료가 모델과 부합하지 않을 경우에는 다른 변수를 추가함으로써 모델을 수정하고 모델의 유용성을 다시 검증한다. 만약 모델의 설명력이 여전히 미흡할 경우에는, "인간이 그 상황에서 최적으로 행동하고 있음을 뒷받침하는 증거가 없다"는 결론을 내려야 할 수도 있다.

행동생태학자들이 개발한 다양한 이론들 중에는 최적 식량획득 이론이 있는데,[11] 이 이론의 목표는 '인간이 식량을 획득할 때 내리는 의사결정의 일반적 규칙'에 관한 모델을 구축하는 것이다. 최적 식량획득 이론의 핵심 가정은 "식량을 찾는 사람들은 최고의 성과를 내는 전략, 즉 이익과 비용의 차이가 가장 큰 전략을 선택한다"는 것이다. 행동전략의 궁극적 목표가 생식 성공률을 최적화하는 것이라 할지라도, 특정 전략과 생존 자녀수 간의 상관관계를 정량화하기는 매우 어렵다. 따라서 행동생태학자들은 '가장 능률적으로 식량을 획득하는 개인이 평균적으로 가장 많은 후손을 남길 것'이라는 가정에 따라, 단위시간당 얻은 열량과 같은 근사치를 이용하여 전략의 최적성을 판단한다. 하지만 '가장 적당한 근사치가 무엇인지'를 판단하기란 여간 어려운 일이 아니어서, 연구자의 생각과 연구 대상의 성격에 따라 다양한 행동예측 모델들이 등장할 수밖에 없다. 예컨대 모든 사람들이 에너지 섭취비율의 최대화를 지향하더라도, 어떤 사람은 식량획득 시간을 최소화하려고

하는 반면, 어떤 사람은 피식被食의 위험을 최소화하려고 할 수 있다.

모델 구축 과정에서 고려해야 할 요인으로는 개인이 선택하는 식량의 종류, 식량획득에 소요되는 시간, 식량획득 지역, 동료의 유무 등이 있다. 동물의 선택을 제한하는 것으로 알려진 제약조건들, 예컨대 감각능력이나 자원의 분포상태 등도 분석 모델에 포함된다. 마지막으로, 특정 전략의 선택에 수반되는 비용과 이익을 고려하면 분석모델이 완성된다. 모델이 구축된 후에는 자료수집을 통해 상이한 모델들의 예측력을 비교함으로써 각각의 상대적 장단점을 평가할 수 있다.

최적 식량획득 이론은 광범위한 동물들의 섭식활동을 연구하는 데 성공적으로 사용되어 왔다.[12] 따라서 이들 이론이 인간행동을 해석하는 데 사용되는 것도 그리 놀라운 일은 아니다. 이 장의 끝 부분에서 그러한 이용 사례 중 하나를 논의할 것이다.

적응적 절충

동물이 생존과 번식을 위해 해결해야 하는 문제가 '먹이에서 에너지를 효과적으로 섭취하는 것' 하나만은 아니다. 세상에는 시간과 자원 등을 둘러싸고 다양한 문제들이 서로 뒤얽혀 있는데, 이러한 문제의 해결방안들은 서로 엇갈리는 경우가 많다.[13] 최고의 섭식 장소라 하더라도 위험한 포식자들이 우글거릴 수 있으며, 먹이 찾기에 좋은 곳이라고 하여 보금자리 마련에 적절한 곳이라는 보장은 없다. 게다가 가장 효과적인 영양섭취 방법은 '가능한 한 많은 열량을 섭취하는 것'이 아니라, '일련의 먹이들을 골고루 섭취하는 것'일 수도 있다. 행동생태학자들은 최적화 모델을 이용하여, 동물들이 이처럼 상충되는 문제들을 어떻게 절충하는지를 분석한다.

동물들은 자연선택을 통해, 한정된 노력단위를 생활사의 여러 측면에 적절하게 배분·투자하는 전략가로 진화했으리라 생각된다.[14] 상충되는 문제들을 절충하다 보면 비용과 이익이 수반되기 마련인데, 행동생태학자들의 관심은 '환경요인이 (절충에 수반되는) 비용 및 이익에 미치는 영향'에 집중된다.[15] 동물이 직면한 절충의 문제는 크게 네 가지로 나눠 생각해볼 수 있다. 첫 번째는 신체적 노력과 번식 노력 간의 절충으로, 이것은 '자신에게 투자할 것이냐, 아니면 새끼에게 투자할 것이냐'의 문제로 귀결된다. 두 번째는 직접 번식과 간접 번식 사이의 절충으로, '자신이 직접 번식할 것이냐, 아니면 친척의 번식을 도울 것이냐'의 문제라고 할 수 있다. 세 번째는 짝짓기와 양육투자 간의 절충으로, '더 많은 짝을 찾아 나설 것이냐, 아니면 현재의 새끼에게 투자할 것이냐'의 문제다. 네 번째 절충은 '새끼의 수와 질質 중 어느 쪽에 투자할 것인가'의 문제로 요약된다.

동물의 세계에서 이루어지는 적응적 절충의 대표적 사례는 조류의 한배새끼 수다. 어미새는 '너무 많은 새끼'와 '너무 적은 새끼' 사이에서 균형을 유지해야 한다. 알을 너무 많이 낳을 경우 태어나는 새끼의 수는 증가하겠지만, 모든 새끼들을 제대로 챙겨 먹일 수가 없게 된다. 이는 새끼들의 생존율 감소로 이어지며, 결과적으로 전체적인 번식 성공률도 낮아질 것이다.

이와 반대로, 알을 너무 적게 낳으면 (더 많은 새끼를 낳아 기를 수 있는) 기회를 놓친 셈이 될 것이다. 옥스퍼드의 동물학자 데이비드 랙은 자신의 고전적 저서 『동물 개체수의 자연적 조절』(1954)과 『조류의 개체수 연구』(1966)에서 '한배새끼 수의 적정성'을 상세히 분석했다. 분석 결과, 어미가 새끼에게 제공할 수 있는 자원과 양육능력의 한계를 감안할 때, 일생 동안의 번식 성공률을 높이는 데 유리한 한배새끼 수는 생리적 최대치가 아니라 중간 수준이라는 결론이 나왔다.

랙의 연구는 행동생태학이 동물행동학 연구의 틀로 자리잡는 데 크게 공헌했다. 인간은 새와는 달리 한 번에 한 명의 아이를 낳는 것이 일반적지만, 랙의 분석은 인간의 부모가 가족 수나 출산 간격(터울)을 적절히 조절하는 방법을 연구하는 데도 큰 영향을 미쳤다.

행동생태학자들이 상관관계 자료를 이용하여 적응적 절충을 연구할 때 직면하는 중요한 딜레마는 '행동패턴, 신체적 형질, 또는 생활사적 요인들 사이에 존재하는 상관관계로 인해 일부 개체들이 이율배반적으로 행동하는 것처럼 보일 수 있다'는 것인데, 이러한 상관관계를 표현형 상관관계phenotypic correlation라고 한다. 단순한 최적성 모델은 모든 개체가 동일한 최적성을 목표로 한다고 가정하기 때문에, 일부 개체들이 이율배반적으로 행동한다는 것은 최적행동이 존재하지 않는다는 것을 의미한다. 그렇지만 랙(1954)은 "개체의 최적전략은 특정 시기의 가용자원에 의존한다"고 지적함으로써 이 같은 딜레마를 해결했다.

앞에서 언급했던 조류의 한배새끼 수에 대한 논의를 계속해보자. 일부 어미새들은 나이가 어리거나 열악한 환경에서 살아가기 때문에 새끼들에게 투자할 수 있는 여력이 부족할 수도 있다. 그 결과 이들 어미새에게 적합한 한배새끼 수는 다른 어미새들(나이가 더 많거나, 우호적 환경에서 살아가는 어미새들)보다 적어질 것이다. 따라서 얼핏 생각하기에, '한 번에 낳는 알의 수'와 '살아남은 새끼 수' 간에는 상충관계가 존재할 것 같지만, 실제로 조사해보면 이러한 상충관계가 나타나지 않을 수 있다.

표현형 상관관계의 문제는 인간행동을 연구하는 경우에도 발생하며, 이와 관련된 연구사례도 많다.[16] 예컨대, 서민들은 자동차와 주택을 모두 교체하고 싶어하지만, 가용자금이 부족하여 둘 중 하나만을 선택하는 경우가 많다. 이 경우 자동차와 주택은 상충관계에 있다고 할 수 있다. 하지만 여러 가구들을 대상으로 자동차와 주택 구입에 지출한 금액을 조사해보면, 두 가지 금액 사이에는 예상과 달리—음의 상관관계가 아니라—양의 상관관계가 존재하는 것으로 나타나는 것이 보통이다. 이것은 애초에 가구들마다 보유하고 있는 자금의 규모가 다르기 때문이다. 일반적으로 재정형편이 넉넉한 가구는 자동차와 주택 구입에 지출하는 금액을 모두 늘리려고 하는 경향이 있다. 앞에서 언급한 조류의 경우와 비교해보면, 알을 많이 낳은 어미새가 더 많은 새끼들을 거둬 먹이는 셈이다.

조류나 다른 동물의 경우, 실험을 통해 이상과 같은 문제를 해결할 수 있다. 예컨대 상이한 지역에 서식하는 개체들을 대상으로 하여 '한 번에 품는 알의 수'를 바꿔보면, '한배새끼의 수'와 '생존한 새끼의 수' 간의 상충관계를 조사할 수 있다. 실제로 이 같은 실험을 실시해본 바에 의하면, 조류의 경우 한 번에 품는 알의 수를 줄이거나 늘릴 경우 모두 번식 성공률이 감소하는 것으로 나타났는데,[17] 이것은 "한배새끼의 수는 중간 수준으로 유지하는 것이 적절하다"는 생각을 지지하는 결과다.

하지만 인간 집단의 경우에는 이러한 실험조작이 불가능하므로, 집단 내부의 변수들 사이에 존재하는 상관관계(표현형 상관관계)를 해석할 때는 세심한 주의를 기울여야 한다. 연구자들은 하나 이상의 교란변수를 통계적으로 제어함으로써, 표현형 상관관계의 영향을 제거하려고 노력해왔다.[18] 하지만 개인 간의 이질성을 올바로 측정하는 것이 항상 쉬운 일만은 아니다.[19] 때로는 집단 내부의 개인차를 설명하기보다는 집단 대 집단을 비교함으로써 더욱 강력한 가설검증이 이루어질 수 있다.[20] 하지만 이 두 가지 방법은 모두 상관관계가 있는 자료에서 인과관계를 추출해내야 하는 어려움이 있다. 개인의 상태 또는 조건에 따른 최적전략을 정교하게 예측해주는 모델에는 상태의존 모델state-dependent models이 있다.[21] 적응적 절충을 다루는 연구자들이 인간에 관한 자료를 가지고 최적전략을 예측할 때는 방법론을 끊임없이 갱신할 필요가 있다.

사례 연구

여기서는 인간행동생태학 분야의 연구사례를 살펴본다. 먼저 최적 식량획득 이론을 이용한 인간의 수렵행동 연구사례를 설명한 뒤, 결혼관습과 환경조건 간의 관계를 탐구한다. 마지막으로는 인간이 자녀의 수와 질을 어떻게 절충하는지를 생각해보고, 인구학적 변천에 얽힌 수수께끼를 살펴볼 것이다.

이누이트 족의 사냥집단 규모

캐나다의 북극권에서 살아가는 이누이트 족은 어류와 물새부터 순록, 물개 및 흰돌고래 등과 같은 해양 포유류에 이르기까지 광범위한 동물종들을 식량으로 삼는다. 또한 다양한 사냥 방법을 사용하는데, 그중에는 숨구멍 앞에서 기다리다가 물개를 사냥하는 것과 같은 전통적 방식이 포함되어 있다. 식량획득 활동은 종종 단독으로 이루어지기도 하지만, 집단사냥도 흔히 이루어지는 편이다.

워싱턴 대학교의 에릭 올든 스미스(1985)는 이누이트 족이 최적의 방법으로 식량을 획득하는지를 확인하기 위해 연구에 착수했다. 이누이트 족은 흰돌고래를 사냥할 때는 꼭 5~16명씩 무리를 짓고, 물개를 사냥할 때는 2~10명씩 무리지어 사냥하는 반면, 들꿩만은 유독 혼자 사냥하는 것으로 나타났다. 그 이유는 무엇일까? 명백한 답 중 하나는 사냥감의 크기였다. 하지만 곤들매기를 10명이 잡는 경우가 있는가 하면, 물개를 혼자 잡는 경우도 없지 않았다. 스미스는 이누이트 족이 집단으로 사냥을 하는 이유가 ① 단독사냥보다 성공 가능성이 높아서인지, ② 인원이 추가되면 사냥 효율에 중립적 또는 부정적 효과를 미치기는 하지만, 포식자에 대한 방어나 정보교환과 같은 다른 이점을 제공하기 때문인지, ③ 단지 한 장소에 사냥감이 몰려 있기 때문인지에 대해 의문을 품었다.

최적 식량획득 이론에 입각한 예측 중 하나는 "일인당 포획량(사냥꾼 한 명이 잡을 수 있는 사냥감)을 최대화하는 집단의 규모가 존재한다"는 것이었다. 스미스는 이 예측을 검증하기 위해, '사냥집단의 규모'와 '일인당 포획량'에 관한 자료를 수집하여, 특정한 사냥감/사냥방법에서 흔히 채택되는 집단규모(실측치)가 최적 집단규모(추정치)와 일치하는지를 평가했다.

연구결과는 혼란스러웠다. 한 명이 잡아야만 가장 효과적인 기러기나 들꿩과 같은 사냥감의 경우, 가장 흔히 채택되는 집단규모는 역시 한 명이었다. 하지만 한 명 이상의 인원을 필요로 하는 사냥감의 경우, 가장 흔히 채택되는 집단규모는 최적 집단규모와 일치하지 않았다. 예컨대 숨구멍을 찾아 물개를 사냥하는 경우, 일인당 포획량을 최대로 하는 사냥집단 규모는 세 명이었지만, 가장 흔한 사냥집단 규모는 네 명이었고, 심지어 여덟 명까지 불어나는 경우도 있었던 것이다. 스미스는 다음의 두 가지 결론 중 하나를 선택해야 하는 처지에 놓이게 되었다. ① 일인당 포획량은 적정 사냥집단 규모를 결정하는 기준이 아니다. ② 흥미롭게도, 식량획득 활동에 사회적 상호작용이 개입될 경우에는 일인당 포획량을 최대화하는 것 자체가 불가능하다.

예를 들어, 물개를 잡으려고 숨구멍을 찾아가는 사냥꾼이 있다고 하자. 만약 혼자서 물개를 잡을 가능성이 거의 없다면, 사냥꾼은 성공 가능성을 높이기 위해 다른 사냥집단에 끼어들려고 할 것이다. 만약 세 명으로 이루어진 집단이 사냥을 떠나려 한다면, 그 사람은 그들과 함께 가려고 애쓸 것이다. 이 경우 한 명이 추가되면 각자에게 분배될 사냥감의 양이 줄어들 것이므로, 세 명의 사냥꾼들은 그를 떼어 놓으려 할 것으로 예상된다. 설상가상으로 주위에 외톨이 사냥꾼이 또 있다면 그 역시 사냥집단에 추가로 가담하려고 할지도 모른다. 만약 기존 사냥집단의 구성원들이 다른 사냥꾼들의 가담을 거부할 수 있다면, 평균적인 사냥집단의 규모는 최적 수준(세 명)으로 유지될 것이다. 하지만 기존의 구성원들이 타인의 참가를 거부할 수 없다면, 집단의 규모는 특정 수준까지(집단사냥의 효율이 단독사냥의 효율과 거의 같아질 때까지)

증가할 것이다. 가장 흔한 상황은 보통 양극단 사이에 위치할 것이며, 구체적으로는 당사자들(집단의 구성원과 신규 가담자)이 생각하는 비용과 이익을 절충한 선에서 결정될 것이다.

이누이트 족에 관한 사례연구는 모델과 실제 자료가 부합하지 않는 경우에도, 그러한 불일치가 실제 상황을 설명하는 데 큰 도움을 줄 수 있음을 보여준다. '숨구멍에서 물개를 사냥하는 집단의 평균 규모(실측치)는 최적규모(예측치)보다 더 크다'는 스미스의 발견은 '사회적 상호작용이나 타인의 전략 등과 같은 요인들이 최적화에 영향을 미친다'는 것을 암시한다. 사자가 사냥에 나설 때의 집단 규모에서도 이와 매우 유사한 결과가 보고된 바 있다. 즉, 사냥집단의 실제 규모가 최적성 모델에서 예측된 것보다 큰 것은 단독사냥보다 집단사냥의 이익이 더 크기 때문이라는 것이다.[22]

이상에서 살펴본 바와 같이, 인간행동생태학의 이론 모델은 연구자들로 하여금 식량획득 행동을 예측·검증하게 함으로써, '식량자원의 분배와 공유를 설명하는 규칙은 무엇인가'[23]나 '남녀의 분업이 이루어진 이유와 남성이 사냥을 전담하게 된 이유는 무엇인가'[24]와 같은 의문을 해결할 수 있게 해준다. 최적 식량획득 이론 외에도, 사냥이 남성에게 사회적 관심과 짝짓기 상의 이득을 제공하는지 여부를 시험하기 위해 고비용 신호이론costly signalling theory 등의 다양한 모델들이 이용되고 있다. 이들 모델의 예측력이 검증되려면 타당한 자료가 지속적으로 수집되어야 한다.

티베트인들이 일처다부제를 선택한 이유

인간행동생태학자들은 오래전부터 '인간의 짝짓기 패턴이 국지적 생태환경에 따라 달라지는지'에 관심을 기울여왔다. 인류학자에게 상당한 주목을 받아온 희귀한 결혼 형태는 한 여성이 둘 이상의 남성과 합법적으로 결혼하는 일처다부제다. 일처다부제는 특히 여러 명의 형제들이 한 여성과 결혼하는 티베트의 잔스카르Zanskar와 라다크Ladakh 지역에서 자세히 연구된 바 있다.

히말라야에 위치한 이들 지역의 촌락에서는 척박한 산지가 비좁은 농토를 에워싸고 있다. 농토는 빙하로부터 눈 녹은 물이 흘러내리기 때문에 겨우 경작이 가능하다. 각 가정에서는 보통 장남이 부모에게 상속받은 농토에서 작물을 재배하고 가축을 사육한다. 이 농토는 여러 명의 아들들에게 나눠줄 수도 있지만, 규모가 작은 농토를 나누면 가족을 부양하지 못할 정도로 작아진다. 그래서 형제들은 한 아내와 공동으로 결혼하여 함께 농사를 지음으로써 이득을 얻는다.

브리스틀 대학교의 존 크룩John Crook과 옥스퍼드 대학교의 스타마티 크룩Stamati Crook은 이 두 마을 사람들의 생활을 조사한 뒤, "일처다부제는 티베트인들이 주변의 매우 척박한 환경에 기능적으로 적응한 결과"라는 견해를 피력했다.[25] 남편을 여럿 거느린 여성들은 일부일처제 여성들보다 자녀를 더 많이 낳는 것으로 밝혀졌다. 하지만 모든 형제들이 아내를 공유함으로써 이득을 얻었다고 할 수 있을까? 두 사람은 "형제들 모두가 공평하게 아버지가 될 기회를 가진다면, 일처다부제의 관계가 그대로 유지될 것"이라고 생각했다. 그런데 실상은 그렇지 않았다. 일처다부제의 이득을 챙기는 사람은 주로 연장자인 장남인 것으로 나타났다. 따라서 두 사람은 "동생들은 가능하면 일처일부제를 추구하지만, 생활여건상 불가피한 경우에만 일처다부제를 받아들일 것"이라는 결론을 내렸다. 실제로, 다른 수입원이 생기자 동생들 가운데 다수가 자신의 아내를 찾아 떠나는 것으로 판명되었다.

스미스(1998)는 티베트의 일처다부제 결혼을 재검토한 뒤, "설사 자녀의 아버지가 왜곡되는 한이 있더라도, 다른 선택의 여지를 감안하면 동생이 일처다부제의 이익을 누리는 경우도 있다"고 결론을 내렸다. 같은 지역이라도 읍내 주민의 경우에는 일반적으로 일부일처제를 유지하며 재산을 자녀들에게 배분하고 있는 것으로 미루어볼 때, 가족의 재산분배 가능성이 결혼의 형태를 결정하는 중요한 요인일지도 모른다. 티베트의 일처다부제 사례는 결혼이라는 인간의 관습이 그들이 처한 특정 환경에 유연하게 대응하는 과정을 보여준다.

"많은 생물종의 경우, 수컷의 번식 성공률은 여러 암컷과의 교미에 의해 크게 증가할 수 있다"는 것은 일반적인 사회생물학적 통념이다.[26] 자원과 부의 독점이 가능한 일부다처제 인간사회에서, 남성은 가능하다면 한 명 이상의 여성과 결혼하리라 예측된다. 일부다처제 사회에서 재산은 딸보다 아들에게 상속되는 경우가 더 많은데, 이는 아마도 아들에게 재산을 상속하는 것이 딸에게 상속하는 것보다 손주의 수를 증가시킬 가능성이 더 높기 때문일 것이다.[27] 재산과 지위가 상속되는 사회에서는 '예비신랑이나 그 가족이 신부를 맞이하기 위해 금품을 지불하는 풍습'이 널리 퍼져 있는데, 이는 남성들이 자원을 동원하여 여성들을 일부다처제 결혼으로 유인하려고 경쟁하고 있음을 보여준다.[28]

하지만 입장을 바꿔 생각해보자. 일부다처제 사회에서, 이미 결혼한 남성의 후처가 됨으로써 여성이 얻는 이득은 무엇일까? 이에 대해 행동생태학자들은 "구혼자에게 이미 배우자가 있더라도 만약 독신남성보다 2배 이상 많은 자원을 보유하고 있다면, 여성은 그를 선택할 것"이라고 말해왔다.[29] 한 수컷이 독점한 자원의 양이 어떤 임계점을 넘어서면, 그는 독신 경쟁자보다 더 매력적으로 여겨진다고 설명하는 것을 '일부다처제 임계모델'이라고 한다.[30]

캘리포니아 대학교 데이비스 캠퍼스의 모니크 보거호프 멀더는 케냐의 킵시기스 족 여성들을 대상으로, '일부일처제와 일부다처제 결혼 중 하나를 선택하게 한다면 생식 성공률을 가장 높이는 방향으로 선택할 것인지'를 조사했다.[31] 이 부족의 경우 한 남성이 흔히 두서너 명의 부인을 거느리고 있지만 무려 열두 명의 부인이 있는 경우도 있으며, 부인과 자녀들은 남편의 토지에서 나오는 소출에 의존하여 생활한다. 사위는 신부의 부모에게 신부대금을 지불하는데, 다산적인 용모를 가졌거나 초경이 빠른 신붓감일수록 금액이 많아진다.

조사 결과, 여성들은 가장 많은 자원을 제공할 수 있는 남성과 결혼하겠다는 의향을 보임으로써, 일부다처제 임계모델의 예측을 확인해주었다. 부인의 숫자와 남성이 소유한 자원의 양 간에는 강력한 상관관계가 있었지만, 여성의 선택은 남성이 이미 거느리고 있는 부인의 숫자에 따라서도 달라지기 때문에, 가장 큰 농토를 소유한 남성이 항상 선택되는 것은 아니었다. 자료 분석 결과, 일부다처제를 선택한 킵시기스 족 여성들의 경우, 일부일처제를 선택한 여성들보다 자녀의 생존율이 낮은 것으로 나타났다. 에티오피아의 부족을 대상으로 이루어진 이와 비슷한 연구에서는, 일부다처제 결혼에서 첫 번째 부인의 생식 성공률

은 일부일처제 부인보다 높으며, 같은 남편의 두 번째나 세 번째 부인보다도 높은 것으로 보고되었다.[32]

일부다처제에 관한 연구결과를 종합해보면, 일부다처제 임계모델로 배우자 선택의 패턴을 예측할 수 있지만, 특히 부모가 결혼을 주선하거나 남성의 강요가 개입될 경우 여성의 최적선택이 제약을 받을 수 있음을 알 수 있다. 또한 결혼 결정은 남편이 앞으로 얼마나 많은 부인을 더 맞아들일지에 대한 정보 없이 이루어지기도 한다. 같은 남편과 결혼한 부인들이 서로 협동하는 경우가 없지 않지만, 자신이 낳은 자녀에게 더 많은 투자가 이루어지기를 바라는 경쟁심 때문에 부인들 간의 관계는 적대적이기 마련이다. 이 경우 개인의 최적전략은 타인의 전략과 타협함으로써 형성된다.

동물의 짝짓기에 대한 최근의 이론은 암수 간의 갈등을 비롯하여 개체 사이에서 빚어지는 갈등의 중요성을 부각시키고 있다.[33] 이 같은 상황을 반영하여, 인간의 짝짓기 및 자녀양육 전략 역시 개인 간 이해관계 충돌의 결과로 파악되는 경우가 많아지고 있다.[34] 남녀는 배우자 관계의 지속기간, 가족의 규모, 양육투자의 수준 등의 문제를 놓고 갈등을 일으킬 것으로 예상되는데, 이는 양성 갈등 이론을 이용하면 어느 정도 예측이 가능하다.[35]

예컨대 부모 각자가 자녀에게 투자하는 시간의 양은 부모의 상대적 수입과 남녀의 성비 등과 같은 상대적 협상력에 달려 있으리라 예측된다. 하지만 다른 동물연구[36]의 경우와 마찬가지로, 양성 간의 갈등과 상부상조적 공진화를 구분하는 데는 적잖은 어려움이 있을 것으로 예상된다. 대응전략이 존재한다는 것은 양성의 어느 쪽도 갈등에서 승리하여 상대방에게 최적전략을 강요할 수 없다는 것을 의미한다. 하지만 갈등이 잠재되어 있다고 해서, 두 배우자의 이해관계가 다양한 측면에서 조정될 가능성을 배제할 수는 없다.

터울과 자녀의 생존율

앞에서 언급한 조류의 경우, 적절한 한배새끼의 수는 양(낳은 알의 수)과 질(생존한 새끼의 수) 간의 절충을 통해 결정된다. 그러나 인간은 한꺼번에 많은 자녀를 낳지 않는 것이 보통이다. 따라서 행동생태학자들이 인간의 양육투자를 분석하기 위해 새로 도입한 개념은 터울이다. 즉, 터울이 너무 짧으면 나중에 낳은 자녀의 생명이 위태로워질 수 있다. UCLA의 닉 블러턴 존스 교수가 이끄는 연구팀은 인간행동생태학적 접근방법을 사용하여, 아프리카 남부에 위치한 쿵 산 족의 수렵·채집인 공동체를 연구했다. 연구팀의 목적은, 쿵 산 족이 터울을 조정함으로써 생존자녀의 수를 최적화하는지 알아보는 것이었다.[37] 연구팀이 사용한 모델에는 수렵·채집 환경에서 자녀를 양육하는 데 소요되는 추정 비용이 포함되었다.

쿵 산 족은 1970년대에 인류학자 리처드 리와 민족지학자 낸시 하월Nancy Howell에 의해 자세히 연구되었다. 블러턴 존스가 이끄는 연구팀은 하월(1979)과 리(1979)가 수집해놓은 상세한 인구통계 자료를 이용하여, 쿵 산 족 여성들의 터울을 분석했다. 쿵 산 족의 여성들은 평균 4년 정도의 터울을 보이는데, 이것은 현대적 피임법을 사용하지 않는 집단으로서는 특이하게 긴 편이다. 리는 "수렵·채집 사회의 여성에게 요구되는 역할(식량 채취)을 감안할 때, 4년보다 짧은 터울은 매우 부담스러웠을 것"이라는 의견을 내놓았다. 터울이 짧을 경우, 출산한 여성들은 갓난아기와 아직 제대로 성장하지 않은 아이까지 데리고 먹을 것을 찾아다녀야 하기 때문이다. 또한 "긴 터울이 여성에게는 노동의 부담을 줄여주고 집단에게는 과도한 인구 증가를 제한해주기 때문에 개인과 집단 모두에게 이익이 되는 적응"이라고 주장했다. 리의 설명은 집단선택의 개념과 개체선택의 개념을 결합한 셈이었다.

블러턴 존스와 시블리Sibly(1978)는 유전자 관점만을 이용하여, 어머니의 노동 부담이 최적의 터울에 영향을 미치는 과정을 정확히 모델화하려고 시도했다. 이들은 "터울이 짧으면 자녀들이 더 많이 사망할 것"이라고 예측했는데, 실제로 리가 수집한 자료를 분석한 결과 터울이 4년보다 짧을 경우 영아 사망률이 증가하는 것으로 확인되었다.[38] 쿵 산족의 여성들은 식량 채취 작업에 자녀들을 동반했으며, 자녀가 약 네 살이 될 때까지 젖을 먹였다. 아기에게 젖을 자주 물리는 어머니는 배란이 억제되므로, 이것이 터울을 길게 하는 데 기여했을 수도 있다. 두 사람의 연구는 진화론의 논리와 최적성의 접근방법을 이용하여 인간의 출산패턴을 연구한 최초의 사례로 인정받고 있다.

블러턴 존스는 자녀의 생존율과 터울 사이에 존재하는 양의 상관관계를 발견했지만, 이와 정반대의 추론도 가능하다. 예컨대, 터울이 짧은 자녀는 어머니의 신체조건이 양호한 상태에서 태어났으므로, 터울이 긴 자녀보다 생존 가능성이 높을 수 있다. 이것은 앞에서 언급했던 표현형 상관관계의 일례로 볼 수 있다. 블러턴 존스는 "자녀의 생존율과 터울 간에 성립하는 양의 상관관계가 문제를 너무 단순화한 것일지는 모르지만, 실증자료와 합치하는 것은 분명하다"라고 생각했다.[39]

블러턴 존스의 연구에 대한 비판이 일자, 비판에 대한 반론도 발표되었다.[40] 후속연구에서는 블러턴 존스의 연구결과가 재현되지 않았다. 예컨대 애리조나 주립대학교의 킴 힐과 마그달레나 허타도Magdalena Hurtado는 파라과이의 아체 족을 대상으로 한 연구에서, 짧은 터울과 생식 성공률 저하 간의 관련성을 입증하는 데 실패했다.[41] 이들 연구자는 "터울보다 어머니의 체중이 영아의 생존에 더 큰 영향을 미치는 요인"이라는 의견을 제시했다.

터울의 길이 외에도, 어머니의 신체조건, 기존의 자녀수, 부모의 재산이 생존 자녀수에 영향을 미칠 수 있다. 산업화 이전의 많은 사회에서는 부모의 재산이 자녀의 수에 큰 영향을 미쳤다.[42] 자녀가 상속받는 재산의 양이 결혼과 손주 출생에 중요한 영향을 미칠 경우, 부모는 자녀의 수를 최대 수준 이하로 제한할 것이다.

보다 최근의 연구에서는 '자녀의 수와 질 사이의 절충'이라는 생각이 지지를 받고 있다. 예컨대 현대 아프리카와 과거 유럽 사회의 자료에서,[43] 자녀수 증가와 생존율 저하 간의 관련성이 밝혀진 것이다. 하지만 이들 연구결과에서 인과관계를 추론할 때는 주의를 기울여야 한다. 자녀의 수가 많은 것은 높은 사망 위험율의 원인이라기보다, 오히려 그 결과일지도 모르기 때문이다.[44]

또한 '자녀의 수'와 '양육투자 부담' 간의 절충이 가족규모를 제한하는 중요한 요인으로 점차 부각되고 있다. 유니버시티 칼리지 런던의 인류학자 루스 메이스Ruth Mace는 케냐에서 낙타를 사육하는 가브라 족의 생식전략을 연구해왔다. 가브라 족 사회에서는 가족이 소유하는 낙타와 염소의 수가 재산의 척도로 통용되고 있다.[45] 가브라 족의 부모들은 추가 임신 여부를 결정할 때, 자녀가 성장한 뒤 결혼에 성공할 가능성을 고려하는 것 같다. 아들에게 아내를 얻어주려면 부모는 신부대금을 지불할 뿐 아니라, 자신들이 소유한 동물의 일부를 포기해야 한다. 너무 많은 아들들을 결혼시키면 나머지 가족들을 희생시킬 수도 있다. 메이스(1996)는 수학적 모델을 이용하여 가족의 규모와 결혼 전망 간의 상충관계를 분석하여, '가족의 재산'과 '이미 낳은 아들의 수'에 따라 추가 임신 여부가 결정된다는 것을 입증했다.

부자들이 자녀를 적게 낳는 이유

여러 인간 집단에서 부모의 재산이 자녀수에 큰 영향을 미치는 것으로 밝혀졌지만, 후기 산업사회로 넘어오면서 이 같은 상관관계는 더 이상 성립하지 않게 되었다. 부유한 가족이 가난한 가족보다 자녀를 덜 낳는 경우도 있기 때문이다.

재산과 가족규모 간에 양의 상관관계가 발견되지 않는 나라들의 공통된 특징은 일반적으로 인구학적 변천기, 즉 생활수준의 향상과 더불어 출산율과 사망률에 극적인 변화가 일어난 역사적 시기를 거쳤다는 것이다.[46] 인구학적 변천을 초래한 사건의 일례는 19세기 유럽에서 일어난 산업혁명이다. 인구학적 변천의 일반적 특징은 사망률 감소와 급격한 출산율 감소다. 인구학적 변천의 또 다른 특징은 부유한 가정일수록 다른 가정들보다 더 일찍, 그리고 더 현저하게 출산을 줄인다는 것이다. 부자들이 자발적으로 생식을 제한하는 이유는 무엇일까? 재산과 자녀수 간의 상관관계가 붕괴된 현상을 보고, "인간은 더 이상 생식 성공률을 최적화하는 방식으로 행동하지 않으며, 진화론적 접근방

법이 현재의 가족규모를 설명할 수 없음을 입증하는 증거"라고 생각하는 사람들도 있다.[47]

전통적인 인구학 방법론은 역사적·경제적 측면만을 중시했기 때문에, 인구학적 변천을 일관되게 설명하는 데 실패했다. 인간행동생태학자들은 출산 패턴이 특이하게 변화하는 이유를 설명하기 위해 다각적인 분석을 시도했다.[48] 초기 연구자들은 "자녀를 성공시키려면 양육투자 비용이 많이 들기 때문에 부모에게 큰 부담이 된다, 따라서 재산이 많은 부모들이라도 자녀를 적게 갖는 것이 최적의 전략"이라는 설명을 내놓았다.[49] 자녀의 수가 줄어들면 자녀 일인당 자원 배분량은 증가하고, 이는 자녀의 생식능력을 크게 향상시켜 궁극적으로 손주의 수를 증가시킬 것이기 때문이다.[50] 이러한 관점에서 보면, 재산과 출산 간의 역逆상관관계를 적응전략의 하나로 간주할 수 있을지도 모른다. 하지만 재산이 많은 부모가 자녀를 적게 낳음으로써 미래에 손주의 수가 증가했음을 입증하는 증거는 거의 없다.[51]

일각에서는 극단적 주장을 펼치는 연구자들도 등장했다. 이들은 "인간은 금전, 토지, 가축 등과 같은 이질적 재화들이 복잡하게 얽힌 결정을 최적화하는 능력을 진화시키지 못했는지도 모른다"고 주장했다.[52] 인간은 산업혁명 이전까지만 해도 환경변화에 대응하여 조화롭고 유연하게 반응하도록 진화해왔지만, 산업사회에 들어와서는 사정이 달라졌다고 한다. 즉, 급격한 환경변화(예컨대, 성과급 위주의 경제체제와 효과적인 산아제한 방법 등)에 적응하지 못한 인간들은 다양한 대안들을 정확히 평가하는 능력을 상실하여, 최적의 자녀수를 결정하지 못하게 되었다는 것이다.

현대사회에서 출산율이 낮아진 것은 가까운 친척 간의 교류가 사라졌기 때문인지도 모른다. 전통사회에서 친척의 존재는 어머니의 자녀 양육 능력에 커다란 영향을 미치는 것으로 알려져 있다.[53] 퍼트리샤 드레이퍼Patricia Draper(1989)는 "인간은 가족계획을 세울 때, 금전적 자원 보유량보다 친척의 존재를 더 중요시한다. 부모는 도와줄 사람이 없다고 인식할 경우, 실제 능력보다 적은 수의 자녀를 낳는다"고 주장했다.

한편 다른 인간행동생태학자들은 "최적성 모델을 이용하여 인구학적 변천 이후의 사회에 나타난 출산 패턴을 설명할 수 있다"는 주장을 계속했다. 메이스는 "상이한 사회계층에 속하는 부모들은 상이한 규칙을 이용하여 가족의 규모를 결정하므로, 각각의 사회계층 내부에서는 재산과 자녀수 간의 상관관계가 여전히 성립한다"는 가설을 제시했다.[54] 영국, 스웨덴, 미국인들을 대상으로 한 연구에서는 이 가설을 뒷받침하는 증거들이 포착되었다. 교육의 차이를 조정하고 난 후, 고소득 남성은 저소득 남성보다 더 많은 자녀를 갖는 것으로 나타난 것이다. 그러나 여성의 경우에는 이와 정반대의 현상이 나타났다.[55] 서구 남성의 경우 재산과 자녀수 간의 상관관계가 비서구 남성보다 약하며, 그나마 자녀가 없는 남성을 분석 대상에 포함시킬 때만 나타났다. 이는 재산이 자녀의 '수'보다는 자녀의 '유무'에 더 큰 영향을 미친다는 것을 시사한다.[56]

또한 서구사회의 경우, 대가족을 거느리는 것이 모든 사회경제적 계층의 경제적 어려움을 가중시킨다는 증거도 많다.[57] 대가족 가정의 자녀 일인당 양육비는 소가족 가정보다 적으며, 이는 소득수준과 무관하다. 이것은 "가족의 규모가 자녀의 인지능력 발달, 발육 과정, 학력, 성인이 된 후의 재산 등에 부정적 영향을 미친다"는 정설을 설명해주는 것인지도 모른다.

메이스(2008)에 의하면, 부유하고 교육을 많이 받은 여성일수록 자녀의 수를 제한하는 경향이 있는데, 그 이유는 '부유한 가정일수록 자녀 양육비가 많이 든다'는 인식이 팽배해 있고 실제로도 그렇기 때문이라고 한다. 또한 메이스는 "자녀 양육비가 많이 든다는 인식이 유포되는 것은 (통제할 수 없는) 문화적 과정의 영향력 때문일 수도 있다"는 의견도 제시했다. 이는 인구학적 변천을 제대로 이해하려면 인간행동생태학만으로는 부족하며, 문화진화론의 모델을 분석의 틀 속에 통합시켜야 한다는 것을 의미한다.

**비판적
평가**

1980년대 후반 인간행동생태학은 새로 형성되고 있던 진화심리학의 창시자들로부터 호된 공격을 받았다. 가장 적대적인 발언을 쏟아낸 인물은 캘리포니아 대학교 산타바바라 캠퍼스의 도널드 시먼스Donald Symons(1987)였다. 그는 「우리 모두가 다윈주의자인데 웬 야단법석일까?」라는 제목의 악명 높은 논문에서, 인간행동생태학자들의 연구방법론을 맹비난했다. 시먼스는 이 논문에서 "인간행동생태학자들은 인간의 적응에 관한 가설을 설정하거나 검증하지 않았고, 적응에 관여하는 인간의 정신을 밝히지도 않았다. 그들은 단지 인간의 행동형질과 생식 성공률 간의 상관관계를 통해, 외견상 그럴 듯한 적응적 행동패턴을 확립했을 뿐이다"라고 주장했다.[58]

여기서 혼동을 피하기 위해 잠깐 개념 정리를 하고 넘어가기로 하자. '적응'과 '적응적'은 일견 유사해 보이지만, 엄연히 다른 개념이다. 적응이란 선택의 진화사evolutionary history of selection를 가진 개념으로, '어떠한 형질이 특정한 역할을 효과적으로 수행함으로써 자연선택의 관문을 통과했음'을 의미한다. 이에 반해 적응적이란 '어떠한 형질이 현재 생식 성공률을 증가시키고 있음'을 의미한다. 〈그림 4-1〉에서 보는 것처럼, '적응'과 '적응적 형질'은 동일 개념이 아닐 뿐 아니라, 완전히 별개의 개념으로 간주될 수도 있다.

형질 변이와 생식 성공률 간의 상관관계를 도출하는 행동생태학자

〈그림 4-1〉 적응적 행동과 적응의 차이

		어떠한 행동이 '적응적'인가? 적응적 행동이란 생식 성공률을 증가시키는 기능적 행동을 말한다.	
		예	아니오
어떠한 행동이 '적응'인가? 적응이란 특정 역할을 효과적으로 수행함으로써, 자연선택의 관문을 통과한 형질을 말한다.	예	**현재의 적응** 현재의 적응은 선택환경과 일치함으로써 적응적 상태를 유지하고 있는 적응을 말한다.	**과거의 적응** 과거의 적응은 선택환경의 변화 때문에 더 이상 적응적이지 않은 적응을 말한다.
	아니오	**굴절적응** 굴절적응은 현재 적합성을 강화하고 있으나, 자연선택의 관문을 통과하지 못한 형질을 말한다.	**기능장애 부산물** 기능장애 부산물은 현재 적합성을 강화하고 있지도 않고 자연선택의 관문도 통과하지 않은 형질을 말한다.

들의 방법은 '적응'을 연구하는 데 적절하지 않다는 것이 시먼스의 생각이다.[59] "현재 '적응적'인 것처럼 보이는 형질이라도 '적응'이 아닐 수 있다. 그런데 인간행동생태학자들의 방법론은 애매모호하고 비효과적이어서, 확정적인 결론을 기대할 수 없다"고 그는 강조했다. 1966년에 출간된 조지 윌리엄스의 고전적 저서 『적응과 자연선택』을 읽어보면 논점이 명확해진다. 윌리엄스는 이 책에서, '적응'과 '우연히 효과를 본 형질'을 구분하는 것이 왜 중요한지를 강조했다. 후에 굴드와 브르바(1982)는 '우연히 효과를 본 형질'을 굴절적응exaptation이라고 명명했는데, 굴절적응이란 '현재 적합성을 강화하고 있으나 자연선택의 관문을 통과하지는 못한 형질'을 말한다. 예컨대 윌리엄스는 "인간이 보유한 고도의 지적 능력은 생애 초기의 필요성(간단한 언어적 지시를 이해하고 기억하는 능력의 필요성) 때문에 우연히 생성된 것이지, 자연선택에 의해 직접 형성된 것은 아니다"라고 주장했다.[60] 윌리엄스의 주장에 따르면, 인간의 언어는 '적응'이지만, 지능은 '굴절적응'인 셈이다.

시먼스에 의하면, 인간의 '적응' 중 상당수는 우리 조상이 살았던 과거의 세계에 대한 '적응'이며, 현재에 '적응적'인 것은 아니라고 한다. 예컨대 식사에 함유된 당분이나 지방에 대한 인간의 미각은—오늘날 '적응적'인지 아닌지와 무관하게—고칼로리 영양소를 충분히 섭취할 수 없었던 과거 수렵·채집인 시절의 '적응'이기 때문에, 오늘날에도 여전히 우리에게 쾌감을 자아낸다는 것이다. "인간행동의 근간을 이루는 '적응'은 심리적 수준에서 발견되며 행동을 제어하는 인지 기구로 기능함에도 불구하고, 인간행동생태학자들은 대체로 이것을 무시하는 경향이 있다"는 시먼스의 주장은 경청할 만한 가치가 있다. 요컨대 진화론을 이용하여 인간행동을 연구하는 최선의 방법은 기능론적adaptivist 접근방법이 아니라 적응론적adaptationist 접근방법이라는 것이다. 전자는 인간들 사이에서 '적응적' 행동을 찾아내려고 노력하지만, 이렇게 찾아낸 행동이 인간의 '적응'과는 무관할 수도 있다. 이에 반해 후자는 '적응'을 구성하는 심리적 메커니즘을 찾아내려고 노력하는데, 이 메커니즘은 인간의 행동을 규정한다.

> 다윈주의는 '적응'의 기원과 유지를 역사적으로 설명한다. 사회과학자들이 관심을 기울이는 일처다부제, 신부대금, 외숙권外叔權 등의 현상 중에서 '적응'이라고 부를 수 있는 것은 거의 없다. 이러한 현상들은—'적응적'이든 아니든—표현형의 구성을 설명하지 못하므로 '적응'이 될 수 없다. 다윈주의를 전통적인 사회과학적 현상들에 적용하려면, 이들 현상을 뒷받침하는 '심리적 적응'을 설명해야 한다.[61]

다른 진화심리학자들, 그중에서도 특히 레다 코스미디스와 존 투비가 시먼스의 공격에 가세했다.[62] 제5장에서 다루겠지만, 진화심리학이 하나의 뚜렷한 학문 분야로 탄생하게 된 것은 어느 정도 이 같은 집단 공격의 결과였다. 수세에 몰린 인간행동생태학자들도 자신들의 입장을 나름 옹호했으며, 그러다 보니 격렬하고 때로는 신랄한 논쟁이 벌어진 것은 불문가지였다.

진화심리학자들과 인간행동생태학자들이 벌였던 논쟁의 쟁점은 다음과 같이 요약된다. ① 인간의 행동에 초점을 맞추는 것이 옳은가, 아니면 심리적 메커니즘에 초점을 맞추는 것이 옳은가? ② 적응론과 기능론의 상대적 장점은 무엇인가? ③ 차선적 행동의 가능성은 얼마나 되는가? 아래에서는 이상의 세 가지 쟁점들에 대해 차례대로 검토할 것이다. 마지막으로, 우리는 "인간행동생태학은 인간의 행동과 제도를 단편적으로 연구한다"는 사회과학자들의 비판에 대해서도 생각해볼 것이다.

진화심리학자들과의 논쟁

"심리적 메커니즘이야말로 인간의 적응을 연구할 수 있는 가장 적절한 분석수준"이라는 진화심리학자들의 주장이 옳을까, 아니면 "인간의 적응적 행동에 초점을 맞춰 연구해야 한다"는 인간행동생태학자들의 견해가 옳을까?

두 가지 관점 모두 나름의 장단점이 있다는 것은 분명하다. 인간행동생태학자들은 인간의 행동은 쉽게 관찰·기록할 수 있고, 엄격한 과학적 방법으로 연구할 수 있으며, 수학이론을 이용하여 모델을 만들 수 있다는 장점이 있다고 말한다. 이에 대해 진화심리학자들은 "그런 식으로 연구해봐야 인간의 정신적·심리적 적응에 대해 알아낼 수 있는 것이 별로 없다"고 비판할지 모르지만, 이는 어차피 인간행동생태학의 연구목표가 아니므로 별로 문제될 것이 없다. 행동생태학적 접근방법의 성패는 궁극적으로 '그 접근방법을 이용하여 인간의 행동과 제도를 얼마나 더 깊이 이해할 수 있느냐'에 달려 있기 때문이다. 이 장에 소개된 몇 가지 연구사례만 보더라도, 인간행동생태학자들은 '인간의 행동과 제도를 이해하는 데 필요한 소중하고 중요한 통찰력을 제공해왔다'는 평가를 받을 만한 자격이 충분하다고 할 수 있다.

많은 인간행동생태학자들은 자신들의 접근방법이 근접 메커니즘에 거의 주의를 기울이지 않는다는 사실을 불평하기는커녕, 오히려 장점으로 간주한다. 예컨대 스미스는 '인간행동생태학자들이 표현형 희생[63]을 고수한다'는 사실을 굳이 숨기려 들지 않는다.[64] 표현형 희생이란 "모델을 구축하거나 가설을 검증할 때, 인간의 적응성을 제한하는 모든 (유전적·심리적·사회적) 요인을 무시할 수 있다"고 가정하는 것을 말한다. 인간행동생태학자들은 '인간의 적응을 제한하는 요인은 없다'는 단순명료한 가정에서 출발하여 모델을 구축하고, 이 모델에서 도출된 예측치와 실증자료를 비교한다. 이때 인간의 적응적 행동을 유도한 것이 심리적 메커니즘인지, 아니면 학습인지는 중요하지 않다. "인간의 행동이 적응적이기만 하면, 그 과정이야 어찌 됐든 형식적 모델을 이용한 예측이 가능하다"는 것이 인간행동생태학자들의 입장이다. 인간행동생태학자들에게 있어서 진화사의 핵심적 유산은 심리적·행동적 적응이 아니라 적응성이다. 어쩌면 지나친 일반화일지 모르지만, 적응성은 그 자체가 하나의 적응임이 분명하다.[65]

인간행동생태학자들이 표현형 희생을 공개적으로 고수하고 있다고 해서, 그들이 관련 메커니즘을 무시한다고 일방적으로 몰아붙이는 것은 사실 곤란하다. 행동생태학자들의 특징은 모델 구축 및 검증 작업을 반복적으로 수행한다는 것이다. 그들은 인간이나 동물로부터 실증자료를 수집하여 모델과 비교한 다음, 양자가 일치하지 않을 경우 불일치가 해소될 때까지 모델을 수정한다. 모델 검증이 완료될 경우, 연구자들은 이 모델을 통해 연구대상 동물의 행동전략을 파악할 수 있다. 예컨대 "동물은 사냥감의 종류와 위치를 암시하는 다양한 신호에 주의를 기울임으로써 열량 섭취를 극대화하고, 특정한 경험법칙을 활용하여 가장 적절한 사냥감과 사냥장소를 선택한다"는 결론을 내리게 될 것이다.

그런데 인간행동생태학자들이 사용하는 모델에는 '동물이 다양한 신호들을 수집하는 방법', '동물의 뇌가 신호들을 통계적으로 평가하는 방법', '동물이 이러한 과정을 의사결정에 실제로 활용하는 방법' 등에 관한 가설들이 집약되어 있다.[66] 다시 말해서, 관련 메커니즘이나 심리적 구조에 명시적으로 초점을 맞추지 않더라도, 그 같은 메커니즘이나 구조를 감안하지 않고서는 행동생태학적 분석이 성공적으로 이루어질 수 없다는 것이다. 덧붙여 말하자면, 인간행동생태학자들이라고 해서 생활사의 상이한 측면들 간의 상충관계로 인한 최적화의 제약과 물리적 환경으로 인한 생식기능의 제약 등에 주의를 기울이지 않는 것은 아니다.[67]

시먼스, 코스미디스와 투비 등 진화심리학자들은 "자연선택이 행동에 직접 작용할 수 없으며, 행동을 뒷받침하는 행동 규제 기구에 작용한다"고 주장한다.[68] 따라서 이들은 인간의 행동에 나타나는 적응이 주로 심리적 수준에서 발견될 것이라는 생각을 가지고 있다. 이들 주장에 대한 여러 행동생태학자들의 반응은 다음과 같다.

첫째, 터크는 "자연선택은 생리적인 것에서부터 행동적인 것에 이르기까지 표현형의 모든 측면에 작용하므로, 굳이 심리적 수준에 초점을 맞출 이유가 없다"고 주장했다.[69] 사실, 자연선택이 심리적 메커니즘에 작용한다는 진화심리학자들의 주장은 실증자료보다는 연역적 추론에 근거한다. 둘째, 알렉산더와 보거호프 멀더는 "자연선택은 몇 가지의 결정 규칙 세트 중에서 하나를 선택하는데, 이 경우 선택되는 것은 일생 동안의 생식 성공률을 최대화하는 규칙 세트다"라고 주장했다.[70] 또한 이들은 "현재의 선택환경이 조상들의 환경과 크게 다르지 않은 한, 심리적 적응이 만들어내는 것은 환경에 대한 적응적 행동반응일 가능성이 높다"고 덧붙였다.

인간행동생태학자들이 기능적 가설을 검증하고 있는 반면에, 진화심리학자들은 어쩌면 틴베르헌이 제기했던 또 다른 의문, 즉 행동의 밑바닥에 깔려 있는 인지 과정의 진화사에도 관심이 있는지 모른다. 이런 점에서 본다면, 인간행동생태학과 진화심리학은 서로 경쟁하는 분야가 아니라 상호 보완적인 분야라고 할 수 있지 않을까?

요컨대 인간행동생태학은 뇌 속에 존재하는 '진화된 의사결정 시스템'이 만들어낸 일련의 결과를 측정한다고 생각할 수 있다.[71] 그렇다면 인간행동생태학과 진화심리학은 완벽하게 양립할 수 있는 것으로 보인다. 뇌의 정보처리 알고리즘이 특정한 환경 신호에 반응하여 적응적 행동과 생활사 반응을 만들어낼 수 있기 때문이다. 행동생태학자들이 '심리적 메커니즘은 생태계 변화에 대한 인간의 적응반응을 심각하게 제약하지 않는다'는 가정을 기꺼이 완화하려고 하는 한, '인간의 행동과 심리적 메커니즘 중 어느 것이 더 적절한 분석수준인가?'라는 의문은 해결의 실마리가 보이는 것 같다. 그러나 사회에서 전달되는 정보의 역할을 바라보는 관점의 차이가 두 분야의 연구자들 간에 조성되고 있는 화해 분위기에 찬물을 끼얹을 수도 있다. 이 점에 대해서는 이 책의 마지막 장에서 좀 더 자세히 언급하기로 한다.

폐경의 수수께끼

진화심리학자들[72]은 "인간행동생태학자들이 '적응적 행동'과 '적응'을 혼동하며, '적응'과 '굴절적응'의 구분(〈그림 4-1〉 참조)을 소홀히 한다"고 비난했다. 하지만 이러한 비난이 얼마나 정당한지는 판단하기 어렵다. 우리가 지금껏 언급했던 인간행동생태학자들은 이 두 가지 개념을 제대로 구분하고 있는 것이 분명하며, '행동과 현재의 생식 성공률 간의 상관관계'가 적응에 관한 하나의 가설에 불과하다는 점을 인정하고 있기 때문이다.[73] 하지만 인간행동생태학자들의 저서들 중 일부는 "하나의 형질이 적응적이라는 것을 증명하는 것만으로도 진화론적 설명이 완료되었다는 결론을 내리기에 충분하다"고 암묵적으로 가정하는 것 같다.

폐경의 진화에 관한 최근의 논의를 살펴보면, 특정 형질의 '현재 기능'과 '진화사'를 연구하는 것이 어떻게 다른지를 잘 알 수 있다. 폐경의 수수께끼는 "여성들은 왜 죽을 때까지 자녀를 계속 출산함으로써 생식 성공률을 극대화하지 않는 걸까?"라는 의문 속에 함축되어 있다. 오늘날 어머니 가설이라고 불리는 초기의 생각에 의하면, 폐경이 일어난 이유는 '기존의 자녀를 양육하는 데 투자되는 비용의 기대수익이 자녀를 추가로 출산하는 데 투자되는 비용의 기대수익을 초과하기 때문'이라고 한다.[74] 그 후 행동생태학자들은 이 생각을 할머니 가설로 확장시켰다. 할머니 가설은 '할머니가 손주를 보살피는 데 중요한 역할을 한다'는 사실을 입증하는 폭넓은 증거에 의해 명백히 뒷받침되는 것처럼 보인다. 대표적 사례로는 탄자니아의 하드자 족[75]을 들 수 있으며, 그밖에도 할머니가 손주의 생존에 긍정적인 영향을 미친다는 가설을

입증하는 증거는 수두룩하다.[76]

하지만 현재의 기능적 이익을 설명한다고 해서 과거의 진화사가 해명되는 것은 아니다.[77] 〈그림 4-1〉을 참고하면, 폐경을 네 가지 방법으로 설명하는 것이 가능하다. 만약 폐경이 적응이라면(즉, 과거에 자연선택의 관문을 통과했다면), 다음과 같은 두 가지 설명이 가능하다. 첫째, 과거에 폐경을 선호했던 선택압력이 오늘날에도 여전히 작용하고 있을 수 있는데, 이 경우 폐경은 '현재의 적응'이라고 할 수 있다. 둘째, 오늘날에는 선택압력이 변화하여 폐경이 더 이상 선택의 이점을 누리지 못할 수도 있는데, 이 경우 폐경은 '과거의 적응'이라고 할 수 있다. 이들 두 시나리오는 〈그림 4-1〉의 위쪽 두 칸에 제시되어 있다.

이번에는 관점을 바꿔, 폐경이 적응이 아니라고 가정해보자. 이번에도 다음과 같은 두 가지 설명이 가능하다. 첫째, 폐경은 과거뿐만 아니라 현재에도 아무런 이점을 제공하지 않을 수 있는데, 이 경우 폐경은 '기능장애 부산물'이라고 할 수 있다. 둘째, 폐경은 과거에 자연선택의 관문을 통과하지는 않았지만, 현재의 환경에서 적응적·기능적인 이점을 새로 제공할 수 있는데, 이 경우 폐경은 '굴절적응'이고 할 수 있다. 이들 두 시나리오는 〈그림 4-1〉의 아래쪽 두 칸에 제시되어 있다.

폐경의 진화를 설명하는 연구자들은 두 그룹으로 나뉜다.[78] 첫 번째 그룹은 폐경을 인간의 적응이라고 간주하며, "죽기 전에 마지막 자녀의 젖을 떼는 데 도움이 되거나 손주를 양육할 수 있다면, 생명이 끝나기 전이라도 생식을 중단하겠다"는 선택의 결과로 나온 것이라고 설명한다.[79] 두 번째 그룹은 폐경을 '생애 초기에 서둘러 번식하려는 선택의 결과로 나타난 기능장애 부산물'로 간주하며, '노쇠의 불가피한 일부'[80] 또는 '보건의료 기술의 발달로 수명이 연장됨으로써 발생한 인공물artefact'[81]이라고 설명한다.

초기 모델들은 "폐경 후 할머니로 행동하는 것의 이득이, 더 많은 자녀를 얻는 이득을 상쇄하기에 충분하다"는 가설을 입증하는 데 실패했다.[82] 게다가 다른 포유류의 암컷들도 일정한 나이가 지나면 번식력 쇠퇴의 징후를 나타내므로,[83] 인간행동생태학자들은 "폐경은 호미니드hominids만의 독특한 형질이 아니며, 설명이 필요한 것은 폐경 자체가 아니라 폐경 이후 연장된 여성의 수명"이라고 주장했다.[84] 하지만 어떤 이유에서든 일단 폐경이 일어나자, 폐경이 없었더라면 나타나지 않았을 형질(예컨대, 할머니로서의 행동)이 선택될 수 있었을 것이다.[85] 향후 폐경의 수수께끼를 해결하려면, 좀 더 현실적인 매개변수를 사용한 모델이 필요할 것으로 보인다.[86]

"현재의 기능을 연구한다고 해서, 특정 형질의 자연선택 여부에 관한 정보를 얻을 수 있는 것은 아니다"라는 진화심리학자들의 지적은 옳다. 하지만 현재의 자연선택이 유전 가능한 형질 변이에 작용한다면, 그 형질의 진화는 현재진행형이 될 수 있다. 전문용어로 말하면, 이것은 '굴절적응'이 '적응'으로 전환되는 과정인 셈이다.[87]

진화심리학자들은 (인간행동에 영향을 미치는) 적응에 관심이 있기 때문에, '현재의 적응'과 '과거의 적응'에 집중한다(〈그림 4-1〉의 위쪽 두 칸 참조). 그러나 그들은 많은(어쩌면 대부분의) 적응이 '과거의 적응'에 속한다고 믿는다. 그리고 "과거와 현재의 환경 차이는 행동과 환경의 불일치를 초래하여 적응 시차를 만들어낸다"고 주장한다. 이에 대해 인간행동생태학자들은 "진화심리학자들이 '현재의 적응'의 빈도와

‘적응적 인간행동’의 양量을 모두 과소평가한다”고 지적한다. 인간행동생태학자들도 “‘현재의 적응’과 ‘굴절적응’을 구분하고, ‘과거의 적응’을 인식해야 한다”는 필요성을 부인하는 것은 아니다. 그러나 그들은 “현재의 행동패턴이 갖고 있는 적응적 기능을 연구하는 것이 가장 중요하다”는 가정에서 출발한다.

“진화를 완전히 설명하려면, ‘적응적’이거나 ‘부적응적’인 행동을 관찰하여 그 밑바탕에 깔려 있는 적응의 작용과 연관시키고, 그 적응이 과거의 환경에서 어떻게 ‘적응적 상태’를 유지했는지를 보여줘야 한다”는 진화심리학자들의 주장에는 의심의 여지가 없다. 그러나 안타깝게도 과거의 진화에 대한 상세한 지식이 없기 때문에 그 일이 항상 쉬운 일은 아니다. 많은 인간행동생태학자들이 적응론 연구에 호응하지 않고, ‘자연선택은 인간의 행동을—시스템의 제약조건 내에서—최적화시킨다’는 가정에 만족하는 태도를 보이자, 존 투비는 다음과 같이 일침을 가했다.

> 적응성을 연구하는 사람들은 다윈주의자가 아니다. 그들은 다윈주의로부터 은유적 영감을 이끌어내는 것에 불과하다. 모름지기 다윈주의자라 하면 ‘적응’을 연구해야 한다.[88]

‘적응적 행동’이 곧 ‘적응’을 의미하는 것은 아니라고 해서, 개인의 생식 성공률을 측정하는 일을 ‘쓸모없는 짓’이라고 폄하할 수 있을까? 전혀 그렇지 않다. 인간행동생태학자들의 접근방법이 정당화될 수 있는 근본적 이유는 그것이 인간행동의 변이를 설명하는 데 도움이 되기 때문이다. 하지만 생식 성공률을 측정하는 것이 인간의 진화를 설명하는 데 무슨 도움이 될까?

형질 변이와 생식 성공률 간의 상관관계를 분석함으로써 특정 행동을 적응이라고 주장하는 것은 불충분해 보일 수 있다. 그러나 '형질 변이와 생식 성공률 간의 상관관계 분석'은 진화생물학자들의 기본적인 분석도구다.[89] 이 분석도구 덕분에 연구자는 특정 종種의 진화 여부와 방법, 그리고 진화 과정의 특징을 탐구할 수 있다.

'현재는 과거를 이해하는 열쇠'라는 가정은 현대 진화론의 특징 중 하나다. 현재 선택이 이루어지는 방식에 대한 지식 덕분에 시간을 거슬러 외삽外挿하는 것이 가능하고, '선택압력은 일정하거나 예측 가능한 방식으로 변화해왔다'는 가정이 있기 때문에, 진화의 궤적에 관한 가설을 세울 수 있다. 물론 이 같은 방식으로 진화에 대한 설명을 재구축하는 것은 문제가 있으며, 연구자들은 '상상의 이야기'를 지어낼 가능성에 취약하게 된다. 하지만 현재의 선택에 관한 지식이 없다면, 더욱 황당한 이야기가 꼬리에 꼬리를 물고 생겨날 가능성이 높다. 현재의 사건은 과거의 사건을 이해하는 데 도움이 되는 정보를 주며 그 역의 경우도 마찬가지다. 무엇보다도, 현재를 좀 더 명확히 바라볼 수 있도록 해주며, 실험하기도 매우 용이하다.[90]

만약 인간행동의 밑바탕을 이루는 심리적·행동적 적응이 그렇게 중요하다면, 우리는 두 가지 경우, 즉 '적응적 결과가 예상되는 경우'와 '그러지 못하는 경우'를 구분할 필요가 있다. 예컨대 현재의 선택환경이 과거의 선택환경과 유사하고 행동규제 기구에 충분한 유연성이 존재하는 경우에는, 과거의 적응이 현재에도 적응적인 결과를 만들어낼 것으로 기대된다. 그러나—진화심리학자들이 주장하는 것처럼—현대의 선택환경이 과거의 선택환경과 판이하게 다르고 심리적 적응이 매우 특이적인 경우에는, 과거의 적응은 오늘날 적응적 결과를 만들어내지 못할 것이다. 하지만 과거와 현재의 선택환경이 얼마나 다른지를 아는 사람은 아무도 없다. 따라서 '과거의 적응이 오늘날에도 적응적인 행동을 만들어낼 수 있다'고 가정하는 것은 얼마든지 가능하며, 그러지 못하리라고 단정하는 것은 성급한 판단이다. 인간은 틈새를 공략하는 데 특히 능숙하므로, 현대세계는 인간이 심리적·행동적으로 적응하기에 안성맞춤인 곳이라고 생각할 수도 있다.[91] 이러한 생각은 지금껏 적응 시차의 정도가 과대평가되어 왔음을 의미한다.

폴 터크에 의하면, "인간이 적응적으로 행동하는 배경을 이해하면, 덤으로 인간의 심리가 형성되는 메커니즘의 성격도 이해할 수 있다"고 한다.[92] 또한 '하나의 적응이 특정 환경에서는 적응적 결과를 만들어내지만 다른 환경에서는 그러지 못한다'는 사실로부터, 해당 형질의 기능(일반적 기능, 전문적 기능)과 선택 배경을 이해할 수 있다고 한다. 터크의 주장이 입증될지는 두고 봐야겠지만, 현재로서는 행동생태학적 접근방법에 더욱 힘을 실어주는 것으로 보인다.

인간은 최적의 행동만 선택할까?

인간행동생태학은 '특정 환경에서 생식 성공률을 최적화하는 선택이 인간의 행동전략을 형성했다'는 생각에서 출발한다. 그런 다음 인간 집단으로부터 실제 자료를 수집하여 모델에서 도출된 예측치와 비교한다. 자료가 모델과 부합하지 않을 경우에는 두 가지 설명이 가능하다. 첫째, 최적화된 행동전략에 관한 가정이 틀렸거나, 특정 전략에 수반되는 비용 및 이익 추정치가 부정확하거나, 아니면 모델 자체가 다양한 상충관계들을 적절히 통합하지 못했을지도 모른다. 둘째, 인간이 실은 최적행동을 하지 않을지도(즉, 차선적 행동을 선택할지도) 모른다는 것이다. 하지만 외부인의 입장에서 볼 때, 인간행동생태학자들은 두 번째 결론을 이끌어내기를 종종 꺼리는 것처럼 보인다.

인간행동생태학 연구의 반복적인 성격을 감안하면, '인간은 차선책을 선택한다'고 결론짓기를 싫어하는 연구자들의 심정을 충분히 이해할 수 있다. 그들은 실패를 쉽게 인정하지 않고, 모델의 적합성 향상을 위해 부단히 노력한다. 그러다가 어느 날 갑자기 명민한 연구자가 나타나, "지금껏 제대로 설명되지 않아 차선책으로 치부되었던 인간행동이, 알고 보니 최적의 전략이었다"고 선언할 경우, 인간행동생태학계에서는 박수갈채와 함께 큰 영예를 부여하는 경향이 있다.

메이너드 스미스가 지적한 것처럼, 생물학에서 최적화 이론의 역할은 '유기체가 적응적으로 행동하고 있음을 입증하는 것'이 아니라, '적응적 행동에 대한 가정을 도구로 사용하여 행동전략의 다양성에 대한 이해를 발전시키는 것'이라고 할 수 있다.[93] 이런 관점에서 본다면, 연구자들이 특정 행동의 차선적 성격을 좀처럼 인정하지 않고 모델, 자료 수집, 새로운 모델 사이를 끊임없이 왔다 갔다 하는 것은 본말이 전도된 행동이라고밖에 볼 수 없다.

인간행동생태학자들은 차선적 행동의 사례를 좀처럼 인정하지 않음으로써 비판자들의 반발을 자초했다. 시먼스는 콩고 민주공화국의 이투리Ituri 숲 속에서 살아가는 에페 피그미 족Efe Pygmies의 사례를 들어,

인간행동생태학자들의 태도를 비판한다.[94] 많은 에페 피그미 족 남성들은 최근 시간·정력·금전적 측면에서 상당한 대가를 지불하면서 흡연을 시작하고 있다. 이는 "흡연과 물질적 재산 간에는 음의 상관관계가 성립하는 반면, 물질적 재산과 취처娶妻 사이에는 양의 상관관계가 성립한다"는 기능론적 이론과 일치하지 않는다. 이에 대해 시먼스는 다음과 같이 서술한다.

> 에페 피그미 족 남성들의 흡연이 증가하는 현상은 기능론적 이론과 배치된다. 이처럼 명백히 부적응적인 것처럼 보이는 행동이 보기보다 더 적응적일 수 있는 이유는 무엇일까? 이러한 질문에 대해 기능론자들이 보이는 전형적인 반응은 임기응변식 답변을 내놓기 위해 눈동자를 이리저리 굴리는 것이다.[95]

'인간의 행동은 때때로 차선적일 수 있다'는 생각에는 몇 가지 이론적인 근거가 있다. 첫째, 진화심리학자들은 현대의 상황이 과거의 선택환경과 엄청나게 달라, 우리의 적응을 진부한 것으로 만들어버리는 경우가 자주 발생한다는 점을 강조한다.[96] 인간행동생태학자들은 "인간의 적응 시차는 비교적 작다"고 주장하지만, 그들의 연구가 서구화된 집단을 대상으로 이루어진 경우는 거의 없었다는 점을 주목할 필요가 있다. 이것은 "최적성은 좀 더 자연적인 조건에 노출된 집단에서 나타날 가능성이 높으며, 대규모의 후기 산업사회에서는 인간이 적응적으로 행동하지 않을 수도 있다"는 것을 시사한다. 둘째, 제7장에서 살펴보겠지만, 유전자-문화 공진화론(또는 이중유전이론) 연구자들이 수행한 형식 분석formal analysis에 의하면, 유전자와 문화가 상호작용할 경우 차선적 행동이 선호될 수 있는 여지가 상당히 많다고 한다.[97]

셋째, 진화생물학자들이 수행한 이론적·경험적 분석을 살펴보면, 다수의 극대점이 존재하는 경우 국지적 최적해들이 전반적 최적화를 가로막는 사례를 종종 발견할 수 있다.[98] 자연선택은 승객을 산악지대로 운반해주는 열차와 같으며, 열차에서 내린 승객은 그 지역의 최고봉이 아니라 주변의 가까운 산봉우리에 오르는 것으로 만족하는지도 모른다. 마지막으로, 인간의 유연성은 무한하지 않으며, 인간이 모든 상황에 최적화되는 것을 방해하는 유전학적·발생학적 제약이나 성향도 있을 것이다.

대부분의 인간행동생태학자들은—적어도 이론적으로는—차선적 행동이 이루어질 가능성을 기꺼이 고려하려고 한다.[99] 하지만 그들은 '많은 인간행동이 행동생태학적 모델을 통해 예측된 것과 일치한다'는 점을 내세우면서, '인간은 자신의 생식 성공률을 최대화하는 방식으로 행동한다'는 가정이 인간행동 연구의 유용한 출발점이라고 주장한다.

그러나 모델의 예측이 자료와 불일치하는 경우에도—양자가 완벽히 일치하는 경우와 마찬가지로—유용한 정보를 얻을 수 있음을 간과해서는 안 된다. 예컨대 아체 족 남성들의 수렵 행동에 대한 연구에 따르면, 그들의 행동은 최적 식량획득 이론의 예측과 일치하지 않는다. 즉, 고기를 얻기 위한 사냥에 예상보다 더 많은 시간을 소비하고 있었던 것이다.[100] 그렇다면 아체 족 남성들이 예상보다 자주 사냥을 하는 이유는 무엇일까? 애리조나 주립대학교의 킴 힐은 열량뿐 아니라 모든 영양소를 분석 모델에 포함시켜야 한다고 주장했고, 크리스틴 호크스는 '배우자 획득의 유리함'도 고려해야 한다고 지적했다.[101] 실제로 아체 족 남성들에 관한 자료를 분석해보니, 최고의 사냥꾼이 서투른 사냥꾼보다 더 많은 혼외 짝짓기 기회를 얻고 있는 것으로 나타났다.[102] 그러니까 모델이 제 기능을 못 하는 경우라도 문제되는 현상은 결국 규명되기 마련이다.

마지막으로, 행동생태학 연구자들이 "인간의 행동패턴은 정말로 차선적"이라는 결론을 내렸다고 가정해보자. 그렇다면 이 같은 결론으로 무엇을 할 수 있으며, 이 결론을 확실히 검증하려면 어떻게 해야 할까? 특정 모델을 이용하여 인간의 행동패턴이 차선적임을 보여주는 데 그친다면, 그보다 나은 모델이 나와 종전의 결론이 잘못된 것임을 입증할 가능성을 늘 남겨 놓는 셈이다. 따라서 차선적 행동이 하나의 결론으로 인정받으려면, 이에 대한 구체적이고 시험 가능한 가설을 수립해야 한다. 하지만 안타깝게도 그런 방법론은 현재 존재하지 않는다. 현재 물망에 오르고 있는 방법론으로는 행동생태학과 유전자-문화 공진화론의 형식적 모델을 통합하는 방안이 있다. 이 같은 방법론상의 진보가 없다면, 현재와 같은 인간행동생태학자들의 연구행태는 당분간 정당화될 수밖에 없다.

단편적 접근방법

인간행동을 전체적으로 이해하고자 하는 총체적 접근방법이 압도적인 위치를 점하고 있는 인류학계는 인간행동생태학자를 비롯한 진화론 연구자들이 사용하는 단편적 접근방법을 강하게 비판해왔다.[103] 스미스는 2000년에 발표한 저서에서 다음과 같이 말했다.

> 인간행동생태학자들은 "복잡한 사회생태학적 현상은 여러 부분으로 나누어 연구하는 것이 효과적"이라고 주장함으로써, 총체적이 아닌 단편적·환원주의적 입장을 취하고 있다. 따라서 집단 내의 결혼 패턴을 설명하는 것과 같은 복잡한 문제는 '배우자의 특성에 대한 여성의 취향', '남성의 취향', '이들 특성의 집단 내 분포 상황', '이러한 분포의 생태적·역사적 결정 요인' 등과 같은 일련의 의사결정 요소나 제약조건으로 분할된다.[104]

'인간은 행동의 한 가지 측면만을 최적화한다'든지, '인간의 복잡한 행동을 여러 조각으로 나누어 단편적으로 분석하는 것이 가능하다'는 가정은 얼마나 타당할까? 혈연관계, 법률, 종교 등 다양한 제도 사이에 존재하는 상관관계 때문에, 개인의 행동을 제대로 설명하기 위해서는 여러 가지 변수들을 종합적으로 고려해야 한다.[105] 따라서 인간의 행동을 완벽하게 이해하려면, 수렵이나 식량채취 성공, 사회적 지위, 배우자 선택 등과 같은 여러 가지 중요한 사안들을 절충해야 하지 않을까?

이에 대한 인간행동생태학자들의 견해는 단호하다. 과학에서 흔히 사용하는 환원주의와 마찬가지로, 단편적 접근방법은 복잡한 과학현상을 다루는 데 필요한 실용적 도구 중 하나라는 것이다. 대상을 단순화시켜 생각해보는 과정을 거치지 않고서는, 유용하고 분석 가능한 모델을 구축하기가 불가능하기 때문이다. 이 같은 의도적 단순화는 시스템의 바탕을 이루는 중요한 과정에 연구자들의 주의를 집중시킴과 동시에, 주제와 무관하면서 혼란을 야기하는 요인들을 제거해주기 때문에 단점이라기보다는 장점으로 작용하는 것이 보통이다.

특히 수학적 모델을 만드는 것은 매우 역동적인 과정이다. 이 과정을 진행하는 가장 효과적인 방법은, 가장 핵심적인 과정에만 집중하는 단순한 모델에서부터 시작한 뒤 차츰 정교하게 다듬어나가는 것이다. 기본 가정을 완화할 경우 모델을 얼마든지 확장할 수 있으며, 필요할 경우 언제든 변수를 추가하여 분석을 확대할 수도 있다. 일각에서는 "인간의 제도에 내재된 불가피한 복잡성 때문에 단편적 접근방법은 통하지 않는다"는 비판이 제기되고 있지만, 많은 성공적 연구사례들이 이를 반증한다.[106]

인류학계의 미운 오리새끼?

대부분의 인류학자와 사회과학자들은 인간행동생태학자들의 진화론적 관점에 대해—비록 심하게 적대적이지는 않더라도—회의적이다. 사회과학의 상당부분을 감염시키고 있는 현재의 후기 모더니즘적 병폐는 마치 유행처럼 반과학적 부정론을 부추기고 있다.

제2장에서 살펴본 것처럼, 이러한 적대감의 일부는 다윈주의가 남용되었던 과거에 대한 과민반응에서 유래한다. 안타깝게도 사회과학의 일파는 생물학자들이 인정할 리 없는 허수아비 진화이론을 멋대로 구축하고는, 경멸적으로 진화주의evolutionism라는 이름을 붙여 놓았다. 그 대표적 사례로는 우생학 운동, 단종법, 인종차별적 이민정책, 히틀러의 사악한 생물학적 설교 등을 들 수 있는데, 이것들은 다윈주의의 수많은 긍정적 영향과는 거리가 멀다.

우리는 또 허버트 스펜서, 에드워드 타일러, 존 러벅, 루이스 헨리 모건 등과 같은 19세기 지식인의 잘못된 직선적·진보적 진화론(이것들은 인종차별적 이념을 부채질했다)이 횡행하는 분위기 속에서 성립된 연구 분야가 인류학임을 기억하지 않으면 안 된다. 인류학자들은 과거의 혹독한 경험 때문에 진화론적 추론을 여전히 꺼리고 있는 실정이다. 따라서 인간행동생태학은 정량적이고 엄격하고 논리정연하며 상당한 통찰력을 제공할 수 있는 이점을 가지고 있지만, 안타깝게도 인류학계의 인정을 거의 받지 못하고 있다. 게다가 인류학자들 중에는 수학 교육을 받은 사람도 거의 없다. 그러다 보니, 인간행동생태학은 수백 권의 훌륭한 저서들을 배출했음에도 불구하고, 인류학의 아주 작은 갈래로 남아 있을 뿐이다.

다음 장에서는 급속하게 성장하고 있는 진화심리학 분야로 관심을 돌려, 그 본질을 철저하게 해부하고 진화론으로서의 자격이 있는지를 비판적으로 평가할 것이다. 연구자의 숫자라는 양적 측면에서 볼 때 인간행동생태학은 사촌뻘인 진화심리학에 비해 왜소해 보인다. 앞에서도 이미 살펴본 것처럼, 인간행동생태학과 진화심리학은 인간행동을 이해하는 방법론을 놓고 수년 동안 대립해왔으며, 때때로 열띤 논쟁을 벌이기도 했다. 이것은 두 경쟁 분야 사이의 사소한 영역다툼이었을까, 아니면 '진화론을 이용하여 인간의 행동을 해석하는 최선의 방법'을 모색하는 철학적·방법론적 논쟁이었을까? 이들 물음에 답하기 위해서는 진화심리학을 좀 더 면밀하게 살펴볼 필요가 있다.

더 읽을거리

실증적·이론적 논문들은 크롱크, 섀그넌, 아이언스가 함께 편집한 『적응과 인간행동: 인류학적 관점』Adaptation and Human Behavior: An Anthropological Perspective(2000)과, 윈터홀더와 스미스(2000)가 《진화인류학》Evolutionary Anthropology에 기고한 총설논문을 참고하라. 인간행동생태학의 핵심 논문들과 진화심리학의 문헌은 로라 베치그가 펴낸 『인간의 본성』Human Nature: A Critical Reader(1997)에 재수록되어 있다. 던바와 배럿(2007)이 함께 편집한 『옥스퍼드 진화심리학 편람』The Oxford Handbook of Evolutionary Psychology에도 인간행동생태학의 최근 연구 사례들이 몇 건 포함되어 있다. 이 분야의 다른 논문들은 『할머니 노릇: 여성 후반기 생애의 진화론적 의미』Grandmothering: The Evolutionary Significance of the Second Half of the Female Lifespan(폴란트, 차시오티스, 시펜호벨 공편, 2005), 『인간행동생태학의 사회경제적 측면』Socioeconomic Aspects of Human Behavioral Ecology(앨버드 편, 2004) 등 좀 더 구체적인 문제를 다룬 개론서에 수록되어 있다. 수렵·채집 부족의 생활사 분석 사례와 상세한 데이터가 수록된 책으로는 힐과 허타도의 『아체족의 생활사: 수렵·채집 부족의 환경과 인구』Ache Life History: The Ecology and Demography of a Foraging People(1996) 그리고 말로의 『하드자: 탄자니아의 수렵·채집 부족 하드자』Hadza: Hunter-Gatherers of Tanzania(2010)가 있다.

토론할 문제들

1. 인간의 행동을 수학 모델로 예측할 수 있을까? 그럴 수 없다면 그 이유는?
2 피임과 정교한 의술이 발달한 현대세계에서도, 적합성은 여전히 인간에게 중요한 의미를 가질 수 있을까?
3. 인간행동생태학과 다른 동물들에게 적용되는 행동생태학은 어떤 점에서 다른가?
4. 행동생태학은 어떤 의미에서 진화론의 한 분야라고 할 수 있는가?
5. 행동생태학자는 진화된 심리적 메커니즘을 무시하는가? 만약 그렇다면 그것이 정당화될 수 있다고 보는가?
6. 인간행동생태학자들은 대규모 후기 산업사회에 대한 연구를 게을리했는가? 만일 그랬다면 그 까닭은 무엇이었나?

SENSE & NONSENSE

제 5 장

진화심리학

인간사회생물학이 각계각층의 비난에 휩싸여 사면초가의 상황에 처하자, 진화론적 관점에서 인간성을 탐구하던 연구자들은 일치단결하여 대응했다. 하지만 1980년대 들어 아군(진화론을 이용하여 인간행동을 연구하는 연구자들)의 수가 점차 늘어나면서 상황은 차츰 반전되기 시작했다. 진화론 진영에서도 최선의 연구방법에 대해 이견을 품은 하위집단들이 하나둘씩 등장하기 시작한 것이다. 이러한 하위집단들 중 하나는 인간의 보편적인 정신적·행동적 특징을 뒷받침하는 진화된 심리적 메커니즘evolved psychological mechanism(EPM)을 규명하는 데 전념했으며, 주로 대학의 심리학자들에 의해 주도되었다. 이들 중 일부의 지적 근원을 추적해보면 인간사회생물학이나 동물행동학까지 거슬러 올라가지만, 대부분은 인간사회생물학과의 차별화를 추구했던 신진 연구자들이었으며, 스스로 '다윈주의자' 또는 '진화심리학자'로 자처했다.

진화심리학이라는 새로운 분야의 개척자였던 레다 코스미디스와 존 투비는 에드워드 윌슨의 영향을 거의 받지 않고, 빌 해밀턴, 로버트 트리버스, 조지 윌리엄스의 저술들로부터 영감을 얻었다. 하버드 출신으로 어빈 드보어와 함께 연구했던 인류학자 투비, 그리고 하버드 출신의 심리학자 코스미디스는 도널드 시먼스의 부름을 받고 산타바버라로 왔으며, 그곳에 최초의 진화심리학 연구센터를 설립했다. 이렇게 창립된 '산타바버라 학파'는 인간사회생물학자들과 행동생태학자들이 심리적 적응을 소홀히 다루는 것에 우려를 표명했다.

> 인간행동을 연구하는 과학에 진화론적 관점을 성급히 적용하는 과정에서 많은 연구자들이 개념적인 오류를 범함으로써, 진화론적 접근방법에 공백을 초래하고 그 효과를 제한하는 결과를 초래했다. 이러한 오류가 발생한 이유는 연구의 수준을 잘못 설정했기 때문이다. 그들은 진화론을 '내재된 심리적 메커니즘' 발견을 위한 지침으로 사용하는 대신, '외부로 표출된 행동'에 직접 적용하려고 했다.[1]

진화심리학자들은 현대의 인간 집단들이 경험하는 환경이 과거에 조상들이 경험했던 환경과 엄청나게 다르다는 점을 강조했다. 이들은 "진화적 측면에서 볼 때 현대의 주택·도시·사회제도는 비교적 최근에 이루어진 혁신이므로, '고대의 심리적 적응'과 '인위적으로 구축된 현대세계' 사이에는 불일치 또는 적응 시차가 존재한다. 이러한 불일치를 감안하여, 연구자들은 현대인의 행동이 환경에 적응되어 있으리라고 기대해서는 안 된다"고 주장했다. 진화심리학자들의 입장에서 볼 때, 인간사회생물학자들과 인간행동생태학자들이 최적의 인간행동을 발견하는 데 실패한 것은 그들이 설정했던 연구 수준이 잘못된 것이었음을 입증하는 증거에 지나지 않았다.[2]

만약 '현대인이 머릿속에 석기시대의 정신을 가지고 돌아다닌다'는 진화심리학자들의 추론이 옳다면, 인간의 사고방식을 연구함으로써 과거 조상들의 선택환경이 어땠는지를 알아낼 수 있을 것이다. 진화심리학자들은 "인간의 정신이 과거의 선택환경에서 직면했던 적응 문제들에 관한 가설을 세우는 데 가장 유용한 것은 진화심리학"이라고 주장했다. 이들에 따르면 이러한 적응 문제를 제대로 이해해야만 모든 인지프로그램들이 문제 해결을 위해 반드시 갖춰야 하는 스펙을 알아낼 수 있다고 한다. 진화심리학자들이 말하는 '과거의 선택환경'은 보울비(1969) 이후 진화적 적응환경environment of evolutionary adaptedness(EEA)이라고 불리고 있는데,[3] 일반적으로 EEA라 하면 석기시대의 수렵·채집인 조상들이 생활했던 플라이스토세[4] 환경을 말한다. 진화심리학자들의 이러한 접근방법은 '인간의 정신이 어떻게 작동하는지'를 설명하는 모델을 개발하는 데 도움이 되었다. 따라서 진화심리학의 등장과 더불어, 연구자들의 주된 관심은 '행동의 적응'으로부터 '진화된 심리적 메커니즘EPM'으로 옮겨졌다.

심리학계의 국면 변화도 진화심리학자들의 접근방법에 영향을 미쳤다. 심리학계는 오랫동안 행동주의를 내팽개쳐 오다가, 1980년대에 이르러 인지혁명의 진통을 겪고 있던 참이었다. 또한 인간 인식의 유사체인 컴퓨터가 연구 도구로 선호되면서, 동물을 사용하는 연구방법은 폐기되었다. 정보처리의 관점에서 보면, 인간의 정신은 '감각기관을 통해 들어오는 감각 입력을 바탕으로 하여 세상의 모습을 형상화한 다음, 인지적 의사결정 규칙에 따라 움직임이라는 결과물을 내보내는 과정'으로 정의할 수 있다.

인공지능 연구에 의해, 인간의 정신은 아무리 간단한 인지과제를 처리하는 경우라도 미리 규정된 절차나 정보를 필요로 하는 것으로 밝혀졌고, 지적 행동을 시뮬레이션하려면 복잡한 문제를 간단한 기능적 과제로 분할하는 것이 중요하다고 여겨졌다. 그리하여 진화심리학자들은 "인간의 정신 속에 내재된 심리적 메커니즘이 의사결정을 안내하며, 이는 기능적 서브루틴subroutine으로 조직화되어 있다"는 의견을 내놓게 되었다.[5] 심리학자들은 전산화된 정보처리 이론들을 점점 더 많이 개발했는데, 그 목표는 '특정한 기능을 수행하려면 인간의 정신 속에서 어떤 일이 일어나야 하는지'를 기술하는 것이었다.[6] 진화심리학자들은 '조상들의 생활방식에 관한 정보를 충분히 확보하면, 진화론을 이용하여 전산화된 적응적 정보처리 이론을 수립할 수 있을 것'이라 믿었다.

코스미디스와 투비의 선구적 저서들은 진화심리학의 성격을 규정하고, 이 새로운 학문 분야의 급성장을 촉진했다. 1990년대에 이르러 진화심리학은 제롬 바코, 데이비드 버스, 브루스 엘리스, 마틴 데일리, 스티븐 핑커, 로저 셰퍼드, 도널드 시먼스, 마고 윌슨 등이 기여함으로써 크게 번성했다. 바코, 코스미디스, 투비(1992)의 획기적인 저서 『적응된 마음』The Adapted Mind에 이어, 데이비드 버스(1994)의 『욕망의 진화』, 로버트 라이트(1994)의 『윤리적 동물』, 스티븐 핑커(1997)의 『마음은 어떻게 작동하는가』 등 이 분야의 인기 저서들이 쏟아져 나왔다.

하지만 제1장에서 지적했던 것처럼, '진화심리학'이라는 용어는 상이한 연구자들에 의해 다양한 방식으로 사용된다. 혼란스럽게도 일부 인류학자나 고고학자들은 산타바버라 학파의 관점에 동의한다는 이유로 '진화심리학을 연구하고 있다'고 이야기하는 반면, 진화론적 사고를 가지고 있는 헨리 플로트킨 등 저명한 심리학자들은 정형적이고 적응론적인 산타바버라 학파에 동의하지 않는다. 많은 연구자들이 진화심리학의 범위를 넓혀 '인간의 정신과 행동을 연구하는 모든 진화론적 접근방법'을 망라하려고 노력해왔지만,[7] 코스미디스와 투비를 비롯한 다른 연구자들은 다양한 학파들 사이에 존재하는 중요한 차이점들을 강조했다. 게다가 많은 진화인류학자, 인간행동생태학자, 인간사회생물학자들은 자신을 진화심리학과 차별화하면서, 여러 접근방법들 간의 중요한 이론적·방법론적 차이를 구별하고자 노력했다.[8]

이 장에서는 산타바버라 학파의 창립자인 코스미디스와 투비가 정의한 '협의의 진화심리학' 개념을 중심으로 논의를 전개하기로 한다. 산타바버라 학파는 그동안 진화심리학 분야의 지배적인 학파였고 지금도 그러한 위치를 고수하고 있기는 하지만, 광의의 개념을 사용하면 초점이 너무 흐려져 특징을 파악하기가 어렵기 때문이다.

산타바버라 학파가 현대 진화심리학의 기초를 세웠고, 중요한 개념들(자세한 내용은 다음 항목에서 다룬다)을 규정함으로써 지속적인 영향력을 행사하고 있다는 사실을 부인할 수는 없다. 하지만 진화심리학자를 자처하는 많은 연구자들이 산타바버라 학파의 관점에 이의를 제기하고 있고, 일부는 다양한 학파 간의 중요한 차이점을 발견할 수 없다고 불평하는가 하면, 다른 한편에서는 사회생물학, 진화인류학, 인간행동생태학 등의 방법론과 노선을 추종하고 있다는 점을 주목할 필요가 있다. 심지어 일부 진화심리학자들은 "산타바버라 학파의 영향력이 쇠퇴하면서, 진화심리학이 하나의 철학과 방법론으로 통합되어 가고 있다"는 견해를 제시한다. 따라서 이 장의 끝에서는 산타바버라 학파의 개념이 광범위한 진화심리학계를 얼마나 대변하고 있는지에 대해 다시 한 번 살펴볼 것이다.

주요 개념

진화심리학의 독특한 개념적 특징은 다음과 같다. ① 인간행동의 밑바탕에 깔려 있는 적응으로서, 진화된 심리적 메커니즘에 초점을 맞춘다. ② 우리 조상들이 직면했던 적응의 문제를 재구축하기 위해, 진화적 적응환경EEA이라는 개념을 사용한다. ③ 조상들의 적응 문제를 해결하기 위해 진화된 영역 특이적domain-specific 정신기관, 또는 모듈module을 강조한다. 여기서는 이들 세 가지 개념을 각각 심층적으로 설명한 뒤, 계속하여 진화심리학의 방법론을 설명하기로 한다.

진화된 심리적 메커니즘EPM

코스미디스와 투비[9]에 의하면, "자연선택은 '행동 그 자체'를 선택할 수 없으며, '행동을 형성하는 메커니즘'을 선택할 수 있을 뿐"이라고 한다. 진화된 심리적 메커니즘이란 이러한 정신적 적응, 즉 인간의 행동을 형성하는 (뇌 속의) 정보처리 회로를 지칭하기 위해 두 사람이 만들어낸 용어다. 다른 연구자[10]들의 경우 심리적 메커니즘을 더욱 폭넓게 규정하여, 상황 특이적context-specific 감정, 선호, 성향까지 포함하기도 한다. 심리적 메커니즘은 진화사를 통해 생존이나 생식 등의 문제를 반복적으로 해결했기 때문에 현재와 같은 형태로 존재하게 되었다고 가정된다.

EPM의 일례로 질투가 있다.[11] 우리의 남성 조상들은 자신의 배우자가 라이벌 남성에게 드러내 놓고 친근하게 행동하는 것을 볼 때 질투심을 경험했을 것이다. 이 경우 질투심을 행동으로 표출한 남성들은 무덤덤한 남성들에 비해 선택이익을 누렸을 것이다. 각각의 남성들이 질투심을 어떻게 표출할 것인지는 본인의 몸집, 경쟁자의 몸집, 본인의 개성 등 여러 가지 요인에 달려 있다. 상대편 남성을 위협하거나 공격하는 남성이 있는가 하면, 배우자에 대한 감시를 강화하는 남성도 있었을 테고, 배우자의 욕망을 좀 더 충족시키려고 노력하는 남성도 있었을 것이다. 그러나 환경에 대한 개인의 반응을—심리 수준이 아닌—행동 수준에서 예측하는 것은 어려우며, '어떤 행동전략이 적합성을 극대화하는가?'라는 질문에 곧바로 대답할 수도 없다.

하지만 분석의 수준을 바꾸면 이야기는 달라진다. 즉, "정도의 차이는 있겠지만, 일반적인 남성이 그러한 상황(자신의 배우자가 경쟁자 남성에게 호의를 베푸는 상황)에서 질투심을 느끼는 것은 거의 확실시되므로, '행동 수준'이 아닌 '심리 수준'에서 남성의 신뢰할 만한 반응패턴을 찾아내는 것은 충분히 가능하다"는 것이 진화심리학의 입장이다. 진화심리학자들이 EPM의 사례로 제시한 그 밖의 현상으로는, '뱀과 거미에 대한 공포', '언어 습득 능력', '배우자의 특정 성격 선호', '속임수에 대한 민감성' 등이 있다.

EPM은 서서히 진화한 복잡한 메커니즘이라 생각되므로, 플라이스토세 이후로 별다른 변화를 겪지 않았을 것이다. 또한 EPM은 여러 면에서 럼즈든과 윌슨(1981)이 말한 후성규칙epigenetic rule이나 하인드(1987)가 말한 성향predisposition 등의 개념과 비슷하지만, 세부 내용에는 다소 차이가 있을 수 있다. 선천성과 모듈성modularity 사이에는 논리적·생물학적으로 필연적인 관련이 없지만, 심리적 메커니즘은 종종 '선천적'이라거나 '본능'이라고 설명된다. 예컨대 심리적 메커니즘 중 하나인 '언어'에 대해, 핑커는 다음과 같이 설명했다.

> 일부 인지과학자들은 언어를 심리적 능력, 정신기관, 신경계, 컴퓨터적 모듈로 설명해왔다. 그러나 나는 매우 색다른 용어인 '본능'을 선호한다. '언어 본능'은 문법적으로 복잡한 언어를 유창하게 말할 수 있도록 해준다. 언어를 본능이라고 부르면, '사람들이 말하는 법을 안다'는 말이 '거미가 거미줄을 치는 법을 안다'는 말과 거의 비슷한 의미를 갖게 된다.[12]

하지만 제2장에서 언급한 바와 같이, 이러한 용어들은 불분명하고 애매하며 때로 당혹스럽기까지 하다. 연구자들은 다의적 용어를 사용하면서도, 여러 가지 의미 중에서 어느 것을 채택하고 있는지 밝히는 경우가 거의 없다. 심지어 자신의 의도와 다른 의미를 지닌 용어를 사용하는 연구자들도 있다.[13]

버스에 의하면, EPM은 인간의 정신을 있는 그대로 바라볼 수 있는 비임의적 기준을 제공한다고 한다.[14] 하지만 진화심리학의 비판자들은 그 기준이 정말로 임의성을 배제했는지에 대해 의문을 제기한다.[15] 또한 버스는 "인간의 정신이 보유하고 있는 EPM의 가짓수는 수백 가지(어쩌면 수천 가지)며, 이것들이 모여 인간 본성의 보편적인 (또는 적어도 상대적으로 안정적인) 특징을 구성한다"는 의견을 제시했다. 인류학자 도널드 브라운은 이러한 '인간의 보편적 특징' 중 일부를 기록으로 제시했다. 이를테면 "모든 사람이 특정 감정을 체험하면 그에 상응하는 표정을 짓고, 음소·형태소·구문이 있는 언어를 사용하며, 모든 사회가 신분과 역할에 따라 구성되고 분업을 채택하고 있으며, 근친상간 금지 법령을 가지고 있다"는 것이다.[16] 인간의 보편성은 행동발달 과정에도 적용되는 것으로 보인다.[17] 모든 인간은 거의 예외 없이 동일한 성장과정을 거친다. 예컨대 대부분의 어린이는 생후 18개월 만에 걷기 시작하고, 2년이 되면 말하기 시작하며, 십대 후반에 이르러 성적으로 성숙하게 된다.

진화론적 관점은 진화심리학자들에게, 인간의 본성을 떠받치는 심리적 메커니즘을 발견·정리·분석할 수 있는 능력을 부여해준다. 따라서 진화심리학은 보편적 EPM의 종 특이적species-specific 목록을 강조한다. 투비와 코스미디스[18]에 의하면, 진화심리학자들이 추구하는 장기적 목표는 인간의 보편적 본성을 체계적으로 정리하는 것이라고 한다. 이러한 보편적 본성은 잠정적인 것으로, 상황의존적 전략을 통해 인간 행동의 다양성과 양립할 수 있도록 전환된다.[19] 인간을 둘러싼 다양한 환경은 보편적 유전 프로그램을 적응적·상황 특이적 행동으로 전환시키는 스위치처럼 작동하리라 여겨진다. 주크박스의 단추를 눌러 연주

되는 음악을 바꾸는 것을 연상하면 이해하기가 쉬울 것이다.[20]

현대세계를 사는 석기시대인

진화적 적응환경EEA이라는 개념은 로버트 하인드의 영향을 받은 영국의 정신병리학자 존 보울비(1969)가 '어린이들이 어머니에게 강한 애착을 보이고, 어머니와 헤어지면 정신장애 등 극도의 고통을 느끼게 되는 이유'를 설명하기 위해 처음 만든 용어다.

보울비는 "어린이가 부모에게 공공연히 애착을 보이는 것은 질병이나 기능장애 행동이 아니라, 인간이 진화해오는 과정에서 유아의 생존전망을 크게 증가시켰던 적응으로 간주해야 한다"고 주장했다. 보울비의 설명에 의하면, 인간이 높은 인구밀도와 복잡한 사회제도 하에서 농업을 영위하면서 살게 된 것은 수천 년에 불과하지만, 인간의 조상은 그보다 훨씬 더 오랫동안 소규모 수렵·채집사회를 이루어 살았다고 한다. 현대세계는 호모속이 200만 년 역사의 대부분을 통해 경험했던 세계와 매우 다르다. '애착'과 '헤어짐에 대한 불안'이 현대의 환경에서 반드시 생존가치를 지니는 것은 아니지만, 그것들이 진화해왔던 시기와 환경에서는 가치가 있었음에 틀림없다고 보울비는 생각했다. 진화적 적응환경은 바로 이 '과거의 선택환경'을 지칭하기 위해 보울비가 만들어낸 용어였다. 1960년대 후반까지만 해도 '적응'이라는 용어의 사용을 둘러싸고 많은 혼란이 있었던 점을 감안할 때,[21] "진화된 형질들이 과거의 환경에 대한 적응일지 모른다"는 보울비의 지적은 상당히 가치 있는 것이었다.

코스미디스와 투비는 자신들의 진화심리학 저서에 재빨리 보울비의

EEA 개념을 끌어들였다. 또한 그들은 "역사와 문화가 생물학적 진화보다 훨씬 빠르게 변화함으로써 우리의 EPM을 낙후시킨다"는 점을 강조했다.

> 인간의 행동을 연구하는 데 환경의 차이를 인식하는 것은 매우 중요하다. 인간의 심리적 메커니즘이 적응한 환경은 20세기의 산업화된 세계가 아니라, 조상들의 환경이었다.[22]

코스미디스와 투비는 "석기시대의 조상들이 대면했던 문제가 어떤 것이었는지를 파악할 수 있다면 이들 문제를 해결하는 데 필요한 심리적 메커니즘이 무엇인지를 예측할 수 있으며, 나아가 어떤 심리적 메커니즘이 진화되었는지도 예측할 수 있을 것"이라고 생각했다.

인간의 정신은 맥가이버 칼과 같다

인간의 정신은 수많은 심리적 메커니즘들로 이루어져 있으며, 이것들은 주요 당면 문제들을 신속하고 효율적으로 해결하기 위해 진화된 것이다. 대부분의 진화심리학자들은 이러한 심리적 메커니즘이—우리 자신의 것이 아니라—우리 조상들의 것이라고 믿는다. 그런데 이들 심리적 메커니즘의 특징 중 하나는 각각의 메커니즘이 특정 영역에서 작동하도록 진화했다는 것이다. 여기서 말하는 '특정 영역'에는 언어, 배우자 선택, 성적 행동, 자녀양육, 친교, 재산 증식, 질병 기피, 포식자 기피, 사회적 교환 등이 포함된다.

이와 대조적으로, 진화론에 비판적 시각을 갖고 있는 일부 심리학자들은 "인간의 정신은 범용 컴퓨터와 같아서, 다양한 영역에 걸쳐 작동하는 범용 프로세스나 알고리즘을 보유하고 있다"고 생각한다. 하지만 진화심리학자들은 "진화론의 관점에서 볼 때 그 같은 생각은 전혀 타당하지 않다"고 주장한다. 버스에 의하면, EPM은 다음과 같은 이유 때문에 특정 영역의 문제와 관련되는 경향이 있다고 한다.

> ① 종합적인 해결책은 유기체를 올바른 적응적 해결책으로 유도하지 못한다. ② 종합적인 해결책은 설사 효과를 발휘하더라도 오류가 너무 많으며, 따라서 유기체에 부담이 된다. ③ '성공적인 해결책'을 구성하는 요소들은 문제의 성격에 따라 그때그때 달라진다.[23]

인간은 경험을 여러 채널로 분류하는 전문적인 학습 메커니즘을 발전시켰을 것이다. 각각의 채널은 주의를 집중시키고, 인식과 기억을 조직화하며, 주어진 상황에서 전문화된 절차 지식procedural knowledge을 동원하여 적절한 추론·판단·선택을 가능케 한다.[24] 이러한 점에서 인간의 정신은 소위 '맥가이버 칼'로 묘사되며, 각각의 심리적 메커니즘은 하나의 칼날에 비유된다.

심리적 메커니즘이 영역 특이적이라는 진화심리학자들의 주장은 인공지능 연구뿐 아니라, 동물실험 결과에서도 유래한다. 버클리의 심리학자 존 가르시아John Garcia가 수행한 일련의 멋진 실험들은 "동물들은 어떤 사물을 다른 사물보다 더 잘 학습하는 성향이 있다"는 사실을 입증했다.[25] 가르시아는 쥐들에게 여러 가지 먹이를 주고, 몇 시간 후에 몸져누울 정도의 방사선을 쏘였다. 그 뒤로 쥐들은 특정한 먹이를 기피하는 경향이 있는 것으로 나타났는데, 그 이유는 "특정한 맛을 지닌 먹이를 먹으면 몸이 아프게 된다"는 사실을 학습했기 때문인 것으로 밝혀졌다. 하지만 쥐들은 맛 이외의 다른 특징과 질병 간의 관련성은 잘 파악하지 못했으며, 소리나 빛의 경우에는 더욱 더 그랬다. 특정한 맛을 지닌 먹이가 질병을 일으킨다는 사실을 학습하는 데는 한 번의 실험으로 족했지만, 버저 소리나 불빛이 질병과 관련되어 있다는 사실을 학습하기 위해서는 수차례의 실험이 필요했다.

진화론적인 관점에서 이것은 매우 큰 의미가 있다. 일반적으로 질병은 소리나 빛보다 음식을 섭취하는 것으로부터 유래하며, 음식의 성격을 나타내는 믿을 만한 지표는 맛이기 때문이다. 가르시아의 실험은 "인간을 포함한 동물은 진화를 통해, 일부 사물을 다른 사물보다 훨씬 쉽고 빠르게 학습할 수 있도록 준비되었다"는 것을 시사한다.

진화심리학의 방법론

투비와 코스미디스에 의하면, 진화심리학의 핵심과제는 '인간의 정신이 당면한 적응 문제를 해결하는 데 사용할 인지 프로그램의 모델'을 개발하는 것이며, 이 모델을 개발하는 과정에서 연구자들이 반드시 거쳐야 할 단계들은 다음과 같다고 한다.

1. 진화이론을 모델 개발의 출발점으로 삼는다.
2. 플라이스토세의 조건 하에서 인간의 적응 문제가 어떤 형태로 나타났고, 선택압력은 무엇이었는지를 추론한다.
3. 인간의 정신이 적응 기능을 수행하기 위해 해결해야 했던 정보처리

문제들을 구체적으로 나열한다.

4. 전산화된 이론을 이용하여, 3에서 나열된 문제들을 해결하는 데 필요한 스펙을 파악하고, 이 스펙에 의거하여 복수의 인지 프로그램 모델들을 개발한다.
5. 실험과 현장관찰을 통해, 4에서 개발된 후보 모델들을 하나씩 탈락시킨다.
6. 최종 선정된 모델을 현대의 조건 하에서 나타나는 행동패턴과 비교하여, 그 유용성을 검증한다.

마지막으로, 그냥 그런 이야기Just So Stories 류類의 허무맹랑한 이야기를 막기 위해, 투비와 코스미디스는 다음과 같이 충고했다.

> 진화생물학이 사회과학에 지속적인 영향을 미치려면, 제1단계에서 제6단계로 바로 건너뛰고 싶은 욕구를 억제해야 한다.[26]

감이 잘 안 잡히는 독자들을 위해, 투비와 코스미디스(1989)가 연구한 이타적 행동의 예를 들어 구체적으로 설명해보겠다. 두 사람은 다음과 같은 단계를 거쳐, 인간의 이타적 행동을 연구했다. 제1단계에서는 진화이론을 전반적으로 살펴봐야 한다. 예컨대 해밀턴의 포괄적응 이론에 의하면, 개인은 다른 개인보다는 가까운 친척에게 이타적으로 행동할 가능성이 많을 것으로 예측된다.[27] 제2단계에서는 '우리 조상들의 선택환경이 어땠는지'에 대한 지식이 요구된다. 플라이스토세의 우리 조상들이 생존하기 위해서는, 수렵·채집 무리 안에서 가까운 친척 간의 협력이 매우 중요했을 것이다.

제3단계에서는 '인간이 친척에게 이득을 주기 위해서는 친척임을 알 수 있는 믿을 만한 지표가 무엇이며 특정인과의 근친도가 얼마인지를 판단하게 해주는 인지 프로그램이 요구된다'는 추론에 이르게 된다. 그 결과 제4단계에서는, '인지 프로그램이 작동하려면 관련 정보를 추출하는 메커니즘과, 그 정보를 사용하여 친척을 인식하는 의사결정 규칙이 필요하다'는 결론으로 이어진다. 제5단계와 제6단계에서 할 일은 '개인이 친척을 인식할 수 있는지' 여부와, '만약 인식할 수 있다면 그 방법은 무엇인지'를 밝혀낼 실험을 설계하는 것, 또는 다양한 사회를 대상으로 하여 '사람들이 친척과 비친척에게 어떻게 다르게 행동하는지'를 조사하는 것 등이 될 것이다. 데브라 리버먼Debra Lieberman, 투비, 코스미디스도 이상과 같은 단계를 거쳐 인간이 친척을 인식하는 메커니즘의 진화 과정을 연구했다.[28]

버스(1999)는 진화론적 가설의 수립 및 검증에 필요한 두 가지 전략, 즉 이론주도 전략과 관찰주도 전략에 대해 간략히 설명했다. 전자는 투비와 코스미디스가 택한 접근방법과 비슷하다고 보면 된다. 후자는 알려진 관찰결과를 바탕으로 하여 적응적 기능에 관한 가설을 수립한 다음, 그 가설을 근거로 예측을 행하고 실증자료와 비교하여 가설의 타당성을 검증하는 것을 말한다. 핑커(1997)는 관찰주도 전략을 일컬어, '최종 결과물에서 시작하여 그에 이르는 단계를 재구축하려고 시도한다'는 의미에서 역공학reverse engineering이라고 부르기도 한다. 그 밖의 다른 진화심리학자들은 진화론적 가설을 수립하는 데 좀 더 광범위한 전략들을 제시한다.[29]

진화심리학자들은 실험실 연구나 설문조사 등과 같은 전통적 심리학 도구들을 흔히 사용하지만, 관찰이나 공공기록물 등 다양한 방법론이나 자료원도 종종 사용한다.[30] 다음에서는 심리학 실험, 설문조사, 출판된 자료 분석 등을 통해 진화론적 가설을 검증한 대표적 연구사례들을 소개한다.

사례 연구

여기서는 진화심리학의 접근방법을 선보이는 네 가지 연구 사례를 제시한다. 먼저 사기꾼을 탐지하는 EPM의 존재를 증명하는 실험을 소개한 뒤, 인간의 배우자 선호에 대한 연구결과를 살펴본다. 그리고 계속하여 살인의 진화론적 분석을 검토하고, 마지막으로 혐오감에 대한 진화심리학자들의 설명에 귀를 기울여 보기로 한다.

사기꾼을 탐지하는 심리적 메커니즘

진화심리학자들은 "인간의 진화사에서 상호이타성이 중요했다면, 인간의 마음속에서는 사기꾼, 즉 '대가를 지불하지 않고 사회적 교환에서 이득을 얻는 사람'을 예리하게 찾아내는 심리적 메커니즘이 진화했을 것"이라고 추론했다.

'이익을 얻으면 대가를 지불해야 한다'는 식의 진술을 조건법칙이라고 한다. 이것을 추상적인 용어로 표현하면 '만약 P라면, Q이다'가 된다. 이러한 조건법칙과 관련하여 널리 사용되는 실험적 패러다임 중에 웨이슨 선택과제라는 것이 있다. 심리학자 피터 웨이슨(1966)은 인간이 논리적 추론을 통해 사고를 전개하는지 알아보기 위해, '조건법칙의 위반 여부를 탐지하는 능력'을 테스트하는 실험을 고안해냈다. 실험 결

〈그림 5-1〉 (a) 추상적인 문제, (b) 음주연령 문제[31]

a. 추상적인 문제

당신이 한 지방 고교에 행정실 직원으로 부임했다고 하자. 당신이 맡은 업무 중 일부는 학생부가 올바로 정리되었는지 확인하는 것이다. 즉, 학생부가 다음과 같은 규칙에 따라 기재되었는지를 확인하면 된다.

학생이 'D' 등급을 받으면, 학생부에는 '3'으로 표시해야 한다.

당신은 전임자가 학생들의 성적을 올바로 분류하지 않았다고 의심한다. 아래의 카드에는 네 학생의 정보가 수록되어 있으며, 한 장의 카드가 학생 한 명을 나타낸다. 카드의 앞면에는 학생의 성적이, 뒷면에는 분류 번호가 적혀 있다. 학생부가 위의 규칙에 따라 제대로 작성되었는지 확인하기 위해, 반드시 뒤집어 봐야 할 카드를 한 장 이상 골라라.

D	F	3	7

b. 음주연령 문제

매사추세츠 경찰당국은 미성년자에게 술을 파는 주점의 면허를 취소하고 있다. 당신이 보스턴에 있는 어느 주점의 문지기이며, 다음과 같은 법률을 준수하지 않으면 그 자리에서 쫓겨날 것이라고 가정하자.

주점에서 '맥주'를 마시고 있는 사람이라면,
반드시 '21세 이상'이어야 한다.

아래의 카드에는 술집의 테이블에 앉아 있는 네 손님의 정보가 적혀 있다. 각각의 카드는 손님 한 명을 나타낸다. 카드의 앞면에는 손님이 마시고 있는 음료, 뒷면에는 해당 손님의 나이가 적혀 있다. 주점이 법률을 위반하고 있는지 확인하기 위해, 반드시 뒤집어봐야 할 카드를 한 장 이상 골라라.

맥주	콜라	25세	16세

과, 사람들은 제한적인 맥락에서만 논리적으로 추론하며, 테스트의 주제가 무엇인지에 따라 정답률이 달라지는 것으로 밝혀졌다.

먼저 〈그림 5-1a〉에 기술된 추상적 조건법칙, 즉 "학생이 'D' 등급을 받으면 학생부에는 '3'으로 표시해야 한다"는 규칙의 위반 여부를 탐지하는 과제를 살펴보자. 웨이슨에 의하면, 이 테스트의 정답률은 25% 이하라고 한다. 정답 해설로 넘어가지 전에, 독자 여러분도 직접 문제를 풀어보기 바란다.

〈그림 5-1a〉의 테스트에서, 대부분의 피험자들은 D 카드 하나만을 선택하거나 D 카드와 3 카드를 모두 선택했다. 하지만 미안하게도, 정답은 D 카드와 7 카드를 모두 뒤집어보는 것이다. 모든 D 카드의 뒷면에 3이 적혀 있는지 확인해야 하므로, D 카드를 뒤집어봐야 하는 것은 당연하다. 또한 7 카드가 D 등급이 아님을 확인하는 것도 중요하다. 그러나 3 카드가 D 등급인지 아닌지는 중요하지 않다. 주어진 규칙은 "3으로 표시되는 유일한 등급은 D다"라고 말하고 있지 않기 때문이다. 마지막으로, F 카드에 대해서는 아무런 요구사항이 없으므로, 뒤집어볼 필요가 없다.

이번에는 〈그림 5-1b〉에 기술된 과제를 생각해보자. 〈그림 5-1b〉의 음주연령 문제는 〈그림 5-1a〉의 추상적 문제와 논리적으로 동일함에도 불구하고, 놀랍게도 피험자들은 〈그림 5-1b〉의 문제를 더 잘 푸는 것으로 나타났다. 즉, 피험자 중에서 약 75%가 '맥주'와 '16세'라는 정답을 맞힌 것이다. 두 가지 과제는 모두 사람들에게 '만약 P라면, Q이다'(즉 'D 등급이라면 3', 또는 '맥주라면 21세 이상')라는 형식의 조건법칙을 제시하고, 이 법칙의 위반 여부를 판단하려면 무엇을 확인해야 하는지를 묻는다.

그런데 논리연산에서 P→Q는 ~P∨Q와 동치이므로, P→Q의 부정은 ~(~P∨Q) ⇔ P∧~Q가 된다. 따라서 '만약 P라면, Q이다'라는 법칙에 위배되는 것은 P가 참이고 Q가 거짓(또는 ~Q가 참)일 때뿐이므로, 두 경우 모두 정답은 'P(D 또는 맥주의 카드)와 ~Q(7 또는 16세의 카드)가 동시에 참인지'를 확인하는 것이다.

웨이슨 실험은 '추론의 주제가 무엇인가에 따라 인간의 추론 능력이 달라진다'는 것을 시사한다. 이러한 효과를 내용효과content effect라고 하는데, 레다 코스미디스의 연구결과가 발표되기 전에는 이러한 효과를 만족스럽게 설명할 수 있는 이론이 없었다. 코스미디스는 하버드 대학교에 제출한 박사학위 논문에서, 인간의 논리적 추론을 둘러싼 맥락이 과연 진화론적 측면에서 의미가 있는지를 분석했다. 그녀는 특히 "조상에게 물려받은 상호이타성의 역사가 우리의 추론에 영향을 미쳐 사기꾼 탐지 메커니즘을 형성했을 것"이라는 가설을 검증하는 데 주력했다.

코스미디스는 웨이슨의 개념을 확장시킨 일련의 멋진 실험을 통해, "사회계약의 내용이 담긴 조건법칙을 제시할 때, 피험자들의 탐지 능력이 극적으로 향상된다"는 사실을 발견했다.[32] (그녀는 이 실험 덕분에 미국 과학진흥회가 수여하는 행동과학 연구상도 받았다.) 코스미디스에 의하면, "대부분의 사람들이 추상적인 문제를 맞히지 못하면서도 음주연령 문제를 맞히는 이유는, 음주연령 문제가 사기꾼 탐지 문제와 논리적으로 일치하기 때문"이라고 한다.[33] 음주연령 문제에는 "이익을 얻으면 대가를 지불해야 한다"는 메시지에 상응하는 내용이 들어 있다. 즉, 여기서 '맥주를 마시는 것'은 이익, '21세 이상'이라는 것은 대가, '해당 연령 이하의 음주행위'는 사회규범을 위반하는 사기 행위에 해당된다. 일각에서 제기한 '특정 과제의 정답률이 다른 과제들보다 높게 나온 것은 실험 참가자들에게 친숙한 내용을 포함하고 있기 때문일 것'이라는 의혹은, 실험 결과 타당하지 않은 것으로 판명되었다. 아무리 낯선 조건법칙(예: '카사바 뿌리를 먹으면 반드시 얼굴에 문신을 해야 한다')이더라도, 사회계약임을 확인할 수 있는 정보만 충분히 제공하면 높은 수준의 정답률이 나왔기 때문이다. 가장 주목할 만한 것은, "조건법칙을 적절히 조작하여 '논리적으로 타당하지만 사회계약이론과 모순되는 답변'이 나오도록 유도하더라도, 실험 참가자들의 답변은 사기꾼 탐지가설의 예측을 벗어나지 않는 것으로 나타났다"는 것이다.[34]

코스미디스와 투비에 의하면, 인간의 마음은 무임승차 행위(대가를 지불하지 않고 이득을 얻는 행위)에 주목하도록 조율되어 있으며, 사회계약에 상응하는 추상적 진술보다 사회계약 자체를 더 효과적으로 추론한다고 한다. 사기꾼 탐지 메커니즘의 증거는 오늘날 여러 사회에서 찾아볼 수 있으며,[35] 심지어 서너 살짜리 어린이도 사회적 교환관계 속에서 사기꾼을 탐지할 수 있는 것으로 밝혀졌다.[36]

하지만 모든 연구자들이 코스미디스와 투비의 해석을 받아들이는 것은 아니다. 일부 철학자와 심리학자들, 특히 제리 퍼도Jerry Fodor와 데이비드 불러David Buller는 "코스미디스의 실험에서 밝혀진 내용효과는 실재하지 않으며, 상이한 논리적 진술에 대한 실험 참가자들의 답변을 자의적으로 해석한 것일 뿐"이라고 주장해왔다.[37] 이에 대해 코스미디스, 배럿, 투비(2010)는 후속 실험들을 통해 자신들의 해석이 옳음을 재차 입증했다. 어느 입장이 옳은지와 무관하게, 코스미디스의 실험이 이 분야의 연구에 다시 활기를 불러일으켰으며 진화심리학의 발달에 크게 기여했다는 데 이의를 제기할 사람은 거의 없을 것이다. 인간의 정신은 사회적 교환을 성공적으로 수행하기 위해 다양한 인지 기구 cognitive machinery를 갖추고 있으며, 그중 하나가 사기꾼 탐지를 전담하는 심리적 메커니즘이라는 것은 매우 흥미롭고 그럴듯한 가능성으로 남아 있다.

남자와 여자가 배우자를 선택하는 기준

자연선택은 개인들의 생식 차이를 통해 이루어지기 때문에, 자연선택의 가장 유력한 표적은 생식에 관여하는 심리적 메커니즘이라고 할 수 있다. 따라서 구애와 성은 진화심리학자들의 핵심 연구주제 중 하나였다.[38] 이와 관련하여 상당한 주목을 받은 질문 중 하나는 배우자 선택 기준에 관한 것으로, "이성의 특별한 특징들에 대한 선호체계가 진화를 통해 형성되어 있는가?"라는 것이다.

오늘날에는 동물 연구를 통해, "암컷은 자원에 대한 접근을 우선시함으로써 번식 성공률을 극대화하는 경향이 있다"는 가설을 입증하는 증거가 상당히 많이 축적되어 있다. 아마 인간도 이와 크게 다르지 않을 것이다. 트리버스(1972)는 "여성은 자녀양육과 관련된 자원(예: 식량, 주거, 생활권, 보호물 등)에 투자할 능력과 의향을 가진 남성을 선호할 것"이라고 가정했다. 진화심리학자들은 EEA에 처한 조상의 관점에서, "체내수정, 9개월간의 임신, 수유 등의 부담에 직면한 여성들이, 그에 필요한 자원을 보유함과 동시에 기꺼이 제공하려는 배우자를 선택함으로써 이득을 얻었을 것"이라 추론해왔다.[39] 아울러 "여성들은 자연선택을 통해 재산이나 지위, 미래에 상당한 자원을 축적할 가능성(예: 지능, 노력, 야망)을 보유한 남성을 선호하도록 진화했을 것"이라는 의견을 내놓았다.

이와 대조적으로, 대부분의 포유류의 경우 수컷은 암컷보다 자녀양육에 덜 투자하며, 많은 암컷과 교미하는 것을 우선시한다. 따라서 수컷은 다산적인 암컷을 선택함으로써 번식 성공률의 극대화를 꾀할 수 있다. 진화심리학자들은 "수천 세대에 걸친 자연선택을 통해, 많은 여성들과 성관계를 맺는 것을 바람직하게 여기고 다산 여성을 매력적으로 보는 남성들의 심리적 메커니즘이 진화되었다"고 주장한다.[40] 여성들의 출산능력은 10대 말에서 20대 초에 최고조에 이르므로, 남성은 나이 많은 여성보다 젊은 여성을 선호하리라 예상된다. 일부 연구자들은 '매끄러운 살결'이나 '허리와 엉덩이의 최적비율' 등 젊음과 관련된 신체적 특징이 아름다움의 기준으로 간주되는 것도 남성의 진화된 선호도를 반영한다는 의견을 내놓고 있다.

현재 텍사스 대학교 오스틴 캠퍼스에 재직 중인 심리학자 데이비드 버스는 이들 가설을 검증하기 위해, 광범위한 비교문화 연구를 통해 '인간의 배우자 선택이 전 세계에 걸쳐 일관성 있는 패턴을 나타내는지'를 분석해보았다.[41] 그중에는 37개의 상이한 문화권에서 모집한 1만 명 이상의 지원자들을 조사한 경우도 있었다.[42] 버스는 이들 분석 결과를 근거로 하여, "배우자가 갖춰야 할 중요한 속성에 관해서는 여러 문화권에 걸쳐 광범위한 의견의 일치가 존재하며, 남녀별로 각각—진화심리학적 추론을 통해 예측 가능한—독특한 패턴이 나타난다"는 결론을 내렸다. 예컨대 버스는 다음과 같은 사실을 발견했다.

> 모든 대륙, 모든 정치체제(사회주의 및 공산주의 포함), 모든 종족집단, 모든 종교집단, (일부다처제에서부터 일부일처제에 이르는) 모든 가족제도에 걸쳐, 여성은 남성보다 재정적 전망에 대해 더 높은 가치를 부여한다.[43]

이와 대조적으로, 일반적인 남성은 여성보다 배우자의 신체적 매력에 더 높은 가치를 부여하는 것으로 밝혀졌다.

> 전 세계적으로, 남성은 젊고 신체적 매력이 있고 죽을 때까지 정절을 지킬 아내를 원한다. 이러한 선호체계를 서구문화, 자본주의, 앵글로색슨족의 편견, 대중매체, 광고업자들의 부단한 세뇌 탓으로 돌릴 수는 없다.[44]

버스는 또한, 남성들로 하여금 단기적 성 파트너를 선호하도록 만든 진화적 과거를 암시하는 단서까지도 찾아내어 다음과 같이 적었다.

> 성적 환상, 성욕, 성교를 서두르는 성향, 파트너 선택 기준의 완화, 매력에 대한 판단의 변화, 동성애 성향, 매춘, 근친상간 경향 등은 모두 우발적 성에 대한 남성의 전략을 드러내는 심리적 단서다.[45]

하지만 이상의 연구 결과를 해석함에 있어서 균형을 잃어서는 안 된다. 버스의 연구에서 밝혀진 배우자 선택기준 목록에서 1~4위를 차지한 것은 남녀 공히 ① 서로 간에 느끼는 매력, ② 의지할 만한 성격, ③ 정서적 안정, ④ 상대방에게 호감을 주는 성향이었다. 재정적 전망은 여성들이 꼽은 배우자의 조건 목록에서 12위(남성의 경우 13위)를 차지했으며, 미모는 남성들이 꼽은 배우자의 조건에서 10위(여성의 경우 13위)를 차지하는 데 그쳤다(〈표 5-1〉 참조).

게다가 버스는 "특정인이 배우자에게 바라는 특징이 무엇인지를 파악하려면, 대부분의 경우 그 사람의 성별보다는 거주지를 아는 것이

〈표 5-1〉 남녀가 배우자 선택에서 가장 중요하게 여기는 특징

순위	남성	여성
1	서로 간에 느끼는 매력-사랑	서로 간에 느끼는 매력-사랑
2	의지할 만한 성격	의지할 만한 성격
3	정서적 안정과 성숙	정서적 안정과 성숙
4	상대방에게 호감을 주는 성향	상대방에게 호감을 주는 성향
5	양호한 건강	교육과 지능
6	교육과 지능	사교성
7	사교성	양호한 건강
8	가정과 자녀에 대한 관심	가정과 자녀에 대한 관심
9	교양/단정함	야망과 근면성
10	미모	교양/단정함
11	야망과 근면성	비슷한 교육 수준
12	요리/가사	재정적 전망
13	재정적 전망	미모
14	비슷한 교육 수준	사회적 지위
15	사회적 지위	요리/가사
16	순결	비슷한 종교적 배경
17	비슷한 종교적 배경	비슷한 정치적 배경
18	비슷한 정치적 배경	순결

Buss(1990)의 〈표 4〉를 바탕으로 하여 작성함.

더 중요하다"는 사실을 발견했다. 이는—다음의 예에서 보는 바와 같이—남녀의 성차보다는 문화의 차이가 더 중요하다는 것을 시사한다.

> 남성이 여성보다 순결을 더 높이 평가하는 경향은 전 세계적으로 발견되지만, 순결에 부여하는 가치는 문화권마다 크게 다르다. 한쪽 극단에는 중국, 인도, 인도네시아, 이란, 타이완, 팔레스타인 지역에 거주하는 아랍인 등이 있는데, 이들은 배우자 될 사람의 순결에 높은 가치를 부여한다. 반대쪽 극단에는 스웨덴, 노르웨이, 핀란드, 네덜란드, 서독, 프랑스인 등이 있는데, 이들은 배우자 될 사람의 순결을 문제 삼지 않거나 중요하지 않다고 생각한다.[46]

후속 연구에서도 짝짓기 전략과 배우자 선호도의 성차를 지지하는 증거가 추가로 제시되었다.[47] 심지어 진화심리학자들은 사회적 성의 문화적 차이, 남성이 보유한 자원에 대한 여성의 선호도, 체질량지수, 남성적 용모, 양호한 건강상태 등의 신체적 특징에 대해 여성들이 느끼는 매력까지도 조사했다.[48]

집단 간 또는 집단 내부에서 남녀의 짝짓기 전략이 다양하게 나타나는 것은, 조건부 전략의 관점에서 설명할 수 있다.[49] 즉, 뇌 속에 존재하는 EPM이 개인이 처한 상황에 따라 다른 결과를 내놓는다는 것이다. 이와 대조적으로, 일부 연구자들은 "짝짓기 행동이 문화에 따라 다양하게 나타나는 것은 '사전에 정해진 인지 메커니즘이 존재한다'는 주장을 약화시킨다"고 보기도 한다.[50] 하지만 버스의 분석은 "인간행동의 보편적 특징의 근저에는 EPM이 자리 잡고 있다"는 주장을 뒷받침하는 가장 광범위한 증거를 제공한 것으로 평가된다.

살인의 해석

전 세계에 존재하는 다양한 문화권의 전승문학에는 잔인하거나 사악한 계부모가 등장하는 신데렐라류의 이야기가 넘쳐난다. 캐나다 맥마스터 대학교의 심리학자 마틴 데일리와 마고 윌슨은 "이러한 이야기들이 곳곳에 퍼져 있는 것은 인간 사회의 어둡고 혼란스러운 측면을 반영한 것"이라고 생각했다.

데일리와 윌슨은 진화심리학의 관점을 이용하여 살인을 연구하면서, 다수의 새로운 문제, 가설, 결론들을 제시했다. 이러한 연구결과는 1998년에 나온 선구적인 저서 『살인』Homicide에 담겨 있다. 데일리와 윌슨이 진화론적 관점에서 내놓은 명쾌한 예측은 "혈연관계가 없는 계부모는 친부모만큼 자녀를 보살피지 않는 경향이 있으므로, 친부모가 아닌 사람들에 의해 양육되는 어린이는 위험에 처하는 경우가 많다"는 것이었다. 자녀를 양육하는 데는 상당한 부담이 수반되는데, 계부모는 친부모에 비해 양육의 부담을 상쇄해주는 정서적 보상을 경험할 가능성이 낮을 것이다.

데일리와 윌슨은 캐나다와 미국에서 일어난 영아살해 사건의 자료를 광범위하게 분석한 결과, "친부-계모 커플 또는 친모-계부 커플과 생활하는 자녀들은 상당히 높은 아동학대 위험에 직면한다"는 사실을 발견했다. 예컨대 미국 인도주의협회는 1976년 279건의 치명적 아동학대 사건을 확인했는데, 그중 43%는 피해 어린이가 계부모와 함께 사는 경우였다. 이것은 우연이라고 생각하기에는 상당히 높은 비율이다. 1983년 캐나다에서 실시된 아동학대 관련 연구에서도 이와 비슷한 결과가 나왔다. 전 세계에서 수행된 다른 수많은 연구들도 "계부모 가정의 아동학대 비율이 친부모 가정보다 높다"는 신데렐라 효과의 증거를 일관되게 보여주고 있다.[51]

데일리와 윌슨은 가난을 비롯한 다른 어떤 요인도 아동학대와 계부모 간의 관련성을 설명해주지 못한다고 주장한다. 계부모와 자녀 간의 관계에서 발생하는 어려움에 대한 사회과학적 설명은 표면적인 것에 불과하며, 그 이면에는 '잔인한 계부모의 신화'와 '자녀가 느끼는 두려움'이 도사리고 있다는 것이다. 따라서 아동학대 사례를 좀 더 설득력 있게 설명하려면 진화심리학적 관점을 취해야 할 것으로 보인다.

최근 일부 비판자들은 보고 편향reporting bias 문제를 제기하며 신데렐라 효과를 무시하려 하고 있다. 이들은 "아동복지 전문가가 계부모를 입회시킨 가운데, 자녀의 부상이 사고 때문인지 학대 때문인지를 확인할 필요가 있다"고 주장한다.[52] 하지만 그러한 편향이 존재한다는 증거는 제시되지 않았으며, 데일리와 윌슨(2005)에 의하면 설사 그 같은 보고 편향이 있다 하더라도, 아동학대 비율에 큰 영향을 미칠 가능성은 없다고 한다.

데일리와 윌슨은 진화론적 관점을 이용하여 가정 밖에서 벌어진 성인 간의 살인에 대해서도 조사해보았다. 캐나다에서 일어난 살인사건들을 10년간 분석한 결과, 그들은 살인의 압도적인 형태가 성인 남성의 동성 간 살인, 즉, '한 남성이 아무런 혈연관계가 없는 다른 남성을 살해한 것'임을 발견했다. 구체적으로, 남성이 남성을 살해한 사건은 2,861건으로, 여성이 여성을 살해한 사건(84건)의 34배에 달하는 것으로 나타났다. 전 세계에서 수행된 35건의 살인 연구를 검토한 결과, 조사된 모든 인구집단에서 이러한 성차가 발견되었다. 데일리와 윌슨에 의하면, 여성 간에 벌어지는 치명적 폭력의 수준이 남성 간의 치명적 폭력에 필적하는 인간 사회는 알려져 있지 않다고 한다.

인간 사회에서 발생하는 살인 행동에 보편적인 성차가 존재하는 이유는 무엇일까? 데일리와 윌슨은 진화생물학을 이용하여 그 이유를 설명한다. 트리버스(1972)는 "유성생식을 하는 동물들의 경우, '자녀양육에 많이 투자하는 성'은 '적게 투자하는 성'의 적합성을 제한하기 때문에 '귀하신 몸'으로 대접받는 경향이 있다. 따라서 후자들은 배우자에게 접근하기 위해 서로 경쟁하게 된다"고 주장했다. 포유류의 경우 자녀양육에 더 많이 투자하는 성은 암컷이며, 수컷은 다수의 암컷에게 접근함으로써 한 마리의 암컷과 상대하는 것보다 훨씬 많은 새끼를 낳을 수 있다. 따라서 수컷들은 암컷에게 접근하기 위해 치열한 경쟁을 벌이게 된다. 물론 암컷들도 훌륭한 수컷을 사이에 두고 서로 경쟁하지만, 암컷을 둘러싼 수컷들 간의 경쟁이 벌어지는 경우가 더 많다. 왜냐하면 일반적으로 '암컷으로 인한 수컷의 적합성 변화폭'이 '수컷으로 인한 암컷의 적합성 변화폭'보다 더 크기 때문이다.[53]

인간의 경우 성공한 남성은 여러 명의 아내와 자녀를 거느림으로써 큰 승리를 거둘 수 있고 패배자는 극도로 비참해지는 반면, 여성들의 생식 성공률에는 큰 차이가 없어 웬만한 여성들은 중간 수준의 성공을 거두게 될 것이다. 따라서 진화론적 관점에서 보면, 경쟁의 결과에 따라 보상의 크기가 많이 엇갈리는 남성들은 전全 생활사에 걸쳐 고위험 전략을 추구할 가능성이 높다고 할 수 있다. 즉, 경쟁이 치열해질수록 자연선택을 통해 위험한 전술(상대방을 죽음에 몰아넣을 수 있는 공격 포함)을 채택하는 심리적 메커니즘이 진화될 것이다.

남성은 여성보다 궁핍하지 않지만, 위험을 회피하기보다는 기꺼이 부담하려는 성향이 높아 보인다. 데일리와 윌슨은 "남성이 추구하는 고위험 전략은 그들의 경쟁심을 부추겨왔던 자연선택의 역사를 반영한다"는 가설을 제기한다. 이들은 인간의 위험행동에 대한 연구들을 통해, 이상과 같은 가설을 입증했다. 예컨대 두 사람은 "남성은 여성에 비해 난폭운전을 하는 경향이 많으며, 도로 사망률도 더 높다"고 지적했다. 또 다른 예는 1980년 미국에서 일어난 강도 사건의 93퍼센트와 절도 사건의 94퍼센트가 남성에 의해 자행되었다는 것이다.

인간이 혐오감을 느끼는 이유

혐오감은 다양한 상황에서 표출되는 감정이다. 우리는 양의 눈알을 먹거나 신 우유를 마신다는 생각에도 혐오감을 느끼지만, 자신보다 나이가 두 배나 많은 사람과 성관계를 맺는다는 생각이나 축구 경기에서 속임수를 쓰는 경기자에 대해서도 역겨움을 느낀다. 이런 감정적 반응의 존재를 어떻게 설명할 수 있을까?

다윈(1872)은 혐오감이 인간의 보편적인 감정이라고 주장하면서, 혐오감을 나타내는 얼굴 표정이 광범위한 문화권에서 통용된다는 점에 주목했다. 진화심리학자들은 혐오감을 하나의 적응으로 간주하는데, 그 역할은 '신체를 질병으로부터 보호하는 것'이라고 한다.[54] 혐오의 경험은 오염된 식품을 만지거나 섭취하는 것을 기피하게 함으로써 진화되어 왔다고 생각된다. 우리 조상들은 혐오감 덕분에 병원균이나 독소가 함유된 물질을 섭취할 가능성이 줄어들었을 것이다.

런던 위생·열대의학대학원의 밸 커티스Val Curtis가 이끄는 연구팀(2004)은 혐오감의 기원을 확인하기 위한 연구에 착수했다. 이들은 혐오감이 질병을 예방하기 위해 생겨났다면, 다음과 같은 가설이 성립해야 한다고 생각했다. ① 인간은 유사한 자극에 직면했을 때, 질병과 무관한 자극보다는 질병과 관련된 자극에 더 강한 혐오감을 느낄 것이다. ② 다양한 문화권에 걸쳐 혐오감의 작용방식이 유사할 것이다. ③ 여성은 자기 자신과 자녀를 질병으로부터 보호해야 하는 이중역할을 떠안은 만큼, 남성보다 더욱 확연하게 혐오감을 느낄 것이다. ④ 개인의 생식능력이 저하됨에 따라 혐오감도 약해질 것이다. ⑤ 낯선 사람들은 새로운 병원균을 퍼뜨릴지 모르기 때문에, 사람들은 가까운 친척보다 낯선 사람들과 접촉할 때 더욱 강한 혐오감을 느낄 것이다.

커티스가 이끄는 연구팀은 전 세계인이 방문하는 웹사이트를 통해 모집한 약 4만 명의 참가자들을 대상으로 다섯 가지 가설을 검증하는 실험을 실시했다. 연구팀은 다양한 배경에서 '질병과 관련된 그림'과 '질병과 무관한 그림'을 쌍으로 제시하고, 참가자들에게 각각에 대한 혐오감의 정도를 점수로 나타내게 했다. 실험 결과, 98% 이상의 참가자들이 '질병과 관련된 그림의 혐오도 ≥ 질병과 무관한 그림의 혐오도'라고 응답했는데, 이는 모든 문화적 배경을 가진 참가자들 사이에서 거의 동일한 패턴으로 나타났다. 나머지 네 가지 가설에 대해서도 이와 유사한 결과가 나왔다. 따라서 "혐오감은 감염증에 걸리는 것을 예방하기 위해 진화된 것"이라는 진화생물학자들의 주장은 타당한 것으로 밝혀졌다.

혐오감을 통해 질병을 회피하는 것에는 분명한 이득이 있지만, 음식을 지나치게 기피하면 과도한 비용을 수반할 수 있다. 예컨대 음식 선택이 지나치게 까다로워 무해한 식품까지 거부한다면, 수렵과 채집에 더 많은 시간과 정력을 소비해야 한다. 따라서 진화심리학자들은 "혐오감은 매우 특이적인 방식으로, 즉 음식 기피의 이익(질병 회피)이 비용(열량 상실)을 초과하는 경우에만 나타날 것"이라는 가설을 제시했다.

UCLA의 진화심리학자 대니얼 페슬러Daniel Fessler는 여러 가지 방법으로 이 가설을 탐구해왔다. 그는 "면역계의 기능이 저하하여 질병에 매우 취약해질 때 높은 혐오감이 촉발될 것"이라고 예측했는데,[55] 임신중에 나타나는 면역 기능의 변화를 통해 이 예측을 검증할 수 있다. 예컨대 임신 첫 3개월 동안에는 임신부의 면역계가 상당히 억제되어 모체의 면역세포가 태아를 공격하는 것을 막아주지만, 그 때문에 임신부와 태아 모두가 병원균에 취약해진다. 그중에서도 특히 위험한 것은 식품 매개 질병이다. 페슬러가 이끄는 연구팀(2005)은 496명의 임신부를 대상으로 한 웹 기반 조사를 통해, "임신부는 임신 첫 3개월 동안 음식에 대한 혐오감이 특히 높아질 것"이라는 자신들의 예측을 확인했다. 이 조사 결과는 "임신중에는 면역력 약화로 인한 질병 감수성感受性의 변화를 보상하기 위해 혐오감의 민감성이 달라진다"는 가설을 뒷받침한다.

혐오감에 대한 진화론적 설명은 언뜻 보기에 현상학적·관념론적 견해와 대조를 이루는 것 같다. 현상학과 관념론에서는 혐오감을 실질적 개념으로 보지 않고, 오염된 현실사회로부터 자아를 보호하려는 상징적 개념으로 간주한다.[56] 페슬러와 헤일리(2006)는 현상학과 관념론의 관점이 진화심리학의 접근방법과 조화를 이룰 수 있을 것이라고 주장했다. 두 사람에 따르면 인간의 신체에서 자아와 가장 관련이 깊은 곳은 신체의 외부 부위로, 환경과 대면하는 관계로 오염에 가장 취약하다고 한다. 따라서 만약 혐오감이 병원균이나 독소로부터 신체를 보호하는 행동을 유발하는 역할을 한다면, "피부, 눈, 성기 등 환경과 대면하는 신체 부위는 지라, 간, 창자 등과 같은 내부 부위보다 더 큰 혐오반응을 일으킬 것"이라고 추론할 수 있다. 400명을 대상으로 실시된 한 인터넷 조사에서는 참가자들에게 "지금은 2050년이며, 의학이 발달하여 기관이나 조직의 이식이 예사로 이루어지고 있다"고 상상하게 했다. 그런 다음, 신체의 20개 부위를 이식한다면 가장 혐오스럽게 생각하는 것이 어느 것인지를 순서대로 나열하게 했다. 조사 결과, 예상했던 것처럼 신체의 외부 부위가 내부 부위보다 더 강한 혐오감을 자아내는 것으로 나타났다.

하지만 혐오감이 본래 신체가 병원균과 독소에 노출되는 것을 막기 위해 진화한 것이라면, 혐오감이 그처럼 다양한 행동 영역에 관여하는 이유는 무엇일까? 이에 대해 진화심리학자들은 "진화 과정에서 다른 영역의 적응행동을 만들어내기 위해, 혐오반응의 신경생리학적 메커니즘이 동원되었다"고 주장하고 있다.[57] 예컨대 페슬러와 나바레테Navarrete(2003)에 의하면, 성적 혐오감은 적합성을 감소시킬 우려가 있는 성관계를 억제하기 위해 적응된 것이라고 한다. 다양한 문화권에서 수간獸姦, 근친상간, 기타 변태적 성행위가 혐오스러운 것으로 간주되는 현상도 이 주장과 일치한다. 하지만 다른 측면의 혐오감, 특히 '먹을 수 있는 식품'과 '먹을 수 없는 식품'이 문화권에 따라 다르다는 것을 생각해보면, "진화된 혐오감의 메커니즘이 사회적 학습과정과 상호작용을 통해 지역별 전통을 만든다"는 것을 알 수 있다.

비판적 평가

진화심리학에 대한 비판 중 일부는 사회생물학에 대한 비판과 동일하다. 사실 상당수의 비판자들은 이들 두 분야 사이에 중요한 차이가 있다고 보지 않는다.[58] 반복을 피하기 위해, 독자들은 앞에서 이 문제를 거론한 부분(제3장의 끝에서 두 번째 항목)을 참조하기 바란다. 간략하게 재론하자면, 대표적인 사회생물학자들이나 진화심리학자들에게 가해진 유전자결정론이나 편견의 혐의는 사실무근이다. 하지만 인간사회생물학과 마찬가지로, 진화심리학도 '그냥 그런 이야기들' 류의 허무맹랑한 이야기에 지나지 않는다는 비난에 취약하다. 심지어 가장 열렬한 진화심리학자일지라도 자신들의 연구 분야에서 빈약한 연구와 근거 없는 서술이 성행한다는 사실을 인정할 것이다. 여기서는 그러한 연구들을 개별적으로 지적하기보다는, 진화심리학의 이론적 근거를 살펴본 다음, 그 강점과 약점을 공정하고 균형 있게 평가해보고자 한다.

이러한 균형이 중요한 이유는, 세간에는 작가 로버트 라이트Robert Wright가 언급한 소위 진화심리학에 반대하는 틈새시장[59]이 형성되어 있기 때문이다. 이 시장에서는 적대적인 비방자들이 줄지어 서서, 진화심리학을 상징하는 허수아비에 대고 조롱을 퍼붓는다. 그러나 '천편일률적이고 불공정한 폄하는 미진한 연구만큼이나 생산적인 것이 못 된다'는 것이 필자들의 생각이다. 아래에서는 진화적 적응환경 및 영역 특이성의 개념과, 진화심리학자들이 갖고 있는 진화론적 관점을 평가해 보고자 한다.

인간은 진화사의 99%를 수렵·채집인으로 보냈을까?

진화심리학자들은 초기 연구에서, 인간의 정신이 지난 200만 년 동안 플라이스토세의 아프리카 평원에서 이루어진 수렵·채집 생활에 적합하도록 형성되었다고 주장했다. 예컨대 코스미디스와 투비는 "우리 인간은 진화사의 99% 이상을 플라이스토세 환경에서 수렵·채집인으로 보냈다"고 적었다.[60]

데일리와 윌슨(1999)은 EEA의 개념에 대한 불만 중 상당수가 'EEA를 플라이스토세의 아프리카 사바나'와 동일시하는 고정관념으로부터 유래한다고 지적했다. 이에 대해 코스미디스와 투비는 "우리는 결코 그런 고정관념에 집착하지 않았으며, 우리가 초기 저술에서 내세웠던 EEA는 진화론의 초보자들이나 단순한 사고방식(예: '모든 인간행동은 현재의 환경에 유용하다')을 가진 독자들의 이해를 돕기 위해 단순화한 개념이었다"라고 해명했다. 하지만 안타깝게도, EEA를 플라이스토세의 아프리카의 사바나로 생각하는 잘못된 고정관념은 모든 진화심리학 서적들에 만연되어 있다.

인간의 EEA를 특정 시간과 장소로 간주하는 것이 왜 잘못일까? 첫 번째 이유는 우리 조상들이 플라이스토세 동안 생활했던 방식에 대해 알려진 것이 거의 없다는 점이다. 따라서 EEA 개념은 '그 당시의 세상에 적응한 속성'을 둘러싸고 마구잡이식 추측과 허무맹랑한 속설을 양산했다. EEA에 대한 고정관념 중 하나는 '플라이스토세의 수렵·채집인들은 시간이나 장소의 다양성이 부족했다'는 것이지만, 많은 연구자들은 "석기시대인들이 아프리카의 사바나뿐 아니라 사막, 강가, 대양의 연안, 숲속, 극지 등에서도 살았다는 것을 감안하면, 그러한 고정관념은 틀렸다"고 지적하고 있다.[61] 진화심리학 문헌들은 "인간은 진화사의 99%를 수렵·채집인으로 보냈다"는 점을 언급한다. 하지만 모든 인간은 집단적으로 35억 년간에 걸쳐 자연선택을 받은 조상들의 후예라고 할 수 있으며, 이런 점에서 볼 때 '99%'라는 숫자는 자의적이다.

게다가 우리 조상들을 '수렵·채집인'이라고 묘사하는 것은, 그들의 생활사를 해명하여 적절한 선택압력을 재구축하는 데 충분치 않다. 말벌, 쥐, 푸른박새 등도 살아 있는 먹잇감을 사냥하고 기타 먹이를 수집한다는 점에서 모두 수렵·채집자라고 볼 수 있다. 물론 현대의 수렵·채집인들과는 달리, 협동 및 조정, 사회적 조직화, 언어를 매개로 한 수렵 및 채집활동을 보여주지는 않지만 말이다.

하지만 중요한 것은, 플라이스토세 동안 우리 조상들의 생활이 실제로 어땠는지를 알 수 없다는 것이다.[62] 권위 있는 여러 고고학자와 인류학자들은 호모 에렉투스와 네안데르탈인, 심지어 초기의 호모 사피엔스조차 현대의 수렵·채집인들과 전혀 다른 방식으로 생활했을 거라고 믿는다. 예컨대 우리 조상들이 얼마나 정교한 언어능력을 발달시키고, 덩치 큰 동물을 사냥하고, 식량을 공유하고, 근거지를 확보했는지에 대해서는 논란의 여지가 있다. 만약 많은 사람들이 믿는 것처럼 이들 특징이 약 4만 년 전 후기 구석기시대 정도로 늦게 출현했다면, 초기 플라이스토세에 초점을 맞추는 것은 번지수가 틀린 셈이다.

투비와 코스미디스는 나중에 다음과 같은 언급을 통해 자신들의 입장을 분명히 밝혔다.

> EEA는 단일한 장소나 서식지, 또는 특정한 시기를 가리키는 개념이 아니라, 우리 조상 집단의 구성원들이 마주쳤던 환경에서 적응과 관련된 특성들을 추출하여 통계적으로 종합한 것이다. 여기서 통계적 종합이란, 개별 특성들을 빈도와 적합성을 감안하여 가중평균한 것을 말한다.[63]

하지만 이런 식의 개념화는 또 다른 측면에서 문제를 야기할 수 있다. 조상들이 마주쳤던 환경의 특징들을 모두 추출하여 가중평균하려면 어떻게 해야 할까? 그런 식으로 정의한 EEA 개념이—투비와 코스미디스(1989)가 원래 주장했던 것처럼—'인간의 정신이 당면한 적응 문제를 해결하는 데 사용한 인지 프로그램의 모델'을 개발하는 데 적용될 수 있을까?

동물의 능력을 비교분석한 연구에 의하면, 인간의 행동적·심리적 형질들은 오랜 역사를 지니고 있는 것 같다(제8장 참조). 일부 적응행동들, 예컨대 자녀양육이나 학습능력 등은 무척추동물 시기에 진화했는지도 모른다. 지각적 선호perceptual preference의 상당수는 오랜 계통발생사를 갖고 있는 것 같다. 인과관계에 대한 이해는 포유류와 조류에서 흔히 볼 수 있다. 안정적인 사회적 유대관계 형성, 위계질서 구축, 제3자의 사회적 관계 이해, 공동사냥 등과 같은 사회적 행동들도 어쩌면 인류 이전의 영장류 때부터 진화했을지도 모른다. 제대로 된 모방 능력 역시 인류 이전의 영장류 시절에 진화한 것일 수 있다.

하지만 EEA 개념을 코스미디스와 투비의 본래 의도대로 이용하려면, 연구자들은 특정한 심리적 메커니즘이 진화한 시기와 조상의 분류(예: 포유류)를 확인한 뒤, 그에 상응하는 제반 환경들을 평가해야 한다. 이론적으로 볼 때, 인류의 진화사를 계통발생학적으로 분석하여, 특정한 형질을 최초로 발현한 조상을 찾아내는 것은 가능해 보인다. 그러면 그 형질이 언제 처음으로 출현했는지를 결정할 수 있다. 하지만 실제로 이러한 작업이 이루어지는 경우는 거의 없다. 특정한 조상과 그 후손에 대해 알려진 것이 거의 없을 터이므로, 시간은 시간대로 소비하고 모호한 추측밖에 내놓지 못하게 될 것이다.

사실, EEA 개념의 진면목은 그리 거창하지 않다. 연구자들은 EEA 덕분에 인간이 다른 동물들과 다르지 않음을 깨달을 수 있다. 즉, '인간이나 동물이나, 과거의 환경에 대한 적응이 현재에도 유용하리라는 보장이 없기는 마찬가지'라는 것이다. EEA 개념의 창시자인 존 보울비는 어머니와 자녀 간의 관계에 관심을 가졌다. 일부 연구자들은 "EEA 개념이 유아기의 분리불안증이나 애착 등에 대한 이해를 증진시키는 데 중요한 역할을 했다"고 강력하게 주장하고 있다.[64] 하지만 모자 간의 관계는 예나 지금이나 큰 차이가 없는 것처럼 보인다.

소금과 설탕의 경우도 마찬가지다. 인간의 진화사를 보면 소금과 설탕은 늘 부족한 상태였다. 따라서 "소금과 설탕의 공급이 풍부하지 않았을 것이므로, 소금과 설탕의 섭취를 늘리려는 특성은 과잉섭취를 억제하려는 절차와 균형을 이루지 못했을 것"이라는 식의 뻔한 추론을 하기 위해, 굳이 인간이 진화했던 조건을 정확히 알아낼 필요는 없다.[65] 의문스러운 것은, '인간의 행동형질 중 과거의 환경 속에서 진화한 부분이 과연 얼마만큼인가?'라는 것이다.

투비와 코스미디스(2005)는 자신들의 주장을 옹호하기 위해, "현대의 수렵·채집인에 대한 고인류학, 고고학, 민족지학자들의 연구결과가 조상들의 생활사적 특징들(예컨대, 잡식성이었고, 질병이나 포식자에게 노출되어 있었고, 부모가 모두 자녀를 양육했으며, 남녀의 분업과 협동적 교환이 이루어졌음)을 파악하는 데 크게 기여했다"고 주장했다. 진화심리학자들은 이 정도의 지식수준이라면 EPM에 대한 가설을 수립하기에 충분하다고 믿는다. 하지만 비판자들의 관점에서 볼 때 이러한 특징들은 일반적이고 모호하기 그지없다. 그래서 비판자들은 "우리 조상들의 생활사를 정확하게 규정하는 것은 불가능하므로, 이를 바탕으로 하여 제대로 된 가설을 세우는 것은 어불성설"이라고 주장한다. 양측은 한 치의 양보도 없이 대립하고 있지만, "하나의 두루뭉술한 범용 진화이론을 갖고서, 중간단계(다양한 대안들을 검토하는 단계)를 건너뛰어 모든 인간행동을 설명하는 우를 범하지 말아야 한다"는 비판자들의 지적에 대해서는 진화심리학자들도 고개를 끄덕인다.[66]

독자들 중에서는 다음과 같은 근본적 질문을 던지는 분들도 있을 것이다. "백 보 천 보 양보하여, 플라이스토세의 우리 조상들이 갖고 있었던 특성들에 대해 신뢰할 만한 정보가 수집되었다고 치자. 하지만 설사 그렇더라도, 플라이스토세 하나에만 초점을 맞추는 것이 과연 타당할까? 플라이스토세 이전에도 인간은 자연선택을 통해 심리적 메커니즘을 진화시킬 수 있지 않았을까?"

이러한 질문에 대해 존 투비는 필자들과의 대화에서, "플라이스토세 이전의 선택은 중요하지 않을 것"이라면서, 그 이유를 "플라이스토세 동안에 이루어진 선택에 의해, 인간의 심리적 적응이 플라이스토세의 조건에 적합하도록 재형성되었기 때문"이라고 밝혔다. 이런 식의 추론에 의해 진화심리학 연구자들은 "석기시대의 조건에 대한 지식만 있으면 우리 조상들의 선택환경을 재구축할 수 있다"는 입장을 유지하고 있다.

하지만 이 같은 투비의 주장은 몇 가지 가정에 바탕을 두고 있다. ① 플라이스토세 동안 심리적 형질을 부여하는 유전자에 변이가 발생했다. ② 플라이스토세 이후에는 심리적 메커니즘에 대한 중요한 선택이 전혀 일어나지 않았다. ③ 진화적 변화는 느리게 일어난다.

이들 가정은 1980년대와 1990년대에는 어느 정도 타당성을 인정받았지만, 그 후 생물학적 진화가 예상보다 급격하게 진행되고 있음을 시사하는 증거가 발견된데다, 최근 인간의 게놈에 상당한 변화가 나타나고 있는 것으로 밝혀지면서 거센 도전을 받고 있다.

진화론에 대한 이해가 비약적으로 발전하면서, "플라이스토세가 끝난 이후 인간의 심리적 형질에 자연선택이 작용하지 않는 이유는 무엇일까?"라는 질문이 제기되는 것은 당연해 보인다. 인간이 과거의 세계에만 적응하고 현대생활에는 전혀 적응하지 못한다고 믿는 사람은 아무도 없다. 왜냐하면 환경에 적응하지 못하는 인간은 존재할 수 없기 때문이다. 플라이스토세 이후 현세에 이르기까지 인구는 폭발적으로 증가하여 지구 전체를 뒤덮고 있다. 이 같은 인구 증가와 팽창이 암시하는 것은 '인간의 특징 중 중요한 일부가 현대의 환경에 여전히 적응

하고 있다'는 것이다.[67]

EPM은 인간에게 인지 기구를 제공하고, 인간은 이 인지 기구를 이용하여 환경변화에 적응하거나 환경 자체를 변화시킨다. 그러나 '인간에 대한 자연선택은 중단되었다'거나 '심리적 특징의 밑바탕에는 유전적 변이가 존재하지 않는다'는 등의 가정은 이제 더 이상 지지를 받지 못한다. 근년에 이르러 유전학자들은 인간의 전全 유전체를 여러 차례 분석함으로써 수백 개의 유전자들이 자연선택의 영향을 받고 있음을 확인했는데, 그중에는 두뇌에 발현되는 유전자도 포함되어 있다.[68] 따라서 "최근에 이루어진 자연선택은 EPM에 영향을 미치지 않는다"는 가정은 존립 근거를 상실했다고 봐야 한다(이 점에 대해서는 제7장에서 다시 살펴볼 것이다).

현대의 환경에서도 표현형의 차이가 인간의 적합성에 미치는 영향이 보고되고 있다. 한 연구에 의하면, 키 큰 남성은 키 작은 남성보다 생식 성공률이 높다고 한다.[69] 이는 현대세계에서도 피임과 의료기술의 광범위한 사용을 통해 자연선택이 여전히 작동하고 있음을 의미한다. 여성들의 선호 때문이든 남성들 간의 경쟁 때문이든, 현대의 인간 집단에서도 남성 배우자의 키에 대한 선택이 적극적으로 이루어지는 것은 분명해 보인다.

"현대의 인간 집단이 주로 플라이스토세 조상들의 주거 환경에 적응되어 있다"는 견해는 또 다른 측면에서도 오해의 여지가 있다. 그러한 견해는 인간을 '적소를 구축하는 적극적인 존재'보다는 '자연선택에 희생되는 수동적인 존재'로 묘사하기 때문이다. 진화를 '환경이 던져준 문제를 유기체가 해결해가는 과정'으로 간주하는 것은 일종의 왜곡이다.[70] 예컨대 적소구축이론niche-construction theory은 유기체가 자신을 둘러싼 선택환경의 중요한 부분들을 변화시킨다는 사실을 강조한다.[71] 인간은 매우 뛰어난 적응력의 소유자로, 스스로 문제를 제기하고 그에 대한 답을 지속적으로 내놓는다. 자신이 만들어낸 변화무쌍한 정보 환경과 싸워야 한다는 점에서, 인간의 정신과정은 다른 동물들을 능가한다.[72] 진화심리학자들은 인간의 EPM이 20세기의 산업화된 환경에 알맞은 적응반응을 만들어내는 것은 아니라고 강조해왔다.[73] 그러나 적소구축이론의 관점에서 보면, 인간은 적응을 위해 환경을 변화시키기 때문에 다른 동물들보다 '불일치'나 '적응 시차'를 덜 경험할 것으로 기대된다.[74]

영역 특이적 모듈 vs 영역 일반적 과정

진화심리학이 논란을 불러일으키는 이유 중의 하나는 '영역 특이적 심리 모듈'을 강조하기 때문이다. 코스미디스와 투비(1987)는 진화심리학적 관점과 사회과학적 통념 간의 차이를 설명하면서, "진화심리학과 사회과학은 인간의 정신을 설명하기 위해 상반된 모델을 채택했다. 전자는 다수의 영역 특이적 모듈modules을 강조하는 데 반해, 후자는 소수의 영역 일반적 과정을 강조한다"고 규정했다.[75] 많은 연구자들은 진화심리학자들을 향해 인간의 뇌가 지니는 모듈성modularity을 지나치게 강조한다고 지적하며, 인간의 정신은 영역 일반적 특징도 많이 갖고 있다고 주장한다.[76]

'영역 특이성'과 '영역 일반성'이라는 개념은 인간의 정신이 어떻게 작용하는지를 설명하는 연속체에서 양극단에 자리잡고 있다. "정신적 분업은 능률 면에서 이점이 있으며, 진화 과정에서는 때때로 심리적 처리의 전문화가 선호되기도 한다"는 진화심리학자들의 지적은 백 번 옳다. 그러나 초기의 인공지능 연구자들이 그랬던 것처럼, 과도한 특이성은 오히려 문제를 야기할 수 있다.[77]

원칙적으로, 영역 특이성 개념을 논리적 극단까지 밀고 나가면, 환경에서 일어날 만한 모든 사건에 개별적으로 반응하는 모듈들을 지닌 중추신경계를 생각할 수도 있지만, 신경회로 측면에서는 그 부담이 막대할 것이다. 따라서 상당수의 진화심리학자들은 극단을 지양하면서, "뇌 속에 수많은 진화된 메커니즘들이 존재하며, 각각의 메커니즘이 일군의 적응 문제들을 처리할 것"이라고 상정한다. 일부 진화심리학자들은 아직도 "영역 일반적 인지 메커니즘이 진화할 가능성은 없다"는 의견을 고집한다.[78] 하지만 일반적인 해결책도 적은 부담으로 제 기능을 발휘할 경우에는 채택될 수 있으므로, 영역 일반적 과정도 영역 특이적 과정에 못지않게 진화이론과 양립할 수 있다는 것이 많은 심리학자들의 생각이다.

학습 성향에 대한 가르시아의 실험은 고전적 조건화의 유전적 편향성을 입증했으며, 보다 일반적으로는 연상학습 이론(사건들 간에 연관성을 부여함으로써 학습이 이루어진다는 이론)의 불충분성을 보여줬다는 점에서 진화심리학자들로부터 자주 찬사를 받는다. 하지만 연상학습은 일반적 속성을 지니고 있으며 자연계에 널리 퍼져 있어서, 동물들도 광범위한 사건들 사이에서 인과관계를 학습할 수 있다.[79] 학습은 매우 단순한 규칙을 통해 이루어질 수 있다. 예컨대 레스콜라-와그너 법칙Rescorla-Wagner rule은 꿀벌의 먹이 채집, 금붕어의 충돌 회피, 인간의 추론 등에 관한 실험결과를 설명하는 데 유용한 것으로 증명되었다.[80] 심지어 뇌의 모듈성을 열렬하게 지지하는 연구자 그룹[81] 중에서도, 일부 연구자들은 "학습의 내용은 종에 따라 달라질 수 있을지언정, 학습의 방법은 달라지지 않는다"는 점을 인정할 정도다. 인간은 자연선택을 통해 일부 연관성을 다른 연관성보다 더 쉽게 형성하도록 준비되어 있거나 동기부여의 우선순위가 정해졌을지도 모르지만, 많은 심리학자들은 이것을 '독자적인 종 특이적 학습과정을 구축한 것'이라기보다는 '일반적인 시스템을 적당히 손질한 것'으로 간주한다.[82]

코스미디스와 투비(1987)는 학습이 진화론적 설명의 대안으로 간주되어서는 안 된다고 주장했다. 그러나 인간의 학습능력은 매우 색다른 적응이다. 학습은 다른 표현형의 적응반응(예: 손바닥의 굳은살)과 구별되는 속성을 가지고 있다.[83] 즉 학습은 정보획득을 담당하는 서브시스템으로 세상에 관한 정보를 습득·저장함으로써 적응행동을 유도한다. 그러나 학습된 정보가 인간의 유전자에 기록되는 것은 아니다.

자연선택은 인간의 뇌에 '사과는 먹는 것이고 모래는 먹지 못하는 것'이라는 고정적 인식을 심어준 것이 아니라, 정보를 획득하여 문제를 해결하는 유연한 장치를 제공했다. 그리고 '혈당 수준이 낮아질 때 음식을 찾되, 사과는 맛이 좋으니까 먹고, 모래는 맛이 없으니까 먹지 말라'는 지침을 제시했다. 미국의 심리학자 에드워드 손다이크Edward Thorndike는 1911년 '긍정적 결과가 수반되는 행위는 반복되는 반면, 부정적 결과가 수반되는 행위는 제거된다'는 법칙을 처음으로 제안했는데, 이것을 효과의 법칙이라고 한다. 효과의 법칙은 음식을 찾거나 포식자를 피하거나 배우자를 구하는 등의 행동에 똑같이 적용될 수 있다는 점에서 영역 일반적 법칙이라고 할 수 있다.

비교심리학자들은 세부적인 내용에 대해 논쟁을 계속하고 있지만, 효과의 법칙과 유사한 법칙이 인간의 학습을 상당부분 지배한다는 점에 이의를 제기할 사람은 거의 없을 것이다. 만약 인간이 모래보다 사과를 선호하는 이유를 알고 싶다면, 가장 좋은 방법은 이러한 학습의 시각으로 접근하는 것이다. 우리는 학습을 통해 영양가 있는 음식을 선택하게 되기 때문이다. 그렇다고 해서 학습 과정에 전문화된 절차가 전혀 개입되지 않는다고 할 수는 없다. 우리는 자연선택을 통해 일부 연관성을 다른 연관성보다 더 쉽게 형성하도록 준비되어 있으며, 대다수 사람들의 행동을 받아들이거나 성공한 사람들을 모방하거나 규범의 위반을 혐오스럽게 여기는 등의 성향을 갖게 되었을지도 모른다. 그러나 인간의 유전자는 획득한 정보를 수용할 공간을 제공하지만, 그 내부의 내용까지 규정하는 경우는 드물다.

진화심리학과 관련된 논쟁의 주요 쟁점은 '인간의 발달이 유전자에 의해 엄격히 통제되는가, 아니면 보다 유연하게 진행되는가'라고 할 수 있다. 전자의 경우에는 발달의 결과가 사전에 세세히 정해지고, 후자의 경우에는 발달의 사전 규제가 최소한에 그치게 된다.[84] 인간의 뇌가 발달하는 과정에서 나타나는 엄청난 가소성과 유연성[85]을 감안하면, 인간의 인식과 행동 중 상당부분은 '유전자에 의해 미리 완벽하게 규정된 것'이라기보다는 '적응의 부산물'로 간주하는 것이 더 낫다고 할 수 있다.

영역 일반적 속성을 나타내는 심리적 과정에는 학습만 있는 것이 아니다. 감각은 모듈적 분업의 전형적 사례지만, 감각과 학습은 다양한 기능적 특성들(예: 대비되는 사물에 대한 감수성, 습관화 경향, 커다란 자극일수록 크게 반응하는 경향 등)을 공유한다.[86]

감각의 개념을 개척한 철학자 퍼도(1983)는 "말초 감각기관을 통해 입력된 정보가 뇌에 전달되는 수준에서는 모듈성이 작용하며, 중앙에서 인식이 처리되는 수준에서는 일반성이 작용한다"고 주장했다. 감각 입력은 계획, 추론, 정신상태 귀속, 문제해결 등과 같은 일반적 인지과정 속으로 들어간다. 최근 인간의 진화가 진행되면서 인식의 모듈성이 감소하여, 모듈 간의 정보교환 및 의사소통이 더욱 증가했다고 생각할 수도 있다.[87] 극단적인 진화심리학자들은 "인식이란 지각과 행동을 직접 연결하는 모듈"이라고 주장하는데, 이들의 주장에 따른다면 여러 개의 모듈들은 각각 병렬로 배열되어 상호작용을 하지 않는 것이 된다. 그러나 이 같은 대량 모듈성이 뇌의 작용 방식을 반영하는 것 같지는 않다.[88] 오히려 일부 권위자[89]들에 의하면, 진화심리학자들은 결코 이 같은 입장을 취하지 않으며, 모듈이 영역 특이성을 유지하는 것을 전제로 모듈 간의 상호작용에 개방적이라고 한다.

투비와 코스미디스(1992)가 영역 특이성을 처음 강조한 것은 인공지능 분야의 연구 결과에 힘입은 바 크다. 1970년대와 1980년대에 이루어진 인공지능 연구들은 "지능적 행동에는 영역 특이성이 중요하다"는 교훈을 남겼지만, 새천년의 교훈은 다르다. 무인 로봇 자동차와 같은 지능형 행위자는 여러 영역에 걸친 통합과 의사결정을 필요로 하며, 규칙적으로 베이지안Bayesian 분석, 확률적 모델링, 최적화 등과 같은 종합적 처리도구를 활용하고, 다양한 환경적 징후에도 대응해야 한다.[90] 이처럼 인공지능 분야의 주안점이 영역 특이성에서 영역 일반성으로 옮겨가고 있음에도 불구하고, 진화심리학은 과거의 타성에서 벗어나지 못한 채 영역 일반성을 경시하고 있다.

필자들이 코스미디스와 투비에게 다수의 심리적 형질들이 영역 일반적이라는 사실을 인정하느냐고 묻자, 그들은 강한 어조로 "물론!"이라고 대답하면서 자신들의 실험적인 연구 결과[91]를 증거자료로 제시했다. 코스미디스, 배럿, 투비[92]는 최근 발표한 논문에서 "인간의 추론 도구상자에는 몇 가지의 영역 일반적 장치가 들어 있는 것 같다"고 적었다. 많은 진화심리학자들은 영역 일반적인 EPM을 지지하는 사례들을 속속 제시하고 있다.[93] 하지만 이러한 상황에도 불구하고, 정신의 모듈성을 극단적으로 강조하는 주장들이 진화심리학의 문헌을 여전히 지배하고 있으며, 진화심리학자들은 일반적인 규칙·절차·규제 메커니즘 등이 수행할 수 있는 다양한 역할들을 대수롭게 여기지 않는다.

진화하지 않는 진화심리학

대부분의 진화심리학자들은 적응론adaptationism이라는 진화론적 사고의 갈래에 집착한다. 그러나 불행하게도, '적응론'이라는 용어는 이 관점의 옹호자와 비판자에 의해 두 가지 이상의 다른 의미로 사용되고 있다. 적응론자들은 조지 윌리엄스의 『적응과 자연선택』으로부터 영감을 얻었다. 윌리엄스는 이 책에서 '적응'이라는 용어를 종전보다 훨씬 더 엄격하게 사용하자고 제안하며, 자연선택 하나만 갖고서도 진화론의 핵심 개념들을 대부분 설명할 수 있다고 주장했다.

하지만 적응론자들을 바라보는 비판자들의 시선은 냉랭하다. 적응론자들은 거의 모든 형질들을 적응이라고 설명하며, 진화의 다른 과정들이 지니는 중요성은 과소평가하기 때문이다. 비록 많은 진화심리학자들이 '적응'과 '굴절적응', '기능장애 부산물'을 세심하게 구별하지만('굴절적응'과 '기능장애 부산물'의 정의에 대해서는 제4장 참조), 일부는 그렇지 않은 것처럼 보인다. 비판자들은 일부 적응론자들이 자연선택 이외의 진화 과정들을 과소평가한다고 느낀다.[94]

지난 30여 년 동안 진화생물학 분야에서는 돌연변이, 재조합, 유전적 부동, 다수준 선택multi-level selection 등의 다양한 과정들이 강조되어 왔다. 그러나 진화심리학자들은 이러한 최신 연구 결과들을 참고하는 경우가 거의 없다. 그러다 보니 진화심리학이 진화론적 사고의 시대적 흐름에서 소외되고 있다는 의구심이 더욱 강해지고 있다.[95] 외견상 진화심리학은 전문적이고 기본적인 진화생물학 문헌들보다, 리처드 도킨스류의 대중적 진화론 서적들로부터 더 많은 영향을 받은 것처럼 보인다. 진화생물학자들 중 일부는 "대중적 문헌들이 '모든 진화는 적응으로 설명될 수 있다'는 신화를 퍼뜨리면서 진실을 심각하게 호도하고 있다"고 불평한다.[96] 실제로 진화는 진화심리학 교과서에서 다뤄지는 것보다 훨씬 더 복잡한 현상이다.

존 엔들러John Endler(1986b)는 진화적 변화의 수단이 되는 21개의 과정들을 확인하면서, 자신의 목록이 완벽한 것은 아니라고 강조했다. 자연선택은 이러한 수단들 중의 하나일 뿐이며, 그 밖에도 부동, 돌연변이 등이 있다. 또한 자연선택이 다양한 수준에서 작동한다는 것도 명백해졌으며, 오늘날—25년 전과는 달리—다수준 선택 모델은 진화유전학에서 흔히 등장하는 모델로 많은 이들의 인정을 받고 있다. 예컨대 진화생물학자 아르네 트라울젠Arne Traulsen과 마틴 노왁Martin Nowak은 다음과 같이 말한다.

> 최근 여러 경험적·이론적 연구에서 나타나는 바와 같이, 집단선택에 대한 관심이 되살아나고 있다. 최초의 세포가 탄생한 이후 진사회성usociality과 국민경제가 출현하기에 이르기까지, 집단선택은 진화 과정의 근저에 깔려 있는 중요한 조직원리라는 것이 우리의 생각이다.[97]

개체 수준 이하에서 작동하는 선택과정의 대표적 사례는 미소부수체microsatellite와 같은 이기적 DNA와, 트랜스포존transposon이나 분리 왜곡인자segregation distorter와 같은 이기적 유전자다. 그러나 점점 더 많은 전문가들이 "개체 수준 이상에서 작동하는 종 선택이나 계통군 선택이 중요할 수 있다"는 생각을 받아들이고 있다.[98] 그리고 제7장에서 논의하겠지만, 집단선택은 인간의 진화에서 점차 중요한 과정으로 대두되고 있다.[99] 계통군 선택의 개념을 받아들이는 쪽으로 전향한 진화심리학자들 중에서, 종전에 집단선택론을 비판하여 명성을 얻었던 그들의 지도자 조지 윌리엄스도 그 대열에 포함되어 있음을 알아차리는 사람은 거의 없다.

게다가 적합성의 측정도 그리 간단한 문제가 아니다.[100] 엔들러는 "적합성의 정의와 측정방법에는 여러 가지가 있다"고 주장하며, 다수의 용어와 측정방법을 다섯 개의 핵심 개념으로 압축 제시했다.[101] 상당수의 진화심리학자들이 해밀턴의 포괄적응도 이론을 현대 진화론적 사고의 주춧돌로 떠받들고 있지만,[102] 일반적인 진화생물학자들은 진화론의 이론적 근거가 훨씬 더 광범위하다고 생각한다.[103]

여러 가지 형질 중에서 어떤 것이 자연선택의 결과인지를 확인하는 것은 현대 진화생물학의 고질적 문제로 악명 높지만, 많은 노력에도 불구하고 보편적으로 받아들여지는 해결책은 없는 실정이다.[104] 자신들이 연구하는 형질이 '우연히 나타난 특징에 이름을 붙인 것'에 불과한지, 아니면 '정말로 특별한 기능 때문에 선택되어 발달한 것인지'를 확인하려는 진화심리학자는 거의 없는 것 같다.

예컨대 유형성숙幼形成熟이 인간 진화의 특징 중 하나라는 것은 잘 알려져 있는 사실이다. 유형성숙이란 발달 지연으로 인해 인간 성인의 신체 중 일부가 유인원의 성체成體보다 유체幼體와 비슷하게 되는 현상을 말한다. 유형성숙의 법칙에 따른다면 인간 성인의 얼굴은 납작해야 하지만, 실제로는 턱뼈가 돌출되어 있다. 이와 관련하여 르원틴(2000)은 "인간의 턱이 돌출한 것을 자연선택의 탓으로 돌리며, 유형성숙의 법칙에 예외가 발생했다고 호들갑을 떠는 사람들이 있다"고 지적했다. 그러나 인간의 턱이 돌출한 것은 자연선택의 결과가 아니다. 사실은 유형성숙적 진화에 의해 턱뼈가 점점 더 작아졌지만, 발생적 제약 때문에 치조골과 아래턱뼈의 후퇴 속도가 달라지는 바람에 우발적으로 턱이 돌출하게 된 것이다.

적응을 확인하는 것도 어렵기는 마찬가지다.[105] 진화 과정과 조상의 환경에 대한 지식을 바탕으로 하여 과거에 어떤 형질이 선택되었는지를 추론함으로써, 특정 형질이 적응인지 아닌지를 추측하는 것은 가능하다.[106] 이러한 추측을 지식에 근거한 추측이라고 하지만, 이 추측이 얼마나 정확한지에 대해서는 논란이 있다. 해당 형질에 관한 연구자들의 선입관과 배경지식 때문에, '그냥 그런 이야기들' 류의 허황된 이야기가 탄생할 가능성을 배제할 수 없기 때문이다. 이러한 상황에서는 실험이나 설문을 통해 예측을 검증한다 해도 별로 설득력이 없다.

적응을 확인하는 것의 어려움은 문헌으로도 잘 정리되어 있으며,[107] 연구자들은 '한 가지 증거만으로 만족하지 말라'는 충고를 받는다. 연구자가 관찰한 특징이 적응임을 확인할 수 있는 방법으로는 수학적 모델, 비교연구법, 표현형 조작 등이 있으며, 그 형질이 갖는 공학적·디자인적 속성으로부터 추론하는 방법도 있다.[108]

진화심리학이 진화생물학의 복잡성을 회피하는 것처럼 보이는 사례는 또 있다. 예컨대 코스미디스와 투비는 "인간의 복잡한 정신구조는 플라이스토세 동안 현대와 거의 같은 형태를 지니게 되었으며, 그 후 사소한 조정만 거쳤을 것으로 예상된다"고 주장했다.[109] 이 주장은 '복잡한 형질은 서서히 진화한다'는 가정에 바탕을 두고 있지만, 이 가정이 옳은지는 분명하지 않다. 그런데 지난 20년 동안 야생 동식물에서 나타나는 자연선택을 관찰하고 다양한 실험을 실시해본 과학자들은 "생물학적 진화는 극도로 빠르게 진행될 수도 있다"는 결론에 도달했다.[110] 이들에 따르면 때로 몇 세대 만에 중요한 유전자 및 표현형의 변화가 일어나기도 한다고 한다.

조엘 킹솔버Joel Kingsolver가 이끄는 연구팀(2001)은 63건의 선행연구 결과를 수집하여, 62개 생물종과 관련된 2,500건 이상의 자연선택 사례를 종합적으로 분석했다. 분석 결과, 선택기울기의 중앙값은 0.16으로 밝혀졌는데, 이 값은 25세대 만에 1σ(표준편차)만큼의 변이가 일어난다는 것을 의미한다. 물론 기간의 범위를 확대할 경우 선택기울기가 감소할 수도 있지만,[111] 이 정도의 기울기라면 수천 년 이내에 실질적인 생물학적 진화가 일어날 수 있다는 것은 분명해 보인다. 사실 이러한 종류의 연구결과가 가장 많이 축적되어 있는 종은 인간이다. 상당수의 인간 유전자들이 최근의 선택에 영향을 받은 것으로 알려져 있는데,[112] 그중에서 특히 주목할 만한 것은 뇌에 발현되는 유전자들이다(자세한 내용은 제7장 참조). 실제로 몇몇 연구자들은 인간의 뇌가 최근 수천 년 동안 다른 어떤 인체 조직들보다 급속히 진화했다는 증거를 제시하기도 했다.[113] 이런 점에서 윌슨의 『사회생물학』에 나오는 다음과 같은 구절은 여전히 적절하다고 볼 수 있다.

> 집단유전학 이론이나 다른 유기체들을 대상으로 실시된 실험 결과들을 살펴보라. 100세대보다 짧은 기간 내에 상당한 변화가 일어날 수 있음을 깨닫게 될 것이다. 현대 문명이 플라이스토세 기간 동안 축적된 자본에만 의존하여 건설되었을 것이라고 생각하면 큰 오산이다.[114]

진화심리학자들은 전통적으로 인간의 보편성에 초점을 맞춰왔기 때문에, 현대 진화이론의 성과를 이용하여 인간의 행동 차이를 예측할 수 있는 기회를 놓쳤다. 예컨대 많은 진화심리학자들은 베이트먼(1948)과 트리버스(1972)의 고전적 저술에 영향을 받아, 인간의 성 역할은 미리 정해져 있으며 획일적이라고 생각한다. 이들은 "남성의 생식 성공률은 짝짓기 상대의 수와 밀접하게 관련되어 있으며, 여성은 남성보다 자녀양육에 더 많은 투자를 한다"고 주장한다. 이러한 주장을 근거로 이들은 남성은 복수의 젊고 다산적인 배우자를 찾도록, 여성은 배우자 선택에 신중을 기하도록 진화했을 것이라고 예측한다.[115] 하지만 최근

발표된 진화이론에 의하면 실제 성 선택 과정은 훨씬 더 복잡하다고 한다.[116]

현대의 성 선택 이론[117]에서는 "다양한 요인들(예: 남녀의 사망률, 인구밀도, 배우자의 자질 등)이 짝짓기 경쟁률, 배우자 선택 태도, 자녀양육 의사에 영향을 미치므로, 개인별·집단별로 남녀의 역할이 크게 달라진다"고 설명한다. 짝짓기 및 생식 성공률에 관한 현재와 과거의 데이터를 비교해보면, 하나의 보편적 패턴이란 존재하지 않는다는 것을 잘 알 수 있다.[118] 따라서 진화심리학자들은 단순한 형태의 진화론에 머무르지 말고, 현대의 성 선택 이론을 수용하여 다양한 실험을 해야 한다.

인간의 행동과 신체에 나타나는 성차를 성 선택의 측면에서 설명한 진화심리학적 이론이 널리 퍼져 있음을 감안하면, 그런 가설이 성립하기 위해 갖춰져야 할 기본적인 사항들이 무엇인지 생각해볼 만하다.

예컨대 최근 관심을 끌었던 '인간의 배우자 선택과 대칭적 신체'에 대한 연구를 생각해보자. 변동비대칭fluctuating asymmetry(FA)은 대칭적 신체(예: 귀, 손, 발)의 대칭성을 측정하는 척도다. FA는 근친교배나 기생충 감염 같은 내적·외적 스트레스 요인에 따라 달라지는 것으로 생각되며, FA의 수준이 높은 것(예컨대 한쪽 발이 다른 쪽 발보다 긴 것)은 건강상태가 불량한 징후로 여겨진다. 왜냐하면 신체의 좌우가 완벽한 대칭을 이루도록 성장하려면 신진대사가 원활하게 이루어져야 하기 때문이다. 일부 성 선택 모델에 의하면, "여성은 자녀에게 '좋은 유전자'를 물려주기 위해, '건강함을 암시하는 징표'를 지닌 남성을 배우자로 선택한다"고 한다.[119] 나아가 일부 연구자들은 '신체의 대칭성이 높은 것(또는 FA가 낮은 것)'이 바로 그 징표라고 주장한다.[120]

많은 진화심리학자들은 여성이 균형 잡힌 용모를 지닌 남성에게 매력을 느낀다고 결론을 내리면서, '균형잡힌 용모는 곧 좋은 유전자를 의미한다'는 가설을 받아들인다.[121] 하지만 이 가설이 받아들여지려면 몇 가지 전제조건들이 충족되어야 한다.

1. '여성의 선호'와 '남성의 균형잡힌 용모'를 형성하는 유전적 변이가 존재한다는 것을 입증해야 한다.
2. '남성의 균형잡힌 용모'와 그러한 용모에 대한 '여성의 선호'가 유전될 수 있다는 것을 입증해야 한다.
3. '남성의 균형잡힌 용모'와 그러한 용모에 대한 '여성의 선호'가 적응을 통해 공변화共變化한다는 것을 입증해야 한다.
4. '남성의 균형잡힌 용모'가—자연선택이 아니라—성 선택에 의해 선호된다는 것을 입증해야 한다.[122]

그러나 이상과 같은 증거들은 거의 발견되지 않았으며, 많은 생물학 연구에서는 다음과 같은 결론을 내렸다. ① FA와 적합성 간의 관련성은 보잘것없으며, 어쩌면 선택적 보고의 결과로 탄생한 인공물일지도 모른다. ② 동일한 유기체에서 측정된 상이한 FA 값 사이에는 일관된 상관관계가 없다. ③ 인간의 특성은 정확히 측정되는 경우가 드물므로, FA가 측정오류로 인해 엉망이 되는 것을 막을 수 없다. ④ 매우 적절하게 측정된 FA라도 유전될 가능성은 거의 없다.[123]

피임법의 사용으로 인해 적합성이 모호해지고 환경마저도 우리 조상들의 환경과 판이하게 다른 현대세계에서, 많은 연구자들은 "인간의 생식 성공률과 유전 가능성에 관한 데이터를 수집하기란 거의 불가능하다"는 결론을 내리고 싶은 유혹을 느낄지 모른다. 그러나 현대의 인구집단에서도 선택이 지속되고 있음을 보여주는 확실한 증거를 찾아내고, 인간을 대상으로 다양한 테스트가 가능하다는 것을 보여준 연구도 적지 않다.[124] 만약 진화가 복잡하고 다면적인 현상이라면, 부동과 돌연변이를 비롯한 여러 진화 과정들이 동시에 일어나고 있다면, 진화사가 중요하다면, 선택이 다양한 수준에서 일어나고 있다면, 진화의 속도가 때로 빠를 수도 있다면, 진화이론이 급속하게 발전하고 있다면, 심리적 적응을 예측하고 해석하는 일은 훨씬 더 어려워질 것이다. 하지만 진화를 실제보다 단순한 과정으로 간주한다고 해서, 사정이 나아질리 만무하다.

진화생물학자들 사이에서는 "적응론에 심취한 일부 진화생물학자들이 진화 과정을 너무 단순하게 개념화함으로써 종종 잘못된 결론을 도출했다"고 개탄하는 소리가 높다.[125] 예컨대 대표적 진화생물학자인 인디애나 대학교의 마이클 린치Michael Lynch는 "진화를 순전히 자연선택의 측면에서 이해하기란 불가능하며, 유전체·세포·발생의 측면에서 진화를 이해하려면 가능한 한 적응을 들먹이지 말아야 한다"고 말했다.[126]

우리가 현대 진화생물학으로부터 얻을 수 있는 것은 단지 '진화 과정은 매우 복잡하다'는 깨달음만은 아니다. 그것은 진화심리학 연구에 유용하게 사용될 수 있는 엄밀한 방법론, 예를 들면 자연선택의 작용을 탐지하고,[127] 형질을 분리하고,[128] 어느 형질이 적응인지를 판단하며,[129] 형질의 진화 과정을 추론[130]하는 방법 등을 제공할 수 있다.

진화심리학자들은 격렬한 주장이나 연역적 추론에 의존하는 것에 만족하지 말고, 잘 확립된 방법을 이용하여 선택기울기와 적합성 기여도를 측정함으로써, "현대의 인구집단에서는 선택이 거의 이루어지지 않는다"는 자신들의 주장을 직접 평가해야 한다.[131] 진화심리학 내부에는 진화가 이루어져야 할 여지가 많은 것 같다.

기여점과 문제점

진화심리학은 다양한 품질의 제품들이 뒤섞여 있는 창고와 같다. 그중에는 수준미달인 연구도 있지만, 인간 정신의 진화 구조를 해독할 수 있으리라는 희망을 주는 훌륭한 연구들도 포함되어 있다. 인간의 행동과 진화를 탐구하는 여느 연구와 마찬가지로, 최선의 진화심리학 연구는 엄밀하고 세련된 것이라야 한다. 우리는 코스미디스와 그의 동료들이 제시한, 다음과 같은 평가기준에 동의한다.

> 성공적인 과학이론이 갖춰야 할 조건은 다음과 같다. ① 오류임을 밝히려는 거듭된 시도에도 불구하고 살아남은 것, ② 종전에 주목받지 못했던 현상들을 새롭게 상세히 예측하여 타당성을 인정받은 것, ③ 새로운 현상을 예측하여 라이벌 이론의 오류를 밝힌 것, ④ 기존의 다른 이론과 일관성을 유지함은 물론, 연역적으로도 부합하는 것, ⑤ 이미 알려진 방대한 현상들을 경제적으로 설명하는 것. 많은 진화심리학 가설들이 이 같은 기준들을 모두 충족시켜 왔다.[132]

다수의 빈약한 연구들이 고작해야 플라이스토세라는 고정관념을 이용하여 '그냥 그런 이야기들'을 양산함으로써 진화생물학의 명예를 실추시키고 있다. 안타깝게도 이들 연구에는 감성적인 요소가 포함되어 있어 상당한 주목을 끄는 경우가 많다. 어쩌면 많은 진화심리학 연구들이 이미 알려진 사항들을 정리한 뒤, 그럴듯한 진화론적 설명을 가미하고 간략한 보도자료를 첨부한 것에 지나지 않을지도 모른다. 일부 심리학자들은 진화심리학에서 흔히 사용되는 이론보다 더 세련된 이론이 필요하다는 점을 누차 강조해왔다.[133]

가장 약점이 많은 연구자들의 저술을 바탕으로 진화심리학 분야 전체를 싸잡아 비난하는 것은 공정하지 않다. 지금까지 여러 항목으로 나누어 기술한 문제점들은 개선이 어려울 정도로 피해가 막심하지 않으며, 연구자들의 긍정적 노력을 가로막지도 않는다. 실제로 일부 진화심리학자들은 EEA 개념을 신중하게 사용하고 진화생물학의 발전에 매진하고자 노력하고 있다.

진화심리학의 관점은 인간의 정신을 진화이론의 영역으로 끌어들이는 데 성공했으며, 근접 메커니즘에 초점을 맞춤으로써 연구자들의 환영을 받았다. 또 인간의 행동을 연구할 수 있는 매우 창조적인 접근방법임을 스스로 입증했고, 새로운 개념과 방법론들을 풍부하게 도입했다. 게다가 진화심리학의 문헌들은 문화, 의사결정, 정서, 언어, 임신, 정신질환, 성적 행동과 성차, 낙인찍기, 시각 인식,[134] 기타 다양한 주제들[135]에 관한 이해를 넓히는 데 크게 기여했다.

하지만 세간의 뜨거운 반응과 상당한 학문적 성과에도 불구하고, 오늘날 진화론적 사고는 심리학 연구의 작은 부분을 차지하고 있을 뿐이다. 진화심리학자들이 방법론을 확장하여 다른 진화론적 관점, 도구, 탐구방법까지 포용했다면, 중요한 발전이 이루어질 수 있었으리라는 아쉬움이 남는다.[136]

이 장은 산타바버라 학파의 역사적 중요성을 강조하는 것으로부터 시작했는데, 이제 원점으로 돌아가 산타바버라 학파가 진화심리학 분야 전체를 얼마나 대변하고 있는지를 논의하고자 한다. 필자들은 이 책에 기술된 진화심리학의 내용이 완전히 시대착오적이라고 생각하지는 않으며, 산타바버라 학파의 중심 사상이 진화심리학의 전반적 성격을 설명해준다는 견해를 유지하고 있다.

우리의 판단으로는, 1980년대를 대표하는 연구자들이 개발한 철학적·개념적·방법론적 구조가 여전히 진화심리학 분야에서 지배적인 영향력을 발휘하고 있는 것 같다. 또한 현대의 대표적인 진화심리학 교과서나 편집서들을[137] 읽어보면, 보편성, 점진주의, 영역 특이성, EEA 등의 개념이 여전히 널리 사용되고 있는 것을 알 수 있다. 그렇다고 해서 진화심리학이 구태를 답습하는 퇴행적 학문이라는 말은 아니다. 최근 전통적인 진화심리학과 인간행동생태학의 관점이 통합되고, 다양한 하위분야의 연구방법을 활용하며, EEA를 신중하게 사용하려는 움직임이 나타나고 있는데, 이는 진화심리학이 진보적인 학문임을 말해주는 긍정적 조짐이라고 할 수 있다.

진화심리학에 대한 비판 중에서 우리가 아직까지 다루지 않은 것이 하나 있다. 바로 '인간의 지식과 행동을 형성하는 데 있어서, 문화적 전달과정이 지니는 중요한 역할을 과소평가한다'는 것이다. 이와 관련하여, 우리는 다음 두 장에 걸쳐 좀 색다른 진화론적 관점을 생각해보려고 한다. 그것은 문화를 (지금까지 생각된 것보다 훨씬 더) 역동적이고 영향력 있는 과정으로 다루는 관점이다. 사회과학자들은 "문화는 반드시 인간의 유전자나 환경에 의해서만 규정되는 것은 아니며, 생물학적 제어로부터 벗어나 제한적인 자율성을 발휘한다"고 생각한다. 어쩌면 사회과학자들 말대로, 문화 그 자체가 진화의 중요한 담당자일지도 모른다.

더 읽을거리

핑커의 『마음은 어떻게 작동하는가』(한국어판, 동녘사이언스, 2007), 플로트킨의 『정신에서의 진화』Evolution in Mind(1997)와 『필수 지식』Necessary Knowledge(2007)은 읽을 만한 진화심리학 개론서들이다. 버스의 『진화심리학』(한국어판, 웅진지식하우스, 2012)은 이 분야의 대표적인 교과서라고 할 수 있다. 배럿 등이 쓴 『인간진화심리학』Human Evolutionary Psychology(2002)도 상세한 학생용 교과서지만, 약간 폭넓은 관점에서 쓴 책이다. 바코 등의 『적응된 정신: 진화심리학과 문화의 생성』The Adapted Mind: Evolutionary Psychology and the Generation of Culture(1992)에는 산타바버라 학파의 전통에 입각한 일련의 진화심리학 논문들이 수록되어 있다. 『진화심리학 편람』The Handbook of Evolutionary Psychology(버스 편, 2005), 『진화심리학의 기초』Foundations of Evolutionary Psychology(크로퍼드와 크레브스 공편, 2008), 『옥스퍼드 진화심리학 편람』(던바와 배럿 공편, 2007) 등은 모두 진화심리학의 광범위한 논제에 관한 전문가들의 글을 수록한 개론서들이다. 리처드슨의 『부적응된 심리학으로서의 진화심리학』Evolutionary Psychology as Maladapted Psychology(2007)은 이 분야에 대한 사려 깊은 비평이며, 『정신의 통합』Integrating the Mind(로버츠 편, 2007)에는 진화심리학의 모듈식 입장을 비판하고 영역 일반적인 과정을 옹호하는 글들이 수록되어 있다.

토론할 문제들

1. 인간의 마음은 '맥가이버 칼'과 같은가? 아니면 주크박스와 같은가?
2. 인류의 조상들에게 작용했던 과거의 선택압력을 제대로 재구축할 수 있을까?
3. 인간은 조상들의 환경에 적응되어 있는가?
4. 진화심리학자들은 행동의 변이를 적절히 설명하고 있는가?
5. 인간의 마음은 얼마만큼이나 영역 특이적 모듈로 조직화되어 있는가? 영역 일반적 과정이 할 수 있는 역할은 무엇인가?
6. 진화심리학의 강점과 약점은 무엇인가?

제 6 장

문화진화론

대니얼 데닛은 『다윈의 위험한 생각』Darwin's Dangerous Idea에서 다윈의 자연선택론을 만능 용매universal acid에 비유하며, "전통적 개념들을 깡그리 녹여버리고, 그 자리에 혁명적 세계관을 남겨 놓았다"고 말했다.[1] 추상적인 설명적 개념으로서의 자연선택은 외견상 너무 멋진 개념이어서, 생물학적 진화에만 한정시키기가 아까울 정도였다. 『종의 기원』이 출간되자마자 과학자들과 철학자들은 면역계나 중추신경계까지도 자연선택과 동일한 과정을 통해 진화하는 것은 아닌지 생각하기 시작했으며, 사회과학자들은 심지어 과학이론조차 진화적인 변화를 겪는다는 견해를 내놓았다. 다윈은 『인간의 유래』에서 "특정한 단어가 생존경쟁을 통해 살아남거나 보존되는 것도 자연선택"[2]이라고 과감하게 언급함으로써, 언어도 진화하고 있음을 암시했다.

'자연선택은 수많은 과정들의 변화를 설명하는 일반법칙일지도 모른다'는 다윈의 직관은 비합리적인 것이 아니었던 것으로 입증되고 있다. 예컨대 면역계는 자연선택과 동등한 선택과정을 통해 항체를 생성한다.[3]

한편 진화론에 공감하는 과학적·철학적 사조로는 진화인식론을 들 수 있는데, 이것은 자연선택의 보편성을 강조하고[4] 저명한 철학자들[5]과 노벨상을 수상한 과학자들[6]의 지지를 받고 있다. 1994년에 나온 헨리 플로트킨의 저서 『다윈 기계와 지식의 성격』Darwin Machines and the Nature of Knowledge은 이 같은 관점을 설득력 있게 전개한다. 플로트킨 등은 '유전자 외에, 자연선택으로 설명하기에 알맞은 현상에는 무엇이 있는지'를 알아내고자 노력했다.

다윈주의가 수많은 학문 분야로 거침없이 영역을 넓혀 나가고 있는 가운데, 몇몇 사회과학 분야들은 최후의 보루를 자처하며 끝까지 저항하고 있다. 열성적인 인문학자들은 지난 수년 동안 "어떤 생물학적 이론도 인간 문화의 변화에 대해 별다른 설명을 해주지 못할 것"이라고 주장해왔다. 인간성에 관한 흥미로운 사실들을 유전자나 적합성의 측면에서 설명하는 것은 거의 불가능하다는 말이다. 진화는 인간이 다른 동물들과 공통으로 가지고 있는 것을 해명하는 데 도움이 될지 모르지만, 인간이 흥미롭고 특별한 존재인 것은 바로 '동물과 다른 점을 갖고 있기 때문'이다. 과연 진화는 인간의 사고방식과 신념 등에 대해 무엇을 말해줄 수 있을까? 사회과학자들의 관심을 끌 수 있는 것은 생물학에 관한 이야기보다는 문화에 관한 설명이다. 그럼 문화가 진화한다고 말하면 어떨까?

문화가 진화한다는 생각은 다윈의 저술보다 오랜 역사를 갖고 있다. 사회의 진화에 대한 선형적·진보적 개념은 19세기 후반에서 20세기 초반 일부 인류학자들이 주장했던 것으로, 오늘날에도 여전히 옹호자들을 거느리고 있다.[7] 하지만 순수하게 다윈주의적인 문화진화론은 20세기의 대부분 동안 빛을 보지 못하다가,[8] 1970년대에 와서야 비로소 빛을 보게 되었다. 인간사회생물학 논쟁의 자극을 받아 "넓은 의미에서 보면, 문화적 관행도 시간이 경과함에 따라 다윈주의적 방식으로 변화해간다"는 사상이 다시 주목을 받기 시작했기 때문이다.

현대의 문화진화론은 1970년대에 발달한 두 가지 이론에 자극을 받아 표면 위로 부상했는데, 그중 한 가지 이론이 미메틱스mimetics였다. 리처드 도킨스는 『이기적 유전자』 마지막 장에서 문화복제자cultural replicator라는 신개념을 등장시켰다. 도킨스는 문화 전달과 유전자 전달 간의 유사성을 강조하면서 패션, 식단, 관습, 언어, 예술, 기술 등이 역사적 시간을 통해 진화한다는 견해를 피력했다. 그는 각 세대마다 복제되는 '불멸의 유전자'와 이를 저장·매개하는 '일시적 유기체'를 구분하기 위해 '복제자'와 '매체'라는 용어를 만들기도 했다. 전형적인 복제자는 유전자지만, 도킨스는 '최근 은밀히 움직이는 신종 복제자가 지구상에 출현했다'는 의견을 내놓았다. 그가 말하는 신종 복제자는 마인드 바이러스mind virus로, 매력적인 개념과 유행하는 사상을 통해 인간을 감염시킨다고 한다.

> 우리는 신종 복제자에게 이름을 붙여줘야 한다. 그것은 문화 전달의 기본 단위, 또는 모방의 기본 단위라는 의미를 지닌 명사여야 한다. 그

리스어에서 적합한 말을 찾아보니 미메메mimeme가 있지만, 이왕이면 유전자gene와 발음이 비슷한 단음절어가 좋겠다. 그래서 미메메를 밈meme이라고 줄여 부르고자 하니, 아무쪼록 고전학자들의 용서를 빈다.[9]

도킨스는 인간을 별종의 '느릿느릿 움직이는 로봇'[10]이라고 부르며, 유전자가 인간에게 강화된 모방 능력을 부여하자마자 밈이 어떻게 작동하기 시작했는지를 기술했다. 데닛의 말처럼 신체강탈자들body snatchers의 침입도 있었지만,[11] 밈은 우리의 허약한 뇌에 기생하면서 뇌를 맹렬한 전염매체로 전환시켰다는 것이다.

도킨스에 의하면, 밈은 진화에 필요한 세 가지 특징인 변이, 유전, 차별적 적합성을 가지고 있다고 한다. 또한 밈은 수명(오랫동안 우리의 머릿속에 남아 있는 경우가 많다), 다산성(급속하게 복제되고 전파된다), 복제 충실도(적어도 밈의 일부 핵심부품은 상당히 충실하게 재생산된다) 등의 면에서 효과적인 복제자라고 할 수 있다. 인간의 정신이라는 풍요로운 환경을 감안하면, 이들 특징이야말로 밈이 진화하는 데 필요한 전부일지도 모른다. 도킨스에 의하면, 밈은 밈의 풀pool 속에서 뇌와 뇌 사이를 도약함으로써 모방의 과정을 통해 번식한다고 한다.[12] 심지어, 우리가 사상이나 신념을 고르는 것이 아니라 밈이 우리를 골라 자신의 목적에 맞도록 조종한다고 한다. 그리고 밈의 진화는 단순한 은유적 표현이 아니라, 실제로 자연선택에 의한 진화라는 것이다.

과학 개념으로서의 '밈'은 가장 훌륭하게 출발한 셈이었다. 밈은 20세기 가장 인기 있는 과학서적 중 하나를 통해 데뷔한 이후, 철학자 대니얼 데닛의 매우 성공적인 저술을 통해 더욱 큰 주목을 받았다. 데닛은 1991년 출간한 『의식의 수수께끼를 풀다』에서, 밈을 마음의 진화라는 거창한 이론의 중심적 존재로 만들었다. 데닛은 약간 혼란스러운 어조로, "인간의 마음은 밈에 의해, 밈을 위해 탄생한 인공물이다"라고 주장했다. 4년 뒤 데닛은 또 하나의 베스트셀러 『다윈의 위험한 생각』을 발표하고, 보편적인 다윈주의를 더욱 옹호하면서 다시 한 번 밈을 중심 개념으로 다뤘다.

그 뒤를 이어 애런 린치Aaron Lynch(1996)의 『사상의 감염』Thought Contagion, 리처드 브로디(1996)의 『마인드 바이러스』, 수전 블랙모어(1999)의 『밈』 등 인기 있는 서적들이 쏟아져 나왔는데, 이들은 모두 도킨스와 데닛의 사상을 확장한 것이었다. 1997년에는 밈에 관한 학술논문 출판을 위한 새로운 토론장으로서 인터넷 잡지 《저널 오브 미메틱스》Journal of Memetics가 창간되었다. 1990년대 말에는 미메틱스를 주제로 하는 최초의 학술회의가 개최되어, 미메틱스는 향후 활발한 연구 프로그램의 하나로 등장할 수 있다는 가능성을 인정받았다.

그러나 거기까지였다. 문화계에서는 밈에 심취한 컴퓨터 괴짜들이 추종자들을 끌어 모아 인기 있는 하위문화를 만들어내는 데 성공했지만, 학계에서 밈이 거둔 결실은 초라하기 이를 데 없었다. 철학자 데이비드 헐David Hull, 인류학자 빌 더럼Bill Durham, 고고학자 스티븐 셰넌Stephen Shennan 등 몇몇 주목할 만한 예외가 있지만, 밈 개념은 문화현상을 진지하게 설명하는 이론으로 부상하는 데 실패했다. 《저널 오브 미메틱스》는 2005년 폐간되었고, 인기 있는 저술도 고갈되기 시작했으며, 적어도 과학 관련 토론장에서는 밈에 대한 관심이 시들해지기 시작했다. 밈이 몰락한 데는 여러 가지 이유가 있지만, 밈에 열광한 사람들이 철저한 경험적·이론적 연구 프로그램을 내놓지 못한 것과 적잖이 관련되어 있다. 주제가 아무리 파격적이고 매력적이라도, 공상과 허황된 이야기만 늘어놓아서는 결코 좋은 과학이 될 수 없는 것이다.

하지만 밈의 종말에도 불구하고, 문화진화론이라는 광범위한 사상은 생물학, 심리학, 인류학 등을 망라하는 엄밀한 과학을 탄생시켰다. 문화진화론은 주로 1970년대에 발달한 두 번째 이론, 즉 문화변동에 대한 수학적 모델링을 바탕으로 구축되었다. 이 접근방법을 고안한 연구자들은 밈에 열광했던 사람들과 마찬가지로, 문화가 서로 경쟁하는 변이체들로 이루어진다는 개념을 제시했다(여기서 변이체란 대립유전자나 유전형genotype과 유사한 개념이다). 그러나 미메틱스 연구자들과는 달리, 이들 연구자는 현대 진화이론에서 받아들인 이론적 모델과 방법을 이용하여 문화변동을 연구했다.

또한 문화진화의 모델은 진화생물학의 강한 이론적 전통 위에 구축되었지만, 수학적 모델과 방법은 구체적이고 독특한 문화과정들에 알맞도록 설계되었다. 이런 식의 접근방법은 일부 사회가 다른 사회보다 더 진보했거나 우수하다는 결론에 이르지는 않지만, 일부 문화형질이 다른 문화형질보다 성공적으로 전파될 수 있음을 시사한다. 또한 문화변동의 근저에 깔려 있는 과정들을 확인함으로써 변화의 패턴과 다양성을 설명하고 예측할 수 있게 해준다.

문화진화론을 계량적으로 연구하려는 움직임은 도킨스의 『이기적 유전자』가 출간되기 3년 전부터 시작되었다. 1973년 인간 유전학계의 세계적 거두인 스탠퍼드 대학교의 루카 카발리-스포르차Luca Cavalli-Sforza와 마커스 펠드먼Marcus Feldman은 문화유전에 관한 최초의 수학적 모델을 내놓았다. 펠드먼과 카발리-스포르차는 다수의 공동 연구자들과 더불어, 문화의 변화과정(그리고 유전자와 문화 간의 상호작용, 제7장 참조)을 탐구하는 인상적인 수학이론 체계를 점차 구축해나갔다. 이들은 '유전자의 전파 과정'과 '문화혁신의 확산 과정'이 유사하다는 점에 착안하여, 집단유전학에서 확립된 기존의 모델을 차용하거나 개조하여 사용했다. 그리하여 펠드먼과 카발리-스포르차는 이 새로운 분야의 이론적 토대를 구축했다.

수학적 마인드를 지닌 다른 연구자들도 당시 진행되고 있던 사회생물학 논쟁에 자극받아 논쟁에 가세했는데, 그중 가장 주목할 만한 인물은 캘리포니아 대학교의 인류학자 로버트 보이드와 피터 리처슨이었다. 이들의 저서 『문화와 진화 과정』(1985)에는 새로운 이론적 방법과 자극적인 아이디어들이 넘쳐난다. 리처슨의 백과사전적 지식은 보이드의 뛰어난 수학 실력과 결합하여 시너지 효과를 발휘했고, 이 저서는 미국탐사학회School of American Research에서 수여하는 권위 있는 스테일리상을 수상하는 등 많은 찬사를 받았다. 최근에는 러셀 그레이Russell Gray, 마크 페이젤Mark Pagel, 루스 메이스, 마이크 오브라이언Mike O'brien 등의 연구자들이 대거 등장했다. 이들은 계통발생학적 방법을 이용하여—언어에서부터 시작하여 짝짓기 방식에 이르기까지—문화적 변이의 제 측면을 해석함으로써, 이 분야의 발전에 박차를 가했다. 계통발생학적 방법은 진화생물학에서 차용된 방법으로, 다양한 집단들을 계통도 상에 표시함으로써 문화형질의 역사를 새로 구축한다. 현재 연구자들 사이에서 '문화변동을 다룰 수 있는 가장 적절한 방법은 무엇인가'에 대한 합의가 도출되기 시작하고 있어, 조만간 현대적 문화진화이론의 기반

이 형성될 것으로 기대된다.

문화진화론은 미국에서 처음 태동하여 서서히 영향력을 확대하다 영국과 스웨덴을 비롯한 유럽에서 문화진화론 학파의 출현을 촉발하기에 이르렀다. 문화진화론의 뚜렷한 특징 중 하나는 매우 전문적이고 수학적인 기반을 갖고 있다는 것이다. 이 분야는 지난 20여 년 동안 거의 전적으로 이론에 치우친 나머지 실험이나 실증적 연구 결과를 그다지 많이 내놓지 못했지만, 요즘 관심이 고조됨에 따라 변화의 조짐을 보이고 있다. 이제 문화진화론 분야는 문화변동의 다양한 측면들을 탐구하는 활발한 실험연구의 장으로 탈바꿈하고 있다. 많은 인류학자, 고고학자, 경제학자, 심리학자들은 연구실에서 얻은 형식적 이론에 만족하지 않고, 이론에서 도출된 가설과 아이디어를 검증하는 데 많은 시간을 할애하고 있다. 일찍이 문화진화론에 대한 학문적 관심이 지금처럼 높았던 적은 없었다.

주요 개념

여기서는 문화진화론 분야의 몇 가지 핵심 개념들을 자세히 살펴보고자 한다. 먼저 '문화란 무엇인가?'라는 질문을 제기하는 것으로부터 시작하여, 생물학적 진화와 문화적 진화 간의 몇 가지 유사점을 기술한 뒤, 마지막으로 여러 가지 유형의 문화선택에 대해 알아보고자 한다.

문화란 무엇인가?

역사적으로 인류학자들은 문화를 '지식, 신념, 도덕, 관습, 기타 인간이 사회의 일원으로서 획득하는 일체의 능력이나 습관을 포함하는 복합체'라고 정의해왔다.[13] 하지만 이처럼 모호한 정의는 과학적 분석에 아무런 도움이 되지 않는다. 인간의 문화는 파악하기 어려운 개념이라는 것이 입증되었고, 사회과학자들 사이에서도 개념정의에 대한 합의가 거의 없는데다, 개념정의를 시도조차 하지 않는 경우가 많다.[14] 이 같은 공백 상태에서, 문화의 다양한 측면들이 시간이 지남에 따라 어떻게 변화하는지를 탐구해야 하는 문화진화론자들은 부득불 조작적 정의라는 실용적 방법을 택할 수밖에 없었다. 이들이 내린 조작적 정의에 따르면, 문화란 '개인의 행동에 영향을 미칠 수 있는 정보로서, 학습이나 모방 등의 사회적 전달방식을 통해 다른 구성원들로부터 습득하는 것'이다.[15] 여기서 말하는 '정보'에는 지식, 신념, 가치, 태도 등이 포함된다.

일단 문화를 '사회에서 학습된 다양한 정보 묶음의 집합체'로 규정하고 나면, 집단 내에서 상이한 정보 변이체들의 출현 빈도가 변화하는 과정을 연구할 수 있다. 문화진화란 하나의 다원주의적 과정으로, 사회적으로 전달된 변이체들 중에서 유리한 것을 골라 보유하는 선택적 과정뿐만 아니라, 부동浮動, 이동migration, 발명 등 다양한 비선택적 과정까지도 포함한다.[16] 문화진화론자들은 한 사회의 문화를 전체적으로 다루지 않고, 특정한 형질(예컨대 우유를 마시는 사람과 마시지 않는 사람, 또는 탄수화물이 풍부한 식단이나 부족한 식단 등)로 나눠서 그 빈도를 수학적으로 추적한다. 이것은 문화의 특정 측면을 간단하게 추적할 수 있음을 뜻한다.

하지만 문화를 이렇게 광의廣義로 정의하면, 많은 사회인류학자들이 중요시하는 문화적 특징들(예: 공유된 목적과 가치, 종족 간의 경계, 도덕률 등)을 포착하지 못한다는 문제점이 있다. 그러나 문화진화론자들의 경우에는 사정이 좀 다르다. 문화진화론자들은 이 같은 정의를 이용하여 단순한 모델을 구축하고 검증할 수 있으므로, 뉘앙스의 결여를 실용성으로 보상받는 셈이다. 따라서 이러한 모델은 종족적 특징과 공유된 규범 등 사회적으로 구축된 특징의 진화를 탐구하는 데 적용할 수 있으며, 실제로 그렇게 이용되어왔다.[17]

또한 문화를 광범위하게 정의할 경우, '다른 동물들에게도 문화가 있을 수 있다'는 가능성이 제기된다. 사실 어류, 조류, 고래, 비인간 영장류 등 다양한 동물들에서도 사냥터 및 먹이채취 장소 탐색, 연장 사용, 발성 등과 관련된 전통이 있음이 보고되어 있다.[18] 가장 잘 알려진 사례가 아프리카 전역에 서식하는 상이한 침팬지 집단들의 독특한 도구 사용 전통이다.[19] 영장류 연구자들은 아프리카 전역에 분포된 7개 조사구역에서 침팬지(학명 *Pan troglodytes*)의 행동을 서로 비교한 결과, 조사구역별로 65개 행동범주 중 42개 범주에서 유의미한 변동성이 나타난다는 것을 발견했다. 예컨대 일부 조사구역의 침팬지는 견과류의 껍데기를 깨뜨리기 위해 돌을 망치처럼 사용하는 것으로 나타났는데, 이는 다른 구역에서는 관찰되지 않은 행동이다. 한편 개미를 잡기 위해 긴 막대 또는 짧은 막대를 사용하는 등, 집단에 따라 선택하는 도구가 달라지기도 하는 것으로 밝혀졌다.

좀 더 일반적으로 말하면, 광의의 문화 개념은 동물의 사회적 학습과 전통에 대한 연구를 촉진했고, 인간 특유의 문화능력이 어디에서 진화해 나왔는지를 밝히는 데 도움을 줬으며, 상이한 종 간의 비교연구 결과를 인간의 인식에 적용할 수 있게 해주었다.

전통과 문화는 진화론자들의 관심을 끌 만한 특징들을 많이 갖고 있다. 전통과 문화의 흥미로운 특징 중에서 가장 확실히 내세울 수 있는 것은 ① 적응행동의 원천이라는 점, ② 다른 사람을 모방함으로써 '무엇을 먹을까?'나 '누구와 짝짓기를 할까?'와 같은 문제에 대한 답을 효율적으로 얻을 수 있게 해준다는 점일 것이다.

다양한 연구결과들(예: 어류의 번식지 조사, 인간의 식량채집 전통 연구)을 종합해본 결과, 문화를 통한 행동의 전파는 생태환경과 어느 정도 독립적으로 이루어지는 것으로 확인되었다.[20] 예컨대 카르멜라 굴리엘미노Carmela Guglielmino가 이끄는 연구팀(1995)은 현존하는 277개의 아프리카 사회들을 대상으로 문화형질의 변이를 분석한 뒤, 대부분의 형질들이 생태환경보다는 문화사와 관련되어 있다는 결론을 내렸다. 이 같은 연구 결과는 "인간의 행동형질 중 대부분은 자연환경에 의해 유발되는 것이 아니라, 집단 속에서 '독특한 문화적 전통'의 형태로 유지된다"는 것을 암시한다.

또한 문화는 공간적인 변이 패턴을 만들어낼 수도 있다. 예컨대 행동이나 발성 등의 행동형질이 지리적 영역을 가로질러 체계적으로 방향성 있게 변화하는 것을 연속변이라고 하는데, 이러한 연속변이 사례는 새 울음소리에서부터 미크로네시아의 언어에 이르기까지 다양한 행동형질에서 관찰되었다.[21] 유전자와 환경이 인간의 행동변이를 어느 정도 설명한다는 점은 의심의 여지가 없지만, 사회적으로 전달되는 문화의 영향력도 무시하기 어렵다.

문화는 생물과 같다

다윈은 『종의 기원』에서, ① 종 내부에서 나타나는 개체별 형질의 변이, ② 생존과 번식을 위한 개체들 간의 경쟁, ③ 개체가 보유한 형질을 다음 세대로 전달하는 유전을 설명하기 위해, 광범위하고 방대한 증거를 제시했다. 그런데 이러한 세 가지 특징(변이, 경쟁, 유전)은 문화에서도 찾아볼 수 있으므로, 생물학적 진화와 문화적 진화의 유사점을 둘러싸고 폭넓은 논의가 진행되어 왔다.[22]

인간의 문화는 극도로 가변적이다. 1790년 이래 미국에서 등록된 특허권의 수가 770만 건에 달한다는 점만 보더라도, 문화적 지식, 신

〈표 6-1〉 생물학적 진화와 문화적 진화 간의 유사점

생물학적 진화	문화적 진화
유전 가능한 개별단위(예: 유전자 코드)	유전 가능한 개별단위(예: 어휘, 구문 등)
상동homology	동족어linguistic cognates
돌연변이	혁신
무작위 유전적 부동	무작위 문화적 부동
자연선택	문화선택
종 분화	계통분리
향상진화anagenesis	분리 없는 변화
수평적 유전자 전이	차용
식물 잡종(예: 밀, 딸기)	개념적 잡종(예: 혼합언어language creoles)
지리적 연속변이	방언, 문화적 연속변이
화석	고문서, 유물
멸종	계통 단절(예: 사어死語)
유전	문화 전달
유전자 풀	문화

맥밀런 출판사의 허락을 받아 수록함. 출처: *Nature, Frequency of word-use predicts rates of lexical evolution throughout Indo-European history,* Mark Pagel, Quentin D. Atkinson and Andrew Meade, 449 (7163), pp.717~720 copyright 2007.

념, 각종 인공물의 다양성을 능히 짐작하고도 남음이 있다. 다양한 아메리카 인디언 그룹의 문화요소(예: 도자기, 활, 샤머니즘, 일처다부제 등)의 수는 3,000~6,000건으로 추정된 바 있으며, 제2차 세계대전 때 카사블랑카에 상륙한 미군의 장비는 50만 가지가 넘는다고 한다.[23] 이와 비슷한 예로, 카를 마르크스가 1867년 영국 버밍엄에서 제작된 망치의 종류가 500가지라는 사실을 알고 놀라움을 표시했다는 이야기는 유명하다.[24]

생물학적 진화 과정에서 중요한 것은 변이체들끼리 서로 경쟁한다는 점인데, 인간의 문화도 이와 유사한 특징을 나타낸다. 예컨대 전 세계에서는 6,800개의 언어가 사용되고[25] 있고 무려 1만 개 이상의 종교가 존재하는데, 100만 명 이상의 추종자를 거느린 종교만 해도 150개인 것으로 알려져 있다.[26] 다윈(1871) 자신도 "자연선택은 언어의 단어들 사이에서도 일어나며, 선호되는 단어는 유지되고 인기 없는 단어는 사라져버린다"고 주장했다.[27]

문화진화 과정에서 일어나는 투쟁은 '죽느냐 사느냐'의 투쟁이 아니라, '기능적으로 동등한 해결책들'이 한정된 공간(예: 주의력, 기억력, 표현력)을 차지하기 위해 벌이는 일종의 영역 다툼이라고 할 수 있다. 예컨대 심리학자들은 유사한 단어들을 회상하는 과정에서 일어나는 경쟁 단어들 간의 간섭 현상[28]을 밝혀낸 바 있다. 또한 고고학자들에 의하면, 유적지 발굴 시에 특정 유물(예: 화살촉)의 출토가 늘어나는 경우, 그와 경쟁관계에 있는 유물의 출토가 감소하는 경향이 있다고 한다.[29]

문화는 유전자와 달리 부모로부터 자녀에게 전달될 필요가 없고, 수

많은 경로를 통해 안정적으로 전달될 수 있다. 그렇지만 많은 연구자들은 "부모와 자녀의 태도는 비슷해지는 경향이 있다"고 주장하는데, 그 이유는 무엇일까? 문화진화론자들에 의하면, 이러한 경향을 가장 잘 설명해주는 이유는 '자녀가 사회화를 통해 태도를 학습하기 때문'이라고 한다.[30] 예컨대 스탠퍼드 대학교 학생들을 대상으로 한 연구에서는, 부모와 자녀의 종교적·정치적 태도가 일치하는 경향이 강한 것으로 입증되었다.[31] 이와 유사한 원칙이 비산업화 사회에도 적용된다는 내용의 보고도 있다. 예컨대 아프리카의 수렵·채집 집단인 아카 피그미 족Aka pygmies에서는 많은 관습들이 후세에 전달되며,[32] 콩고 민주공화국의 농경집단에서도 젊은이들은 주로 부모로부터 식량에 대한 지식을 습득하는 것으로 밝혀졌다.[33] 이와 비슷하게, 볼리비아의 아마존강 유역에 거주하는 집단에서는, 노년 세대가 청년 세대에게 토종식물에 관한 지식과 일반 기술을 전달하는 것으로 나타났다.[34] 이상의 자료들은 역사적 기록에 의해 뒷받침되는데, 이들 기록은 농경기술, 생계유지 방식, 사회제도, 사회적 선호도 등이 수백 년 또는 심지어 수천 년 동안 일관되게 유지되고 있음을 보여주고 있다.[35]

자연선택이 일어나려면, 변이, 경쟁, 유전이라는 세 가지 기본적 특징이 갖춰져야 한다.[36] 만약 문화가 변이를 일으키고, 각각 상이한 적합성을 지닌 변이체들이 서로 경쟁하며, 경쟁에서 승리한 변이체가 유전된다면, 문화선택을 통해 문화진화가 일어날 수 있는 필요충분조건이 모두 갖춰진 셈이다.

카발리-스포르차와 펠드먼(1981)은 문화선택을 '사회적으로 전달된 신념이나 지식이 개인에 의해 상이한 비율로 채택됨으로써 그 빈도가 증감하는 과정'이라고 정의한다. 물론 자연선택이 상이한 형질을 발현하는 개인의 생존율 격차를 초래함으로써 문화형질의 빈도를 바꾸는 것도 가능하다. 이와 반대로 문화형질이 생식 성공률에 영향을 미칠 수도 있다. 즉, 연구자들은 생물학적 과정과 문화적 과정을 함께 다룸으로써, 부적응적인 것처럼 보이는 문화전통이 거뜬히 진화하는 과정을 설명했다.[37] 다시 말해서, 문화적 적합성이 충분히 높기만 하다면, 유전적 적합성이 떨어지는 문화형질이라도 그 빈도를 증가시키는 것이 가능하다는 얘기다. 예컨대 선진국에서 성행하는 산아제한(예: 피임)은 자손의 수를 감소시키기 때문에 자연선택의 측면에서는 불리한 것이 분명하다. 그러나 산아제한은 사회적으로 인기 있는 방법이므로 문화선택의 이점이 높아, 유전적 적합성의 열세를 극복하고 널리 전파되고 있는 것이다.

"문화선택의 과정을 연구하면, 생물학적 진화에서 관찰되는 현상들이 인간의 문화에서도 많이 나타나는 이유를 설명할 수 있다"는 것이 문화진화론자들의 생각이다.[38] 인간의 문화에서 나타나는 생물학적 진화의 현상에는 적응, 멸종, 수렴진화, 흔적성vestigial character 등이 포함된다. 예컨대 적응은 복잡하고 다면적이며 능률적인 기술적·공학적 해결책에서 특히 두드러지게 나타나는 현상이다.

바살라Basalla(1988)는 시간의 흐름에 따라 기술변화가 점차적으로 누적되었음을 입증하는 역사적 증거를 광범위하게 수집했다. 그중에는 1831년 조지프 헨리Joseph Henry가 발명한 전동기가 포함되어 있는데, 이것은 증기기관 또는 엘리 휘트니Eli Whitney의 조면기繰綿機로부터 많은 특징을 차용한 것이다. 그리고 휘트니의 조면기는 1793년 아메리카 원주민이 오랫동안 사용해왔던 장치를 바탕으로 하여 만들어진 것이다. 문화형질은 경쟁이나 부동의 결과로 소멸할 수도 있는데, 17세기에 일본에서 사용됐던 총[39]과 약 3500년 전 태즈메이니아 섬에서 사용됐던 골각기[40] 등이 대표적 사례다.

세월이 지남에 따라 테디베어[41]나 만화의 캐릭터[42]가 점점 더 유치해지는 경향과 같이, 계통적으로 아무런 관련이 없는 문화 사이에서 유사한 특징이 나타나는 것을 수렴진화라고 하는데, 이 과정에서도 선택은 분명히 이루어진다. 수렴진화의 또 다른 예는 기원전 3000년경의 수메르인, 기원전 1300년경의 중국인, 기원전 600년경의 멕시코 원주민 등이 장부 기록을 목적으로 각각 독자적인 문자를 발명한 것이다.[43] 또한 문화형질은 기능이 바뀌거나 흔적으로만 남을 수도 있다. 그 전형적인 예가 바로 쿼티QWERTY 자판 배열이다. 쿼티 자판은 19세기 초 타자기에서 글쇠가 뒤엉키는 것을 줄일 요량으로 타이핑 속도를 가능한 한 늦추도록 고안된 것이지만,[44] 그럼에도 불구하고 현대의 컴퓨터 자판에까지 보존되어 있다.

생물학적 진화와 문화적 진화 사이에 근본적인 유사점이 많은 것은 사실이지만, 두 과정이 완전히 동일한 것은 아니다. 따라서 생물학적 방법론과 모델을 문화현상에 적용하려면 잠재적인 차이를 반드시 고려해야 한다.[45] 생물학적 진화와 문화적 진화 간의 차이에 대해서는, 이 장의 뒷부분에서 비판적으로 검토하기로 한다.

생물진화와 문화진화의 차이

문화진화론자들은 다양한 형태의 진화된 학습규칙을 제시하고 있는데, 이것을 사회학습 전략이라고 한다. 사회학습 전략은 모방의 시점('언제' 모방할 것인가)과 대상('누구'를 모방할 것인가)을 규정하는 전략이다. 예컨대 '가장 성공적인 사람을 모방한다', '시범자의 성과를 보고, 모방 여부를 결정한다', '다수의 행동에 따른다'는 등의 전략이 있을 수 있는데, 각각의 전략은 상이한 문화선택 패턴을 만들어낸다. 문화학습의 종류를 잘 다룬 것으로 정평이 난 연구결과를 몇 가지 소개하면 다음과 같다.

두 가지의 행동패턴 중 한 가지를 선택해야 하는 경우, 사람들은 그 중에서 어느 한 가지를 더 많이 채택할 가능성이 높다.[46] 보이드와 리처슨(1985)은 이것을 편향된 문화전달biased cultural transmission이라고 불렀는데, 여기서 말하는 '편향'에는 여러 가지 종류가 있다.

첫째, 사람들은 둘 이상의 형질 중에서 그 내재적 품질에 따라 어느 하나를 골라 채용할 수 있는데, 이것을 직접 편향 또는 내용 편향이라고 한다. 직접 편향은 특정한 종류의 정보를 선호하는 유전적 성향에서 유래할 수도 있는데, 이것은 럼즈든과 윌슨이 제창한 후성규칙, 또는 진화심리학자들이 주장하는 학습의 개념과 유사하다. 스탠퍼드 대학교의 인류학자 빌 더럼(1991)에 의하면, 이러한 문화적 과정의 근저에 깔려 있는 개인적 선택은 유전적 성향, 사전지식, 기타 경험요인들에 의해 유도되지만, 이것에 의해 결정되는 것은 아니라고 한다.[47] 사회생물학자들과 진화심리학자들이 예상하는 것처럼, 유전적으로 편향된 전달은 적응행동으로 이어질 가능성이 높다.[48]

둘째, 다른 구성원의 선택이 개인의 선택에 영향을 미치는 경우도 종종 있다. 예컨대 특정 행동의 발생빈도가 정보전달 가능성에 영향을 미치는 것을 빈도 의존적 편향이라고 한다. 우리 주변에서 종종 일어나는 일이지만, 개인들의 군중심리가 강할 때는 빈도 의존적 편향이 나타나면서 순응이 이루어진다. 흥미로운 것은, 이 같은 순응적 전달이 실행가능한 형태의 집단선택(제7장 참조)이나 부적응적 결과를 초래할 수 있다는 것이다. 또한 사람들은 특정 형질(예: 패션)에 대한 롤모델을 선정하기 위한 기준으로 다른 형질(예: 부유함)을 사용할 수 있는데, 보이드와 리처슨은 이런 형태의 학습을 간접 편향 또는 모델 기반 편향이라고 불렀다.

개인들이 사회에서 전달받은 문화정보를 다른 개인에게 전달하기 전에 변경할 경우, 한 사회의 문화전통은 시간이 경과함에 따라 변화하게 된다. 이처럼 타인에게서 획득한 정보를 자신의 경험을 바탕으로 변경하는 것을, 보이드와 리처슨(1985)은 유도된 변이라고 불렀다. 이 경우 개인의 경험은 문화변이를 유도함으로써—인간행동생태학자들이 생각하는 것처럼—전통적 행동을 환경에 적합한 행동으로 차츰 진화시키게 될 것이다.

한편 문화진화론 연구자들은 집단 내에서 정보가 파급되는 과정에 대해서도 관심을 갖고 있다. 문화지식이 개인들 간에 전달되는 경로를 전달방식이라고 하는데,[49] 정보의 전달방식을 제대로 이해하려면 다양한 모델들이 필요하다. 사회적 정보전달 방식에는 수직적 방식(예컨대 부모에게서 자녀에게로 전달), 수평적 방식(예컨대 친구와 형제자매와 같은 동일세대 내부의 전달), 대각선 방식(예컨대 교사나 종교계 원로 등으로부터의 가르침)이 있다. 유전자 전달은 주로 수직적으로 이루어지는 데 반하여, 사회적 정보전달은 3가지 정보전달 방식(수직적, 수평적, 대각선)

의 조합을 통해 이루어지는 경우가 많은 만큼, 문화적 진화는 생물학적 진화와 판이한 속성을 나타내는 경우가 비일비재하다.

사례 연구

여기서는 문화진화론의 연구 범위가 얼마나 넓은지를 보여주는 사례들을 소개하고자 한다. 먼저, 최근 수행된 실험연구들을 통해 밝혀진 중요한 사실들을 몇 가지 언급한 다음, 계통발생학적 연구가 언어의 진화를 새로운 각도에서 이해하는 데 기여한 사례를 설명할 것이다. 마지막으로, 우리는 "일련의 문화현상들은 완전히 무작위적인 과정을 통해 진화하는 것으로 이해할 수 있다"는 주장의 타당성을 검토할 것이다.

문화는 누적되어 진화한다

완두콩을 이용한 멘델의 유전 연구에서 시작하여, 초파리와 생쥐를 이용한 돌연변이 및 자연선택 결과에 대한 고전적인 연구를 거쳐, 미생물을 이용한 실험적 진화에 대한 연구[50]에 이르기까지, 실험연구는 오랜 세월에 걸쳐 진화이론의 발전에 중요한 역할을 해왔다. 그러다 보니 '실험연구가 문화진화론 연구에서도 중심적인 역할을 해왔을 것'이라고 생각하는 사람이 있을지 모르지만, 문화진화론자들은 지금껏 거의 전적으로 이론연구에 치중해왔다. 그러나 최근에 이르러 이론연구를 고집하던 문화진화론 연구자들이 연구모델의 가설과 결과를 검증하기 시작하면서 기존의 연구관행이 바뀌고 있다.

초기 실험연구 중 일부는 일본 홋카이도 대학교의 가메다 다츠야龜田達也 교수가 이끄는 연구팀에 의해 수행되었다. 예컨대 가메다와 나카니시 다이스케中西大輔는 간단한 컴퓨터 기반 과제를 이용하여 사회적 학습과 비사회적 학습(개별학습)의 상대적 장점을 연구했다.[51] 이 문제에 대해서는 폭넓은 이론연구 결과가 축적되어 있고 분명한 이론적 예측도 나와 있었지만, 실험을 통해 검증되지는 않은 상태였다.

연구팀이 실험 참가자들에게 부여한 과제는 두 장소 중 한곳에 있는 토끼를 찾아내는 것이었다. 실험 참가자들은 과제 수행을 위해 비사회적 학습(개별학습)과 사회적 학습(타인의 결정을 모방함) 중 하나를 선택할 수 있었는데, 전자는 유료, 후자는 무료였다. 실험 결과, 선행연구[52]에서 예측된 것과 마찬가지로 개별학습자와 사회적 학습자가 공존하는 평형 상태가 이루어졌으며, 연구팀이 개별학습의 가격을 인상하자 사회적 학습의 빈도가 높아졌다.

한편 참가자들을 두 그룹으로 나누어 한 그룹에게는 사회적 학습과 개별학습 중에서 하나를 선택하게 하고 다른 그룹에게는 개별학습에만 의존하게 한 결과, 선택권이 주어진 그룹은 개별학습에만 의존한 그룹보다 과제수행 능력이 우수한 것으로 나타났다. 이는 "구성원들이 학습방법을 전략적으로 선택할 경우, 사회적 학습으로 인해 집단의 평균적인 적합성이 상승한다"는 이론이 타당함을 증명하는 것이다.[53]

캘리포니아 대학교 데이비스 캠퍼스의 리처드 매컬리스Richard McElreath 교수가 이끄는 연구팀은 컴퓨터를 사용하여 위와 비슷한 실험을 실시했다. 실험 참가자들은 가상 농장에서 재배할 농작물(밀 또는 감자)을 선택하는 과제를 부여받았다. 연구팀은 참가자들을 여러 소그룹으로 나눈 다음, 각 그룹별로 ① 자신의 경험을 통해 스스로 배우거나, ② 같은 그룹의 구성원 중 한 명을 골라 모방하거나, ③ 그룹의 행동을 무조건 따르게 했다.

실험 결과, 과제의 난이도가 높아질수록 사회적 학습에 대한 의존도는 높아지는 것으로 나타났는데, 이는 이론적 예측과 일치하는 결과였다. 그러나 이 점을 제외하면, 이 실험에서는 예상치 못한 결과들이 많이 나왔다. 특히 놀라운 것은, 상당수의 참가자들이 좋은 성과가 예상되는 상황에서도 사회적 학습에 참여하지 않았다는 것이다. 더욱이 모델 분석에 의하면 순응(무조건 다수의 행동을 모방함)이 선형 모방(빈도를 감안하여 모방함)보다 우수한 학습법칙으로 예상됨에도 불구하고, 참가자들은 환경이 심하게 요동칠 때만 순응을 선택하는 것으로 나타났다.

비슷한 과제를 사용한 후속연구에서도 참가자들은 순응을 제한적으로 선택했지만, 그들의 행동은 두 가지 유형으로 확연하게 갈리는 것으로 나타났다.[54] 즉, 한 그룹은 순응자처럼 행동한 데 반해, 다른 한 그룹은 거의 전적으로 비사회적 정보에 의존함으로써 이단자라는 별명을 얻었다.

개인이 순응에 의존하는 정도와 강도는 문화진화론 내부에서 이견이 분분한 이슈다. 보이드와 리처슨 진영의 연구자들은 순응을 상당히 강조하는 입장인 반면,[55] 다른 이론가들은[56] 순응이 바람직한 학습방법이 아니라고 주장한다. 왜냐하면 순응은 기존의 행동을 온존하여 유익한 행동변이의 전파를 방해함으로써, 문화학습이 누적되지 못하게 하기 때문이다. 따라서 순응을 둘러싼 논란이 해결되려면 좀 더 많은 실험이 필요해 보인다.

지금까지 언급한 실험들은 참가자들에게 두 가지 장소나 농작물 중에서 하나만 선택하도록 요구하는 매우 단순한 과제를 부여했다. 그러나 실험의 현실성을 제고하려면, 참가자들에게 다차원적인 대안들을 제시하고 지속적인 선택을 요구해야 할 것이다. 미주리 대학교의 알렉스 메수디Alex Mesoudi와 마이클 오브라이언(2008)이 이끄는 연구진은 선사시대의 문화전달 과정을 모사한 컴퓨터 게임을 설계하여 실험에 착수했다. 연구진은 참가자들에게 "'가상적 사냥 환경'에서 '가상 화살촉'을 직접 만들어 사냥하되, 화살촉을 만들 때는 다른 사람들의 화살촉을 참고해도 좋다"고 말했다. 화살촉은 전반적인 형태, 너비, 굵기, 길이, 색깔 등을 바꿀 수 있었으며, 가상적 사냥 환경은 복수의 최적해가 존재하도록(즉, 최고의 사냥 성적을 거둘 수 있는 화살촉 특징의 조합이 여러 개가 존재하도록) 설계되었다.

실험 결과, 참가자들은 반복적인 사냥을 통해 자신만의 화살촉을 디자인할 정도의 노하우가 생겼음에도 불구하고, 자신의 화살촉을 버리고 타인의 디자인을 흉내 내는 경우가 많은 것으로 나타났다. 심지어 가장 사냥을 잘하는 사냥꾼의 화살촉 디자인을 모방하되, 기능과 전혀 무관한 특징(예: 색깔)까지 그대로 베끼는 경향도 나타났다. 이상의 실험결과는 보이드와 리처슨(1985)의 간접 편향 모델과 거의 일치하며, 고고학 기록에서 관찰되는 선사시대 화살촉의 변화 패턴을 설명해줄 수도 있다.[57]

인간의 문화진화에 나타나는 독특한 특징 중 하나는 누적성이다. 기술과 지식은 세월이 흘러감에 따라 더욱 향상되고 정교해진다. 연구자들은 실험을 통해 인간의 문화지식이 누적되는 과정을 이해하려고 노력했다. 예컨대 영국 스털링 대학교의 크리스틴 콜드웰Christine Caldwell과 엘리사 밀런Alisa Millen은 참가자들을 일렬로 배치한 다음, '앞사람은 뒷사람이 보는 앞에서 단순한 과제를 처리하고, 뒷사람은 앞사람이 했던 일을 똑같이 반복하라'고 지시했다. 각 참가자들에게는 앞사람을 지켜보는 시간 5분과 제작 시간 5분이 주어졌다. 참가자들에게 부여된 과제는 두 가지, 즉 '요리되지 않은 스파게티를 찰흙처럼 사용하여 높은 탑을 세우는 것'과, '가능한 한 멀리 날아갈 수 있는 종이비행기를 만드는 것'이었다. 실험 결과, 뒤로 갈수록 디자인의 완성도가 점점 더 높아져, 더 높은 탑과 더 멀리 날아가는 비행기가 만들어지는 것으로 밝혀졌다. 이는 시간이 경과할수록 집단 내부에 정보가 누적되어 간다는 것을 의미한다.[58]

콜드웰과 밀런은 문화의 누적에 관여하는 핵심 메커니즘이 무엇인지를 알아보기 위해, 참가자들을 세 그룹으로 나누어 후속실험을 실시했다. 첫 번째 그룹 사람들에게는 앞사람의 제작과정을 그대로 모방하게 하고, 두 번째 그룹 사람들에게는 앞사람이 제작한 완성품만을 참고하게 하고, 세 번째 그룹의 뒷사람들에게는 앞사람들로부터 제작방법을 직접 지도받게 했다. 실험 결과, 세 가지 메커니즘(모방, 완성품 참고, 직접 지도)이 누적적 문화진화에 기여하는 정도는 비슷한 것으로 밝혀졌다.

에든버러 대학교의 사이먼 커비Simon Kirby는 콜드웰과 밀런의 접근방법을 언어 연구에 응용했다.[59] 커비는 실험 참가자들을 일렬로 배치하고, 맨 앞사람에게 다양한 색깔과 모양의 도형들을 보여주며 그 명칭을 알려줬다(각 도형의 명칭은 해당 도형의 특징적인 모양과 색깔을 조합하여 만들어졌다). 그러고는 새로운 도형을 추가로 제시하면서, 그 이름을 말해보라고 했다. 뒷사람들은 앞사람이 대답하는 것을 유심히 지켜보며 명명命名의 규칙을 나름대로 터득했다. 도형의 명칭은 처음에는 중구난방인 듯 보였지만, 문화의 전달사슬transmission chain을 따라 차츰 진화하면서 오류가 감소하고 예측 가능성이 증가했다. 이에 따라 도형의 명명법은 질서정연한 구조를 갖추고 배우기도 쉬워져, 인간의 언어와 유사한 특징을 띠게 되었다.[60] 이처럼 단순하면서도 혁신적인 실험방법은 연구가 거듭됨에 따라 문화의 누적적 진화 과정을 효과적으로 탐구하는 전형적 연구수단으로 자리잡았다.

언어의 진화

다윈은 『종의 기원』 제6판에서, 인간의 진화계통도는 인간의 언어를 분류하는 최고의 방법이 될 것이라고 예측했다. 만약 다윈의 예측이 옳다면, 유전학적 데이터를 기반으로 구축된 인간 집단의 진화계통도는 그 집단의 언어학적 계통도와 매우 흡사해질 것이다.

유전적 차이를 일으킨 사건들은 언어의 다양성을 초래할 가능성이 매우 높으므로, 언어학적 계통과 유전적 계통 간의 대응은 충분히 예상할 수 있는 현상이다. 예컨대 하나의 집단이 두 집단으로 나뉘어 서로 고립되면, 두 집단 간의 접촉이 줄어들어 결국 언어적·유전적 발산이 일어날 것이다. '집단 간의 지리적 거리는 개인들 간의 교류 감소와 유전적 다양성을 나타내는 좋은 지표가 되며, 이는 언어의 경우에도 똑같이 적용된다'는 것은 잘 알려진 사실이다.[61]

그러나 부모와 자녀 사이에서 수직적으로 전달되는 유전자와 달리, 언어는 수평적으로 전달되는 경우가 더 많다. 인류의 역사를 더듬어보면, 언어 대체를 통해 언어학적 계통도와 유전학적 계통도 간의 대응관계가 단절된 사례를 몇 가지 찾아볼 수 있다. 예컨대 유럽의 경우, 로마 제국에서 라틴어가 켈트어를 대체한 것과, 영국에서 앵글로색슨어가 라틴어를 대체한 것에 대해 많은 기록이 남아 있다.

그럼에도 불구하고 문화진화론자들은 '언어학적 데이터의 성격이 유전학적 데이터의 성격과 완전히 동일하지는 않더라도, 나무를 연상케 하는 계통수 구조tree-like structure를 나타내지 않을까?'라는 의문을 품어왔다. 만약 이 의문에 긍정적으로 답변할 수 있다면, 진화생물학에서 사용하는 계통발생학적 방법을 언어 연구에 적용하여 언어들 간의 역사적 관계를 재구축함으로써, 언어의 동향 및 전파에 관한 가설들을 검증하는 것이 정당화될 수 있다. 이와 반대로 만약 언어가 주로 여러 계통 간의 혼합, 차용, 수평적 전달을 통해 변화한다면, 계통수 구조는 나타나지 않을 것이며 다른 분석방법이 더 적절할 것이다.

뉴질랜드 오클랜드 대학교의 러셀 그레이Russell Gray와 피오나 조던Fiona Jordan(2000)은 계통발생학적 방법을 언어에 적용하여 선사시대에 대한 가설을 검증함으로써, 언어의 진화에 관한 연구의 선구자가 되었다. 이들은 동남아시아와 태평양의 여러 섬에서 사용되는 오스트로네시아 어족語族에 초점을 맞췄다. 오스트로네시아 어족은 77가지의 언어들로 구성되는데, 선행연구자들에 의해 각 언어별로 다양한 어휘들이 조사되어 있는 상태였다.

그레이와 조던은 생물학에서 흔히 사용되는 계통발생학적 통계기법을 이용하여, 오스트로네시아 어족의 진화 과정을 나타내는 계통도를 만들었다. 이 연구를 통해 밝혀진 사실은, 언어학 자료에는 중요한 계통발생학적 정보가 많이 포함되어 있다는 것이었다. 즉 언어학 자료는 수많은 언어 요소들이 복잡하게 뒤섞인 덩어리가 아니라, 진화생물학자들이 사용하는 계통도와 유사한 속성을 지니고 있었던 것이다.

그레이와 조던은 한걸음 더 나아가, 자신들이 만든 계통도를 이용하여 오스트로네시아어를 사용하는 사람들이 태평양제도의 여러 섬들을 식민화한 과정에 대한 두 가지 경쟁적 가설을 검증했다. 당시 태평양제도의 식민화는 두 단계에 걸쳐 이루어진 것으로 알려져 있었는데, 첫 번째 단계는 플라이스토세에 동남아시아의 수렵·채집인 집단이 영토를 확장한 것이고, 두 번째 단계는 지금으로부터 약 5500년 전 중국과 타이완으로부터 오스트로네시아어를 사용하는 사람들이 대거 이동해온 것이다. 그런데 전문가들은 두 번째 대이동의 방식을 놓고 '원주민과 이주민의 피가 거의 섞이지 않은 채 급속히 진행됐다'는 설(특급열차 가설)과 '원주민과 이주민의 피가 충분히 섞이면서 서서히 진행됐다'는 설(덩굴로 뒤덮인 강둑 모델)로 나뉘어 논쟁을 벌이고 있었다.

두 가지 가설 중 어느 것이 타당한지를 밝히기 위해, 그레이와 조던은 먼저 고고학 자료를 이용하여 식민화가 진행된 과정을 분석했다. 분석 결과, 태평양제도의 2차 식민화는 타이완에서부터 시작하여 뉴질랜드와 하와이에 이르기까지 지리적으로 질서정연한 패턴으로 진행된 것으로 나타났다. 그 다음은 이러한 식민화 패턴을 앞에서 만든 오스트로네시아어의 계통도와 비교할 차례였다. 그레이와 조던의 생각은 다음과 같았다. "식민화가 서서히 진행되면, 이주민과 원주민의 언어가 서서히 뒤섞이면서 동화되는 상황이 발생한다. 이 경우 언어의 계통도가 매우 복잡하고 불투명해지므로, '식민화의 진행패턴'과 '언어의 계통도'는 일치할 가능성이 낮다. 이와 반대로 식민화가 급속히 진행되면 언어의 계통도가 명확해지므로, 식민화의 진행패턴과 언어의 계통도는 일치할 가능성이 높다." 비교 결과 식민화의 진행패턴과 언어의 계통도는 매우 유사한 것으로 나타나, '특급열차 모델'이 '덩굴로 뒤덮인 강둑 모델'보다 더 타당하다는 결론이 내려졌다.

그레이와 조던의 연구결과는 '언어의 진화가 생물학적 진화와 비슷한 방식으로 진행된다'는 다윈의 직관을 지지하는 것이다. 그 후 많은 연구자들이 이와 유사한 방법을 이용하여 선사시대의 역사에 관한 많은 가설들을 검증해왔다. 예컨대 '지금으로부터 약 8000~9500년 전 아나톨리아 반도에서 농업이 전파된 것을 기점으로 하여 인도-유럽어족이 확산되었다'는 가설[62]과, '생물의 경우와 마찬가지로, 언어도 가끔씩 급격히 진화한다'는 놀라운 가설[63] 등이 바로 그것이다.

계통발생학적 방법은 민족지학, 고고학, 언어학, 유전학 등에서 유래하는 자료들을 통합하는 데 유용한 틀을 제공할 뿐만 아니라,[64] 문화진화의 다양한 메커니즘들을 밝혀내는 데도 도움을 준다. 예컨대 영국 레딩 대학교의 마크 페이젤 등(2007)은 "영어의 '테일tail'과 같은 단어들은 상이한 인도-유럽어들 사이에서 다양한 형태를 지니면서 급속하게 진화하는 반면, 숫자를 나타내는 '투two'와 같은 단어들은 많은 언어집단에 걸쳐 유사한 형태를 유지하며 느리게 진화한다"는 점에 주목했다.

페이젤이 이끄는 연구팀은 계통발생학적 방법을 이용하여 87개 인도-유럽어족 언어들을 분석함으로써, "특정 단어가 현대어에서 사용되는 빈도를 알면, 그 단어가 수천 년간 진화해온 속도를 예측하는 것이 가능하다"는 것을 입증했다. 그는 유럽의 4개 주요 언어에서 두루 나타나는 경향을 하나 발견했는데, 이는 '자주 사용되는 단어일수록 더 느리게 진화하며, 드물게 사용되는 단어일수록 더 빨리 진화한다'는 것이다. '각 단어의 진화속도에 차이가 나는 이유'를 설명하는 일반원리를 제시한 연구자는 페이젤이 처음이었다.

그렇다면 자주 사용되는 단어일수록 더 느리게 진화하는 이유는 무엇일까? 아마도 특정 단어를 많이 사용하게 되면, 일종의 정화 메커니즘이 작동해 단어의 변화가 억제되는 것 같다. 이러한 원리는 다른 비교언어학적 특징들을 이해하는 데도 도움을 준다. 예컨대 한 언어가 다른 언어와 접촉하는 동안 사용 빈도가 가장 낮은 어휘부터 우선적으로 변화하며, 사용 빈도가 가장 높은 단어는 변화하거나 대체될 가능성이 적을 것으로 예상된다. 더욱이 일부 단어들의 경우 상당히 오랜 기간에 걸쳐 일정한 어휘 구조를 유지한다. 영어의 경우 자주 사용되는 단어는 고대 영어의 어원에서 유래하는 경우가 많다. 예컨대 영어의 불규칙 동사는 종종 고대의 형태를 유지하며, 가장 자주 사용되는 동사에 해당한다. 페이젤에 의하면, 흔히 사용되는 몇몇 단어들은 매우 느리게 진화했기 때문에 수만 년 동안이나 동일한 어휘 형태를 유지할 수 있었다고 한다. 일부 단어가 이처럼 느리게 진화한다는 것은 문화가 유전자와 마찬가지로 매우 정확하게 복제된다는 것을 보여준다.

아기의 이름과 애완견의 인기품종 변화

우리는 인간이 고도의 지능을 보유한 동물이며 세련된 인지적 추론에 따라 행동한다고 생각하는 경향이 있다. 이것은 사회학습 이론의 가정과도 일치한다. 사회학습 이론들은 개인의 모방이 매우 선택적·차별적으로 이루어질 것이라고 예상한다. 따라서 인간의 행동을 연구하는 문화진화 이론들은 대부분 다음과 같은 모방규칙들을 탐구하고 있다. ① 표본조사를 해보고, 다수의 행동에 따른다. ② 최고의 성과를 거둔 행동을 모방한다, ③ 지위가 높은 개인들의 행동을 모방한다.

하지만 문화진화론자들은 한걸음 더 나아가, "모방의 대상이 되는 사람들, 즉 시범자들은 나름 안목이 있는 사람들이므로, 심지어 무작위 모방행위조차 광범위한 상황에서는 적응적일 수 있다"는 의견을 내놓았다.[65] 즉 시범자의 행동은 모든 가능한 대안 중에서 무작위로 선택된 것이 아니라, 시범자들이 나름의 기준(예: 고수익 등)에 따라 엄선한 '최선책의 부분집합'이라는 것이다. 이 같은 주장은 자연계에서 모방이 널리 성행하는 이유를 설명하는 데 도움이 될 수 있다.

무작위 모방이 문화진화의 일반적 특징 중 하나임을 시사하는 증거들이 속속 제시되고 있다. 그렇다고 놀랄 것까지는 없다. 생물학적 진화의 경우에도, '유전물질의 무작위적 복제'를 뜻하는 무작위 유전적 부동이 진화의 밑바닥에 깔려 있는 중요한 과정으로 인정되고 있기 때문이다. 유전적 부동을 설명하는 모델들은 종종 중립모델이라고 불리기도 하는데, 그 이유는 '유전적 부동으로 인한 변이가 개체의 성공에 미치는 영향이 중립적이라고 간주되기 때문'이다.

중립모델은 일부 동물의 사회학습에도 적용되는데, 대표적 사례는 몇몇 새들의 울음소리 학습이다. 예컨대, 되새chaffinch의 울음소리에는 고만고만한 변종들이 존재하는데, 이러한 변화 패턴은 무작위적 모방으로 설명할 수 있다.[66] 최근 문화진화론자들은 "집단유전학에서 차용한 중립모델이 문화진화 연구의 강력한 도구가 될 수 있으며, 중립모델을 이용하면 개의 품종별 인기에서부터 도자기의 장식 문양에 이르기까지 일련의 현상들을 잘 이해할 수 있다"고 주장해왔다.[67]

카발리-스포르차와 펠드먼(1981)은 무작위 문화적 부동에 대한 이론적 분석을 최초로 시도하여, 무작위 모방이 문화적 변이의 분포에 영향을 미치는 메커니즘을 밝혔다. 만일 부모가 무작위 모방을 통해 자녀의 이름을 지어준다면, 대부분의 부모들이 극소수의 인기 있는 이름들만을 중복 선택할 것이므로, 인기 없는 이름들은 찬밥 신세를 면치 못할 것이라 예상할 수 있다. 예컨대 앨저넌이나 거트루드 같은 드문 이름을 고른 부모들을 수천 명 모아도, 존이나 엘리자베스와 같은 흔한 이름 하나를 고른 부모의 수에 훨씬 못 미칠 것이다. 이러한 데이터 분포를 멱함수 분포라고 하는데, 조사 결과 정말 그런 것으로 밝혀졌다.

이 책을 집필하던 당시 각각 인디애나 대학교와 블루밍턴 앤드 더럼 대학교에 재직 중이던 매튜 한Matthew Hahn과 알렉스 벤틀리Alex Bentley(2003)가 20세기를 10년 단위로 나눠 분석한 결과, 각 10년마다 미국에서 사용된 갓난아기 이름의 빈도 분포가 남녀를 막론하고 멱함수 분포를 따르며, 이러한 경향이 100년 이상 유지된 것으로 나타났다. 이 같은 결과는 인구가 증가하고, 매 10년마다 이름이 새로 등장하거나 사라지며, 특정 이름에 대한 인기가 크게 바뀌는 경우가 흔한데도 불구하고 나온 것이었다. 부모 개개인들은 자녀의 이름을 고르기 위해 열과 성의를 다하는 것 같지만, 하나의 집단으로서의 부모들은 무작위 선택과 똑같은 방식으로 행동하기 마련이다. 왜냐하면 흔한 이름은 희귀한 이름보다 부모들에게 주목받거나 고려될 가능성이 높고, 특정한 이름이 선택될 가능성은 이름을 지을 당시의 빈도수에 대체로 비례하기 때문이다.

초기 게르만족의 농경 정착지(기원전 5300년~4850년)에서 출토된 도자기의 장식 문양, 지난 40년간 미국에서 특허 등록된 발명품의 이용 빈도, 과학자들의 학술지 인용 빈도 등 다양한 문화현상에서도 멱함수 분포와 유사한 속성이 관찰되었다.[68]

또한 중립모델은 무작위 모방으로부터의 이탈 여부를 검증하기 위한 귀무가설로 사용될 수도 있다. 예컨대 집단유전학에서 직접 받아들인 수학모델을 응용하여 분석한 결과, 지난 50년간 미국에서 나타났던 '애완견의 품종별 인기 변화' 추세는 무작위 문화적 부동으로 설명할 수 있는 것으로 밝혀졌다.[69] 애완견의 품종별 인기 변화 추세가 멱함수 분포와 부합한다는 것은, 소유주의 품종 선택 방법이 무작위 모방 패턴과 유사하다는 것을 강하게 시사한다. 이 연구 결과는 아무런 근거도 없이 널리 퍼져 있는 "유명한 애완견 전시회에서 최우수상을 받은 품종의 인기가 단기간에 높아졌다"는 견해와 상충된다.

하지만 이 연구는 무작위 모방 모델과 부합하지 않는 예외적 데이터 하나를 주목했다. 그 내용은 "1985년판 디즈니 애니메이션 영화 〈101마리 달마시안〉이 개봉된 뒤 8년 사이에 달마시안 품종의 판매가 여섯 배나 증가했다"는 것이었는데, 이 변화는 중립모델에서 나타날 수 있는 품종별 인기 변화의 상한선을 초과하는 것이었다. 장차 애완견을 소유할 사람들이 영화, 비디오, DVD 등을 통해 달마시안을 알게 된 경우가 실물을 통해 알게 된 경우를 훨씬 초과함으로써, 비록 일시적이기는 하지만 달마시안의 판매를 극적으로 촉진한 것으로 보인다.

비판적 평가

문화진화론의 비판자들은 "어떤 문화정보가 획득될 것인지를 정하는 것은 우리의 유전자며, 문화형질이란 정보가 개인들 사이에서 전달될 때마다 재구축되기 때문에 복제된다고 할 수 없다"고 주장하며 문화진화론자들을 몰아세웠다. 생물학적 진화와 문화적 진화의 유사성에 대해 의문을 품는 연구자들도 있다. 아래에서는 이들 주장을 하나씩 차례로 살펴볼 것이다. '문화를 별개의 묶음으로 나눌 수 없다'는 비판은 문화진화론자와 유전자-문화 공진화론자에게 모두 해당되는 비판이므로, 다음 장에서 다루기로 한다.

문화를 선택하는 것은 유전자다

때로는 사악한 것으로 여겨지기도 하는 미메틱스의 관점 중 하나는 '인간이 자신의 신념, 가치관, 생활방식을 선택할 수 있는 능력을 상실했다'는 것이다. 비도덕적인 마인드 바이러스가 우리의 생활을 지배하고 있는 것이 분명하며, 밈이 우리를 선택하고 조종하는 것이지, 그 반대는 아니라는 것이다.

기존의 관점을 송두리째 뒤집은 이 초현실적 관점(미메틱스)의 한 가지 문제는 '인간의 정신이 수백만 년에 걸쳐 진화해왔다는 사실을 등한시하는 것 같다'는 점이다. 하지만 "인간은 진화를 통해 다양한 문화형질을 평가하는 능력과, 입수된 정보를 여과하여 채택하는 능력을 갖추게 되었다"는 것이 많은 이들의 생각이다. 인체가 병원성 바이러스를 물리치는 면역계를 보유하고 있다면, 인간의 정신도 '못된 밈'을 억제할 수 있는 방어체계를 가지고 있지 않을까? 물론 모든 문화진화론자들이 미메틱스의 시각을 받아들이는 것은 아니지만, 그들 중 상당수는 인간의 '진화된 심리'가 문화학습에 영향을 미치는 과정을 거의 강조하지 않는다. 그러다 보면 인간행동의 근저에 있는 복잡성을 간과하는 우를 범하기 십상이다.

진화심리학자들에 의하면, 인간의 정신은—마치 임대하려고 내놓은 아파트처럼—문화지식이 제 발로 들어와 채워주기를 기다리는 '빈껍데기'가 아니라고 한다.[70] 우리가 다른 사람들로부터 얻는 사상, 지식, 기술 등에는 우리의 '진화된 성향'이 상당히 많이 반영된다. 개인의 유전자는 특정 문화형질이 채택되도록 유도할 수 있는데, 이것은 내용 편향의 일례라고 할 수 있다.[71] 일부 편향들, 예컨대 '당분이 많이 함유된 식품을 좋아하는 경향'이나 '눈이 커다란 얼굴을 매력적이라고 생각하는 경향'은 아마도 보편적이겠지만, 유제품이나 술에 대한 선호도 등은 개인별로 유전형에 따라 달라진다.

행동유전학자들의 최근 연구들은 '유전적 차이가 인간의 성격특성과 행동의 다양성을 어느 정도 설명해준다'는 것을 시사하고 있다.[72] 일부 유전적 차이가 다음 세대에 전달되어 자손들의 행동에 영향을 미친다는 주장은 매우 그럴듯해 보인다. 진화생물학 내부에 광범위하게 퍼져 있는 견해는 "가변적 형질의 밑바닥에는 대부분 유전적 변이가 깔려 있다"는 것이다. 동식물을 사육·재배하는 사람들은 젖소의 우유 생산량이나 식물의 수확량을 증대시키기 위해 인위적 선택을 하는 경우가 많은데, 이 경우 선택된 형질에 유전적 변이가 없다면 성공이 불가능할 것이다.

유전적 차이는 동물의 행동형질(예: 설치류가 우리 안을 두리번거리는 것이나 비둘기가 둥지로 되돌아오는 것)에서도 찾아볼 수 있다. 인간의 경우도 마찬가지다. 특정한 문화형질을 채용하는 사람들의 성향은 뇌의 화학적·구조적 특징에서 유래하며, 그러한 뇌의 특징은 다양한 유전자에서 유래한다는 점을 감안하면, 일부 유전적 변이가 사람의 신념이나 행동에 영향을 미친다는 주장은 신빙성이 매우 높아 보인다. 지적 성향을 가진 사람들은 체스를 좋아하고, 감각을 추구하는 사람들은 스쿠버 다이빙이나 행글라이딩을 좋아하는 경향이 있다는 말도 직관적으로 타당한 것처럼 여겨진다. 만약 진화심리학자들의 주장이 옳다면, 보편적인 문화형질들이 많이 존재해야 할 것이다. 왜냐하면 선택의 역사를 통해 그러한 문화형질을 채용한 사람들이 수혜자가 되었을 것이기 때문이다. 보편적 문화형질을 초래하는 편향의 예로는 사회적 편향[73]과 혐오 편향[74] 등이 있다.

하지만 '내용 편향이 문화진화를 설명할 수 있는 유일한 도구'라는 일부 진화심리학자들의 주장에는 무리가 있다.[75] 유전적으로 진화된 성향에 역행하는 문화형질이나 적합성이 떨어지는 문화형질이 사회적으로 전파될 수 있음을 보여주는 문화진화 모델은 얼마든지 있기 때문이다.[76] 여러 실증적·이론적 연구들은 "진화된 심리적 메커니즘EPM

의 매우 일반적인 형태(예: '순응' 또는 '가장 성공적인 사람을 모방함')가 득세하는 상황이 올 수도 있다"고 설명하지만, 그로 인해 정보의 내용이 크게 좌우되는 것 같지는 않다.[77] 다시 말해서, '사회에서 유통되는 정보를 검색·여과하고 다양한 방식으로 재구축함으로써 지식의 획득 과정에 영향을 미치는 것'이 EPM의 역할인 것은 사실이지만, 그렇다고 해서 환경과 문화가 학습된 행동에 미치는 영향은 극히 미미하다고[77] 단정지으면 곤란하다.

문화진화론의 연구결과가 시사하는 것은 "인간의 지식 획득에 대한 유전적 제약은 매우 광범위하고 포괄적이므로, EPM이 형성한 행동패턴은 개괄적인 수준을 벗어날 수 없다"는 것이다. 좀 더 강력하게 말하면, "유전자는 변화하는 환경을 구체적으로 예측하여 적응하지 못하므로, 유전자가 주도하는 문화학습은 일반적 수준을 벗어날 수 없고, 심지어 환경과 동떨어진 내용을 담을 수도 있다"는 것이다. 따라서 하나의 문화형질이 많은 경쟁자들을 물리치고 채택된 이유를 이해하려면, '유전적 성향이 무엇인가?'라는 질문보다는 '지역문화가 무엇인가?' 또는 '문화 전달자가 누구인가?'라는 질문을 던지는 것이 더 적당할지도 모른다. 이러한 사회적 지식(지역문화와 문화 전달자에 관한 지식)은 학습자가 획득하는 정보를 예측하는 데 필수적이다.

문화복제자는 없다

스페르버 등은 "한 사람의 뇌 속에 있는 생각이 다른 사람의 뇌로 온전히 전달되는 것은 불가능하므로, 문화복제자는 존재하지 않는다"고 주장한다.[79] 이에 따르면, 한 사람의 뇌 속에 존재하는 심적 표상은 그에 대응하는 행동을 결과물로 내놓고, 상대방은 이 행동 결과물을 포착하여 자신의 표상을 구축하는 데 사용하는 것이지, 표상 자체가 뇌에서 뇌로 복제되는 것은 아니라고 한다. 이 같은 주장에 따르면, 복제된 유전자가 대대로 상속되는 생물학적 진화와는 달리, 문화적 진화의 경우에는 복제자에 의한 전달과정이 존재하지 않는다고 할 수 있다.

그런데 '사회적으로 학습된 정보가 개인의 뇌 속에서 재구축된다'는 주장에는 눈여겨볼 점이 한 가지 있다. 바로 '인간의 뇌 속에서 정보의 재구축을 담당하는 인지 유도자cognitive attractor라는 진화된 구조가 존재하지 않는다면, 사본(피전달자의 심적 표상)이 원본(전달자의 심적 표상)과 유사하다는 것을 보증할 수 없다'는 것이다.[80] 하지만 만일 인지 유도자가 존재한다면 사본이 원본과 매우 유사할 것이므로, 문화복제자가 실제로 존재하는 것처럼 보일 수도 있다.

문화진화론자들의 입장에서 볼 때, "문화복제자는 없다"는 비판은 두 가지 의미로 해석될 수 있다. 첫째, "참된 밈은 '재구축된 정보'가 아니라 '전달된 정보'를 바탕으로 한다"는 노선을 추구하는 연구자들에게 이는 미메틱스에 대한 정면도전으로 간주된다.[81] 하지만 모든 문화형질의 심적 표상에는 최소한 어느 정도의 재구축이 존재하기 마련이므로,[82] 이 같은 비판이 미메틱스를 부정할지언정 문화진화론 자체를 곤경에 빠뜨린다고 볼 수는 없다. 오히려 정보 재구축의 존재를 합리화할 명분을 제공함으로써, 문화진화론자들에게 활로를 열어준다고 할 수 있다.

좀 더 쉬운 설명을 위해, 두 명의 사회 구성원 사이에서 문화적 메시지가 전달되는 경우를 생각해보자. 스페르버의 주장대로라면, 이 메시지 속에는 핵심 문화정보만 포함되고, 기타 부수적인 정보는 (어차피 상대방의 정신에 의해 재구축될 것이므로) 생략되어도 무방하다. 사실, '상대방의 뇌에 의해 재구축될 정보'는 잉여 정보redundant information이므로, 이것을 메시지에 포함시키는 것은 에너지 낭비라고 볼 수 있다. 만일 그럼에도 불구하고 잉여 정보를 전달하는 유기체가 있다면, 효율적일 유기체(에너지를 낭비하지 않는 유기체)와의 경쟁에서 패배할 것이 분명하므로, 잉여 정보는 자연선택을 통해 결국 제거되기 마련이다. 메수디와 화이튼(2004)이 실시한 전달사슬에 관한 실험에서, 잉여 정보는 시간이 경과함에 따라 체계적으로 소멸되는 것으로 밝혀졌다. 이처럼 재구축이 사본(피전달자의 심적 표상)과 원본(전달자의 심적 표상)의 일치를 촉진함으로써 사회적 학습을 돕는 역할을 한다면, '재구축된 형질'도 '전달된 형질'과 마찬가지로 문화진화의 대상에 포함시키는 것이 마땅하지 않을까?

스페르버의 비판은 문화진화론자들에게는 오히려 희소식이 될 수도 있다. 인간이 특정한 문화형질을 재구축하는 성향을 갖고 있다면, 이는 문화의 충실도가 높아질 것으로 예상할 만한 또 다른 이유가 되기 때문이다. 중요한 것은 '진화된 유전적 성향이 지시하는 바에 따라 문화형질이 재구축된다'는 사실이 '문화가 진화한다'는 가설과 모순되지 않는다는 것이다. 단, 사회적 학습이 진행되는 동안 '전달되는 정보'와 '재구축되는 정보'가 각각 얼마큼인지는 별도의 연구가 필요하겠지만 말이다.

"문화복제자는 없다"는 비판에서 이끌어낼 수 있는 두 번째 의미는 문화진화론자들이 종종 사용하는 수학적 모델과 관련된 것이다. 참된 문화복제자가 존재하지 않는다면, 문화변동의 역학은 정신 속에 존재하는 진화된 구조, 즉 인지 유도자에 의해 지배된다. 그런데 문화진화론자들이 사용하는 수학적 모델은 유전자와 유사한 이산형 복제자 discrete gene-like replicator의 존재를 가정하고 있기 때문에, 인지 유도자를 인정할 경우 모델의 정확성이 떨어질 수밖에 없다. 조지프 헨리치Joseph Henrich(2008)가 지적한 바와 같이 이것은 문화진화론의 잘못에서 비롯된 일이라고 볼 수 있으며, 그 결과 많은 수학적 분석 결과들이 문화진화론 이론과 일치하지 않는 현상이 벌어졌다.[83] 이에 헨리치와 보이드(2002)는 연속형질과 강력한 인지 유도자를 도입하여 새로운 문화전달 모델을 구축했는데, 이 모델을 살펴보면 복제 충실도가 낮고 문화선택 강도가 약하다는 것을 알 수 있다.

하지만 이러한 문제점에도 불구하고, 이산형질 복제자의 역학모델을 이용하면 문화변동의 집단역학이나 문화형질의 최종 분포를 매우 근사하게 파악할 수 있다. 이는 '문화진화의 밑바탕에 실제로 복제가 존재하는지 여부와 무관하게, 모델 분석에서 문화복제자를 가정하는 것이 합리적인 경우가 많다'는 것을 의미한다. 달리 말하면, "비록 뇌와 뇌 사이에서 정보가 충실하게 복제되지 않더라도 문화진화론자들이 사용하는 수학모델은 비교적 정확하다고 볼 수 있다"는 것이다.

나아가, 헨리치와 보이드(2002)는 문화복제자가 문화진화에 필요한 전제조건이 아님을 밝혔다. 즉, "문화전달 과정이 어떻든 간에, 집단의 특징을 정확하게 복제하기만 한다면 문화진화를 이룰 수 있다"는 것이다. 헨리치와 동료들(2008)은 화살의 길이를 정해야 하는 사냥꾼의 사례를 들어 이 점을 자세히 설명했다. 사냥꾼은 자신이 속한 집단에서

*n*명의 사람들(이들을 '시범자'라 한다)을 표본으로 추출하여, 그들이 갖고 있는 화살의 길이를 조사한 뒤, 평균을 계산해 자신이 만들 화살의 길이로 삼는다. 예컨대 n=3이고, 시범자들의 화살 길이가 각각 16㎝, 20㎝, 21㎝라면, 사냥꾼은 화살의 길이를 19㎝로 정한다. 이 경우 19㎝의 화살은 표본에 포함되어 있지 않으므로, 복제, 생식력, 수명 등의 개념은 개입될 여지가 없다는 점을 주목하라. 하지만 만약 이 표본조사를 바탕으로 하여 수학모델을 구축하고, 나아가 '사냥꾼들은 최고의 명사수들로부터 시범자를 고른다'는 가정을 추가한다고 치자. 이 경우 화살 길이의 적응진화가 이루어져, 사냥꾼 집단의 화살 길이는 최적치에 수렴하게 될 것이다. 이처럼 문화변동은—문화복제자의 존재 여부와 무관하게—문화진화론자들이 만든 수학기법을 사용하여 효과적으로 연구할 수 있다.

유전 과정과 문화 과정은 얼마나 비슷한가?

"인간의 문화에 대한 합리적 이론을 수립하는 가장 빠르고 쉬운 방법은 '다윈주의의 개념과 방법론을 차용하여 인간 문화의 구조적 특징에 맞도록 적절히 조절하는 것'이며, 이렇게 함으로써 인간행동에 대한 이해를 증진시킬 수 있다"는 것이 문화진화론자들의 생각이다.[84] 그러나 이 같은 추론은 유전 과정과 문화 과정 사이에 뚜렷한 유사성이 존재해야만 가능할 것이다. 여기서는 문화적 진화와 생물학적 진화 사이의 분명한 차이점을 몇 가지 살펴보고자 한다.

많은 연구자들의 주장에 의하면, 문화적 진화는 생물학적 진화와 달리 통합적·수평적 전달이 관여한다고 한다.

> 생물학적 진화는 한 번 분지分枝된 것이 나중에 재결합되지 않고 지속적으로 발산해나가는 시스템이다. 혈통은 한 번 나뉘면 영원히 분리된다. 하지만 문화적 진화는 다르다. 인류의 역사에서 일어나는 문화변동의 주요 원천은 아마도 계통을 뛰어넘어 이루어지는 전달일 것이다.[85]

굴드로부터 "문화정보는 개념적인 계통을 뛰어넘어 도약한다"는 지적을 받자, 밈의 열렬한 지지자인 대니얼 데닛(1995)은 두 가지 측면에서 미메틱스의 문제점을 절감했다. 첫째는 진화의 계통이 엉망으로 뒤섞인다는 것이며, 둘째는 밈의 외적 표현이 너무나 빨리 변화하기 때문에 특정한 밈을 추적할 기회가 없다는 것이다. 이들 문제가 매우 부담스러웠으므로, 데닛은 미메틱스가 학문으로 성립될 수 있을지에 대해 비관적이었다. 이 같은 문제가 문화진화 이론에 보다 일반적으로 적용될 수 있을까?

사실 이상과 같은 사고방식은, '극도로 단순한 생물학적 진화 모델'을 잣대로 '복잡한 문화 개념'을 함부로 재단하는 사례 중 하나라고 볼 수 있다. 생물학적 진화와 문화적 진화 간의 차이를 이분법적으로 바라보는 것은 생물과 문화 모두에 대한 왜곡이다. 문화진화가 주로 수렴을 통해 이루어진다는 것은 하나의 가설에 불과하다. 투르크멘들이 만든 직물을 대상으로 '문화진화의 수렴성'을 검토한 실증연구에서는, "직물 디자인은 (여러 계통을 가로질러 광범위한 차용이 발생할 경우 예상되는) 수렴형 패턴보다는 (나뭇가지가 갈라져나가는 것을 방불케 하는) 분산형 패턴으로 전달되는 특징이 두드러진다"는 결론이 내려졌다.[86] 이 책에서도 계통을 따라 안정적으로 전달되는 문화형질의 사례를 여러 차례 제시한 바 있다. 예컨대 언어의 진화는 수직적 전달의 특징인 나뭇가지 모양의 구조를 나타내는 경우가 많다.

이와 반대로, 생물학적 진화의 경우에도 혈통의 수렴이 자주 발생한다. 예컨대 지의류는 균류와 조류가 공생하는 복합식물이며, 미토콘드리아와 엽록체는 근연관계가 없는 생명체를 받아들인 세포를 통해 진화했으리라 생각된다.[87] 유전물질이 종의 경계를 넘어 전해지는 경우가 비일비재하며(이를 유전자 이입introgression이라고 한다), 바이러스와 플라스미드는 유전물질의 수평적 전달을 매개한다. 또한 세균과 고세균 사이에서 유전물질이 수평적으로 전달되는 사례도 보고된 바 있다.[88] 이상에서 언급한 사항들을 종합하면, 문화적 진화와 생물학적 진화 간의 차이는 굴드의 주장만큼 두드러지지는 않는 것 같다.

아무리 그렇다고 해도 생물학적 진화와 문화적 진화에서 관찰되는 혈통 간 통합의 정도에는 양적 차이가 존재하며, 이로 인해—전부는 아니지만—일부 문화진화 이론에 문제가 발생할 가능성이 있다. 예컨대 본래 생물학적 진화를 설명하기 위해 만들어진 계통발생학적 방법을 문화현상에 적용하는 데는 많은 어려움이 따르지만, 연구자들은 경솔하게도 이를 무시하는 경향이 있다.[89] 그럼에도 불구하고, 문화진화론 연구자들은 이 같은 어려움을 핑계로 현재의 방법론을 포기해서는 안 되며, 최상의 분석도구 개발에 박차를 가하는 계기로 삼아야 한다는 것이 우리의 생각이다.

혈통을 가로지르는 차용이 상당한 수준인 경우에도 계통발생학적 추정이 적중하는 경우가 많다는 것이 이론연구에 의해 확인되었으며,[90] 차용에 맞추어 설계된 새로운 계통발생학적 네트워크 방법도 등장하기 시작했다.[91] 따라서 문화진화론자들의 당면과제는 ① 계통을 가로지르는 문화지식의 전달이 분석의 가정에 심각하게 위배되는 경우를 확인하고, ② 새로운 방법이 기존의 방법보다 우수한 것으로 드러나면 바로 그 방법을 사용하는 것이다.

한편 "문화진화는 '라마르크적'이다"라는 주장이 빈번하게 제기되며, 때로는 이러한 주장 하나만으로도 문화진화론을 무효화시키기에 충분한 것으로 간주되기도 한다.[92] '라마르크적'이라는 말은 획득형질이 유전되는 경우를 기술하기 위해 사용되며, 획득형질은 오랫동안 '생물의 진화 과정에서 아무런 역할을 하지 못한다'고 멸시받아 왔다(제2장 참조). 분명히 말하지만, 문화진화를 라마르크 학설과 동일시할 수는 없다. 왜냐하면 학습된 내용은 유전자 코드에 아무런 변화도 초래하지 않기 때문이다. 하지만 사람들은 종종 다른 사람이 변경시킨 정보를 이어받는 경우가 있기 때문에(유도된 변이), 사회적 학습이 라마르크 학설에서 이야기하는 유전과 비슷하게 보일 수는 있다.

문화의 유전을 '라마르크적'이라고 부르는 것이 적절한지 여부는 문화진화론에서 사용하는 '유전형'과 '표현형'의 유사체를 어떻게 정의하느냐에 달려 있다.[93] 그렇지만 중요한 점은 아무도 사회적 학습을 라마르크의 개념이라고 생각하지 않으므로, 문화진화에 '라마르크적'이라는 딱지를 붙여 매도할 수는 없다는 것이다. 물론 사람은 자신이 습득한 정보를 바꾼다. 그리고 우리가 그것을 라마르크적 과정의 결과로 간주하든 문화적 돌연변이의 결과로 간주하든(또는 그밖의 다른 작용의 결과로 간주하든), 상속 가능한 문화 변이체는 여전히 차별적인 전달과 채택의 과정을 거치게 될 것이다. 그러므로 굳이 라마르크적 유전에 대한 이야기를 끄집어내 논지를 흐릴 필요는 없다고 생각한다.

이와 관련하여 더욱 흥미로운 점은, 문화진화가 때때로 인위적으로 유도되거나 의도적으로 이루어지기도 한다는 것이다. 헐(1982)은 "논평자들이 문화진화를 '라마르크적'이라고 주장할 때 염두에 두고 있는 특징은 '사람들은 적어도 가끔씩 문화의 문제점을 알아차리고, 이를 해결하고자 노력한다'는 것"이라고 지적한다. 이에 대해 핑커는 다음과 같이 언급한 바 있다.

> 상대성이론과 같은 밈은 몇 가지 독창적 관념 위에 수백만 개의 무작위 돌연변이가 축적되어 탄생한 산물이 아니다. 상대성이론이 만들어지는 과정에서, 생산라인에 서 있던 개별 두뇌들은 비무작위적 방식으로 엄청난 가치를 덧붙여 나갔다.[94]

핑커의 말은 옳지만, 그렇다고 해서 문화진화를 부정할 수는 없다. 집단유전학자나 동물육종가들의 경우를 생각해보라. 그들이 의도적으로 진화시킨 새로운 품종들을 '인위적 선택의 결과를 진화라고 부를 수 없다'라는 이유를 내세워 부정할 수는 없지 않은가? "문화 수준의 돌연변이는 무작위적이 아니며, 때로는 다른 수준의 진화적·비진화적 과정을 통해 습득한 정보를 반영한 똑똑한 변이체일 수도 있다"는 사실은 문화진화의 약점이 아니다. 그것은 오히려 문화진화를 탐구해볼 만한 가치가 있는 대상으로 만든다. 문화진화는 상속 가능한 문화 변이체가 차별적으로 전파될 때는 언제라도 일어난다. 이 경우 해당 변이가 무작위적으로 생성되었는지 여부는 문제되지 않으며,[95] 일부 문화진

화 모델들은 비무작위적 발명을 가정하기도 한다.[96]

사실, 인간의 창조성을 다룬 문헌들을 읽어보면, 상당수의 문화변이가 무작위적이며, 유도된 것이 아님을 알 수 있다.[97] 왓슨과 크릭이 다양한 분자모델을 궁리한 끝에 이중나선 구조를 생각해낸 것처럼, 혁신이나 발견은 시행착오의 결과인 경우가 많다.[98] 심지어 어떤 경우에는 문제를 해결하려는 의도조차 필요조건이 아님이 드러난다. 예컨대 제1회 노벨 물리학상을 수상한 빌헬름 뢴트겐은 음극선이 어떻게 상이한 물질들을 관통하는지를 연구하다가, 1895년 우연히 자신도 모르는 사이에 엑스선을 발견한 것으로 알려져 있다. 그밖의 우연적 발견과 발명에는 발전동물, 일산화질소 마취제, 전자기電磁氣, 오존, 사진, 다이너마이트, 축음기, 백신, 사카린, 방사능, 고전적 에어컨, 페니실린, 테플론, 벨크로 등이 있다.[99] 과학기술사를 연구하는 사람들은 천재성보다는 행운, 재조합, 점진적 세련화 등의 중요성을 지적하면서, '영웅적 발명가의 신화'를 비판한다.[100]

남아 있는 논란

문화진화론 분야는 최근 십 년 동안 크게 발전했다. 문화진화론은 실증적·이론적 연구자들의 활발한 활동으로 인해 진지하고 엄밀한 학문으로 진화했으며, 그들의 영향력도 꾸준히 증가해왔다.[101] 생물학적 진화와 문화적 진화가 얼마나 비슷하며, 양자 간의 차이가 얼마나 큰 문제를 일으키는지에 관한 논란은 아직 남아 있다. 또한 문화진화론과 진화심리학 간의 긴장 상태도 여전히 존재한다. 예컨대 진화심리학의 옹호자들은 "문화진화론자들이 진화된 내용 편향의 중요성을 간과한다"고 믿고 있다. 우리는 이 책의 마지막 장에서 이들 주장 중 몇 가지를 골라 재검토할 것이다. 하지만 그에 앞서서, 생물학적 진화와 문화적 진화를 동시에 탐구할 수 있게 해주는 접근방법을 살펴보기로 하자. 바로 유전자-문화 공진화론이다.

더 읽을거리

보이드와 리처슨의 『문화와 진화 과정』(1985)과, 카발리-스포르차와 펠드먼의 『문화 전달과 진화: 계량적 접근』(1981)에는 문화진화론 및 유전자-문화 공진화론의 방법과 연구 결과를 포괄적·형식적으로 개관하는 내용들이 담겨 있다. 리처슨과 보이드의 『유전자만이 아니다』(한국어판, 이음, 2009)는 그 문제에 대해 더욱 접근하기 쉬운 개론서이다. 블랙모어의 『밈』(한국어판, 바다출판사, 2010)은 미메틱스의 관점을 제시한다. 바살라의 『기술의 진화』(한국어판, 까치, 1996)는 다윈주의의 원리를 통해 과학과 기술이 어떻게 진화하는지를 설명하는 주목할 만한 책이다. 블루트의 『다윈주의적 사회문화 진화론』Darwinian Sociocultural Evolution(2010)은 문화진화론적 사고를 광범위하고 포괄적으로 옹호하는 책으로, 사회과학에 관심이 있는 독자들에게 적합하다. 간략한 문화진화론 입문서로는 알렉스 메수디와 동료들이 저술한 논문들(2004, 2006b)이 있다.

토론할 문제들

1. 문화진화론과 미메틱스의 차이는 무엇인가?
2. 동물에게도 문화가 있는가? 만약 그렇다면 문화의 진화는?
3. 계통 간에 차용이 이루어진다고 해서, 인간의 문화를 연구하는 데 계통발생학적 방법을 사용하는 것이 무의미하다고 할 수 있는가?
4. 인간의 문화학습을 지배하는 것은 내용 편향인가, 아니면 맥락 편향인가?
5. 사회적 학습의 전략은 무엇인가? 인간은 전략적으로 모방하는가?
6. 생물학적 진화와 문화적 진화의 유사점과 차이점은 무엇인가?

SENSE & NONSENSE

제 7 장

유전자-문화 공진화론

GENE CULTURE CO EVOLUTION

대부분의 인간행동생태학자와 진화심리학자들은 "유전자와 환경(유전자가 발현되는 배경)이 기본적인 인간성을 형성한다"고 생각한다. 이와 대조적으로 문화진화론자들은 "문화적 과정이 인간행동의 흥미로운 측면을 좀 더 강력하게 설명해준다"고 믿으며, 대부분의 사회과학자들도 이 같은 믿음을 공유하고 있다. 양측은 유전자와 문화의 상대적 중요성을 놓고 다투고 있지만, 사실 거의 모든 사람들은 유전자와 문화가 둘 다 중요하다는 점을 인정한다.

하지만 이보다 좀 더 나은 생각은 없을까? 예컨대 유전자와 문화가 환경 속의 다른 요인들과 더불어 상호작용한다고 생각하면 어떨까? 유전자와 문화가 모두 진화한다면, 이 둘은 서로 적응하거나 상대방의 선택환경에 영향을 미치지는 않을까? 유전자와 문화가 자신의 운명을 제어하기 위해 서로 엎치락뒤치락 하는 경우도 있지 않을까?

석기는 약 250만 년 전의 고고학 유물에서 처음으로 나타났다. 이 사실이 중요한 이유는, 호모 하빌리스Homo habilis와 그 이후의 호미니드hominid 종들이 석기를 제작할 만큼 영리했을 뿐 아니라, 이 기술이 후손에게 대대로 전해졌다는 것을 의미하기 때문이다. 만일 인류의 조상들이 타인의 도구제작 기술을 모방했다고 가정하면, 이 단순한 유물(석기)은 문화의 존재를 입증하는 최초의 증거들 중 하나가 되는 셈이다. 사실 다양한 척추동물의 사회적 학습에 대한 증거를 비교해보면, 호모속의 출현보다 훨씬 앞선 시기에 문화전달이 일어났음을 짐작할 수 있다. 하지만 다른 동물들의 사회적 학습은 (조상 대대로 물려받은 상당량의 정보를 포함하고 있는) 전통을 지탱할 만큼 안정적인 경우가 드물다. 우리 조상들은 적어도 250만 년 동안 두 종류의 정보, 즉 유전자와 문화에 새겨진 정보를 확실히 상속해왔다. 이 이중의 상속은 진화 과정에 어떠한 영향을 미쳤을까?

유전적 진화와 문화적 진화의 상호작용에 초점을 맞춤으로써 양자를 동시에 이해하고자 노력하는 진화론적 접근방법은 단 한 가지밖에 없다. 그것은 인간사회생물학 논쟁 이후에 등장한 주된 진화론적 접근방법 중 하나로,[1] 유전자-문화 공진화론 또는 이중유전이론dual-heritance theory이라는 이름으로 알려져 있다. 앞의 이름은 마크 펠드먼과 루카 카발리-스포르차가, 뒤의 이름은 로버트 보이드와 피터 리처슨이 각각 지은 것이다. 일부 연구자들은 전자와 후자가 유전자, 발달, 문화 간의 관계를 각각 다른 개념으로 파악한다고 주장하지만,[2] 대부분의 연구자들은 양자의 관점에 중요한 차이가 없다고 보며 동의어로 간주한다.

유전자-문화 공진화론자들은 때때로 '문화진화'나 '문화선택'이라는 말을 쓰기도 하지만, 이들 용어는 제6장에서 다뤘던 문화진화론에서 많이 사용하는 말이므로, 여기서는 오해의 소지를 없애기 위해 '유전자-문화 공진화'라는 용어 하나만을 사용할 것이다.

유전자-문화 공진화론은 문화진화론과 진화심리학의 이종교배로 태어난 잡종식물과 같으며, 그 화분 속에 '수학적 엄밀성'이라는 영양분이 약간 첨가되었다고 보면 된다. 유전자-문화 공진화론에 열광하는 연구자들은 문화진화론자들과 마찬가지로, 문화를 '개인 사이에서 학습될 수 있고, 사회적으로 전달되면서, 진화하는 사상·신념·가치·지식 등의 풀pool'로 취급한다. 이들은 진화심리학자들과 마찬가지로, 문화학습이 생물학적으로 진화된 지식습득 구조에 늘 의존한다고 믿는다.

하지만 인간의 보편적인 유전적 능력을 강조하는 진화심리학자들과는 달리, 유전자-문화 공진화론자들은 개인의 유전적 구성을 강조한다. 예컨대 만약 당신이 알코올 내성에 관여하는 유전자를 보유하고 있지 않다면, 당신에게 싱글몰트위스키를 좋아하는 취향이 생길 가능성은 없을 것이다. 게다가 유전계에 작용하는 선택은 흔히 문화정보의 전파에 의해 생성되거나 변화한다. 일례로 낙농업의 역사는 선택압력을 형성하여 성인의 유제품 소비능력에 관여하는 유전자를 진화시켰는데, 이 점에 대해서는 이 장 후반에서 자세히 설명한다.

유전자-문화 공진화론자들에 의하면, 문화와 유전자는 '끈'으로 연결되어 있으며, 이 끈은 문화와 유전자에 의해 양방향으로 당겨진다고 한다. 문화의 출현은 진화를 촉발시킨 중요한 이정표로, 인간의 뇌를 재조직하여 '문화정보의 획득·저장·활용에 특화된 기관'으로 진화시켰다. 인간은 문화 덕분에 적응적 유연성을 발휘하여 세상에서 살아갈 수 있게 되었으며, 이 과정에서 유전자가 한 역할은 문화를 느슨하게 유도하는 것이었다.

유전자-문화 공진화의 계량적 연구는 펠드먼과 카발리-스포르차에 의해 시작되었다. 1976년 두 사람은 유전자와 문화의 상속을 모두 포함하는 단순 역학모델을 최초로 선보였다. 이 모델의 혁신적인 면으로는, 대代를 거듭하면서 달라지는 유전자 전달을 모델화했을 뿐만 아니라, 문화정보를 분석에 통합시킴으로써 유전자와 문화의 진화를 상호의존적으로 파악했다는 점을 들 수 있다.

유전자-문화 공진화론의 역사에서 흥미로운 점 중 하나는, 서로 앙숙 관계에 있던 두 진영의 연구자들이 거의 동시에 유전자-문화의 상호작용이 지니는 중요성을 인식하면서, 제각기 그 문제를 다루는 방법을 개발하기 시작했다는 것이다. 1970년대 후반 즈음 찰스 럼즈든·에드워드 윌슨으로 구성된 사회생물학 연구팀과 카발리-스포르차·펠드먼으로 구성된 문화진화론 연구팀은 이 문제를 다룬 최초의 책을 내기 위해 열띤 경쟁을 벌였다.[3] 그 결과 럼즈든과 윌슨(1981)의 『유전자, 정신, 문화』가 먼저 출판되었지만 좋은 반응을 얻지는 못했다. 이와 대조적으로, 카발리-스포르차와 펠드먼(1981)의 더 조심스럽고 두꺼운 책 『문화전달과 진화』Cultural Transmission and Evolution는 훨씬 더 나은 대접을 받았다.

럼즈든과 윌슨은 유전자-문화 공진화를 "유전자와 문화 사이에서 일어나는 복잡하고 매혹적인 상호작용"이라고 정의하며, "생물학적 필요성에 의해 문화가 생성되고 형성되는 동시에, 문화혁신에 대한 반응으로 일어난 유전적 진화에 의해 생물학적 형질이 바뀐다"고 설명했다.[4] 그들은 수학적 분석을 위해 편의상, 후속 연구자들과 마찬가지로 "문화는 문화유전자culturgen라는 별개의 '묶음'으로 학습될 수 있다"고 가정했다. 여기서 '문화유전자'란 문화의 단위를 의미하며, 도킨스의 '밈'과 동의어로 사용된다.

럼즈든과 윌슨은 "유전적으로 정해진 후성규칙과 사회적 학습의 조합이 개인의 문화유전자 선택에 영향을 미친다"고 생각했다. 두 사람은 자신들이 만들어낸 모델을 통해, 후성규칙(즉, 발달의 법칙)의 근저에 있는 유전자와 문화정보가 시간과 문화를 가로질러 변화하는 과정을 예측할 수 있었다. 이에 따라 여러 가지 결론이 내려졌는데, 그중 몇 가지를 살펴보면 다음과 같다. ① 진화된 유전적 편향이 문화정보의 채택에 영향을 미친다. ② 약한 유전적 편향은 행동의 순응에 따라 증폭될 수 있으며, 집단의 성격에 커다란 영향을 미친다. ③ 문화는 유전적 변화의 속도를 지연시키거나 가속시킨다.

많은 독자들이 "유전자가 문화를 통제한다는 것을 부각시키기 위해 모델의 가정을 조작했을지 모른다"고 의심했으므로, 럼즈든과 윌슨의 책이 가혹한 비판을 받은 것은 그리 놀라운 일이 아니었다.[5] 사회생물학 논쟁이 절정에 이르렀을 때 출판된 만큼, 럼즈든과 윌슨의 수학적 연구는 결코 객관적으로 판단될 수 없었으며, 소수의 적대적 서평자들의 견해가 책의 평가에 큰 영향을 미쳤다.

이와 대조적으로, 펠드먼과 카발리-스포르차의 저서는 훨씬 더 지속적인 영향력을 발휘했다. 펠드먼과 카발리-스포르차는 상당수의 공동연구자들과 함께 유전자와 문화 사이의 상호작용을 탐구하면서, 인상적인 수학적 이론체계를 서서히 구축해나갔다. 제6장에서 언급한 것처럼 이들은 '유전자의 전파 과정'과 '문화혁신의 확산 과정'이 유사하다는 점에 착안하여, 집단유전학에서 확립된 기존의 모델을 차용하거나 개조하여 사용하는 경우가 많았다. 이들은 대체로 럼즈든과 윌슨의 연구결과를 부정했고, 때로는 그들의 연구결과에 도전하기도 했다. 펠드먼과 카발리-스포르차는—문화진화론 분야에서 그랬던 것처럼—유전자-문화 공진화론 분야의 이론적 기초를 닦았다. 한편 인류학자 보이드와 리처슨도 다시 한 번 도전에 나섰다.

문화진화론과 유전자-문화 공진화론의 공통적 기반을 감안하면, 두 가지 접근방법이 고도의 기술적·수학적 성질을 공유하는 것은 당연하다고 할 수 있다. 다른 진화론 연구자들과 달리, 유전자-문화 공진화론 연구자들은 비非적응론적인 입장을 뚜렷이 드러내는 경우가 많다. 심지어 이들은 유전자와 문화의 상호작용에 의해 부적응적 결과가 나타날 가능성도 열어 놓고 있는데, 이는 유전자의 자연선택에 외에 다양한 유전적·문화적 과정을 통합적으로 분석하는 데서 잘 드러난다. 이 같은 유전자-문화 공진화론자들의 입장은 이러한 유類의 사고방식을 '사회생물학적'이라고 매도하는 데 익숙해진 외부인들을 경악시키거나 혼란에 빠뜨리기도 한다.

이론생물학, 유전학, 인류학, 경제학 등 여러 분야의 연구자들이 힘을 모아 창설한 유전자-문화 공진화론은 다양한 방향으로 발전해왔다. 일부 모델은 행동 및 성격과 관련된 형질의 유전을 조사하며,[6] 학습과 문화의 적응이익을 탐구하는 모델도 있다.[7]

유전자-문화 공진화론의 접근방법은 문화지식과 유전적 변이가 상호작용하는 특수한 사례를 다루는 데 적용되기도 했다. 여기에는 언어를 비롯한 편측성 특징lateralized characters의 진화,[8] 양육투자의 성적 편향으로 인한 유전적 성비性比 변화,[9] 농업의 전파,[10] 유전적 청각장애와 수화手話의 공진화,[11] 근친상간에 대한 금기의 출현,[12] 문화적 적소구축이 인간의 진화에 미친 영향,[13] 인간의 짝짓기 방식의 진화[14] 등이 포함된다. 또한 협동의 진화를 다룬 문헌들도 무더기로 발표되었다.[15]

유전자-문화 공진화론에서 다루는 문제들은 다음과 같으며, 하나같이 생물학과 사회과학의 기본적인 관심사라고 할 수 있다. ① 유전자가 문화의 성격을 제한하고 기술하는가? ② 인간의 협조와 갈등의 밑바탕에는 어떠한 과정이 깔려 있는가? ③ 문화는 어떻게 진화했으며, 인간의 혈통이 진화하는 데 어떻게 영향을 미쳤을까?

유전자-문화 공진화론은 생물학적 과정과 문화적 과정에 동시에 초점을 맞춤으로써, 인간의 행동을 이해하려는 연구자들에게 크나큰 이점을 제공할지도 모른다. 이 장에서는 다양한 유전자-문화 공진화론 모델들을 친절한 안내를 곁들여 소개하되, 가급적 수식보다는 단순한 용어를 사용하여 분석모델의 목표와 가설을 설명하고, 그 방법론과 결론을 비판적으로 분석하고자 한다.

주요 개념

'문화에 대한 광범위하고 실용적인 개념화', '생물학적 진화와 문화적 진화의 유사점 탐구', '다양한 형태의 문화선택' 등은 문화진화론의 핵심 아이디어지만, 이중 상당수는 유전자-문화 공진화론에서도 중심 개념으로 간주된다. 따라서 여기서는 내용의 중복을 피하기 위해, 유전자-문화 공진화론 특유의 개념들만을 다룰 것이다. 이 장에서 다룰 내용들은 다음과 같다. 첫 번째, 우리는 '유전자는 빠르게 진화하는 반면, 문화는 느리게 진화할 수 있다'는 가설을 입증하는 증거를 제시할 것이다. 두 번째로, 우리는 인간이 적소구축을 통해 선택 환경을 변화시켜온 과정을 기술할 것이다. 마지막으로, 평이한 사례를 이용하여 유전자-문화 공진화 모델의 작동방식을 설명하고, 모델분석의 장단점을 논의하고자 한다.

유전자는 빠르게, 문화는 느리게 진화한다

많은 이들이 "유전적 진화는 너무 느리고 문화변동은 너무 빨라, 문화변동이 유전적 진화를 추동趨動하는 것은 무리다"라고 이야기해왔다.[16] 그러나 제5장에서 지적했던 바와 같이, 인위적인 선택 실험과 현재 진화 중인 동식물 집단의 자연선택 강도를 추정한 연구에 의하면, "생물의 진화는 극단적으로 빠르게 진행될 수 있으며, 심지어 몇 세대 만에 중요한 유전형 및 표현형의 변화가 관찰되는 경우도 있다"고 한다.

또한 인간게놈프로젝트는 인류가 계속 진화하고 있을 뿐만 아니라, 매우 빠르게 진화하고 있음을 입증하는 방대한 증거를 제시했다. 인간의 게놈은 전 세계의 유전학자와 기타 다양한 분야의 과학자들이 수십 년간 함께 노력한 결과 2003년 4월 해독이 완료되었다. 인간게놈프로젝트의 혜택을 가장 많이 본 것은 의학계지만, 덕분에 진화유전학자들도 인간의 진화사에서 자연선택이 특정 유전자에 작용했음을 입증하는 증거를 찾아낼 수 있었다.

가장 최근에 강력한 선택을 받은 게놈 부분에서는 다수의 단일염기다형성SNPs이 발견될 가능성이 높다.[17] 연구자들은 통계분석을 이용하여, "최근에 일어난 자연선택이 약 10%의 게놈에 영향을 미쳤으며, 그 결과 지난 5만 년 동안 많은 유전자 변이체가 선택되었을 것"이라고 추정했다.[18] 이들 유전자 변이는 농경이나 동물의 가축화 등 인간의 문화활동에 대응하여 발생한 것으로 보인다.[19] 이와 관련된 유전자의 예를 들어보면, 인간의 면역반응에 관여하는 유전자(문화활동으로 인해 부지불식간에 질병에 걸릴 위험이 증가한다는 점을 생각해보라), 문화에서 비롯된 식생활 변화에 대응하는 유전자, 신경계와 뇌에 발현되는 유전자 등이 있다.[20] 이와 관련하여, 이 장의 후반에서는 낙농업과 락타아제 유전자의 공진화에 대한 증거를 제시할 것이다.

인간게놈프로젝트에서는 '모든 사람들이 보편적으로 소유한 유전자 변이들'과 '아직 그렇지 않은 유전자 변이들'이 밝혀졌다. 전자는 문화적으로 유도된 선택에 의해 고정되기에 이르렀는데, 그 대표적 예로 FOXP2[21]와 MYH16이 있다. FOXP2는 언어 발달에 필요한 것으로 여겨지는 유전자며, MYH16은 주로 아래턱에 발현되는 유전자다. 초기 인류는 MYH16이 삭제됨으로써 턱 근육의 크기가 크게 감소한 것으로 생각되는데, 이는 요리의 등장과 시기적으로 일치한다.[22] 인간 게놈 프로젝트는 유전자-문화 공진화의 광범위한 사례를 제공함으로써 이 분야에 새로운 추진력을 부여하고, 이론적·실증적 연구에 큰 도움을 줄 것으로 보인다.

한편, 초기인류가 보유하고 있던 석기 기술을 살펴보면, 문화가 매우 느리게 변동할 수도 있음을 알 수 있다. 예컨대 생아슐Saint-Acheul과 올두바이Olduvai에서 출토된 석기 양식은 수십만 년, 아니 수백만 년 동안이나 매우 비슷한 상태로 머물러 있었다. 심지어 노동시장과 같은 문화제도조차—비록 석기문화에 비할 바는 아니지만—매우 지속적이다.[23] 게다가 이론적 분석에 의하면, 문화 전달이 선택압력을 변화시켜 유달리 빠른 유전적 반응을 이끌어낼 수 있다고 한다.[24] 따라서 때로는 유전적 진화와 문화적 진화가 엇비슷한 속도로 진행되는 것도 충분히 가능하다고 생각된다. 물론 문화변동의 속도는 유전적 진화가 따라잡지 못할 정도로 매우 빠르며, 향후 점점 더 가속화될지도 모른다. 그렇지만 석기 제작 기술이 처음 발명된 이후 지난 250만 년 동안 인류의 진화를 지배해온 것은 유전자-문화 공진화라고 할 수 있다.

적소구축

우리 인간의 행동은 우리가 살고 있는 사회적·물리적 환경에 극적인 영향을 미친다. 인간은 지난 5만 년 동안 아프리카에서 전 세계로 퍼져나가며 빙하기와 급격한 인구밀도 증가를 경험했다. 또한 농경을 시작했고, 수백 종의 동식물을 가축으로 만들거나 재배했다. 이들 사건은 빙하기를 제외하면 모두 인간이 자초한 것으로, 각각 인간에 대한 선택압력을 크게 변화시켰다. 예컨대 인간은 상이한 기후환경으로 분산됨으로써 문화변동을 심화시켰으며, 그 결과 의복이나 중앙난방 시스템과 같은 새로운 문화가 탄생했다. 그리고 의학이 발달하여 생명을 위협하는 질병을 예방·치료할 수 있게 되었다. 일부 활동들은 새로운 위험을 초래하기도 했다. 이를테면 인간은 동물을 사육함으로써 동물의 병원체와 접촉하게 되었으며, 다른 한편으로는 농경과 집단생활로 인해 말라리아나 천연두 같은 새로운 질병의 위험에 노출되었다. 이상과 같은 사건들은 연구자들에게 '유전자-문화 공진화는 인간 진화의 일반적인 특징이었을지도 모른다'는 기대감을 불러일으켰다.[25]

환경에 작용하여 자연선택의 패턴을 바꾸는 능력은 인간에게만 고유한 것은 아니다. 많은 유기체들이 국지적 환경의 요인과 조건을 변화시키는데, 이러한 과정을 적소구축niche construction이라고 한다. 적소를 구축하는 유기체의 사례로는 둥지를 만들거나 굴을 파거나 거미줄을 치는 동물과, 영양소 순환을 바꾸는 식물을 들 수 있다.[26] 적소구축의 개념적 특징은 '유기체가 선택환경을 변화시키는 것'이므로, 유기체가 공간을 바꾸어 새로운 상황을 경험하는 이동, 분산, 서식지 선택 등도 모두 적소구축에 포함된다.

진화생물학자들은 적소구축 활동이 진화 과정에 어떤 영향을 미쳤는지를 연구해왔다. 연구 결과에 의하면, 적소구축은—심지어 문화가 없더라도—유해한 대립유전자를 고정시킬 수 있으며, 멸종을 초래할 수 있는 비우호적 환경조건에서도 유기체를 존립하게 해준다고 한다.[27] 적소를 구축하는 유기체는 먼 후손에게도 이득을 제공할 수 있으므로, 적소구축 형질은 당대의 유기체에게 값비싼 희생을 요구할 때라도 선호될 수 있다.[28]

인간에게 적소구축이 중요한 이유는 적소구축에 필요한 정보를 인간 특유의 강력하고 누적적인 문화지식 베이스에서 얻기 때문이다. 수학적 모델에 의하면, '문화적 과정을 바탕으로 하는 적소구축'은 '유전자를 바탕으로 하는 적소구축'보다 훨씬 더 강력하며, 유전자의 선택을 바꿔 진화의 결과에 영향을 미칠 수도 있다고 한다.[29]

적소구축 행위에는 여러 가지 유형이 있다. 시동적inceptive 적소구축은 환경 변화에 시동을 걸어 대립유전자의 빈도를 변화시킨다. 예컨대 농경으로 인해 식단이 변하고 새로운 질병에 맞닥뜨리게 됨으로써 대립유전자에 대한 선택이 촉발될 수 있다.

이와 대조적으로, 선택압력의 변화에 효과적으로 맞대응하게 하는 적소구축 행위도 있다. 예컨대 대응적 적소구축은 환경 변화에 맞대응하거나 그 효과를 무력화시켜, 유기체의 환경적응을 억제하는 기능을 한다. 추운 지역에서 생활하는 사람들이 추위에 대응하여 불을 피우거나 옷을 많이 껴입는다면, 이들이 체감하는 기온은 외부 환경보다 상대적으로 높아지며, 이에 따라 유전자에 대한 선택도 약해진다. 만약 문화적 적소구축이 없을 경우, 추운 지역에 거주하는 사람들은 저온에 적합한 유전자가 선택될 것이다. 물방울로 둥지를 냉각시키고 근육의 움직임을 통해 둥지를 덥히는 꿀벌이나 말벌의 습관도 논리적으로 따져 보면 인간의 대응적 적소구축 행위와 동일하다고 볼 수 있다. 인간의 대응적 적소구축은 문화에 의존하기 때문에, 유전적 진화에 바탕을 둔 대응적 적소구축보다 더욱 빠르고 강력하다.

이상에서 살펴본 바와 같이 문화는 자연선택을 완화하는 역할을 하는데, 이로부터 우리는 다음과 같은 점들을 예측할 수 있다. 첫째, 인간은 문화활동을 함으로써 문화활동을 하지 않는 경우에 비해 유해한 대립유전자들(예: 근시와 관련된 유전자)을 많이 보유하게 된다. 이 유전자들은 본래 유해하지만, 인간은 문화(예: 안경)의 힘을 빌려 그 악영향을 극복할 수 있다. 둘째, 만약 초기인류의 진화가 스스로 구축한 선택 압력에 대응하여 이루어졌다면, 인류의 조상들은—다른 포유류의 조상들과는 달리—국지적 환경의 압력에서 점차 자유롭게 되었을지도 모른다. 이러한 예측은 '때로는 문화적 요인이 국지적 환경보다 인간의 행동이나 사회의 변이를 더 잘 설명해주는 이유'를 이해하는 데 도움이 된다.[30]

유전자-문화 공진화 모델 구축

유전자-문화 공진화 모델을 구축하는 작업은 매우 복잡하므로, 그 과정을 자세히 설명하는 것은 이 책의 범위를 넘어서는 일이 될 것이다. 대신 여기서는 간단한 사례를 이용하여 '문화선택과 자연선택에 의해 초래되는 집단 내부의 문화활동 빈도수 변화를 설명하는 방법'을 보여주고, 유전자-문화 공진화론의 배경 논리를 설명하고자 한다.[31] 이 사례는 설명의 편의를 위해 의도적으로 단순화시킨 것임을 미리 밝혀 둔다.

6명의 남자(밥, 짐, 해리, 버트, 테드, 행크)와 4명의 여자(제니, 진, 샐리, 수)로 이루어진 친구집단이 있다고 생각해보자. 이들 중에서 몇 명은 자동차 경주 취미를 공유한다. 논의를 간단히 하기 위해, 이들을 고속운전의 쾌감을 즐기지만 때로는 무모하기도 하며 경주에서 이기기 위해 모험도 불사하는 경주자와, 고속운전을 두려워하여 경주 참가를 꺼리는 비경주자로 나눌 수 있다고 가정한다. 10명 중에서 5명(밥, 짐, 버트, 행크, 샐리)이 경주자인 반면, 다른 5명은 비경주자다.

이 사례의 경우 '자동차 경주에 참가하거나 참가하지 않는 것'은 문화활동이며, '성별(남자 또는 여자)'은 유전형질이다. 만약 해리가 남자 친구들의 강한 압력을 받고 여자 친구 샐리에게 겁쟁이라고 놀림을 받은 나머지 자동차 경주를 하기로 마음을 바꿨다면 어떻게 될까? 집단 내부에서 발생하는 이 같은 문화활동의 변화를 어떻게 추적할 수 있을까? 이때 남녀의 성별이 자동차 경주 선호도에 미치는 영향은 일단 무시하기로 한다. 우리는 해리가 '경주자'로 전향하기 전에 남자의 비율이 6/10(0.6), 경주자의 비율이 5/10(0.5)임을 알고 있다. 그리고 이 비율을 근거로 하여, 남자 경주자의 비율은 3/10(0.6×0.5=0.3)이라고 예상할 것이다. 하지만 남자 중에서 4명이 경주자였으므로 이것은 사실이 아니다. 비슷한 방식으로 추론할 때, 해리가 경주자로 전향한 후에는 남자 경주자가 3~4명이라고 예상할 수 있지만(0.6×0.6=0.36), 실제로 남자 경주자는 5명이다. 이처럼 남녀별 경주자 또는 비경주자의 수에는 예상값과 관측값의 차이가 존재한다. 뭐가 잘못된 것일까?

예상값과 관측값이 다른 이유는, 유전자(이 경우, 개인의 성을 결정하는 성염색체)와 문화활동(자동차 경주 여부)이 확률적으로 독립이 아니기 때문이다. 즉, 남녀별로 경주자의 비율이 다를 경우, 확률적 예측은 빗나갈 수밖에 없다. 따라서 집단 구성원들의 문화활동 패턴을 정확히 기술하려면, 유전자와 문화활동의 전반적 비율을 사용해서는 안 된다. 대신 '유전자-문화 조합'을 개별적으로 추적하여, '경주하는 남자', '경주하는 여자', '경주하지 않는 남자', '경주하지 않는 여자'의 비율을 각각 파악해야 할 것이다.[32]

이 사례에서 모든 유전자-문화 조합의 빈도에 영향을 미치는 요인은 두 가지다. 첫 번째 요인은 문화선택으로, 해리가 경주자로 전향함으로써 남자 경주자의 비율이 4/10(0.4)에서 5/10(0.5)로 바뀐 것이 그것이다. 이것은 수평적 문화전달의 일종으로 볼 수 있다. 두 번째 요인은 자연선택이다. 예컨대 행크가 자동차 경주 도중 비극적 사고로 사망한다고 가정하면, 남자 경주자의 비율은 4/9(0.44)로 낮아진다. 하지만 테드와 진이 결혼하여 여자아이를 낳는다면, 그 아이는—적어도 처음에는—비경주자이므로, 여자 비경주자의 비율이 3명(0.33)에서 4명(0.4)으로 늘어난다. 이상과 같은 점들을 감안할 때, 전년도의 경주자와 비경주자의 수, 운전자 또는 비운전자로의 전향, 출생, 사망 등을 독립변수로 사용하면, 모든 유전자-문화 조합의 연도별 비율을 나타내는 수식을 만드는 것은 그리 어렵지 않을 것이다.

위의 사례는 유전자-문화 공진화론 분야에서 행해지는 분석의 논리를 보여준다. 유전자와 문화지식은 별개의 모델을 이용하여 각각 빈도 변화를 추적할 수도 있지만, 어떤 경우에는 양자의 상호작용을 고려하여 '유전자-문화 조합'의 빈도 변화를 추적할 필요가 있다. 어느 경우든 멘델의 유전법칙[33]에 덧붙여 문화정보의 전달법칙도 기술해야 한다. 카발리-스포르차와 펠드먼(1981), 보이드와 리처슨(1985) 등은 이러한 법칙을 공식화하는 방법을 개발했다. 이들 방법의 공통된 가정은 '개인이 어떤 신념이나 취향을 택할 가능성은 그의 부모가 그 신념이나 취향을 가지고 있는지 여부에 달려 있다'는 것이다. 그러나 학습은 아무런 혈연관계가 없는 사람이나, 해당 사회적 그룹의 핵심인물 또는 다수를 통해 이루어질 수 있으므로 그에 상응하는 모델도 개발되고 있다.

〈표 7-1〉에는 일련의 전달법칙들이 나열되어 있다. 앞서 이야기한

자동차 경주의 예에서, 여러 해가 지나 친구들끼리 결혼하여 자녀를 낳았다고 가정해보자. 이 경우 자녀들이 성장하여 경주자나 비경주자가 될 가능성은 어떻게 될까? 만약 자녀가 부모의 가르침에 영향을 받는다면, 특정 어린이가 경주자가 될지 여부는 어느 정도는 부모가 경주자인지 여부에 달려 있을 것이다. 이러한 수직적 문화전달의 가능성을 나타내는 매개변수를 b_i라고 표시하기로 하자.

부모가 모두 경주자인 자녀(b_3)는 부모 중 한 명만 경주자인 자녀(b_1 혹은 b_2)보다 경주에 열광할 가능성이 높고, 또 부모 중 한 명만 경주자인 자녀는 부모가 모두 비경주자인 자녀(b_0)보다 경주자가 될 가능성이 높다고 하자. 이것은 매개변수를 이용하여, 간단히 'b_3은 b_2나 b_1보다 크며, b_2나 b_1은 모두 b_0보다 크다'는 식으로 나타낼 수 있다.

특수한 예를 하나 들면, 부모가 모두 경주자인 자녀는 항상 경주자가 되고($b_3=1$), 부모가 모두 비경주자인 자녀는 절대로 경주자가 되지 않으며($b_0=0$), 부모 중 한 명만 경주자인 자녀 중에서는 절반만 경주자가 되는($b_1=b_2=0.5$) 경우가 있을 수 있다. 이것은 편향 없는 수직적 문화전달을 의미하는데, 만약 이러한 법칙이 적용된다면 문화적 과정으로 인한 자동차 경주의 빈도 변화는 사라질 것이다.

그러나 자동차 경주 도중 불의의 사고가 발생할 경우에는, 자연선택이 일어나 경주의 빈도가 감소할 수 있다. 하지만 부모가 스피드광이어서 입만 열었다 하면 자동차 경주 이야기를 한다면 어떻게 될까? 그러한 경우 문화전달에 편향이 생겨, 부모 중 한 명이 경주자인 자녀는 경주자가 될 확률이 약간 높아질 것이다(b_1, $b_2 > 0.5$). 이처럼 자동차 경주의 빈도에는 두 가지 상충되는 과정이 작용한다. 즉, 문화선택은 자동차 경주를 선호하여 그 빈도를 높이는 방향으로 작용하는 데 반해, 자연선택은 비경주자를 선호한다. 문화선택과 자연선택의 상대적인 강도에 따라, 해당 집단의 자동차 경주 빈도는 증가하거나 감소할 것이다.

〈표 7-1〉 부모의 유형에 따른 부모-자녀 간 수직적 문화전달의 법칙

부모의 유형		확률	
모	부	경주자 자녀	비경주자 자녀
경주자	경주자	b_3	$1-b_3$
경주자	비경주자	b_2	$1-b_2$
비경주자	경주자	b_1	$1-b_1$
비경주자	비경주자	b_0	$1-b_0$

마지막으로, "남성이 여성보다 교통사고를 더 많이 내는 것은 성 선택의 역사 때문이며, 남성들은 위험감수 전략을, 여성들은 위험회피 전략을 선호하도록 진화했다"는 데일리와 윌슨(1983)의 가설을 검토해보자. 만약 이 가설이 옳다면, 자녀가 경주자가 될 확률은 부모의 문화활동뿐 아니라 자신의 유전자(즉, 성별)에 따라서도 달라질 것이다. 이 경우 매개변수 b_i는 자녀의 성별에 따라 다른 값을 취할 것이며, 남성의 자동차 경주 빈도는 여성보다 높아질 것이다. 딸($b_{1f}=b_{2f}=0.5$)은 아들(b_{1m}, $b_{2m}>0.5$)과 달리, 자동차 경주를 선호하는 유전적 성향을 갖고 있지 않지만, 그럼에도 불구하고 여성의 자동차 경주 빈도는 우연 수준보다는 높아질 것이다. 왜냐하면 부모 중에서 적어도 한 명은 경주자인 가족의 수가 증가할 것이며, 이에 따라 아들은 물론 딸이 경주자가 될

가능성도 증가할 것이기 때문이다.[34]

〈표 7-1〉에 나열된 문화전달 법칙과 남녀의 짝짓기 및 유전에 관한 법칙을 결합하여, 유전자-문화 공진화 연구자들은 하나의 등식체계를 만들어냈다. 이 등식체계를 이용하면, 유전자와 문화활동 빈도가 문화선택, 자연선택, 다양한 상호작용 및 편향에 직면하여 경시적經時的으로 변화하는 과정을 설명할 수 있다. 앞의 예에서 개인의 활동은 특정 행동패턴의 시현示現 여부(경주자나 비경주자)로 표시되었지만, 개인의 활동을 연속변수(예: 평균 운전속도)로 표시한 등식체계를 만드는 것도 얼마든지 가능하다.

유전자-문화 공진화 모델의 가치는 다음과 같은 의문들을 제기할 수 있게 해준다는 데 있다. ① 남성들이 위험부담이 있는 행동을 선호할 수 있을까? ② 고속운전과 같은 문화형질이 다윈주의에서 말하는 적합성을 감소시킴에도 불구하고 퍼져나갈 수 있는 이유는 무엇일까? ③ 집단 내에서 특정 행동이 균형에 이르렀을 때, 그 최종 빈도는 얼마나 될까? ④ 인간의 행동 변화 중 유전자 차이, 부모의 행동 차이(수직적 문화전달), 선택 가능한 사회적 영향(수평적 및 대각선 전달), 기타 요인에 귀속시킬 수 있는 부분은 각각 얼마나 될까?

이상과 같은 모델분석의 이점은 두 가지다. 첫째, 연구자들은 수학적 모델을 통해 다른 방법으로는 연구할 수 없는 과정들을 이해할 수 있다. 예컨대 인간의 진화사에 대한 가설을 검증할 때, 인간을 대상으로 선택 및 교배 실험을 실시할 수는 없는 노릇이다. 그렇지만 이러한 과정을 시뮬레이션하는 수학적 모델을 이용하면, 일견 까다로워 보이는 문제를 어렵지 않게 해결할 수 있다. 둘째, 인간행동생태학과 문화진화론을 다룬 장에서 살펴본 것처럼, 모델 분석은 실증연구를 돕는 유용한 안내자가 될 수 있다. 예컨대 모델은 연구의 핵심 요인을 정량화해주고 검증 가능한 예측치를 제공함으로써, 실증 데이터를 이용한 가설검증을 가능하게 해준다.

사례 연구

여기서는 유전자-문화 공진화론 연구의 세 가지 사례를 소개하고자 한다. 첫 번째는 락타아제 유전자와 낙농 문화의 공진화에 대한 연구이다. 두 번째로는, 문화적 집단선택 모델을 바탕으로 인간의 친사회성prosociality을 설명하는 이론을 소개하고, 마지막으로 사람들이 서로 다른 지능을 보유하게 된 이유를 설명하는 방법을 소개한다.

우유를 소화시키는 유전자와 낙농업의 공진화

성인의 유제품 섭취능력이 진화한 것은 유전자-문화 공진화론의 좋은 예다. 인간의 경우, 거의 모든 유아들이 별 탈 없이 우유를 마실 수 있는 것과 달리, 성인은 생리적 차이 때문에 우유를 소화시키는 능력이 천차만별이다. 사실 전 세계적으로 보면, 유제품을 섭취할 경우 배탈이 나는 어른들이 그렇지 않은 어른들보다 더 많다. 이는 체내에 있는 젖당 분해효소(락타아제)의 활성이 불충분하여 유제품에 함유된 고칼로리의 젖당을 분해하지 못하기 때문인데, 이런 사람들이 우유를 마실 경우 보통 속이 거북하거나 설사를 하게 된다.

성인의 젖당 소화능력은 대체로 락타아제 유전자 주변에 있는 유전자 코드의 근소한 차이에 기인한다. 유럽인의 경우 유전자 코드 중 단 한 글자가 바뀜으로써 성인이 되어도 젖당을 소화할 수 있게 되었으며,[35] 아프리카와 중동인의 경우 여러 개의 글자가 바뀜으로써 젖당 소화능력을 보유하게 되었다.[36]

젖당 흡수 유전자의 출현 빈도와 낙농업의 역사 사이에는 강력한 상관관계가 있는 것으로 밝혀졌다.[37] 즉 낙농업을 영위하는 집단의 경우 젖당 흡수자의 비율이 90% 이상에 이르지만, 낙농업 전통이 없는 집단의 경우 이 비율이 20%에도 미치지 못하는 것이 보통이다. 일부 집단의 경우에는 젖당 함유량이 낮은 치즈와 요구르트 등 발효 유제품을 섭취하는 전통이 있는데, 이들의 젖당 소화능력이 중간 정도인 것도 우연의 일치는 아닐 것이다.[38] 우유와 유제품은 6,000년 이상, 세대로 환산하면 약 300세대 동안 일부 인간 집단의 식단을 구성해왔다. 그렇다면 낙농업이 선택압력을 형성하여, 목축 사회 전체에 젖당 흡수 유전자를 퍼뜨리는 요인으로 작용했다고 생각할 수 있을까? 이 생각은 문화사 가설로 알려져 있으며, 유전자-문화 공진화론은 이 가설을 검증하는 데 안성맞춤인 이론이다.

아오키 겐이치(1986)의 뒤를 이어, 펠드먼과 카발리-스포르차(1989)는 유전자-문화 공진화 모델을 이용하여 젖당 소화능력의 진화 과정을 연구했다. 그들은 다음과 같은 조건을 충족시키는 모델을 구축했다. ① 한 쌍의 대립유전자가 젖당 소화능력에 영향을 미친다. ② 한 쌍의 대립유전자 중 하나만 갖고 있어도, 성인은 아무 탈 없이 우유를 섭취할 수 있다. ③ 우유 섭취는 하나의 전통으로, 다른 구성원들로부터의 학습을 통해 확립된다.

두 사람은 모델분석을 통해 "성인의 우유 섭취를 가능케 하는 대립 유전자의 출현 빈도는 우유 섭취자의 자녀가 우유를 섭취하게 될 확률('우유 섭취자'를 '자동차 경주자'로 대체하면, 〈표 7-1〉의 매개변수 b_3에 해당된다)에 달려 있다"는 결론을 내렸다. 만약 이 확률이 매우 높다면, 젖당 소화능력의 적합성 이익이 상당하므로, 300세대 이내에 젖당 흡수 유전자의 출현 빈도가 크게 증가하는 것으로 나타났다. 그러나 우유 섭취자의 자녀 중에서 상당수가 유제품을 섭취하지 않을 경우, 젖당 흡수 유전자가 널리 퍼지기 위해서는 선택의 강도가 비현실적일 정도로 강해야 하는 것으로 나타났다. 달리 말해서, 문화전달의 정확성이 문화권별로 다르므로, 문화권에 따라 젖당 소화능력의 유전적 다양성이 발생했다는 것이다.

펠드먼과 카발리-스포르차의 모델은 젖당 소화능력의 전파과정뿐 아니라, 문화적 다양성까지 설명할 수 있다. 게다가 젖당 흡수 유전자가 상당한 적합성 이익을 갖고 있음에도 불구하고 널리 퍼지지 않는 조건이 광범위하게 존재하는 것을 알 수 있는데, 이는 전통적인 유전자 모델이 잘못된 해답을 제시할 수 있음을 시사한다. 즉, 문화적 과정은 선택의 과정을 복잡하게 만들기 때문에, 이를 유전자 전달의 측면에서만 바라볼 경우 현실과 동떨어진 결론에 도달할 수 있다.

젖당 흡수 능력의 전파에 관한 문화사 가설을 지지하는 증거는 또 있다. 다양한 집단들을 대상으로 수학적 방법을 이용하여 '낙농업 발생 시기'와 '젖당 흡수 유전자의 전파 시기'를 계산해본 결과, 낙농업이 먼저 진화한 뒤 젖당 흡수 능력이 전파된 것이지 그 반대 순서는 아니라는 결론이 나왔다.[39] 락타아제 유전자는 인간의 게놈에서 최근에 선택이 일어났음을 보여주는 가장 강력한 표지 중 하나로,[40] 이 선택이 처음 일어난 것은 지금으로부터 5,000~10,000년 전으로 추정된다.[41]

고고학자들은 약 7,000~8,000년 전 북중부 유럽의 신석기시대 초기 유적지에서 많은 가축의 흔적을 발견했는데, 가축의 유전자 분석에서 나온 결과로 미루어볼 때, 이들 가축은 우유 생산을 목적으로 사육되었던 것으로 보인다.[42] 하지만 신석기시대 초기 유럽인의 화석에서 추출된 DNA를 분석한 바에 의하면, 젖당 흡수 유전자의 출현 빈도는 낮은 것으로 나타났다.[43] 이처럼 다양한 계통의 증거들을 종합해보면, 신석기 시대 초기의 인류가 신선한 유제품을 소비함으로써, 젖당 흡수 능력에 대한 강력한 선택압력에 노출되었으리라는 시나리오를 수긍할 수 있다.

이상에서 살펴본 젖당 흡수 능력과 낙농업 사이의 연관성은 농경, 생계유지, 식량채취 행동과 관련된 문화적 전달의 차이가 인간 집단 사이에서 적응적 유전자 변이를 초래했음을 보여주는 여러 가지 사례 중 하나에 지나지 않는다.[44]

유전자-문화 공진화의 또 다른 예는 고탄수화물 식단과 탄수화물 소화효소(아밀라아제) 간의 관련성이다.[45] 만노스mannose, 설탕, 지방산의 대사와 콜레스테롤 이동에 관련된 유전자를 비롯하여 탄수화물, 지방, 인산염의 대사에 관여하는 유전자들에서는, 최근에 이루어진 선택의 징후를 엿볼 수 있다.[46] 그리고 인간 치아의 법랑질 두께와 혀의 쓴맛 수용체가 식생활과 관련된 선택의 결과라는 증거도 제시된 바 있다.[47] 이러한 사례들은 하나같이 유전자-문화 공진화가 실제로 일어나고 있음을 강력히 시사하는 증거라고 여겨진다.

인간의 친사회성

인간은 혈연관계가 없는 사람들끼리도 특별한 수준의 협동행동을 나타낸다.[48] 이 협동의 결과로 대규모 조직과 민족국가, 그리고 수렵·채집 집단의 물물교환, 식량 공유, 공동수렵 등의 행동이 나타났다. 이런 행위들은 '공정·공평·호혜에 대해 가치를 부여하고, 협조적으로 행동하지 않는 사람들을 단죄하려 하는 경향'에서 유래하는 것이 분명해 보인다. 동물계에서 협조와 이타심은 종종 혈연선택과 상호주의로 설명되지만,[49] 대부분의 연구자들은 그 같은 설명을 불충분하게 여기는 것 같다.[50]

인류학자 로버트 보이드, 피터 리처슨, 조지프 헨리치, 그리고 경제학자 에른스트 페어Ernst Fehr, 허버트 긴티스Herbert Gintis, 샘 보울스Sam Bowles와 같은 유전자-문화 공진화론자들은 문화적 집단선택의 개념을 바탕으로 인간의 친사회성이라는 수수께끼를 풀어보려고 시도했다. 그 결과 그들은 "현대의 친사회적 행동은 유전자-문화 공진화의 역사에서 유래하며, 그 요체는 '강한 호혜성'과 '집단 규범에 대한 보편적 감수성'"이라는 결론에 도달했다.

강한 호혜성이란 '타인의 협동 및 규범 준수를 보상하려는 경향'과, '타인의 규범 위반을 제재하려는 성향(이타적 처벌)'을 결합한 개념이다.[51] 유전자-문화 공진화론자들은 "강한 호혜성을 나타내는 문화집단은 그렇지 않은 문화집단과의 경쟁에서 승리하는데, 이로 인해 친사회적 행동의 밑받침이 되는 유전자가 선택되고, 결국 친사회성이라는 보편적 형질이 인류 전체에 전파된다"고 주장한다.

지난 여러 해 동안 진화생물학 내부에서 가장 뜨거운 논쟁을 불러일으켰던 문제 중 하나는 '자연선택이 개인의 집단에 작용할 수 있느냐'라는 것이었다. 집단선택이 일어난다면, 그 결과 공공선을 추구하는 특성, 예컨대 이타심과 협동을 증진하는 행동이나 제도가 진화될 것이다. 대부분의 진화생물학자들은 '집단선택이 단지 제한된 조건에서만 일어날 수 있다'는 이론을 받아들이며,[52] 많은 연구자들은 그 같은 조건이 자연 상태에서 얼마나 자주 형성될 수 있을지 의문스럽게 생각한다. 예컨대 집단 수준에서 선택이 이루어지기 위한 조건 중의 하나는 집단 간의 유전적 차이가 유지되는 것이다. 하지만 '집단의 차이를 유지하는 집단 간 선택과정'은 '집단의 차이를 깨뜨리는 집단 내 선택과정'보다 약한 것이 보통이다.[53] 예컨대 집단 간의 유전적 차이는 보통 유전적 부동(즉, 집단의 유전적 구성에 나타나는 무작위적 변화)을 통해 일어나지만, 집단 사이에서 일어나는 개인의 이동이 이러한 차이를 재빨리 없애버릴 것이다.

진화생물학 내부에서 뜨거운 논쟁을 불러일으켰던 또 하나의 문제는 '개인들이 협동하는 집단의 경우, 속임수를 써서 대가를 치르지 않고 이익을 얻는 사기꾼들에게 취약하므로, 이러한 속임수가 횡행할 것으로 예상된다'는 점이었다. 집단선택이 작용하려면, 이타적 집단(이타적인 사람이 많은 집단)의 생성속도가 이기적 집단(이타적인 사람이 없는 집단)의 생성속도보다 빠르거나, 이타적 집단의 소멸속도가 이기적 집단의 소멸속도보다 느려야 한다. 그러기 위해서는 이타적 집단이 이기적 이해관계의 영향을 어느 정도 배제하면서 새로운 이타적 집단을 만들어냄으로써 이기적 집단을 수적으로 능가해야 한다. 3장에서 살펴본 것처럼, 사회생물학 혁명은 집단선택에 대한 거부를 바탕으로 출발했으며, 많은 생물학자들은 '집단선택이 집단 내 자연선택의 침식작용을 상쇄할 만큼 강력하지 않다'고 간주한다.[54] 따라서 집단선택 하나만 갖고서는 친사회성을 지향하는 유전적 성향이 선택되는 과정을 제대로 설명할 수 없다.

이러한 난맥상을 해결하기 위해, 보이드와 리처슨(1982, 1985)은 기존의 집단선택과는 다른, 새로운 개념의 집단선택을 대안으로 제시했다.[55] 이들은 유전적 변이보다 문화적 변이에 대한 집단선택을 강조함으로써 기존의 문제점들을 상당수 해결했다.[56]

많은 사회과학자들은 사람들이 별다른 생각 없이 자신들이 살아가는 사회의 규범에 순응한다고 믿는다. 다시 말해서, 사람은 무에서 유를 창조하듯 행동방식을 생각해내는 것이 아니라, 다른 사람들의 행동을 따라하면서 사회의 규칙과 가치관을 받아들이는 경우가 많다는 것이다. 헨리치와 보이드(1998)는 새로운 모델을 만들어 이 같은 순응의 진화 과정을 탐구한 결과, 사회적 학습이 선호되는 상황에서는 거의 예외 없이 순응이 유도된다는 사실을 발견했다. 한 개체가 다른 개체로부터 학습할 때는, 동물과 인간 공히 해당 집단의 대다수가 행동하는 대로 따라하는 경향이 있다.[57] 순응으로 인해 나타나는 결과 중 하나는, '공통적인 변이체만이 문화선택에 의해 선호되기 때문에 집단 내부에서 새로운 행동이 전파되기 어렵다'는 것이다. 따라서 여러 집단이 각각 다른 행위를 학습한 경우, 집단 안팎에서는 두 가지 상반된 현상이 동시에 일어나게 된다. 즉, 집단 내부에서는 순응(그리고 비순응자에 대한 처벌) 메커니즘이 작동하여 개인 간의 행동 차이가 최소화되고, 집단 외부에서는 집단 간의 차이가 뚜렷하게 유지될 것이다.

보이드와 리처슨(1985)은 집단선택이 문화형질에 작용한다고 보았다. 즉, 집단선택에서 선택되는 것은 유전자가 아니라, (문화적 학습을 통해 전달되는) 특정한 관념이나 행동이라는 것이다. 예를 들어 전쟁 때 자신들을 보호하기 위해 힘을 모아 방책防柵을 세우는 집단을 상상해 보자. 만약 전쟁이 일어나, 방책을 세운 집단이 그러지 않은 집단보다 훨씬 적은 피해를 입는다면, 구성원 수가 증가하여 다른 집단보다 더 빨리 새 집단을 형성할 것이다. 이렇게 생겨난 신생집단 역시 방책을 세운다면, 이 같은 협동행동은 집단들 사이에 광범위하게 퍼져나갈 것이다. 이 경우 방책을 세우는 데 관여하는 유전자는 없으며, 집단선택이 선택한 것은 방책이라는 '문화적으로 전달된 관념'이다.

보이드와 리처슨의 생각이 그럴듯하게 여겨지는 이유는, 문화적 전달은 유전자 상속과 달리 다음과 같은 특징들을 갖고 있기 때문이다. 첫째, 문화적 전달의 경우 순응이 집단의 차이를 유지시켜주는 역할을 한다. 집단선택을 통해 집단에 이익이 되는 문화적 기호와 지식이 선택되는 이유는, 그것이 전달되는 과정에서 비순응자들이 차별을 받기 때문이다. 예컨대 대다수의 구성원들이 방책을 세울 경우, 나머지 사람들은 따돌림을 당하지 않기 위해 방책을 세우는 데 협조하지 않을 수 없다.

둘째, 집단의 수준에서는 문화적 변이의 선택이 유전적 변이의 선택보다 더 빨리 진행될 수 있다. 왜냐하면 원주민 집단이 정복자 집단에게 위협을 받거나 패배한 경우, 이들은 정복자의 문화적 기호와 지식을 자발적 또는 강압적으로 받아들이게 될 것이기 때문이다. 따라서 유전자의 집단선택과 달리, 이 경우에는 집단에 새로운 개인이 추가된다고 해서 문화적 전달 과정이 약화되는 것은 아니다.

셋째, 일반적으로 국지적 유전자 풀pools, 즉 딤demes이 유전자 유입에 저항함으로써 유전적 차이를 유지하는 것은 어렵다. 그러나 인간 집단은 언어, 문화적 아이콘, 토템, 깃발 등과 같이 집단을 상징하는 시스템을 보유하고 있기 때문에, 집단의 특징적인 성격을 유지함으로써 이민자들이 도입하는 문화정보에 저항하기가 상당히 쉬워진다. 실험을 통해 문화진화를 연구한 학자들에 의하면, "임의의 상징적 표지들은 처음에는 무의미하게 보일지 모르지만, '이질적 개인들로 구성된 집단의 조정'이라는 중차대한 과제를 수행함으로써, 문화집단의 형성과 집단 내부의 문화적 결속에 중요한 역할을 하도록 진화한다"고 한다.[58]

넷째, '강한 호혜성'의 중요한 측면인 이타적 처벌(사회적으로 승인된 부정행위 제재 방법)은 '부정행위자에 대한 정보전달(예: 가십)'과 함께 비협조자(무임승차자)에게 돌아가는 이득을 제거하는 역할을 한다.[59] 또한 처벌에는 많은 비용이 소요될 수 있으므로, 부정행위자를 처벌하는 것 자체가 또 다른 형태의 이타심으로 여겨지기도 한다. 최근의 이론적 연구에서는, "이타적 처벌의 비용이 부정행위의 규모에 비례하거나,[60] 또는 처벌을 조정하는 것이 가능하다면,[61] 이타적 처벌도 진화할 수 있다"는 결론이 나왔다. 따라서 문화적 집단선택은 인간의 친사회성을 설명하는 타당하고 강력한 요인이라고 할 수 있다.

보이드와 리처슨의 가설이 과연 타당한지는 집단 형성 및 집단 소멸의 속도에 달려 있다고 할 수 있다. 이들은 뉴기니의 소규모 공동체들에서 수집한 데이터 분석을 통해 자신들의 가설을 검증했다.[62] 이 분석에서는 "문화적 집단선택은 느리게 변화하는 문화적 측면(예: 사회 구조, 관습, 제도 등)을 설명하는 데는 적당하지만, 급속히 변화하는 유행을 설명하는 데는 적당치 않다"는 결론이 내려졌다.

문화적 집단선택을 지지하는 증거는 『자연과 규범·선호의 기원에 대한 맥아더 재단 연구진의 견해』라는 다문화적 실험경제학 연구에서도 발견할 수 있다. 이 연구는 헨리치가 이끄는 (인류학자와 경제학자로 구성된) 대규모 연구팀이 수행했으며, 보이드, 긴티스를 비롯한 쟁쟁한 연구자들의 감수를 받았다. 연구팀은 전 세계 12개국의 15개 소규모 사회로부터 대상자를 모집하여, 일인당 일정한 금액의 돈을 지급하고는 최후통첩 게임을 하게 했다.[63] 제안자의 평균 제안액과 응답자의 거절률을 분석한 결과, 각 사회별로 친사회성의 수준에는 상당한 다양성이 있으며, 해당 집단 특유의 조건(예: 사회제도, 공정성에 대한 문화적 규범 등)이 집단의 선호와 기대에 영향을 미치는 것으로 나타났다. 각 사회 특유의 규범에서 관찰되는 다양성이 문화적 집단선택의 산물이라는 가설은 매우 흥미로운 가능성으로 남아 있다.[64]

하지만 집단선택에는 좀 더 혼란스러운 측면이 있다. 사실 집단선택은 '이타적인 개인'을 직접 선호하는 것이 아니라, 오히려 '이기적인 집단'을 선호한다. 문화집단 사이에서 이루어지는 선택은 타집단의 구성원을 향한 적개심과 공격성, 낯선 사람에 대한 두려움, 외부인을 비방하는 흑색선전 등을 불러일으킬 수 있다. 어쩌면 아이러니하게도 '인간의 가장 훌륭한 동기'와 '인간 사회의 최악의 속성'이 모두 집단선택의 산물일지도 모른다.

이와 관련하여 보울스는 흥미로운 연구결과를 내놨다. 그는 2009년의 분석에서, 플라이스토세 후기 및 홀로세 초기 사회의 사망 원인에 대한 고고학적 데이터를 인간 집단 간의 경쟁모델과 결합시켜, "친사회성은 집단 간의 폭력을 통해 출현한다"는 결론을 얻었다. 보울스의 주장은 "문화적 집단선택의 오랜 역사를 통해 종족 본능, 즉 '내부인들에는 이타적 행동을, 외부인들에게는 적개심을 나타내는 유전적 성향'을 선호하는 사회환경이 조성되었을 것"이라는 리처슨과 보이드(1998)의 가설과 모순되지 않는다. 이들 분석은 '문화전달이라는 요인을 진화론 모델에 포함시킬 경우 진화 과정의 성격이 극적으로 달라질 수 있음'을 보여준다.

지능과 성격도 유전될까?

과학자들은 인간에게 나타나는 형질(예: 지능, 인식, 개성 등)의 차이 중 얼마만큼이 유전적 요인에서 기인하고, 얼마만큼이 다른 요인(예: 발달환경, 학습, 문화 등)에서 기인하는지를 알아내려고 노력해왔다. '개인 간의 유전적 차이가 형질의 차이를 설명하는 정도'는 흔히 유전 가능성[65]이라는 척도로 표시된다.

체중이라는 형질을 생각해보자. 체중은 유전적 요인뿐 아니라 영양, 운동, 기타 환경요인에 따라 달라질 수 있다. 예컨대 특정 집단을 선택하여, 이들의 체중 차이 중에서 유전적 차이에서 기인하는 부분이 얼마큼인지를 분석한다고 생각해보자. 총변이 중에서 유전적 차이로 귀속되는 부분의 비율을 유전율이라고 하는데, 0부터 1사이의 소수로 표시한다. 만약 집단 구성원 모두가 동일한 유전자를 가지고 있고 체중의 차이가 오로지 식단을 비롯한 환경요인 때문에 생긴 것이라면, 유전율은 0이 될 것이다. 이와 반대로, 만약 모든 사람들의 체중이 오로지 유전자 차이 때문에 달라진다면, 유전율은 1이 될 것이다. 따라서 유전 가능성은 유전자가 형질의 발달에 미치는 중요성을 의미하는 척도가 아니라, 사람들 간의 형질 차이 중 얼마만큼을 유전자의 차이로 귀속시킬 수 있는지를 의미하는 척도인 셈이다.

만약 식생활과 양육조건이 유사한 사람들을 표본으로 뽑아 체중의 유전 가능성을 측정한다면, 체중 변화를 일으킬 만한 환경적 차이가 거의 없을 것이므로 유전 가능성은 매우 높게 나타날 것이다. 이와 반대로, 식단과 환경의 차이가 큰 집단의 경우, 체중의 유전 가능성은 상당히 낮게 측정될 것이다. 따라서 특정한 형질의 유전 가능성이란 절대적으로 고정된 것이 아니라, 표본 집단의 속성에 따라 달라진다고 할 수 있다.

더욱이 흔히 '가문의 내력'으로 알려진 특징들은 생각보다 유전 가능성이 낮은 경우가 많다. 예컨대 음악적 재능의 경우가 그렇다. 음악적 재능의 개인적 차이는 유전자보다는 부단한 연습, 지원을 아끼지 않는 가정환경, 훌륭한 교육 때문이다.[66] 안타까운 일이지만, 유전자와 환경의 조합이 개인의 발달에 영향을 미치는 메커니즘은 거의 알려져 있지 않아, 유전 가능성을 추정하려는 시도는 종종 좌절을 겪게 된다.[67] 그 결과 유전 가능성의 추정치는 이를 산출하는 데 사용된 형식적 모델에 크게 의존할 수밖에 없다.[68]

인간의 행동형질에 대한 유전 가능성 추정은 대부분 일란성 쌍둥이(닮은 쌍둥이)와 이란성 쌍둥이(닮지 않은 쌍둥이)를 비교분석한 연구에 바탕을 두고 있다.[69] 일란성 쌍둥이는 정확히 똑같은 유전자형을 가지고 있기 때문에, 외모 및 행동의 유사성이 공통된 유전자를 반영하는 것이라 생각하기 쉽다. 하지만 어떠한 유사성이라도 어느 정도는 유사한 환경을 경험하기 때문에 발생할 수 있다.

유전 가능성을 추정하는 연구자들(이들을 행동유전학자라고 부른다)은 보통 "일란성 쌍둥이가 경험하는 환경은 이란성 쌍둥이가 경험하는 환경과 평균적으로 동일하다"는 가정에서 출발한다. 그런 다음 계속하여, "일란성 쌍둥이가 이란성 쌍둥이보다 더 닮은 것은 일란성 쌍둥이의 유전적 유사성이 이란성 쌍둥이보다 더 큰 것을 반영하는 것임에 틀림없다"고 추정한다.

하지만 '일란성 쌍둥이가 처한 환경과 이란성 쌍둥이가 처한 환경이 동일하다'는 가정은 의문스럽다. 예컨대 주변 사람들은 일란성 쌍둥이를 이란성 쌍둥이보다 더 비슷하게 대우할지도 모른다. 일란성 쌍둥이와 이란성 쌍둥이는 어머니의 자궁 안에서 경험하는 환경에도 차이가 있다. 게다가 일란성 쌍둥이는 항상 동성인 반면 이란성 쌍둥이는 이성일 수도 있기 때문에, 이 경우 형제와 자매 사이에 매우 다른 관계가 형성될지도 모른다. 이처럼 쌍둥이들만을 바탕으로 한 유전 가능성 연구는 '유전자의 영향'과 '문화의 영향'을 구분하는 데 필요한 데이터를 충분히 제공하지 못한다. 따라서 쌍둥이 연구를 바탕으로 산출된 유전 가능성 추정치는 일반적으로 과장될 수밖에 없다.[70]

그밖에 행동유전학자들이 쌍둥이를 연구하는 과정에서 흔히 채택하는 단순화된 가정으로는 '유전자 사이에는 아무런 상호작용(상위성 epistasis)이 없다'거나 '유전자와 환경 사이에는 아무런 상호작용이 없다'

는 것 등이 있다. 또한 '입양으로 인해 따로 양육된 일란성 쌍둥이의 경우, 아무런 환경적·문화적 유사성을 공유하지 않는다'고 가정하는 경우도 흔하다. 그러나 현실적인 입양 과정은 무작위성과는 거리가 멀며, 일란성 쌍둥이들을 상당 기간 동안 함께 양육한 후에 입양시키기도 한다.[71]

이처럼 얽히고설킨 문제를 해결하기 위해 유전자-문화 공진화론의 연구방법이 도입되었다. 카발리-스포르차와 펠드먼(1973)의 초기연구에 뒤이어, 브리티시컬럼비아 대학교 밴쿠버 캠퍼스의 진화생물학자 샐리 오토는 동료인 프레디 크리스천슨Freddie Christiansen, 마크 펠드먼(1995)과 함께 유전자-문화 모델에 다른 통계기법을 가미하여, 유전적·문화적 요인의 영향이 대대손손이 전달되는 과정을 연구했다. 이들은 다양한 문화유전 메커니즘의 효과를 고려했고, 배우자 선택 시의 편향 가능성은 물론, 전달되지 않는 환경요인의 영향까지도 모델에 포함시켰다. 이 모델은 가족 내부에서 일어나는 성격 특성의 전달과정을 명쾌하게 설명함으로써, 현존하는 분석모델 중 가장 정교한 것 중 하나로 인정받고 있다.

오토, 크리스천슨, 펠드먼의 연구에서 제기된 중요한 논점 중 하나는 '이론에 내포된 가정들이 유전 가능성의 추정치를 크게 좌우한다'는 것이다. 오토 등(1995)은 가족 구성원들의 IQ(지능지수)에 관한 데이터를 이용하여, 자신들이 설계한 모델의 매개변수 값을 추정해봤다. "'일란성 쌍둥이와 이란성 쌍둥이가 경험하는 환경이 비슷하다'는 행동유전학자들의 가정이 타당하다면, 두 유형의 쌍둥이 간 환경 차이를 나타내는 매개변수 값이 0에 가까울 것"이라는 게 그들의 생각이었다.

하지만 검증 결과는 그렇지 않았다. 부처드Bouchard와 맥규McGue(1981)가 수집한 111건의 IQ 연구 데이터를 모델에 대입해본 결과, '일란성 쌍둥이와 이란성 쌍둥이가 경험하는 환경은 비슷하다'는 가정은 현실에 맞지 않는 것으로 판명되었다. 또한 '다른 사람들이 쌍둥이를 어떻게 다루느냐'도 중요한 환경 요인 중 하나라고 할 수 있는데, 펠드먼과 오토의 연구결과에 의하면, 주변 사람들은 일란성 쌍둥이를 이란성 쌍둥이보다 더 비슷하게 대우하는 것으로 밝혀졌다.[72]

이상의 연구결과는 '쌍둥이를 이용하여 추정한 유전 가능성이 얼마나 타당하고 얼마나 광범위하게 적용될 수 있는지'에 대해 의문을 제기한다. 형질의 유전 가능성을 추정하는 데 있어서 쌍둥이는 전체 집단을 대표할 수 없다. 왜냐하면 대부분의 사람들은 쌍둥이가 아니기 때문이다.

일반적으로 IQ 데이터와 가장 잘 부합하는 모델들은 '공유된 환경 요인'의 영향력을 많이 고려한다. 행동유전학 문헌들에서 흔히 보는 바와 같이, 이러한 요인들을 무시하면 모델의 데이터 적합도가 현저하게 감소하고, 유전 가능성의 추정치가 두드러지게 증가하며, 총변이 중에서 문화에 귀속되는 부분의 비율이 감소하게 된다. 오토 등(1995)은 IQ의 유전 가능성 추정에서 0.3을 얻었는데, 이는 "표본으로 추출된 사람들 간의 IQ 차이 중에서 유전적 차이로 귀속시킬 수 있는 부분이 30%에 불과하다"는 뜻이다. 이 수치는 쌍둥이를 대상으로 산출한 추정치(0.6~0.8)와 크게 동떨어진 것으로, 쌍둥이만을 고려할 경우 IQ의 유전 가능성이 부풀려져 '대부분의 IQ 변동이 유전적 차이에서 유래한다'는 잘못된 의견이 나올 수 있음을 시사한다.

오토 등(1995)이 다른 성격특성들을 분석한 연구에서도 유사한 결과가 나왔다. 즉, 쌍둥이나 부모-자녀 간의 상관관계에만 의존하는 경우, 유전 가능성의 추정치가 부풀려지는 것으로 확인된 것이다. 이들의 발견은 '사회적 학습이 개성의 변화에 영향을 미치지 않는다'는 주장[73]에 커다란 의문을 제기했다.

최근 들어 연구자들은 전유전체 연관성연구genome-wide association studies(GWAS)를 통해 거대한 인간 집단의 게놈을 샅샅이 뒤짐으로써, 신체적·개성적 형질 및 질병과 관련된 유전자의 돌연변이를 찾는 것이 가능해졌다. 그러나 "GWAS는 많은 유전자 돌연변이를 발견했음에도 불구하고, 당초 기대에 부응하는 데는 실패했다"는 것이 전문가들의 중론이다.[74] 물론 연구방법이 개선되면 좀 더 많은 유전자 돌연변이가 발견되겠지만, GWAS의 실패는 우리에게 다음과 같은 점들을 일깨워준다. ① 지금껏 유전 가능성은 심각할 정도로 과대평가되어 왔다. ② 인간의 유전적·문화적 유산을 정확히 이해하려면, 더욱 정교한 모델을 개발하여 복잡한 인간 형질의 유전을 분석해야 한다.

비판적 평가

문화진화론에 가해진 비판 중 상당수는 유전자-문화 공진화론에도 그대로 적용된다. 따라서 여기서는 동일한 비판을 되풀이하는 대신, 지금까지 다뤄지지 않은 비판에 초점을 맞추어 논의를 전개하기로 한다. 먼저 "문화는 별개의 단위로 분리하여 모델화할 수 없다"는 주장에 대해 생각해보고, 그 다음으로는 일부 사회과학자들이 제기하는 "유전자와 문화를 독립된 과정으로 분리하는 것은 왜곡이다"라는 우려를 생각해본다. 마지막으로, "뇌는 너무 복잡한 기관이며 매우 느리게 진화하기 때문에, 최근의 문화적 혁신이 초래한 급속한 선택에 영향받지 않았다"는 진화심리학자들의 주장을 평가하기로 한다.

문화는 별개의 단위로 깔끔하게 포장할 수 없다

많은 사회과학자들이 문화진화론과 유전자-문화 공진화론에 대해 품는 주된 의문은 '문화를 여러 개의 기본단위로 쪼개어 수학적 모델 안에 포함시킬 수 있을까?'라는 것이다. 비판자들은 "문화를 별개의 묶음으로 깔끔하게 나누는 것은 불가능하므로, 경계가 뚜렷한 별개의 문화단위를 가정하는 유전적 모델은 문화를 제대로 이해하는 데 도움이 되지 않는다"고 주장해왔다.[75] 한 부족의 문화를—유전자 풀gene pool과 마찬가지로—그 부족에 존재하는 문화적 변이체의 집합체로 간주하여, 통계적으로 설명하는 것이 가능할까? '유전자는 봉지 속에 들어 있는 수많은 콩과 같다'는 집단유전학자들의 말이 문화에도 적용될 수 있을까?

현재 사회과학 분야에서는 '문화현상을 전체적 관점에서 좀 더 질적으로 설명한다'는 원칙을 강조하는 사조가 유행하고 있다. 하지만 우리가 이 같은 사조에 역행한다는 비난을 무릅쓰며 문화진화론과 유전자-문화 공진화론의 관점을 옹호하는 것은 다음과 같은 두 가지 이유 때문이다. 첫째, 유전자는 흔히 생각하는 것처럼 단순명료하지는 않지만, 유전자를 별개의 단위로 취급함으로써 많은 성과를 거둘 수 있음이 입증되었다. 우리는 문화의 경우에도 마찬가지 결과를 얻을 수 있을 것이라고 생각한다. 둘째, 문화를 '별개의 묶음으로 구성된 집합체'로 보는 견해는 매우 실용적인 입장으로, 문화현상에 대한 우리의 이해를 증진시킬 수 있다.

언뜻 보기에 유전자와 문화는 극과 극인 것처럼 보인다. 유전자는 잘 정리된 염색체 위의 쉽게 정의할 수 있는 부위에 자리잡은, 분명한 미립자성의 대립유전자 쌍으로 간주된다. 또한 생물의 종은 자명한 자연종natural kinds으로 생각된다. 이와 대조적으로, 문화형질의 경계는 혼란스러울 정도로 모호한 것처럼 보인다. 하지만 우리가 알고 있는 유전자 및 종의 개념은 우리를 오도시킬 만큼 단순화된 것이다. 인간게놈 프로젝트가 거둔 놀라운 진보에도 불구하고, 생물학자들은 유전자가 염색체 위의 어디에서 출발하여 어디에서 끝나는지, 그리고 그 사이의 어느 부분을 유전자로 간주해야 하는지를 확실히 규정하지 못해 쩔쩔매는 경우가 많다.

멘델리언 유전자가 생물학 교과서에 나오는 멘델의 이배체 유전을 설명하는 유일한 대안은 아니다. 분자생물학자들은 조절유전자, 인트론introns, 엑손exons, 정크 DNA, 미토콘트리아 DNA, 엽록체 DNA, 이기적 DNA, 전위유전 단위transposable elements, 역전사바이러스, 움직이는 유전자, 중첩 유전자, 유전자 속의 유전자, 상이한 조직에서 상이한 단백질을 코딩하는 유전자, 기타 수많은 복잡한 유전자들을 밝혀내고 있다.

생물종도 언뜻 보기에는 자명해 보일지 모르지만, 유전자의 경우와 마찬가지로 오랜 세월 동안 제대로 규정하기가 어려웠던 것이 사실이다. 메이어Mayr(1942)의 생물종 개념에 의하면, 종이란 '특정한 신체적 특징을 공유하는 것이 아니라, 실질적으로 상호교배가 이루어지거나 이루어질 수 있는 것'으로 규정된다. 하지만 종 사이의 경계는 불분명해지고 있다. 모든 종이 유성생식을 하는 것이 아니고, 유성생식을 하는 종이라 해도 모두 양성을 가지는 것이 아니며, 종간 잡종이 모두 새끼를 낳지 못하는 것도 아니다.[76]

중요한 것은 유전자 또는 종의 경계에 관한 불확실성이 진화생물학의 발전을 가로막지는 않았다는 점이다. 그럼에도 불구하고, 유독 문화진화의 경우에만 애매한 기본단위가 문제시되는 이유는 뭘까? 유전자의 현대적 개념은 추상적·일반적·개방적이며, 용어가 사용되는 맥락에 따라 달라지는 '애매한 경계'가 특징이다.[77] 현재 생물학 내부에는 서로 양립할 수 없는 다수의 유전자 개념들이 퍼져 있다.[78] 문화진화의 비판자들이 문화의 모호성과 유연성을 지적하는 것은 당연하다. 문화의 복잡성과 불확실성은 어쩌면 생물학을 능가할 수도 있기 때문이다. 그러나 생물학의 복잡성과 불확실성에도 불구하고, 단순화된 유전자 개념이 생물학적 진화의 연구 과정에서 엄청난 가치를 발휘했다는 점을 잊어서는 안 된다. 여기서 중요한 점은, '단순명료한 유전자' 개념을 사용함으로써 집단생물학의 실증적·이론적 연구가 모두 번창했으며, 문화진화의 연구자들 역시 이 같은 실용적 입장을 취함으로써 나름의 성과를 거둘 수 있었다는 것이다.

문화진화론 연구와 유전자-문화 공진화론 연구에서는 모두, '특정한 심리적 구성을 보유하느냐'의 여부에 따라 사람들을 분류하는 것이 보통이다. 예컨대 유제품을 먹는 것이 좋다고 믿는지, 수화手話를 알고 있는지, 또는 딸보다 아들을 선호하는지 여부가 그것이다. 이것은 개념적으로 볼 때, 특정한 유전자에 초점을 맞춰 사람을 유전형에 따라 분류하는 것과 다르지 않다. 그렇다고 해서 개인이 지니는 다른 문화적 측면들을 모두 무시해도 좋다는 의미는 아니고, 특정 정보가 집단 전체에 미치는 효과를 평균적으로 고려하는 것이 유익하다는 뜻이다.

문화진화론자들에게 문화를 기본단위로 분해하는 것(또는 형질의 특징을 통계적 분포로 파악하는 것)은 이론적으로 매우 유용한 태도다.[79] 특히 연구의 초기단계에서는 일단 역동적 문화현상(즉, 정보의 빈도 변화나 단순 분포로 잘 기술되는 문화현상)에 초점을 맞추고, 그렇게 기술하기에 너무 번거로운 문화현상들은 잠시나마 뒤로 미루는 연구방식이 더 효과적일 수도 있다. 문화의 몇몇 영역은 다른 영역에 비해 이런 식의 분석에 더 적합할 수 있다. 사실 정량분석이 요긴하게 사용될 수 없는 문화 영역은 그리 많지 않다.

요컨대 인간행동생태학자들이 단편적 접근방법을 사용하는 것과 마찬가지로, 문화 과정을 개념적·분석적으로 관리 가능한 단위로 분해하지 않고 이해하는 것은 불가능하다. 이것은 생물학자에게나 인문학자에게나 모두 마찬가지다. 학부 과정에서 사용하는 어느 심리학 교과서를 읽어 보더라도, "인간은 학습과 사회적 전달을 통해 정보를 획득하고, 이를 개별 단위로 저장한 뒤 더 높은 수준의 지식 구조로 묶어 통합하여, 서로 뒤얽힌 신경조직 속에 기억의 흔적으로 암호화해 뒀다가, 종국에는 그것을 행동으로 표출한다"고 서술하고 있다.[80] 문화가 조금씩 찔끔찔끔 획득된다는 것은 그다지 특별한 주장이 아닌 셈이다.

생물학과 문화의 이분법을 조장한다

인간행동생태학과 진화심리학 분야의 연구자들은 한목소리로 "유전자-문화 공진화론이 문화를 생물학에서 분리하는 잘못된 이분법을 조장한다"고 비판해왔다.[81] 이들은 "문화를 습득하고 유지하는 능력이 진화함에 따라 문화 과정의 적응성이 증가하므로, 문화는 생물학으로부터 분리될 수 없다"고 주장한다. 이 논의의 핵심을 이루는 것은 맥락 편향과 내용 편향의 상대적 중요성인데, 이는 앞장에서도 다뤘던 문제로 잠시 후 다시 논의하기로 한다. 하지만 이 문제에 관한 한, 유전자-문화 공진화의 옹호자와 비판자 사이에 진정한 견해차는 거의 없다는 것이 필자들의 생각이다.

필자들과 이야기를 나눴던 유전자-문화 공진화론자들은 이구동성으로 다음과 같이 해명했다. "우리는 문화가 생물학과 완전히 분리된 자기결정적 과정이라고 믿지는 않는다. 유전자-문화 공진화 모델의 목표는 '생물학적 성향이 문화학습을 유도하고, 문화적 과정이 유전자에 대한 선택압력을 변화시키는 과정을 탐구하는 것'이다. 우리의 모델은 본성과 양육을 분리하지 않고, 분석 대상을 추적 가능한 수준으로 단순화시켜 쉽게 이해할 수 있게 해준다." 그렇다면 '유전자-문화 공진화론이 문화를 생물학으로부터 분리한다'는 비판은 어쩌면 일부 미메틱스 옹호자들을 겨냥한 말인지도 모른다.

만약 견해의 차이가 있다면, '생물학적 진화 과정 하나만으로도 문화적 변이를 설명하는 데 충분한가(단일과정모델), 아니면 문화전달이라는 제2의 과정이 추가로 필요한가'에 관한 것이라고 할 수 있다. 그러나 많은 유전자-문화 공진화론 분석을 통해 제시된 증거들은 다음과 같다. ① 단일과정모델은 유전자-문화 공진화론 모델만큼 데이터를 제대로 설명하지 못한다.[82] ② 많은 단일과정모델들이 틀린 결론에 이르렀다.[83] ③ 유전자와 문화의 상호작용이 새로운 형태의 집단선택을 만들어내거나[84] 진화의 속도를 변화시킴으로써[85] 진화 과정을 바꿀 수 있다. 앞에서 언급한 인간게놈프로젝트의 실증데이터 역시 유전자-문화 공진화론의 주장을 강력하게 뒷받침한다.[86] 문화전달이 인간의 진화에 영향을 미치는 강력한 과정으로 취급되어야 하는 것은 바로 이 때문이다.

마지막으로, 유전자-문화 공진화론은—문화진화론과 마찬가지로—'생물학적 진화와 문화적 진화 간의 유사점을 악용한다'는 이유로 비판을 받기도 한다. 생물학적 진화와 문화적 진화 간의 유사점이 중요한 쟁점이라는 것은 인정하지만,[87] 그런 식의 비판은 유전자-문화 공진화론의 장점을 희석시키는 것이라고밖에 할 수 없다. 사실, 생물학적 진화와 문화적 진화 사이에 비슷한 점이 전혀 없더라도 이중유전 모델을 구축하는 것은 얼마든지 가능하다. 문화의 매력 포인트 중 상당수는 전달과정이 유전자의 상속 과정과 다르다는 데서 유래한다. 카발리-스포르차와 펠드먼(1981), 보이드와 리처슨(1985)의 저서가 주로 다루는 문제는 '문화적 진화가 유전적 진화와 어떻게 다른가'라는 것임을 상기하라.

특정 시스템을 기술하는 모델의 적절성은 궁극적으로 '그 모델이 해당 시스템의 본질적인 속성을 제대로 포착하고 있는가'의 문제로 귀결된다. 문화적 과정과 생물학적 과정이 모델의 가정과 다른 방향으로 전개된다면, 올바른 가정에 입각한 새로운 모델을 개발하는 것이 원칙이다. 이런 점에서 볼 때, (문화가 됐든 유전자가 됐든) 단일 과정에 초점을 맞추는 접근방법의 문제점은 '중요한 과정은 단 하나뿐이다'라거나 '두 과정이 상호작용하지 않는다'는 식의 극단적인 가정에 입각하고 있다는 것이다.

뇌는 너무 복잡하여 최근의 선택에서 열외되었다

이 장의 앞부분에서 살펴본 바와 같이, 인간게놈프로젝트는 인간에 대한 선택이 현재진행형이라는 증거를 제시했다. 특히 젖당 소화, 전분 소화, 탄수화물 대사에 관여하는 유전자들은 최근에 선택이 이루어진 징후를 나타낸다. 유전자-문화 공진화론자들은 이들 변화가 식생활과 농경 분야에서 이루어진 최근의 문화변동과 관련이 있다고 주장해왔다. 면역계와 병원체 반응에 관여하는 다수의 유전자들도 최근에 강한 선택이 이루어진 징후를 보이고 있다. 가축 사육이나 도시로의 인구집중과 같은 문화현상에 의해 인간은 새로운 병원균과 질병에 노출되었을 것이기 때문이다. 따라서 적어도 소화나 면역에 관여하는 유전자의 경우, "유전자-문화 공진화론 모델이 여러 인간 집단에 걸친 유전자 변이를 설명해줄 것"이라는 생각은 더 이상 논란의 여지가 없어 보인다. 단, 아직도 많은 논란을 일으키고 있는 것은 '뇌의 기능에 관여하는 유전자들이 인간 집단에 따라 달라졌는가'에 관한 가설이다.

'신경계와 뇌의 기능에 관여하는 많은 유전자들이 최근에 선택을 받았을 것'이라는 가설은 통계적 유의성이 있다.[88] 그러한 유전자에는 세로토닌 전달체, 글루탐산염 및 글리신 수용체, 후각 수용체, 시냅스 관련 단백질, 에너지 대사 등에 관여하는 유전자, 기타 (뇌에 발현되어 있지만 대체로 기능이 알려지지 않은) 다수의 유전자들이 포함된다.

최근에 선택을 받은 유전자 중 일부는 특정한 인식능력과 관계된 것으로 여겨지고 있으며, 이들 유전자의 다형성多形性은 ADHD(주의력결핍/과잉행동장애), 자폐증, 조현병, 알코올 중독 등의 장애와 관련이 있으리라 여겨진다.[89] 그 밖의 예로는 뇌의 크기와 언어에 관련된 유전자가 있다.[90] 사람과 침팬지의 게놈을 비교한 연구자들은 "현생인류에 가까워질수록, 뇌조직의 유전자 발현 변화가 다른 조직들보다 더 두드러지는 경향이 있다"는 사실도 발견했다.[91]

분자유전학자들은 뇌에 발현되는 수많은 유전자 중 근래에 선택을 받은 유전자를 확인했을 뿐 아니라, 선택이 이루어진 시점까지도 추정했다.[92] 예컨대 도파민 D4 수용체 유전자의 다형성은 약 4만~5만 년 전에 양성 선택이 이루어진 것으로 추정된다.[93] 도파민 D4 수용체는 진기한 것을 추구하는 행동과 관련된 것으로 여겨지고 있으며, 선택의 시기는 인간이 아프리카 대륙을 떠나 전 세계로 이동한 기간과 대응된다.[94] 연구자들은 "도파민 D4 수용체 유전자의 다형성이 급변하는 환경(이 경우에는 이동으로 야기된 문화변동)에 노출된 집단들 사이에서 선호되었을지 모르지만, 이 다형성으로 인해 ADHD의 발병위험이 증가하는 대가를 치렀을 것"이라고 추정한다. 하지만 인간행동과 심리적 장애의 밑바탕에 깔려 있는 유전자 변이에 대한 진화론적 설명은 여전히 논란을 불러일으키고 있으며, 이를 지지하는 증거들도 완전함과는 거리가 먼 실정이다.

"최근에 이루어진 매우 급속한 자연선택이 인간의 게놈(뇌의 기능에 관여하는 부분을 포함한다)에 영향을 미쳤다"는 증거에 대해서는 이론의 여지가 없는 것처럼 보인다.[95] 대표적인 진화심리학자들은 선행연구에서 "인간의 정신이란 공동으로 적응하는 유전자 복합체이기 때문에, 선택에 재빨리 반응할 수 없다"고 주장했었다.[96] 즉, 뇌는 너무 복잡하기 때문에 돌연변이의 유해한 영향에서 벗어날 수 있는 기관으로 간주되었다. 다시 말해서, '신경계의 정교한 균형'은 '급속한 유전자의 진화'와 양립할 수 없으리라 생각되었던 것이다.

하지만 분자유전학자들은 공동발현분석co-expression analysis 등의 분석도구를 이용하여, 뇌에 발현되는 유전자의 변화를 지도(유전자발현 네트워크) 상에 표시해 보았다. 이 지도를 면밀히 분석한 결과, 유전자발현 네트워크의 중심부에 위치한 유전자들보다는 가장자리에 있는 유전자가 최근 더 급속하게 진화한 것으로 나타났다.[97] 유전자발현 네트워크의 가장자리에 있는 유전자의 예로는 신경전달물질 수용체나 전달체 분자 등을 코딩하는 유전자가 있다. 신경전달물질 수용체의 효율이나 전달체 분자의 농도를 변화시킬 경우, 인간의 뇌 기능을 크게 교란시키지 않으면서 행동의 변화를 이끌어낼 수 있다. 유전자-문화 공진화론의 관점에서 볼 때, '플라이스토세 이후 뇌의 기능에 중요한 유전적 변화가 일어날 만한 시간 여유가 없었다'는 진화심리학자들의 점진주의적 주장은 이제 폐기되어야 한다.

다른 종의 진화와는 다른 인간의 진화

유전자-문화 공진화론은 인간을 '사회적으로 전달되는 역동적 문화를 보유한 종'으로 규정하고, 인간의 진화는 적어도 세

가지 면에서 다른 종의 진화와 구별된다고 주장한다. 첫째, 젖당 흡수 유전자의 진화 사례에서 보는 것처럼, 문화는 매우 효과적으로 자연선택의 압력을 변화시키고 집단의 생물학적 진화를 추동한다. 둘째, 문화는 새로운 진화 과정, 예컨대 문화적 집단선택을 만들어낸다. 셋째, 문화의 전달이 때로는 진화를 가속시키기도 하고 때로는 지연시키기도 하는 등, 진화의 속도에 커다란 영향을 미칠 수 있다. 이상과 같은 관점에서 볼 때, 인간행동 연구를 위한 종래의 진화론적 접근방법이 항상 적절하다고 볼 수는 없는 것 같다.

최근까지만 하더라도 유전자-문화 공진화론 연구는 분야의 성격상 거의 이론 위주로 진행되었으며, 방법론 측면에서는 집단유전학적 접근방법이 주류를 이루었다. 이처럼 매우 편협되고 기술적인 방법론 때문에, 유전자-문화 공진화론은 이론을 중시하는 소수의 인류학자 및 생물학자의 전유물로 전락했다. 하지만 최근 들어 유전자-문화 공진화론의 저변이 확대되고 있다. 예컨대 비교통계학적 도구를 이용하여 하나의 형질(예: 대립유전자의 빈도)이 다른 형질(예: 문화형질)에 얼마나 의존하는지를 평가하는가 하면, 계통발생학적 방법을 사용하여 대립유전자의 빈도와 문화형질의 공변화 여부를 예측하는 등 연구의 폭이 넓어지고 있다.[98]

현대의 인간 집단에서 일어나는 유전자 빈도의 변화 역시, 문화형질이 대립유전자의 빈도에 얼마나 영향을 미치는지를 분석함으로써 평가되고 있다. '겸상적혈구HbS의 대립유전자와 참마yam 재배 간의 관계'에 대한 더럼(1991)의 분석이 그 대표적 사례다. 한편 '유전자가 먼저 변화한 다음 문화적 반응이 촉발되었다'는 가설과 '문화변동이 유전자 변화를 유도했다'는 가설의 상대적 장점을 평가하기 위해, 고고학적 데이터나 오래된 DNA를 분석하는 작업도 이루어지고 있다. 예컨대 버거 등(2007)은 젖당 흡수 유전자의 출현 시기를 연구하기 위해, 인간의 조상으로부터 추출한 고대 DNA를 분석했다.

과거에 이루어진 유전자와 문화의 상호작용을 탐구하기 위해 새롭고 강력한 베이지언 방법이 채용되고 있으며, 이미 축적되어 있는 유전적·문화적 데이터에 통계모델이 적용되고 있다.[99] 대규모의 유전자 데이터베이스가 출현함에 따라, 유전자-문화 공진화론자들이 전통적으로 사용해왔던 수학적 방법은 변화를 거스를 수 없게 되었다. 기능과 빈도가 알려진 특정 유전자의 진화 과정을 연구하려면 새로운 이론적 모델을 구축할 필요가 있기 때문이다.[100] 게다가 문화는 결코 무시할 수 없는 인구학적 결과를 초래할 수 있기 때문에,[101] 유전자-문화 공진화론 연구자들은 이 점을 감안할 필요가 있다.

지금까지 언급한 유전자-문화 공진화론의 발전 내용은, 이 분야가 다양한 분야들을 융합함으로써 진정한 초학문적 과학을 지향하고 있음을 시사한다. 예를 들어 유전학자와 진화생물학자들은 대립유전자 빈도의 시간적·공간적 변화나 인간의 특이성을 이해하기 위해 문화적 변수의 역할을 고려하고 있다. 또한 자신들이 파악한 선택의 분자지표molecular signature가 과연 유전자-문화 상호작용의 결과인지를 확인하기 위해, 인류학자, 고고학자, 이론가 등과 머리를 맞대고 연구하고 있다. 게다가 제6장에서 언급한 다양한 실험적 방법들 중 상당수는 유전자-문화 공진화론에도 그대로 적용될 수 있다. 이제 유전자-문화 공진화론은 어엿한 실증적 학문으로서 인정받기에 조금도 손색이 없다고 할 수 있다.

물론 현재 유전자-문화 공진화론의 적용을 가로막는 문제점들이 없지는 않다. 예컨대 유전자-문화 공진화론 모델은 문화진화론 모델과 마찬가지로 '사회적 학습을 통해 습득한 정보와 개인의 행동 간에는 밀접한 연관성이 존재한다'고 가정하지만, 사람이 늘 자신의 신념과 일치하는 행동을 보이는 것은 아니다.[102] 더욱이 유전자-문화 공진화론은 가족 내부의 상호작용(예: 족벌주의, 부모와 자녀 간의 갈등)을 탐구하는 데 별로 관심을 기울이지 않는다. 이에 반해 다른 진화론적 접근방법에서는 가족 내부의 상호작용을 탐구함으로써 많은 성과를 거둔 바 있다. 유전자-문화 공진화론 진영에서는 이들 문제점을 다룰 방법을 아직 찾아내지 못했지만, 그렇다고 해서 상황이 절망적인 것은 아니다. 어쩌면 유전자-문화 공진화론은 이제야 자신의 잠재력을 깨닫기 시작했는지도 모른다. 에드워드 윌슨도 이미 10여 년 전에 다음과 같이 예견했다.

> 현재 유전자-문화 공진화론은 잠복기에 있다. 앞으로 여러 해 동안 학자들을 매혹시키기에 충분할 정도로 설득력 있는 지식이 서서히 축적되기를 기다리면서 때를 보고 있는 것이다. 나는 유전자-문화 공진화론의 본질이 사회과학의 중심문제와 맞닿아 있을 뿐만 아니라, 아직 탐구되지 않은 위대한 과학 영역 중의 하나임을 확신한다. 나는 유전자-문화 공진화론의 시대가 오리라는 것을 한순간도 의심치 않는다.[103]

더 읽을거리

보이드와 리처슨의 『문화와 진화 과정』(1985), 카발리-스포르차와 펠드먼의 『문화 전달과 진화: 계량적 접근』(1981)은 유전자-문화 공진화론을 가장 포괄적으로 다룬 책의 위치를 굳건히 지키고 있다. 몇 가지 중요한 방법에 대한 수학적 설명은 펠드먼과 카발리-스포르차(1976)의 논문을 참고하라. 좀 더 접근하기 쉬운 개관을 원한다면 펠드먼과 랠런드(1996)의 논문을 참고하고, 정교한 수학 이론이 적용된 사례를 보고 싶다면 랠런드 등(1995a)의 논문을 참고하라. 유전자-문화 공진화론을 호의적으로 개관한 책 중에서 읽을 만한 것은 폴 에얼릭의 『인간의 본성(들)』(한국어판, 2008, 이마고)이 있다. 헨리치와 동료들이 저술한 『인간 사회성의 기초』Foundations of Human Sociality(2004)는 15개 소규모 사회에서 이루어진 경제적 실험을 소개하고, 이를 유전자-문화 공진화론적 관점에서 상세히 해설한다. 코크란과 하펜딩의 『1만 년의 폭발』(한국어판, 2010, 글항아리)과, 랠런드 연구팀(2010)과 리처슨 연구팀(2010)의 논문들은 모두 인간의 문화활동이 인간 유전자에 대한 선택을 변형시킨 과정을 기술한다.

토론할 문제들

1. 유전자-문화 공진화는 얼마나 오랫동안 작동해왔는가?
2. 유전자-문화 공진화론자들의 문화에 대한 개념은 진화심리학자들의 그것과 어떤 면에서 다른가?
3. 집단유전학에서 수학 모델을 차용하여 문화에 적용하는 것이 정당한가?
4. 문화는 정말로 별개의 단위로 분해될 수 있는가?
5. '유전자가 문화의 고삐를 잡았다'는 표현이 맞는가, 아니면 '문화가 유전자의 고삐를 잡았다'는 표현이 맞는가?
6. 젖산 흡수의 사례가 유전자-문화 공진화를 설명하는 좋은 모델인가?

제 8 장

진화론에 접근하는 다섯 가지 방법

COMPARING AND INTEGRATING PPROACHES

지금까지 살펴본 바와 같이, 서구의 지성사에서 인간의 행동을 진화론적 관점에서 바라보고자 했던 선학先學들의 노력은 결코 간과할 수 없는 잘못으로 점철되었다. 그러나 진화론을 신중하게 사용함으로써 인간성에 대한 이해를 증진시켰던 사례도 얼마든지 찾아볼 수 있다. 이제 차분한 마음을 갖고, '진화론이 인간의 행동과 사회를 이해하는 데 도움을 줄 수 있는가?'라는 본질적 의문을 던져 볼 때가 된 것 같다.

우리는 지금까지 여러 장에서, 인간의 행동을 진화론적 관점에서 탐구하는 데는 크게 다섯 가지 방법이 있으며, 각각의 방법이 모두 귀중하고 참신한 통찰력을 제공했음을 누차 확인했다. 각 학파마다 자신들의 방법과 추론이 길이요 진리라고 주장하지만, 실제로는 모든 접근방법들이 각각 나름의 장단점을 갖고 있다는 것을 깨달았다. 그렇다면 이들 모두를 한데 아우르는 방법은 없을까?

이 장의 목표는 이들 다섯 가지 접근방법들을 서로 비교하고, 이것들이 얼마나 상호보완적인지 논의하며, 각각의 접근방법이 전체적 상황을 파악하는 데 기여할 수 있는 측면이 무엇인지를 모색하는 것이다. 우리가 앞 장에서 인간의 행동과 진화를 연구하는 학자들을 특정 학파로 나누어 기술했음에도 불구하고, 실생활에서 이들 분야를 구분하기란 결코 쉽지 않음을 명심해야 한다. 예컨대 인간사회생물학을 다른 학파들과 동등한 수준에서 다룬 것은 오해의 소지가 다분하다. 왜냐하면 지난 30년에 걸쳐 인간사회생물학은 인간행동생태학, 진화심리학, 문화진화론, 유전자-문화 공진화론 등의 하위 학문이 형성되는 데 영향을 미쳤거나, (극단적으로 말하면) 해체되어 그들 속으로 스며들었다고 간주할 수 있기 때문이다.[1] 심지어 인간사회생물학의 뒤를 이어 등장한 네 가지 접근방법들조차도 많은 공통적 배경을 갖고 있으며, 관점과 방법론이 상당히 중복된다. 우리는 여러 가지 견해들을 좀 더 명확히 설명하려고 노력하는 과정에서, 본의 아니게 '학파들 간의 경계가 실제보다 더 명확하다'는 인상을 독자들에게 심어줬다는 점을 솔직히 인정한다.

현실은 이론보다 훨씬 더 복잡하며, 다양한 학문들이 상당히 많은 배경을 공유한다.[2] 우리의 목표는 여러 학파들 간의 인위적인 경계를 확립하거나 강화하는 것이 아니다. 우리는 진화론에 관심을 둔 연구자들이 이 책을 통해 여러 학파들의 이론과 방법론을 두루 섭렵하기 바란다. 그리하여 각 학파들로부터 나름의 기준에 따라 훌륭한 통찰력과 최선의 분석도구를 얻는 것은 물론, 한걸음 더 나아가 비판적이고 분별력 있는 시각으로 다양한 관점들을 통합하는 능력을 길렀으면 한다.

현대의 진화론자들은 특정한 접근방법에 구애받지 않으며, 광범위한 분야들 가운데서 필요한 방법들을 자유롭게 선택한다. 최근의 연구결과들은 이러한 시대적 흐름을 반영하기 시작했다.[3] 우리는 이 같은 통합 시도를 전폭적으로 지지하며, 진화론의 옹호자들이 각 학파 및 접근방법의 장단점을 인식할 경우 성공 가능성이 더욱 높아지리라 믿는다.

이 장에서 다룰 내용은 다음과 같다. 첫째, 진화론적 접근방법에 대한 일종의 인기조사, 즉 '다섯 가지의 접근방법들이 각각 연구자들로부터 얼마나 지지를 받고 있는지'를 알아본다. 둘째, 상이한 동물 종 간의 비교연구가 인간의 행동과 인식에 대한 이해를 확장하는 데 어떻게 기여할 수 있는지를 설명한다. 셋째, 다른 동물 종으로부터 입수된 증거를 이용하여 영아살해의 사례를 집중적으로 분석하되, 하나의 주제를 다섯 가지 관점에서 각각 검토한 후, 틴베르헌의 네 가지 질문에 총괄적으로 답변하는 방식으로 논의를 마무리한다. 넷째, 전쟁에 대한 연구를 예로 들어, 상이한 접근방법들을 동시에 사용함으로써 인간의 행동을 가장 폭넓게 설명하는 방법을 선보인다. 마지막으로 다섯 개의 학파들이 상호보완적인지, 또는 이들의 통합을 방해하는 근본적인 견해차가 존재하는 것인지를 생각해본다.

진화론 인기차트

제6장에서 우리는 밈이라는 개념을 소개한 바 있다.

밈이란 '매력과 설득력이라는 무기를 이용하여 인간의 정신을 사로잡음으로써 사람들 사이에서 널리 퍼져나가는 일종의 문화적 변이체'를 말한다. 선도적인 철학자들은 '유용한 가설과 설명은 유용성이 떨어지는 가설과 설명을 대체한다'는 점에 착안하여, "과학 이론은 밈의 차별적 선택과 유사한 과정을 통해 진화한다"는 견해를 제시한 바 있다.[4] 그렇다면—농담 반 진담 반으로—밈의 관점에 입각한 추론을 통해, 우리 스스로에게 다음과 같은 질문을 던져보는 것도 가능할 것이다.

"다섯 가지 진화론적 접근방법 중에서 가장 전염성이 높은 밈은 어느 것일까? 진화론에 마음을 둔 과학자들의 이성과 감성을 독차지하려는 싸움에서 승기를 잡은 학파는 어디일까?" 물론 연구자들의 머릿수나 출판된 논문의 숫자로 측정한 인기가 '최고의 학파'를 평가하는 척도가 될 수는 없다. 하지만 이 책에서 언급된 학파들은 거의 동시에 출현했으므로, '학파별 연구자 및 출판 논문의 숫자'는 "가장 유용하거나 흥미롭다고 생각하는 진화론 접근방법은 무엇인가요?"라는 설문에 대한 응답 결과나 진배없다고 할 수 있다.

'진화론 인기차트'를 발표하기 전에 독자들의 흥미를 유발하기 위해 잠시 뜸을 들인다면, "현재 1위를 달리고 있는 것이 도킨스의 '밈'이 아닌 것만은 분명하다"는 것이다. '미메틱스'는 대중적인 과학 기사를 가끔 읽는 독자들 사이에서나 인터넷 토론방에서는 대세인 것처럼 보일지 몰라도, 자연과학이나 사회과학 분야에 큰 영향을 미치는 데는 실패했다고 봐야 한다.[5]

전문 연구자들은 '밈 바이러스'에 대한 예방주사를 맞은 것처럼 무덤덤한 반응을 보인다. 이유가 뭘까? 어쩌면 밈의 관점에서 추론하는 것이 혼란스럽다고 생각하거나, 그것을 실험연구로 전환시키는 방법을 모르는지도 모른다. 어쩌면 일부 연구자들은 '인간행동은 미메틱스보다 생물학적으로 설명하는 것이 더 매력적'이라고 생각하는지도 모른다. 이와 대조적으로, (미메틱스를 포괄한다고 볼 수 있는) 문화진화론은 방법론의 확장과 실험연구 방법의 출현에 힘입어 (특히 유럽에서) 널리 호응을 얻는 데 성공한 듯 보인다. 그러나 문화진화론은 '진화론적 접근방법 중 가장 앞서간다'고 하기에는 다소 거리가 있는 상태에 머물러 있는데, 이는 아마도 수학적 기반 위에 서 있다는 점이 많은 이들에게 부담으로 작용하기 때문인 듯하다.

인간사회생물학 역시, 대중의 높은 관심을 끌면서 시작되었음에도 불구하고 현재 진화론 인기차트에서 수위를 달리고 있지는 않다. 인간사회생물학은—사실이든 아니든—'유전자 결정론'이나 '편견' 등의 오명을 뒤집어쓰고 푸대접을 받아왔으며, 심지어 사악하다고 여겨지는 경우도 있었다. 사회생물학은 동물 행동 연구분야에서 크게 성공을 거뒀을지 모르겠지만,[6] 현재 많은 생물학자들은 적대적인 비판을 불러일으킬까 두려워 자신을 인간사회생물학자라고 칭하는 것을 꺼리는 눈치다. 한편 사회과학자들은 종종 암묵적으로 사회생물학을 혐오의 대상으로 여기는 경향이 있다. 사회생물학자가 되고자 하는 많은 이들이 택할 수 있는 최선의 방법은 현재로서는 '진화심리학자' 또는 '인간행동생태학자' 등의 가면을 쓰고 지하 활동을 하면서, '세월이 흐르면 언젠가 우리의 견해가 객관적으로 평가받을 수 있겠지'라고 나직이 읊조리는 것이다. 하지만 현대의 진화론적 접근방법이 여전히 많은 사회과학자들의 반대에 직면해 있는 것으로 판단하건대, 그들이 기다리는 '그

때'는 요원한 것 같다.

모든 접근방법 중에서 가장 난해한 것은 유전자-문화 공진화론의 수학적 세계라고 할 수 있다. 유전자-문화 공진화론은 가장 전망이 밝음에도 불구하고 다중처리, 시그마, 델타 운운 하면서 골머리를 썩이기 때문에, 극소수의 열광적인 추종자들을 제외한 대부분의 사람들에게는 넘을 수 없는 벽으로 느껴질지도 모른다. 상형문자로 쓰인 듯한 이론이 광범위한 실증학문으로 바뀌는 날까지, 많은 사람들은 참여자라기보다 관찰자의 입장에 머무르게 될 것 같다. 하지만 7장에서 살펴본 바와 같이, 최근 실증적인 유전자-문화 공진화 연구방법이 등장하여 얼마간의 영향력을 발휘하기 시작하고 있다. 게다가 인간게놈프로젝트 결과로 인해 조성된 활발한 연구 분위기를 감안하면 유전자-문화 공진화론 분야는 향후 몇 년 내에 크게 성장할 잠재력을 지닌 것으로 평가된다.

비록 이론에 치우치는 경향이 있음에도 불구하고, 인간행동생태학의 대표적인 연구자들은 현재 진화론 분야에서 존경받는 위치에 올라 있다. 유전자-문화 공진화론에 열광하는 연구자들이 이들로부터 얻을 수 있는 주된 교훈은 '활발한 실증적 연구노력이 중요하다'는 것이다. 미메틱스처럼 대중에게 어필한 모범적 사례라고 할 수는 없어도, 인간행동생태학자들은 건전한 실증적 연구기반을 구축하는 데 성공했다. 이는 아마도—부분적으로—'인간행동의 유전적 바탕'이라는 논란 많은 쟁점을 비껴나간 데 힘입은 것으로 보인다.

비록 산타바버라 학파의 지배체제가 더 이상 확고하지는 않더라도, 현재 다윈주의적 세계를 지배하고 있는 세력이 진화심리학자들이라는 데는 의심의 여지가 없다. 진화심리학이 성공할 수 있었던 요인은 부분적으로, 진화심리학적 관점을 과학적 연구에 적용하기가 매우 수월하기 때문이라 할 수 있다. 이로 인해 진화심리학적 관점은 연구자들의 시선에 자주 노출되고 더욱 쉽게 채택되는 이점을 누렸다.

한편 진화심리학은 인간의 보편성에 초점을 맞춤으로써 대중들에게 덜 위협적인 인상을 줬다고도 할 수 있다. 왜냐하면 대중은 인간의 차이에 대한 진화론적 설명을 재빨리 인종차별과 유전적 환원주의로 몰아가는 경향이 있기 때문이다. 더욱이 진화심리학은 운 좋게도 재능 있는 저술가들을 여럿(특히, 스티븐 핑커, 로버트 라이트, 데이비드 버스) 확보하고 있었다. 또한 많은 진화심리학자들은 대중성이 가미된 설명을 제시하는 데 일가견이 있어, 언론의 주목을 받은 것은 물론 동조하지 않는 학자들을 포섭하는 데 탁월한 능력을 발휘했다. 나아가 진화심리학은 현대 서구사회와 관련된 의문사항들을 명쾌하게 해결해줬다. 오늘날 진화심리학이 번성하고 있는 까닭을 어떻게 설명하든 간에, 그것이 현재의 지배적인 다윈주의 학파라는 것만은 분명하다.

다른 종과의 비교연구에서 얻을 수 있는 것

제2장과 제3장에서 언급한 바와 같이, 동물행동학자나 사회생물학자는 인간성에 관한 결론을 이끌어내기 위해 다른 동물들의 행동 및 인지능력을 비교하는 방법을 즐겨 사용했다. 그러나 안타깝게도 그 같은 비교는 다소 자의적이거나 사변적이어서 혹독한 비판을 받는 경우가 적지 않았다.[7] 아마 이러한 선례 때문이기도 하겠

지만, 현대 진화론의 어느 학파에서도 종간 비교에 중점을 두지 않았었다. 하지만 최근 들어 인간의 속성, 특히 인지과정의 비교연구에 대한 관심이 되살아나고 있다. 이러한 경향은 한편으로 영장류, 고래목cetaceans, 조류 등에서 발견된 인상적인 인지능력[8]에 의해, 다른 한편으로는 비교생물학 내부에서 등장한 엄격한 통계적 방법론[9]에 의해 강화되었다.

대부분의 사회과학자들에게 인간의 인지능력은 다른 동물들과 비교할 수 없을 정도로 특출한 것으로 간주되며, 이 같은 입장은 어느 정도 정당화될 수 있다. 인간만이 과학, 예술, 음악, 문학 분야에서 비범한 성과를 거뒀을 뿐만 아니라, 끊임없는 기술 혁신과 유례없는 환경 변화를 통해 지구를 지배하기에 이르렀기 때문이다. 인간이 '성공한 종'으로 우뚝 서게 된 일등공신으로는 문화, 언어, 혁신, 기타 다양한 속성들이 거론되어왔다. 하지만 매우 다양한 동물들 역시—비록 인간에 미치지는 못하지만—혁신이나 사회적 학습 등을 수행할 수 있다는 관찰 결과가 보고되면서, '인간만이 보유한 특별한 정신능력이 과연 무엇일까?'라는 의문이 제기되고 있다.

이러한 물음에 답하는 데는 종간 비교의 관점이 유용하다. 인간과 다른 동물의 인지능력 및 사회행동을 세심하게 분석함으로써, 연구자는 인간의 인지능력만이 지니는 독특한 특징을 찾아낼 수 있다. 그러나 이는 결코 사소한 문제가 아니다. 역사를 더듬어보면, '인간만이 특이하게 *X*를 하거나 *Y*를 소유하고 있다'는 식의 주장을 내놓았다가, 나중에 다른 동물에게서 *X*나 *Y*가 발견되면서 입장이 난처해진 연구자들이 수두룩하기 때문이다. 예컨대 일부 동물들은 도구를 사용하고,

교육·모방·의사소통을 하며, 일화기억episodic memory을 보유하고 타자의 의도를 이해할 수 있는 것으로 알려져 있는데, 이것들은 모두 한때 인간만의 독특한 능력이라고 믿어졌던 것들이다.

그러나 종간 비교의 유일한 목표가 '인간만이 지닌 독특한 능력을 찾아내는 것'이라고 생각하면 오산이다. 종간 비교의 또 다른 목표는 '인간이 다른 동물들과 공유하고 있는 특징을 찾아내는 것'이다. 인간과 다른 동물들의 공통점을 분석하면 인간의 특이성을 살피는 것만큼이나 훌륭한 통찰력을 얻을 수 있다. 인간 대신 동물을 모델로 삼아, 인간의 행동과 인지능력을 연구할 수 있는 길이 열리기 때문이다.

게다가 인간과 다른 동물들을 비교함으로써, 우리는 과거사를 재구축하여 인간의 인지능력이 어디서 어떻게 진화했는지를 알아낼 수 있다. 동물들 간의 비교분석은 인간의 조상뻘 되는 동물들의 속성을 추론하여, 현대인이 보유한 형질의 진화사를 이해할 수 있게 해준다. 이 접근방법은 인간과 근연동물들이 공유하는 상동성相同性을 찾아내는 데 의존한다. 머릿속에 맨 먼저 떠오르는 비교대상은 당연히 비인간 영장류, 특히 유인원인데, 최근 실시된 여러 실험연구들은 인간과 침팬지의 행동을 비교연구하고 있다. 예컨대 우리는 제7장에서 최후통첩게임을 소개하면서, "인간은 기대 이상으로(즉, 합리적으로 행동한다고 가정할 경우 예상되는 수준 이상으로) 관대한 제안을 하고 불공정한 제안을 거부하는 경향이 있다"고 설명한 바 있다. 이와 대조적으로, 독일 막스 플랑크 진화인류학 연구소의 케이트 옌젠Keith Jensen, 요제프 칼Josep Call, 미하엘 토마젤로Michael Tomasello(2007)는 실험용 침팬지에게 단순화된 최후통첩게임을 시켜본 결과, "침팬지는 지극히 합리적으로 행동하며, 다른 침팬지에 대한 공정성 여부에는 개의치 않고 자신에게 돌아오는 보상만을 극대화한다"는 결론을 내렸다. 이 연구는 '초기인류(호미닌)가 침팬지와는 달리 타인을 배려하고 공평성을 선호하는 방향으로 진화해왔다'는 주장을 지지한다.[10]

오늘날 많은 비교심리학 연구자들은 연구실에서 어린이와 침팬지를 대상으로 인지능력 검사를 실시하여 점수를 비교한다.[11] 성인이 아닌 어린이를 침팬지와 비교하는 까닭은, 성인의 경우 사회화를 통해 습득한 문화의 영향을 크게 받기 때문이다. 따라서 문화가 교란요인으로 작용하기 전에 두 종 사이에 존재하는 인지능력의 차이를 찾아내려면 어린이를 비교대상으로 삼아야 한다. 예컨대 데이비드 프리맥David Premack과 가이 우드러프Guy Woodruff(1978)의 고전적인 연구에서는 "침팬지에게 마음이론theory of mind이 있을까?"라는 질문을 던졌는데, 이 질문의 의미는 "침팬지가 인간 성인과 마찬가지로 '다른 개체가 잘못된 신념, 의도, 목표를 가질 수 있다'는 점을 이해할 수 있을까?"라는 것이었다. 이 논문이 발표된 것을 계기로, 수많은 연구자들이 침팬지와 어린이의 인지능력을 비교함으로써 두 사람의 질문에 답변하고자 노력했다.

처음에는 많은 연구자들이 부정적인 답변을 내놓았다. 하지만, "단순한 '예/아니오'식 답변은 곤란하며, 어쩌면 침팬지도 부분적으로 마음이론을 갖고 있을지도 모른다"는 인식이 대두되면서, 연구가 크게 진전되었다.[12] 칼과 토마셀로가 최근 발표한 논문에서는 침팬지가 실험자의 의도를 추론하는 것으로 드러났다. 즉, 침팬지는 '실험자가 피치 못할 사정 때문에 먹이를 주지 못할 때'와 '고의로 먹이를 주지 않을 때' 각각 다른 반응을 보였던 것이다.[13] 다른 연구들에서는 침팬지가 다른 개체들의 목표, 인식, 지식을 이해할 수 있는 것으로 드러났지만, 다른 개체들이 잘못된 신념을 가질 수 있음을 이해한다는 증거는 발견되지 않았다.[14] 이와 대조적으로, 어린이는 4세 무렵이 되면 타인이 잘못된 신념을 가질 수 있음을 이해하는 것이 보통이며, 때로는 그보다 빠를 수도 있는 것으로 밝혀졌다.[15] 이는 '잘못된 신념을 이해하는 능력', 즉 완벽한 마음이론이 호미닌 계통에서 진화했다는 것을 암시한다.

그러나 이 문제는 그리 간단치 않다. 실제 상황에서, 종간 비교를 통해 제대로 된 추론을 이끌어내는 것은 여기서 설명하는 것보다 훨씬 더 복잡하다. 예컨대 초기인류의 상태를 추론하거나 선택환경과 적응 사이의 관계를 확인하려면, 비교 가능한 연구대상이 침팬지 하나만이어서는 곤란하다. 종간 비교가 진화론적 가설을 수립하는 데 효과적인 수단이기는 하지만, 의미 있는 정보를 얻기 위해서는 더 많은 종들을 추가로 연구해야 한다.[16]

가장 명확한 문제는, 한 가지 종과의 비교만으로는 '공통조상에게서 물려받은 형질'과 '진화 과정에서 파생된 형질'을 구분할 수 없다는 것이다. 연구자들은 '인간과 침팬지의 공통조상이 침팬지 수준의 저급한 인지능력을 가지고 있었다'고 가정하고 싶은 마음이 굴뚝같더라도, 그러한 유혹을 이겨내지 않으면 안 된다. 이론적으로, 인간과 침팬지 간의 모든 차이는 공통조상으로부터 갈라져나온 이후에 생겨난 것일 수도 있기 때문이다.

다시 마음이론의 예로 돌아가 생각해보면, 우리는 다른 종에 관한 데이터를 갖고 있지 않기 때문에, 다음과 같은 두 가지 가능성을 모두 열어 두어야 한다. ① 인간과 침팬지의 공통조상은 침팬지 수준의 저급한 인지능력을 갖고 있었고, 여기서 갈라져나온 인간은 한 단계 더 진화하여 마음이론을 갖게 되었다. ② 인간과 침팬지의 공통조상은 완벽한 마음이론을 가지고 있었지만, 인간과 침팬지로 갈라진 후 침팬지 계통에서는 잘못된 신념을 이해하는 능력이 상실되었다.

이 같은 이유 때문에 현대의 비교연구에서는 보통 두 가지 이상의 종을 다룬다. 예컨대 막스플랑크 진화인류학 연구소의 에스터 헤르만 Esther Herrmann 등[17]은 어린이, 침팬지, 오랑우탄을 대상으로 일련의 인지능력 검사를 실시한 결과, "물질계physical world에 대처하는 인지능력(예: 공간기억, 물체의 회전, 도구 사용)에서는 어린이와 침팬지가 비슷하지만, 사회적 영역에 대처하는 세련된 인지능력(예: 사회적 학습, 의사소통을 위한 몸짓 만들기, 타인의 의도 이해)에서는 어린이가 침팬지와 오랑우탄을 능가한다"는 결론을 얻었다. 두 가지 비인간 유인원(침팬지와 오랑우탄)이 모두 사회적 인지능력을 측정하는 테스트에서 좋은 점수를 받지 못했다는 것은 '침팬지와 인간의 공통조상은 침팬지와 다를 바 없는 사회적 인지능력을 갖고 있었으며, 특히 사회적 지능을 꽃피운 주인공은 우리의 호미닌 조상들'이라는 가설을 지지해준다.

비교연구를 활용하는 또 하나의 방법은, 특정 형질(인간과 다른 동물들이 공유하는 인식 및 행동의 특성)과 공변共變하는 생태적·사회적·생활사적 특징을 확인하는 것이다. 이러한 접근방법을 이용하면, 특정 형질이 인간의 조상에게 어떤 능력을 부여했으며 그것을 선호한 선택환경이 어땠는지를 추론할 수 있다. 예컨대, 만약 특정한 학습패턴이 근연관계가 없는 종들 사이에서 광범위하게 나타난다면, 통계 검정을 이용하여 '그 형질의 존재 또는 부재와 특정한 생태적·사회적 조건 간의 상관관계'를 도출할 수 있다. 그리고 이러한 상관관계의 통계적 유의성이 인정된다면, 특정 조건이 특정 형질의 진화를 선호했으리라는 가능성을 제기할 수 있다.

인간과 근연관계가 먼 동물들 사이에 존재하는 형질의 유사성을 상사성analogy이라고 하며, 형태상으로는 비슷하지만 발생 기원이 다른 형질을 상사형질이라고 한다. 상동성에 국한된 연구들은 비교연구가 제공하는 타당성 있고 강력한 데이터를 제대로 활용하지 못한다. 진화론적 가설이 지지를 받으려면, 독립적으로 추출된 데이터들이 '어느 특정한 선택압력이 어떤 구체적인 특징을 선호한다'는 것을 반복적으로 시사해야 한다. 예컨대 옥스퍼드 대학교의 인류학자 로빈 던바(1995)는 영장류에서 나타나는 '집단의 규모와 뇌의 크기 간의 상관관계'에 주목했다. 그는 이러한 상관관계를 '구성원들 간의 쫓고 쫓기는 관계가 인지능력의 필요성을 증가시켰고, 그 결과 영장류의 뇌 진화가 촉진됐다'는 가설을 지지하는 증거로 해석했다. 이 가설은 "육식동물과 유제류有蹄類의 경우, 수렵 진화로 인해 집단 규모와 뇌 크기 사이에 상관관계가 성립하게 되었다"는 관찰연구 결과의 뒷받침으로 더욱 강한 설득력을 얻었다.[18]

지능의 진화에 대한 연구결과를 살펴보면, 수렵 선택을 고려함으로써 얻을 수 있는 통찰력이 무엇인지를 잘 알 수 있다. 비록 3억여 년 전에 갈라졌지만, 까마귀과와 유인원의 인지능력은 놀랄 만큼 유사하여, 까마귀를 '깃털 달린 유인원'이라고 부르는 연구자들이 있을 정도다.[19] 유인원과 까마귀는 도구를 사용하는 것은 물론이고, 복잡한 물리적 인식이 가능하며,[20] 일화기억과 유사한 기억력[21]을 가지고 있다고 생각된다. 심지어 'A>B이고 B>C이면 A>C'라고 추론할 수 있는 능력까지 갖추고 있는 것으로 알려져 있다.[22]

세인트앤드루스 대학교의 어맨다 시드와 케임브리지 대학교의 연구진은 "유인원과 까마귀가 공유하는 환경적·생활사적 특성이 '인지능력 향상의 추진력'에 대한 증거를 제공할 것"이라고 추론했다.[23] 예컨대 유인원은 효과적인 먹이 채취를 위해 다양한 식물종들이 자생하는 위치를 기억하고, 이로부터 열매를 수확할 수 있는 시기가 언제인지도 알아둘 필요가 있다. 이와 유사하게, 많은 까마귀들은 먹이를 은닉하고, 나중에 먹기 위해 먹이를 땅 속에 파묻어둔다. 실험 결과 까마귀는 먹이의 은닉 장소를 매우 효과적으로 기억할 뿐 아니라, 먹이의 부패 가능성을 감안하여 언제 그곳으로 돌아가야 하는지까지도 알고 있는 것으로 드러났다.[24] 좀 더 일반적으로, 시드 등(2009)은 먹이 채취, 도구 사용, 협동, 조정, 복잡한 문화전달 등이 모두 까마귀와 유인원의 공통적 특징임을 확인했다.[25] 이들 특징은 모두 복잡한 지능의 기원과 관련된 것으로 여겨지는 것들이다.

요컨대 종간 비교는 인간의 조상, 인간의 인지능력을 선호했던 선택요인, 인간이 보유한 다양한 기능 등에 대해 중요한 통찰력을 주기 때문에, 현대 진화론자들의 필수적인 연구 도구라고 할 수 있다. 하지만 종간 비교 과정에서 의인화擬人化가 개입되지 않도록 주의해야 하며,[26] 모든 비교의 증거를 비판적으로 평가해야 한다.[27] 다음에서는 종간 비교가 다양한 진화론 학파들의 연구결과를 보완하는 사례를 살펴보기로 한다.

영아살해에 대한 다섯 가지 접근방법

이 책에서 다룬 다섯 가지의 상이한 진화론적 접근방법들을 가장 잘 이해하는 방법은, 하나의 주제를 다섯 가지 접근방법이 각각 어떻게 설명하는지 유심히 살펴보는 것이다. 이렇게 하면 상이한 접근방법들의 상호 보완적 성격을 잘 파악할 수 있으며, 각각의 접근방법들이 하나의 주제를 광범위하고 종합적으로 이해하는 데 디딤돌이 된다는 것을 깨달을 수 있다. 여기서 시범적으로 검토해볼 주제는 인간 영아살해, 좀 더 구체적으로는 '친모 또는 의부義父에 의한 영아살해'다.

우리는 제3장에서, 사회생물학적 전통 하에서 연구하던 세라 블래퍼 허디가 '랑구르 원숭이의 영아살해'라는 기이한 현상을 접하고 나서, "랑구르원숭이 암컷이 자신의 새끼를 죽인 수컷과 교미하는 것은 집단 내에서 수컷이 빈번히 교체되는 현상에 대응하는 암컷의 적응전략"이라고 설명하게 된 과정을 살펴봤다. 허디(1999)는 인간의 영아살해에도 눈을 돌려 "인간의 경우, 의부보다 친모에 의한 영아살해가 더 흔하다"고 주장했다. 그렇다면 인간 여성이나 원숭이 암컷이 영아살해의 주범 또는 방조자가 되는 이유는 뭘까? 이에 대한 허디의 설명은 다음과 같다. "자녀양육은 시간, 정력, 자원 등의 측면에서 매우 많은 비용을 수반하므로, 어미(어머니)는 사회적 동반자의 협조를 필요로 한다. 따라서 자녀를 성공적으로 양육하는 어미(어머니)의 능력은 그녀가 동반자로부터 받아내는 사회적 지원의 양에 달려 있다고 할 수 있다. 이는 신세계 영장류의 몇 가지 종에서도 마찬가지다."[28]

또한 허디(1999)는 "어른(또는 영장류 어미)이 아기(또는 새끼)를 예쁘게 보는 이유는 아기(또는 새끼)가 그럴 만한 형질을 갖고 있기 때문인데, 이러한 형질은 부모에게 냉대받거나 버림받았던 과거의 역사에 대응하여 진화된 것"이라고 설명했다. 즉, 유아를 매력적으로 보이게 만드는 특징은 어머니에 의한 피살 위험을 감소시키기 위해 유아가 진화시킨 대응전략일지도 모른다는 것이다. 인간의 영아살해를 다른 영장류에서 나타나는 영아살해와 같은 맥락에서 바라보는 비교연구적 관점은 '인간의 행동 중에서 근연종과 유사한 측면은 무엇이고 상이한 측면은 무엇인지'를 밝히는 데 도움을 준다. 그러나—앞에서도 강조한 것처럼—다른 진화론 학파에서는 종간 비교를 제대로 활용하지 않고 있다.

제4장에서 언급한 인간행동생태학자들은—인간사회생물학자들과는 달리—'자녀양육에 대한 부모의 광범위한 관심사'의 일부로서 인간의 영아살해와 자녀 방치를 연구해왔다.[29] 그들은 '어머니는 다양한 환경 하에서 영아양육을 중단하는 선택을 하게 되었을 것'이라는 가정하에, "영아살해를 가장 잘 이해하려면, '평생 동안의 생식 성공률을 극대화하기 위해 한정된 자원을 적절히 배분하는 전략'의 관점에서 바라봐야 한다"고 주장한다.

자연선택의 관점에서 보면, 영아양육의 비용이 이익을 초과하리라고 예상될 경우 자녀양육 투자를 줄이거나 심지어 자녀를 살해하기까지 하는 어머니(때로는 아버지나 가까운 친척)가 선호되었을지도 모른다.[30] 이것은 영아가 기형이거나, 중병을 앓거나, 원하는 성별(아들 또는 딸)이 아니거나, 자녀양육으로 인해 어머니의 건강이 위태로워질 경우에 일어날 수도 있다.

1655년부터 1939년까지 독일 디트푸르트에서 수집된 기록을 보면, 혼외출산의 사망률이 합법적 출산의 사망률보다 훨씬 높았으며, 어머니가 재혼할 경우 전부소생아前夫所生兒의 사망률은 특히 높았던 것을 알 수 있다.[31] 그런데 영아살해는 재혼 전에 일어나는 것이 상례이므로, 영아살해는 의붓아버지의 소행이 아니라 어머니의 적응전략의 일환으로 자행됐다고 할 수 있다. 어머니 및 자녀와 아무런 혈연관계가 없는 사회집단의 구성원도—특히 영아의 일차부양자가 없다고 판단되는 경우—영아를 살해할 수 있다.

예컨대 파라과이의 아체 족에 대한 조사에서 신생아의 5%는 생애 첫해 동안 영아살해로 희생되었으며, 생애 첫해 동안 어머니를 여읜 어린이는 살해되어 종종 어머니의 무덤에 합장되는 경우가 많았던 것으로 드러났다.[32] 따라서 인간행동생태학자들은 '환경에 대응하는 적응전략'의 관점에서 영아살해의 패턴을 이해하려 했다고 볼 수 있다.

제5장에서는 영아살해에 대한 데일리와 윌슨(1988)의 진화심리학적 분석이 소개되었는데, 두 사람은 '계부모와 함께 지내는 어린이의 경우 피살 위험성이 상당히 높아진다'는 사실을 기록으로 보여줬다. 데일리와 윌슨은 수많은 진화론적 연구결과를 바탕으로, 인간의 조상들이 살았던 선택환경을 고려하여 여러 가지 예측을 내놓았다. 그중에는 "계부모는 자녀와 아무런 혈연관계가 없기 때문에, 자녀를 친부모만큼 제대로 보살피려고 하지 않을 것"이라는 예측도 포함되어 있다. 그러나 이들은—인간행동생태학자들과는 대조적으로—"오늘날의 영아살해는 때로는 적응적 행동전략으로 간주되어야 한다"고 강조하지 않았다.

어머니는 자녀의 모습이 어떻든, 자신의 배로 낳았기 때문에 친자 여부를 확신할 수 있다. 하지만 아버지는 그렇지 않다. 따라서 골린Gaulin과 슐레겔Schlegel(1980)은 "아버지를 닮은 자녀는 부모의 양육투자를 이끌어내고 영아살해를 피하는 이점을 누릴 수 있다"고 주장했다. 이에 대한 대안으로 나온 가설 중 하나는 "만약 생부와 계부가 다를 경우, 자녀와 생부와의 신체적 유사성을 은폐하려는 심리가 진화될 수 있다"는 것이다.[33] 둘 중 어느 가설이 옳든, 데일리와 윌슨(1982)은 "어머니, 친척, 친지 등은—아버지에게 친부임을 확신하게 해주려는 메커니즘으로서—'아이가 어머니보다 아버지를 더 닮았다'고 말하는 경향이 있다"고 주장했다.

이처럼 진화심리학적 관점은 "인간들은 자녀의 신체적 특징을 부성父性과 관련시키는 심리적 메커니즘을 보유하고 있다"고 가정한다. 이러한 심리적 메커니즘은 현대 서구사회에서는 아무런 기능을 발휘하지 않는다 하더라도, 오랜 선택의 역사를 보유하고 있는 것으로 생각된다. 자녀가 양친 중에서 누구와 더 닮았는지에 대한 증거가 많이 엇갈리더라도, 어머니는 자녀가 자신보다 아버지를 닮았다고 말할 가능성이 높다.[34] 나중에 자녀가 성장하면서 아버지와 닮아가는 정도는—그것이 실제 닮음이든 인지된 닮음perceived resemblance이든—아버지의 양육투자 수준 및 정서적 친밀도와 비례한다는 연구결과도 있다.[35] 이상의 자료들은 "남성은 신체적 특징을 바탕으로 자녀를 구별하도록 진화된 메커니즘을, 여성은 남성에게 제공되는 친자감별 정보를 조작하도록 진화된 메커니즘을 보유하게 되었다"는 가설을 지지하는 것으로 해석된다.

마지막으로, 스탠퍼드 대학교의 리난Nan Li 등[36]이 발표한 논문을 읽어보면, 문화진화론자들이 영아살해를 어떠한 방식으로 연구하는지를 알 수 있다. 이들은 문화진화 이론을 이용하여, 중국에서 태어나는 어린이의 성비性比가 전통적인 남아선호 사상과 급격한 출산율 변동 하에서 어떻게 변화할 것인지를 예측하는 모델을 개발했다. 남아선호 사상은 딸에 대한 영아살해, 과소한 양육투자, 선택적 유산 등을 통해 여성의 사망률을 상승시킴으로써, 성비를 왜곡시키고 남초 현상을 초래하게 된다.

리난이 이끄는 연구팀은 중국 전역에서 농촌지역 두 곳을 선정하여, '세대 간의 문화전달 속도'를 추정하는 조사를 수행했다. (여기서 '문화전달 속도'는 '남아선호 사상의 전염성'에 상응하는 개념이며, 선정된 농촌지역 두 곳은 '문화전달 속도'가 가장 높을 것으로 예상되는 지역과 가장 낮을 것으로 예상되는 지역이었다). 연구팀은 자신들이 개발한 모델에 이들 추정치를 대입함으로써, "2020년 중국 전체의 신생아 성비는, 남아선호 사상이 얼마나 강하게 전달되느냐에 따라 1.1 내지 1.34, 즉 여아 100명당 남아 110명 내지 134명이 될 것이다"라고 예측했다. 참고로, 현재 중국의 출생 성비는 각 성에 따라 1.12 내지 1.37이다.[37] 이 연구가 우리에게 주는 교훈은 다음과 같다. 첫째, 문화전달의 충실성은 실증연구에 의해 추정될 수 있다. 둘째, 문화형질의 빈도 변화를 설명하는 수학적 모델을 만들면, 귀중한 인구통계학적 변수를 예측하는 데 활용할 수 있다.

리난 등의 분석이 시사하는 것은 '남아선호 사상의 전달을 약화시킬 경우, 성비의 왜곡을 감소시키는 데 크게 기여할 수 있다'는 것이다. 이에 앞서 실시된 유전자-문화 공진화론자들의 연구에서는 한걸음 더 나아가 '문화적으로 전달되는 남아선호 사상이 성비를 왜곡시키는 유전자 선택에 어떻게 영향을 미칠 것인지'를 예측했다.[38]

지금까지 다섯 가지의 진화론적 접근방법이 영아살해라는 공통의 주제를 어떻게 설명하는지를 차례로 살펴보았다. 많은 독자들은 "연구자들 간의 방법론적인 차이와 무관하게, 양립할 수 없거나 상충되는 내용은 거의 없다"고 이구동성으로 말할 것이다. 유전자 수준의 분석에서부터 사회문화적 수준의 분석에 이르기까지, 나아가 모든 대륙을 망라하는 현안 문제에 이르기까지, 각각의 접근방법들은 서로의 내용을 보강함으로써 영아살해라는 단일 주제를 전체적으로 조망할 수 있게 해준다.

우리는 제1장에서, "동물행동학자인 니코 틴베르헌(1963)이 제기한 '어떤 동물은 왜 특정 행동패턴을 나타내는가?'라는 의문은 네 가지 상이한 의미로 해석될 수 있다"고 강조한 바 있다. 네 가지 의미는 다음과 같다. 첫째, 특정 행동의 기능은 무엇인가? 다시 말해 특정 행동이 동물의 번식 성공률을 높이는 데 어떻게 기여하는가? 둘째, 특정 행동의 진화사는 무엇인가? 다시 말해 그 동물의 조상들은 어떤 상태였고, 그 행동이 진화되는 과정에서 후손이 받았던 선택압력은 무엇인가? 셋째, 개체로 하여금 특정 행동을 하게 한 근접 원인은 무엇인가? 다시 말해 감각 입력, 신경 메커니즘, 행동 작동 시스템 중 어떤 것이 특정 행동을 유도한 직접적 원인인가? 넷째, 동물의 발달 과정에서 특정 행동을 유도하는 요인은 무엇인가? 다시 말해 생애의 적절한 단계에 그 행동이 발현되도록 안내해주는 요인은 무엇인가?

이처럼 동물의 행동패턴을 다양한 측면에서 탐구하다보면, 5가지 진화론적 접근방법의 상보성을 절로 실감하게 된다. 인간의 행동패턴을 완벽하게 이해하려면 모든 접근방법들을 총동원해야 하기 때문이다. 예컨대 인간행동생태학 연구는 특정 행동패턴의 기능을, 진화심리학 연구는 그 행동패턴의 메커니즘을 설명할 수 있다. 그러나 이것만으로는 충분하지 않다. 영아살해의 원인과 인간이 자녀를 보호하기 위해 진화시킨 행동적·인지적 특징을 제대로 파악하려면, 때로는 5가지 접근방법 이외에 더 많은 연구방법이 필요할 수도 있다. 예컨대 세라 허디가 수행한 종간 비교연구, 마크 페이젤이 활용한 수학적 모델 등은 영아살해의 진화사를 밝히는 데 크게 기여했다.

하지만 영아살해 문제를 분석할 때는 인간으로 하여금 영아살해를 자행하게 했던 생물학적·사회적 요인까지도 충분히 고려해야 하며, 그러기 위해서는 생리학·정신분석학·사회학 등 인접분야로부터 영아살해에 대한 중요한 통찰을 이끌어낼 수 있어야 한다. 문화진화론자들은 영아살해의 원인보다는 인구통계학적·진화적 결과를 탐구하는 데 더 큰 관심을 기울이지만, 이들의 연구는 영아살해를 좀 더 광범위하게 이해하게 해준다는 점에서 중요한 의미를 갖는다. 필자들은 진화론적 관점의 다원성을 옹호한다. 상이한 방법론이 상호 보완적이라면, 연구자가 스스로 하나의 연구방법에 얽매일 까닭은 없지 않은가?

최근 많은 연구자들은 상이한 진화론 학파의 연구결과들을 통합하여 포괄적 해석을 시도하려는 움직임을 보이고 있다.[39] 예를 들면 인간행동생태학에서는 진화된 심리적 메커니즘EPM의 결과를 행동과 생활사의 관점에서 모델화하려고 하는 반면, 진화심리학에서는 뇌 안에 있는 EPM의 매개변수 목록을 작성하려고 노력한다.[40] 두 가지 접근방법은 모두 기능적 가설을 내세우고 있지만, 진화심리학에서는 진화사를 이용하여 근접 메커니즘과 행동발달에 관한 가설을 세우려고 하고 있다.[41] 여기에 비교통계학적 방법,[42] 종간 비교연구,[43] 유전자-문화 공진화론[44]이 제공하는 진화사적 관점까지 추가한다면, 인간행동생태학과 진화심리학자들이 인간행동의 원인을 좀 더 포괄적으로 이해하는 데 도움이 될 것이다.

로버트 하인드의 전쟁 연구

여러 진화론 학파의 접근방법을 통합한 광범위한 접근방법의 일례는, 동물행동학자 로버트 하인드의 「전쟁과 선전宣傳에 관한 연구」에서 찾아볼 수 있다.[45] 그 이전에 발표된 동물행동학적·사회생물학적 전쟁론은 그리 만족스럽지 않았다. 왜냐하면 전쟁을 단지 '대규모 폭력'으로 간주하는 경향이 있어, 상이한 수준의 사회적 복잡성을 구분하는 데 실패했기 때문이다. 좀 더 정확하게 말하면, 전쟁에는 '어느 정도 집권화된 조직', '사전에 역할이 부여된 개인들의 집단적 동원', '선전 사용', '(외견상 분명하고 중요해 보이는) 집단 간 차이에 대한 광범위한 인정', '외外집단의 구성원들이 사회적 제재를 통해 입은 (마음의) 상처' 등이 복잡하게 개입되어 있다.[46]

하인드는 전쟁을 '개인의 행동', '사회 구성원들 간의 관계', '문화적·사회적 수준에서 작용하는 일련의 메커니즘' 등이 뒤얽힌 복잡한 현상으로 간주한다. 전쟁은 개인의 공격 동기를 넘어서는 과정들로 구성되어 있기 때문에, 개인의 공격적 행동에서 추론하는 방법으로는 현대의 조직화된 전쟁을 설명할 수 없다는 것이다. 다시 말해서, "전쟁을 제대로 분석하려면, 다양한 수준의 사회적 복잡성을 한데 뭉뚱그려 유추하지 말고, 집단 구성원의 심리적·사회적 상태를 포괄적으로 고려할 필요가 있다."[47] 사회집단의 구성원들은 서로 일체감을 느끼고 다른 구성원에게 의존하기도 하며, 사회규범과 가치관을 공유한다. 국민성이나 종교 같은 지배적 문화요인이 타국민과의 갈등을 증폭시킬 수 있으며,[48] 사회의 경제적·기술적 상태도 집단폭력이나 전쟁의 발발을 용이하게 할 수 있다.

하인드에 의하면, 이방인에 대한 공포, 공격성, 내內집단과 외집단을 구분하려는 경향 등과 같은 생물학적 성향 자체가 전쟁을 일으키지는 않는다고 한다. 하지만 이들 성향이 전쟁 발발 과정에서 중요한 역할을 수행하는 것은 분명한 사실이다. 왜냐하면 이런 것들은 대중을 동원하려는 선전가나 권력을 남용하려는 지도자들에 의해, 이질적이고 사악한 적의 이미지를 형성하고 적에 대한 공격을 성聖스럽게 포장하는 데 이용되기 때문이다. 한편 '전쟁이 갈등을 해소하는 자연스러운 방식이며, 참전자의 명예나 지위를 높인다'는 인상을 자아낼 수 있는 일상적 배경요인(예: 서적, 영화)도 개인의 전쟁관에 영향을 미칠 수 있다. 따라서 전쟁이라는 현상을 가장 잘 이해하려면, 개인들 간의 복잡한 상호작용, 개인 간 상호작용에 관여하는 심리적 메커니즘, 그리고 사회 내부에서 작동하는 문화적 메커니즘 등을 면밀히 살펴봐야 한다.

하인드는 많은 의문들을 제기한 뒤 나름의 답변들을 제시했는데, 그 중 일부를 소개하면 다음과 같다.

1. '전쟁과 관련된 생물학적 성향은 어떻게 진화해왔을까?'
   지금껏 많은 연구자들이 다양한 답변을 제시했는데, 그중에는 혈연선택이나 호혜성의 부작용, 또는 문화적 집단선택의 결과라는 답변이 포함되어 있다.
2. '평화적인 이웃사람들이 하룻밤 사이에 잔인한 살인마로 바뀌는 것처럼, 적에 대한 부정적이며 적대적인 태도가 어떻게 그처럼 빨리 전파될 수 있을까?'
   이는 수평적 사회전달이나 기타 문화진화 과정을 통해 일어나는데, 이 과정에서 특정한 성향과 선행지식이 촉매로 작용한다. 이러한 성향과 선행지식은 '선전의 메시지에 대한 감수성'을 증가시킨다.
3. '개인이 국가나 종교를 위해 기꺼이 목숨을 바치는 이유는 무엇일까?'
   강압 또는 조작의 희생양이 되었거나, 문화적 집단선택의 역사로 인해 자기희생적인 태도가 강화되었거나, '높은 위험에도 불구하고 병사들은 민간인보다 생식 성공률이 높다'는 인식 때문일 것이다.

호전적인 과격분자들이 일반인에게 참전이나 자기희생을 부추김으로써 수많은 인명을 앗아가고, 공동체 간의 긴장을 고조시키는 국제적 테러가 빈발하는 오늘날의 세계에서 사람들을 이런 식으로 행동하도록 만드는 것은 무엇인지 파악하는 것이 중요해졌다. 개인 간의 상호작용, 대인관계, 문화적 영향 등을 더욱 깊이 이해하면 집단 간의 갈등을 피하거나 해소하는 데 도움이 될 수 있다. 하인드의 분석은 "복잡한 인간의 행동과 제도를 제대로 설명하려면, 사회적·경제적 변화과정을 이해하는 것은 물론, 생물학적 성향, 심리적 메커니즘, 문화선택 과정 등을 포괄하는 통합적 진화론 모델이 필요하다"는 사실을 일깨워준다.

다양한 진화론 학파 비교

어쩌면 '모든 학설들은 각자 나름대로 유용한 통찰력을 준다'는 말은 공허한 이상론에 불과할지도 모른다. 연구자들은 방법론적 보완성과 이념적 일관성이 있다고 판단하는 경우에만 다른 학설을 포용할 수 있기 때문이다. 따라서, 좀 더 시의적절한 문제는 "우리가 지금껏 거론한 다양한 견해들이 '하나의 일관되고 통일된 분야'로 통합될 수 있느냐"라고 할 수 있다. 인간사회생물학자, 진화심리학자, 인간행동생태학자, 문화진화론자, 유전자-문화 공진화론자의 견해는 양립할 수 없는 것일까? 다섯 가지 견해가 단일한 진화론의 뼈대 속에 나란히 자리잡을 수는 없는 것일까?

여기서는 우리가 지금까지 거론한 다섯 가지 진화이론의 스타일을 다시 한 번 살펴보면서 그들 간의 핵심적 차이점을 짚어보고, 그것들이 다양한 진화론 학파의 통합을 가로막을 정도로 이질적인 것인지 알아보고자 한다. 〈표 8-1〉은 각 진화이론별로 '설명의 수준', '가설 수립 및 검증 방법', '분석에 이용된 비교대상'을 일목요연하게 정리한 것이다. 이 표는 또한, '인간의 행동이 얼마나 적응적인가?'라는 물음에 대한 각 학파의 대답도 보여주며, 문화와 인간성에 대한 각 학파의 견해도 개략적으로 제시한다.[49]

다섯 가지 진화이론의 가장 두드러진 차이는 ① 설명의 수준, ② 가설 수립 방법, ③ 가설 검증 방법, ④ 문화의 개념 및 중요성이라는 네 가지 측면으로 나누어 설명할 수 있다. 아래에서는 이 네 가지 사항들을 간략하게 논의한 다음, 이들 차이가 개념적·방법론적 통합에 얼마나 장애가 될 것인지를 생각해보기로 한다.

설명의 수준

굳이 예민한 사람이 아니더라도, '여러 학파들은 제각기 다른 수준에서 진화를 설명한다'는 사실을 첫눈에 알아차릴 수 있을 것이다. 연구자들은 모두 진화에 대해 이야기하면서도, 사실은 제각기 다른 실체를 염두에 두고 있는 경우가 많다.

인간사회생물학자는 행동의 수준에서 진화를 설명하려는 경향이 있다. 그들은 인간의 활동과 전략을 적응형질로 설명하는데, 이는 대부분의 인간행동생태학자들도 동의하는 관점이다. 반면에 진화심리학자들의 경우, 주로 심리적 수준에 초점을 맞춘다. 즉 "자연선택은 심리적 수준에 작용하며, 그 결과 진화된 인지 메커니즘이 인간의 행동을 규제한다"고 주장한다. 한편 문화진화론자들은 "정말로 중요한 심리적 메커니즘은 오직 모방능력(그리고 기타 형태의 사회적 학습)뿐이며, 인간의 행동을 규율하는 것은 문화정보와 집단의 규범"이라고 주장한다.

일부 문화진화론자들은 아예 생물학적 진화를 내버려둔 채, "사회적 학습과 더불어 문화 수준에서 새로운 형태의 진화가 시작된다"고 주장하는데, 이것은 특히 미메틱스를 특징짓는 관점이다.[50] 또한 유전자-문화 공진화론자들은 문화적으로 전달되는 정보를 강조하며, '전달된 문화가 인간의 행동을 설명하는 데 중요한 역할을 한다'는 문화진화론자들의 견해에 동의한다. 하지만 여러 사회생물학자, 행동생태학자, 진화심리학자들과 마찬가지로 "(일부 문화진화론자들을 포함하여) 밈에 열광하는 사람들은 자연선택이 인간의 정신에 미친 영향(학습대상과 학습방법을 형성하는 데 미친 영향)을 과소평가했다"고 비판하기도 한다.

그러나 자세히 살펴보면, 진화론 학파들을 구분 짓는 것은 '근본적인 견해차'라기보다는 '초점'이라는 것을 알 수 있다. 물론 인간행동생태학자들이 자신들의 분석모델에 대해 '심리적 메커니즘의 일종'이라고 명시적으로 언급하는 경우는 거의 없다. 그러나 이들의 분석 과정을 유심히 살펴보면, 먼저 결정규칙을 마련하고, 근접 원인의 종류와 정보의 원천에 대해 일정한 가정을 세운다는 것을 알 수 있다. 그러므로 진정한 의미에서 보면, 인간행동생태학자들도—진화심리학자들과 마찬가지로—심리적 메커니즘의 모델을 구축한다고 할 수 있다. 단 차이가 있다면, 모델의 뼈대를 이루는 '언어'가 각자 다를 뿐이다.

인간행동생태학자들의 논문 중 상당수가 '심리적 수준의 적응'이 존재할 가능성을 분명히 언급해왔다.[51] 진화심리학자들도 행동을 무시하지는 않는다. 제5장에서 소개한 사례연구를 유심히 살펴보면, 모든 연구들이 심리적 메커니즘으로 인해 나타나는 특정한 결과(행동)를 예측하고 있음을 알 수 있다. 게다가 여러 진화심리학자들은 인간이 유연한 적응전략가로 활약할 수 있는 최고의 상황을 상정한다.[52] 나아가 문화진화론과 유전자-문화 공진화론은 사회적 학습을 뒷받침하는 심리적 메커니즘을 다루고 있음이 분명하다. 사실 '인간이 어떤 과정을 통해 다른 인간에게 배울까?'라는 문제는, 카발리-스포르차와 펠드먼(1981), 보이드와 리처슨(1985)이 저술한 고전적인 문화진화론 교재의 주된 초점일 것이다.

〈표 8-1〉 다섯 가지 진화론적 접근방법 비교*

	인간사회생물학	인간행동 생태학	진화심리학	문화진화론	유전자–문화 공진화론 (이중유전이론)
설명의 수준	행동	행동	심리적 메커니즘	문화형질	유전자와 문화의 결합
가설 수립	유전자 관점에서 추론	최적성 모델	진화이론이나 진화사로부터 추론	수학적 모델, 인류학 데이터	수학적 모델, 유전자 데이터
가설 검증 방법	여러 가지가 있지만, 주로 민족에 관한 정보	민족에 관한 정량적 정보	여러 가지가 있지만, 주로 설문조사나 연구실 실험	수학적 모델 수립과 시뮬레이션, 연구실 실험	수학적 모델 수립과 시뮬레이션
비교 대상**	플라이스토세 인류, 영장류, 동물 사회, 최적성 모델 등 다수	최적성 모델	플라이스토세 인류	유전자	없음
행동은 적응적인가?	그렇다	그렇다	항상 그런 것은 아니다(적응 시차 때문)	항상 그런 것은 아니다(기생문화 parasitic culture 때문)	보통 그렇지만, 문화진화는 부적응적 결과를 가능케 함
문화란 무엇인가?	인간성에 의해 제약받는 문화적 보편성, 생태조건에 의해 나타나는 행동, 사회적으로 전달되는 정보 등	여러 가지가 있지만, 주로 생태조건에 의해 나타나는 행동	여러 가지가 있지만, 주로 인간성에 의해 제약받는 문화적 보편성	사회적으로 전달되는 정보로, 학습편향에 이끌림	사회적으로 전달되는 정보로, 학습편향에 이끌림
인간이란 무엇인가?	세련된 동물	극도의 적응성이 특징인 세련된 동물	심리적 적응에 이끌리는 세련된 동물	맥락편향과 집단의 규범에 의해 형성되는 세련된 동물	유전자와 문화적 정보에 이끌리는 세련된 동물

* Smith(2000)를 바탕으로 함.

** 가설을 수립하는 과정에서 비교가 이루어진 대상을 말함.

최근 문화진화론자들과 유전자-문화 공진화론자들은 공통적으로 '인간의 사회적 학습을 형성하는 진화된 심리적 편향이 무엇인지'를 탐구하는 데 초점을 맞추고 있다.[53] 간단히 말해서, 연구자들에 따라 강조하는 항목이 조금씩 다르기는 하지만(예: 심리적 메커니즘, 행동, 문화정보), 모든 연구자들이 서로의 입장을 어느 정도 인정하고 있기 때문에, 그들 사이에서 (학파를 나눌 만한) 본질적인 차이를 찾아보기는 매우 어렵다. 이와 비슷한 취지에서, 에릭 올든 스미스는 다음과 같이 강조했다.

> 진화론적 관점에서 인간의 행동을 완벽하게 설명하면 이렇다. (i)유전 가능한 정보가 (ii)심리적 메커니즘을 구축하고, 이렇게 구축된 심리적 메커니즘은 (iii)환경의 자극에 대응하여 (iv)행동반응을 만들어내고, 그 결과 (v)적합성 효과가 나타난다. 생물학자들은 물론, 진화론에 관심이 많은 사회과학자들은 대부분 내 의견에 동의할 것이다.[54]

스미스의 자세한 부연설명을 들어보면 다음과 같다. 진화심리학은 '(ii)심리적 메커니즘'과 '(iv)행동 및 (iii)환경과 심리적 메커니즘 간의 관련성'에 초점을 맞추고, 인간행동생태학은 '(iii)환경의 자극 및 (v)적합성 효과'에 주목하면서 '(iv)행동반응'에 초점을 맞추는 반면, 유전자-문화 공진화론은 '(i)유전적·문화적 계승'과 '(ii)심리적 메커니즘 및 (v)생식성공률과 유전적·문화적 계승 간의 관련성'에 초점을 맞춘다.[55] 스미스의 설명에는 사회생물학이나 문화진화론이 포함되지는 않았지만, 우리는 고전적 사회생물학이 '(iv)행동'과 '(i)유전자 및 (v)적합성과 행동 간의 관련성'에 초점을 맞추는 반면, 문화진화론은 '(iv)행동을 통해 표출되는 (i)유전 가능한 정보'의 문화적 요소를 다룬다고 덧붙일 수 있을 것이다.

스미스는 "이런 점에서 볼 때, 모든 진화론 학파의 설명은 상호 보완적이라고 할 수 있다"는 말로 설명을 마쳤다.[56] 우리도 스미스의 의견에 동의한다.

가설 수립

상이한 진화론 학파들이 가설을 수립하는 방법을 살펴보자. 각 학파들의 방법론에 근본적인 차이가 있을까? 인간사회생물학자들은 적응적 인간행동에 관한 가설을 수립할 때 일반적으로 유전자 관점의 추론을 사용했다. 그러한 가설 중 상당수가 추측이나 어림짐작에 지나지 않는 것이었지만, 민족지학 자료나 실험 등을 통해 검증된 가설도 있다. 일부 사회생물학자들은 "인간의 행동은 특정 사회집단들(예: 수렵·채집인, 영장류, 사회적 동물)과의 비교를 통해 가장 훌륭하게 해석된다"고 이야기했고, 다른 한편으로 "인간은 지역적 생태조건에 유연하게 적응했다"고 간주하는 사회생물학자들도 있었다. 후자의 학파는 인간행동생태학으로 발전하여, '인간의 행동은 적응적'이라는 가정 하에 최적성 모델을 이용하여 인간의 행동을 예측했다. 이러한 예측은 일반적으로 산업화 이전의 비서구 사회(예: 파라과이의 아체 족, 캐나다의 이누이트 족)에서 얻은 정량적인 민족지학 자료를 통해 검증된다.

진화심리학자들은 인간행동의 기본이 되는 EPM에 관한 가설을 수립하기 위해, 진화이론에서 유래하는 추론과 인간의 과거사에 관한 지식(예: 플라이스토세의 수렵·채집인에 관한 지식)을 활용한다. 이렇게 수립된 가설에 대해서는 보통 설문조사, 실험실 실험, 또는 기존의 데이터 기록(예: 범죄통계) 분석을 통해 검증이 이루어진다.

문화진화론자들은 '사회적으로 전달되는 정보가 인간의 생각, 행동, 제도를 형성하는 과정'을 연구하기 위해, 문화와 유전자의 유사점을 찾아내고 수학적 모델을 동원하여 가설을 수립한다. 유전자-문화 공진화론자들도 마찬가지다. 그들은 수학적 모델을 이용하여 두 가지 세습된 정보(유전자와 문화)의 상호작용을 분석함으로써, 인간의 행동이 형성되는 과정을 설명한다. 문화진화론자와 유전자-문화 공진화론자들은 인류학과 고고학의 연구결과를 뒤져 영감을 얻기도 하며, 유전자-문화 공진화론자들은 종종 유전자 데이터를 참고하기도 한다. 이러한 연구경향은 문화진화 모델의 가정 및 연구결과를 검증하거나 인간의 사회적 학습전략을 탐구하는 실증연구의 이론적 바탕을 이루기 시작했다.

우리는 제4장에서, "인간행동생태학과 진화심리학 사이에서 벌어지는 논쟁의 상당부분은 '진화 과정을 바라보는 관점의 차이'에서 비롯된 것"이라고 언급한 바 있다. 간단히 말해서, 인간행동생태학자들은 인간의 행동이 '적응적'이냐, 즉 '현재의 조건에 대응하여 생식 성공률을 높일 수 있도록 변화했느냐'에 더 큰 관심을 기울인다. 이에 반해, 진화심리학자들은 인간의 행동이 '적응'이냐, 즉 '특정 역할을 효과적으로 수행했기 때문에 자연선택의 관문을 통과했느냐'에 더 큰 관심을 기울인다. 적응과 적응적 행동은 엄연히 다른 개념일 뿐 아니라, 서로 엇갈리거나 독립된 개념으로 간주될 수도 있다. 우리는 〈표 4-1〉에서 이 내용을 언급한 바 있는데, 거기서는 진화 과정의 산물을 4가지, 즉 현재의 적응, 과거의 적응, 굴절적응, 기능장애 부산물로 구분했다.

그러나 인간행동생태학자들과 진화심리학자들의 설명은 모두 불충분하다. 인간의 형질을 한 가지 측면에서만 평가해서는 만족스러운 진화론적 설명을 내놓기 어렵다. 특정 형질을 제대로 이해하려면 '진화의 산물'이라는 관점에서 파악해야 하는데, 그러려면 '기능'과 '역사'라는 두 가지 측면을 모두 탐구해야 하기 때문이다. 결국 인간행동생태학과 진화심리학의 접근방법은 둘 다 필요하며, 양자는 상호 보완적이라고 할 수 있다.

좀 더 일반적으로 말하면, 인간의 행동과 진화에 관심이 있는 연구자들은 하나의 형질을 바라보며 각각 다른 의문을 품는 것 같다. 인간행동생태학자와 일부 인간사회생물학자들은 "그 특징이 '적응적'인가?"라는 의문을 제기한다. 반면에 진화심리학자와 일부 사회생물학자들은 "그 특징이 '적응'인가?"라고 묻는다. 문화진화론자들은 "그 특징이 '적응과 유사한 문화진화의 산물'인가?"라는 의문을 품는다. 마지막으로 유전자-문화 공진화론자들은 "그 특징이 '어떻게 진화'하는가?"라고 묻는다. 이상의 네 가지 의문들은 각자 나름의 타당성을 지니고 있으며, 어느 것 하나만 전적으로 타당하다고 할 수는 없다. 요컨대, "다양한 진화론 학파들은 가설 수립 과정에서 상이한 의문들을 제기하는데, 이 의문들의 가치는 모두 동등하며 상호 보완적인 지식을 제공한다"는 것이 필자들의 생각이다.

가설검증 방법

다섯 개 학파의 연구자들이 사용하는 상이한 가설검증 방법은 '최선의 과학연구 방법'에 대한 본질적인 견해 차이를 반영할까? 단도직입적으로 말해서, 우리는 '그렇지 않다'고 생각한다. 과거에 일어난 일련의 사건들이 누적되어, 여러 학파들을 가르는 경계선으로 굳어진 경우가 의외로 많기 때문이다. 단언컨대, 인간행동생태학자가 민족지학 자료를 이용하고, 진화심리학자들이 학부생들에게 설문지를 배포하고, 유전자-문화 공진화론자들이 순환방정식 체계를 사용하는 주된 이유는, 그러한 가설검증 방법들이 인류학, 심리학, 집단유전학의 오랜 전통으로 자리잡았기 때문이라고 할 수 있다.

각 학파에서 주로 사용하는 가설검증 방법들이 절대적인 것은 아니다. 예를 들어, 진화심리학자가 수학적 모델을 구축하는 것(예컨대 밀러와 토드Miller and Todd가 1995년에 발표한 「배우자 선택과 성 선택에 대한 분석」을 참고하라)을 중단시키거나, 인간행동생태학자가 심리학 실험을 통해 '적응행동을 제한하는 근접요인'을 탐구하는 것[57]을 가로막을 명분은 없다.

데일리와 윌슨(2000)에 의하면 진화심리학자와 인간행동생태학자의 방법론에는 중복되는 부분이 상당히 많다고 한다. 이와 마찬가지로 문화진화론자가 문화형질의 확산을 연구하기 위해 현장실험[58]을 수행하지 말라거나, 유전자-문화 공진화론자가 적응행동과 (아마 더 흥미로울지도 모르는) 부적응 행동을 연구하기 위해 정량적 예측을 하지 말라는 법도 없다. 여러 접근방법들이 중첩되는 경계 지역에서 흥미로운 연구결과들이 대거 쏟아져 나올 가능성을 배제할 수 없다. 예컨대 인간행동생태학자가 '전달된 문화'를 분석모델에 포함시키거나, 진화심리학자와 문화진화론자가 '내용 편향과 맥락 편향 중 어느 것이 인간의 사회적 학습을 지배하는가?'라는 의문을 해결하기 위해 실험을 수행할 때, 진정한 학문적 발달을 기대할 수 있다.

요컨대 방법론의 수준에서 볼 때, 여러 진화론 학파들은 한 가지 방법만을 고집하지는 않는다. 그들은 데이터 수집 및 가설검증 방법을 폭넓게 구사하고 있다. 다만 문제는 '어느 부분을 강조하고 중점적으로 다룰 것인지'를 놓고 각 학파 간에 상당한 이견이 존재한다는 것이다. 하지만 이들 방법 중에서 양립하지 못할 것은 없으며, 가능한 한 많은 도구를 사용하고자 하는 연구자들의 의지를 꺾을 수도 없다.

문화를 바라보는 다섯 가지 시각

자고로 문화의 개념은 학자들 사이에서 '정의하기가 매우 까다로운 것'으로 여겨져 왔다. 1952년에 발표된 유명한 논문에서, 저명한 두 인류학자는 "사회과학자들이 제안한 문화의 정의는 모두 164가지"라고 확인한 바 있는데,[59] 그 이후 숫자가 더욱 늘어났으면 늘어났지 줄어들지는 않았을 것이다.

비록 오늘날에도 의견의 일치가 이루어진 것은 아니지만, 대부분의 사회과학자들은 두 가지 점에 대해서 이의를 제기하지 않는다. 첫째, 문화는 상징적으로 암호화된 획득 정보로 이루어진다. 둘째, 문화는 생물학적인 제약을 벗어나, 집단 내부나 집단 사이에서 사회적으로 전달된다. 그러나 이것이 바로 진화론자들이 생각하는 문화일까? 유감스럽게도 그런 것 같지는 않다.

지금까지 강조해온 것처럼 인간사회생물학은 범위가 매우 광범위해서, 다양한 견해(문화에 대한 견해 포함)를 가진 연구자들을 망라하고 있다. 대부분의 사회생물학자들은 "문화는 인간의 여느 표현형과 별반 다르지 않다"고 여긴다. 하지만 일부 사회생물학자들은 "문화는 생태 조건에 의해 유발된 행동이다"라고 생각하는가 하면,[60] 다른 사회생물학자들[61]은 "문화는 인간의 생물학적 성격과 밀접하게 연결된 보편적 요소로 구성된다"고 간주한다.

문화를 바라보는 또 하나의 관점은 "문화적 차이의 밑바탕에는 유전적 다양성이 깔려 있다"는 것으로, 윌슨에 의해 제시된 것이다.[62] 이 관점은 집단 간의 유전적 차이를 강조함으로써, 인간사회생물학의 가장 큰 논란거리 중 하나로 부상함과 동시에 사회과학계의 적개심에 불을 지피기도 했다.[63] 이러한 분위기를 의식한 탓인지, 오늘날 어느 진화론 학파에서도 집단 간의 유전적 차이를 크게 강조하지 않는 것 같다. 대부분의 진화론자들은 "유전자 변화를 수반하지 않고도 문화변동이 일어날 수 있으며, 유전적 차이가 뚜렷한 집단 출신의 사람들끼리도 별 어려움 없이 서로의 문화형질을 획득한다"는 점을 받아들인다.[64]

하지만 집단 간 유전적 차이를 아예 도외시하는 것은 과학적으로 정당화될 수 없다. 집단 간 유전적 차이가 집단 내 유전적 차이보다 상대적으로 적고,[65] 집단 간 이동이나 짝짓기가 유전자 풀pool의 경계를 희미하게 하는 데 기여하더라도, "집단 안팎의 유전적 차이는 무의미하며 행동의 다양성을 설명하는 데 아무런 도움이 되지 않는다"고 단언할 수는 없기 때문이다. 게다가 이 문제는 진화론적 관점을 비판하는 사람들의 마음속에 앙금으로 남아 두고두고 오해의 원천으로 작용할 수 있으므로, 반드시 짚고 넘어갈 필요가 있다.

인간 집단을 대상으로 유전자 분석을 수행한 연구자들에 의하면, 최근에 일어난 인간의 진화는 대부분 특정 지역이나 집단에 국한된 부분적 선택의 결과였다고 한다.[66] 다시 말해서, 최근에 일어난 선택으로 인해 인간 집단 사이에 상당히 중요한 유전적 차이가 발생했으며, 그중 상당수는 규모와 범위가—대륙 전체에 걸칠 정도로—엄청났다고 한다.[67] 그럼에도 불구하고 집단 간 유전적 차이는 여전히 소홀히 취급되고 있다. 비록 일부 연구자들이 "유전적 변이는 행동의 문화적 차이를 만들어내는 잠재적 원천으로 작용한다"는 점을 인정하고는 있지만,[68] 아직도 많은 진화론 연구자들이 인간행동을 연구하면서 집단 간 유전적 차이를 제대로 고려하지 않고 있는 실정이다.[69]

집단 간 유전적 차이에 관한 견해를 논외로 하면, 인간행동생태학자들과 진화심리학자들도 사회생물학의 주요 관점에 어느 정도 동조하고 있다. 인간행동생태학자들은 전통적으로 인간 사회의 문화적 다양성을 주로 생태환경에 의해 촉발된 실체로 간주하는 경향이 있다. 그렇다고 해서 문화가 학습되지도 않고 사회적으로 전달되지도 않는다는 말이 아니라, 인간에게는 '다양한 근접목표들(이를테면 식량과 배우자를 획득하는 것, 위험과 질병을 회피하는 것)을 충족시킴으로써 자신의 포괄적응도를 극대화해주는 방법을 학습하는 성향이 있다'는 것이다. 문화는 매우 광범위하고 유연하게 진화된 행동적응 메커니즘의 일부로, 인간의 고유한 특징이다. 문화 덕분에, 우리는 특정 환경상태가 아니라 광범위한 조건에 적응할 수 있다.

이와 대조적으로 진화심리학자들은 모든 사람들에게서 보편적으로 발견되는 인간 문화의 측면, 즉 인간의 본성이나 주요 하위 집단(예: 남성과 여성)의 특징 등에 관심이 많다. 이 관점에 따르면, 인간의 정신은

'복잡하게 진화된 정보처리 구조'에 의해 조직화되는데, 이 구조는 인간의 학습을 적응에 유리한 방향으로 이끌어준다고 한다. 하지만 진화심리학자들은 인간행동생태학자들과는 달리, "인간의 정신은 유전에 의해 훨씬 더 조직화되고 기旣규정되어pre-specified 있으므로, 다양한 환경에 직면할 경우 유연성이 떨어질 것"이라는 견해를 가지고 있다. 따라서 진화심리학자들이 생각하는 부적응 행동의 비율(인간의 모든 행동 중에서 부적응 행동이 차지하는 비율)은 인간행동생태학자들이 생각하는 것보다 훨씬 더 높다. 하지만 문화를 바라보는 진화심리학자들과 인간행동생태학자들의 시각이 완전히 상반된 것은 아니다. 예컨대 대부분의 진화심리학자들은 촉발된 문화evoked culture를 부분적으로 인정하며, 대부분의 인간행동생태학자들은 문화적 보편성을 받아들인다는 점을 기억해둘 필요가 있다.[70]

사회생물학자, 인간행동생태학자, 진화심리학자에 이어, 문화진화론자들은 문화를 어떻게 해석할까? 이들은 문화 그 자체를 역동적인 진화 시스템으로 간주한다. 적어도 일부 문화진화론자들은 "문화는 표현형 가소성phenotypic plasticity의 화신으로, 오직 부분적으로만 유전자의 통제를 받는다"고 생각한다. 우리는 인플루엔자 바이러스가 인간의 이익을 위해 움직이리라고 기대하지 않는다. 그렇다면 '마인드 바이러스'가 항상 우리에게 이로울 것이라고 기대할 이유도 없지 않을까? 실제로 밈의 옹호자들은 "유전적 성향이 문화진화를 제약하지 않을 뿐 아니라, 문화적 필요성이 유전적 진화를 추동한다"고 생각한다.[71] 이와 마찬가지로, 대부분의 문화진화론자들은 무작위 문화변동이나 맥락 편향의 문화진화는 물론, 이기적 문화 변이체의 존재까지도 인정한다.

마지막으로, 유전자-문화 공진화론자들은 "문화정보는 사회적으로 개인 사이에서 전달되지만, 그 습득 과정은 진화된 학습규칙과 동기부여의 우선순위에 의해 편향된다"고 주장한다. 다수의 문화진화론자들 역시 이 견해에 동의한다. 문화진화론자들과 유전자-문화 공진화론자들은 "문화 현상은 (생물학적 진화 과정과 독립된) 내재적인 문화변동 과정을 고려하지 않고서는 제대로 이해할 수 없다"고 믿는다는 점에서 진화심리학자들이나 인간행동생태학자들과 구별된다. 그러나 이 같은 문화적 과정이 반드시 적합성을 극대화하는 방향으로 작용하는 것은 아니며, 때로는 자의적이거나 심지어는 부적응 결과로 이어질 수도 있다.

유전자-문화 공진화론자들과 문화진화론자들은 "문화적 과정은 역사에 의존하기 때문에, 집단의 전통에 대한 지식 없이는 문화를 제대로 예측할 수 없다"는 데 동의하며, "지역적 규범이 인간의 신념과 행동을 형성하는 데 중요하다"는 사실을 강조한다. 이들의 주장을 좀 더 자세히 설명하면 다음과 같다. "문화의 내용에 영향을 미치는 과정을 탐구하려면, 인지 구조를 진화론적으로 설계하는 것만으로는 부족하다. 인간의 행동을 정확히 설명하려면, 지역적 전통 및 규범에 대한 지식이 반드시 필요하다." 하지만 문화진화론자나 유전자-문화 공진화론자 모두 '진화된 학습 편향이 문화의 내용을 형성할 수 있다'는 가능성을 인정한다. 예컨대 보이드와 리처슨이 설계한 직접 편향 모델을 이용하면, 개인이 둘 이상의 대안적 형질 중에서 상대적 성공률을 평가하여 자신의 유전자형에 어울리는 것을 선택하는 상황을 기술할 수 있다.

유전자-문화 공진화론은 '진화된 성향이 종종 의사결정에 유용하다'고 인정하는 입장이며, 문화진화론은 'EPM이 실질적인 여과 기능을 할 수 없다'고 부인하거나 무시하는 입장이다. 이런 점에서 보면, 진화심리학은 유전자-문화 공진화론보다 문화진화론과 더 큰 갈등을 빚고 있는 것처럼 보일 것이다. 하지만 진화심리학은 유전적으로 진화된 범인간적 인지 알고리즘에 초점을 맞추며, "인간의 신념과 취향은 대부분 문화적 유전을 통해 획득되며, 문화진화를 통해 바뀔 수 있다"는 문화진화론자들의 견해에 적개심을 품는 경향이 있다.[72] 예컨대 투비와 코스미디스(1992)는 "인간의 진화된 정신이 획득된 지식을 여과하여 재구축한다"고 주장함으로써, '전달된 문화'의 인과적 역할을 완전히 부인하는 것처럼 보인다.

이와 반대로, 문화진화론자와 유전자-문화 공진화론자들은 "인간의 지식 획득에 대한 유전적 제약은 지나치게 막연하다"고 여긴다. 그러므로 유전적 제약 하에서 획득된 지식을 갖고서는 '특정 상황에 적응적인 행동'을 수행할 수 없으며, 기껏해야 '광범위한 분야에 두루 적응적인 행동'을 수행할 수 있을 뿐이다. 따라서 '다른 대안이 있음에도 불구하고 굳이 특정한 정보가 획득되었는지'를 이해하려면 'EPM이 무엇인가?'보다는 '해당 지역의 문화가 무엇인가?' 또는 '전달자가 누구인가?'라는 관점에서 접근하는 것이 더 적절할지도 모른다. 게다가 상황에 따라서는 순응(다수에게 순응함)이나 모방(가장 성공적인 인물을 모방함)과 같이 매우 일반적인 EPM이 선호될 수도 있다. 하지만 지나치게 일반적인 메커니즘이 규정할 수 있는 정보의 내용은 그다지 풍부하지 않다. 그러므로 "EPM이 입수되는 정보를 감지·여과함으로써 지식 획득에 영향을 미친다"는 원칙에 동의하는 연구자들 사이에서조차도, 사회적으로 전달된 지식이 인간행동에 중요한 인과적 영향을 미치는지, 아니면 여러 개의 환경 단서 중 하나를 제공하는 데 불과한지에 대해 의견이 분분하다.

'인간의 학습 메커니즘은 자연선택에 의해 형성되었다'는 믿음을 공유하는 연구자들이 이처럼 다양한 견해를 갖고 있음을 의아하게 여기는 독자들이 있을지도 모른다. 그들은 이렇게 반문할 것이다. "인간의 문화 능력이 적응임에 분명하다면, 사회적 학습 역시 적응적이라고 예상할 수 있지 않을까?" 하지만 이 문제는 얼핏 생각하는 것보다 훨씬 더 복잡하다. 이론적으로 볼 때, 진화된 사회적 학습능력을 사용하여 정보를 획득했더라도, 이렇게 획득된 정보가 적응적일 거라는 보장은 없다. 왜냐하면 그 정보는 한물간 정보이거나, 다른 환경 또는 다른 사람들에게만 적응적인 정보일 수도 있기 때문이다.[73] 그러나 인간은 자신의 경험에 비추어 부적절한 정보를 여과하거나, 타인의 경험을 감안하여 행동을 조절할 수 있으므로, 부적응적 문화정보가 반드시 부적응적 행동으로 표출되는 것은 아니다.[74] 만일 타인의 행동을 모방하여 이득을 볼 수 있다면, 부적응적 정보를 전달받았더라도 적응적 행동을 하는 것이 가능하다. 즉, 사회의 문화적 전통이 반드시 최적일 필요는 없다는 이야기다.[75] 요컨대, ① 사회적 학습 능력, ② 사회적으로 전달되는 정보, ③ 학습된 행동의 표현, ④ 집단의 전통은 각각 별개의 실체로서, 이중 어느 하나가 적응적이라고 해서 다른 것들도 그럴 것이라고 단정할 수는 없다. 이러한 복잡성을 고려한다면, 이질적인 견해가 공존하는 상황을 이해하는 데 다소 도움이 될 것이다.

지금까지 다섯 가지 진화이론의 두드러진 차이를 ① 설명의 수준, ② 가설 수립 방법, ③ 가설 검증 방법, ④ 문화의 개념 및 중요성이라는 네 가지 측면으로 나누어 검토해보았다. 이제 주제를 바꾸어, 다양한 진화론 학파 사이에 존재하는 진정한 이념적 차이에 대해 생각해보자. 이들 학파를 구분하는 차이의 중심에는 '인간은 서로에게서 어떻게 배우는가?'에 관한 견해차가 도사리고 있다. 즉, 이들 진화론적 패러다임의 근저에 깔린 중요한 요인은 바로 사회적 학습에 대한 견해인 것이다.[76]

인간행동생태학자들이 주장하는 것처럼, 인간은 기아나 공포 등의 근접 동기유발 단서에 이끌려 현재 적응적인 것을 학습하는 성향이 있는 것일까? 아니면 진화심리학자들이 생각하는 것처럼, 인간의 뇌는 과거에 중요했던 것을 우선적으로 학습하도록 설정되어 있는 것일까? 아니면 문화진화론자들이 주장하는 것처럼, 인간은 지역적으로 유행하는 행동이나 정보라면 무엇이든 가리지 않고 습득하는 것일까? 아니면 유전자-문화 공진화론자들의 견해처럼, 인간의 학습은 한편으로는 진화된 성향, 다른 한편으로는 문화적 과정에 의존하는 것일까?

사실, 이상의 네 가지 관점들은 각자 나름의 일리가 있다고 생각된다. 즉 이들 견해는 모두 적절한 상황과 조건만 주어진다면 충분히 타당성을 인정받을 수 있는 것들이다.[77] 결국 '네 가지 견해 중에서 가장 타당한 것은 무엇인가?'라는 질문은 자연스럽게 '실증연구의 지지를 가장 많이 받는 견해는 무엇인가?'라는 질문으로 바뀌게 된다. 특정 견해를 지지하는 학파가 '실증연구의 지지를 가장 많이 받는 학파'로 인정받으려면 어떻게 해야 할까? 그러기 위해서는 궁극적으로, 지금까지

의 관행을 탈피하여 격론보다는 합당한 연구방법과 실험으로 승부해야 할 것이다.[78]

그렇다면 합당한 연구방법이란 뭘까? 여기서 합당하다는 것은 '유용한 정보를 많이 제공한다'는 것을 뜻하는데, 구체적으로 다음과 같은 세 가지 유형의 연구방법을 생각해볼 수 있다.

첫째, 연구자들은 인간의 다양한 행동형질을 대상으로 정량분석을 행하여, 각각의 행동이 현재 얼마나 적응적인지(즉, 현재의 적응도가 몇 퍼센트인지)를 측정할 수 있다. 이러한 연구의 대표적 사례는, 인류학자 로버트 옹거가 콩고 민주공화국 이투리 숲의 피그미 족(수렵·채집인)과 원시농경민 부족을 대상으로 실시한 '식품 선호도에 관한 연구'다.[79] 옹거는 집단에 따라 선호하거나 기피하는 식품의 종류가 다양하다는 사실을 간파하고, '이들의 식품 기피가 적응적일까, 아니면 부적응적인 것일까?'라는 의문을 품었다. 그리고 네 개의 종족 중 한 종족의 구성원들이 식품에 관한 문화적 신념 때문에 선택 불이익을 경험한다는 사실을 발견했다. 부적응적 식품 기피는 보통 여성의 생식능력을 손상시킴으로써 적합성(또는 적응도)을 약간(몇 퍼센트 정도) 감소시키는 것으로 나타났다. 옹거는 이러한 사례를 적응 시차의 결과라기보다 문화적 과정의 결과로 해석했다. 만약 옹거의 데이터가 대표성을 지녔다고 간주할 수 있다면, 인간의 행동 중에서 '작지만 의미 있는 부분significant minority'이 부적응적이라고 볼 수 있다. 물론 부적응적 행동의 비율은 사회나 영역에 따라 달라질 것이다.

둘째, 연구자들은 광범위한 집단들 간에 나타나는 행동변이 중에서, 몇 퍼센트가 지역 생태계 때문이고 몇 퍼센트가 문화사 때문인지를 측정할 수 있다. 제6장에서는 굴리엘미노 등(1995)이 277개 아프리카 사회를 분석한 결과를 소개한 바 있는데, 거기에서는 대부분의 형질들이 생태계보다 문화사와 연관되어 있는 것으로 나타났다. 만약 이 연구의 대표성을 인정할 수 있다면, 사회적으로 전달되는 문화적 전통은 대부분의 진화론 연구자들이 생각하는 것보다 훨씬 더 중요하다고 할 수 있다.

하지만 굴리엘미노 등의 연구 내용에는 '대부분의 인간행동은 적응적'이라는 견해와 타협할 여지가 여전히 남아 있는데, 그 이유는 다음과 같다. ① 문화사는 '선택 가능한 복수의 대안 중에서, 특정 시기에 특정 집단이 선호하는 적응적 행동패턴은 무엇인지'를 규정할지도 모른다. ② 동물의 사회적 학습에 대한 실험연구에서는, "만약 단독행동에 적응비용이 수반된다면(예컨대, 혼자 먹이를 구하러 다닐 경우 포식자에게 희생될 위험성이 높다면), 비록 최적의 대안이 아닐지라도 대다수의 행동에 순응하는 것이 적응적일 수 있다"는 흥미로운 결과가 나왔다.[80] 그런데 사실, 순응은 동물 집단보다 인간 사회에서 훨씬 더 중요한 의미를 갖는다.[81]

우리는 '문화란 무엇인가?'에 관한 논의를 시작하면서, 첫머리에서 사회과학자들의 문화관을 다음과 같이 요약한 바 있다. ① 문화는 상징적으로 암호화된 획득정보로 이루어진다. ② 문화는 생물학적 제약을 벗어나, 집단 내부나 집단 사이에서 사회적으로 전달된다. 굴리엘미노 등의 연구가 시사하는 바는 "진화론 연구자들은 전달되는 문화의 양이나 중요성을 과소평가했을지도 모른다"는 것이다. 문화결정론과 백지설 모델을 거부한다고 해서, 문화적 과정을 소홀히 할 필요까지는 없다. 좀 더 만족스러운 결과를 얻기 위해, 궁극적으로 생물학과 사회과학은 양립할 필요가 있다.

셋째, 연구자들은 '내용 편향과 맥락 편향 중에서 인간의 사회적 학습에 더 많은 영향을 미치는 것이 어느 쪽인지'를 알아보기 위해 실험과 기타 실증연구(예: 메타분석)를 수행할 수 있다. 현재까지 이러한 연구 결과는 발표되지 않았지만, 순응이나 위신 편향과 같은 맥락 편향 사례가 도처에서 발견되고 있으며, 전달되는 문화를 경시하는 것이 중대한 결함임을 시사하는 정황 증거는 얼마든지 있다.[82] 이와 동시에 내용 편향은 인간의 식생활, 인간 세상의 인체공학적 설계, 그밖의 다양한 사회적 행동들[83]을 유도하기 때문에, 그 역할을 사소하게 취급하는 것 역시 어리석은 일이 될 것이다. 진화론의 입장에서 인간행동을 연구하는 연구자들이 직면한 진지하고 위압적인 도전은 '인간의 문화적 학습을 유도하는 데 있어 내용 편향과 맥락 편향이 지니는 상대적 중요성을 결정하는 것'이다. 지금까지 학계 내부에서 "내용 편향과 맥락 편향은 근본적으로 양립 불가능하다"고 확인된 바는 없으며, 오히려 양자의 양립 가능성은 훌륭한 실증연구 과제로 널리 인정받고 있다. 통합적 진화론의 일관된 골격이 설득력을 지니려면, 두 가지 과정 모두를 수용할 여지를 찾아야 할 것이다.

생물학과 사회과학의 화해를 위하여

진화론 연구자들의 다양한 학문적 배경과 관심사를 감안할 때, 인간의 행동을 바라보는 독특한 관점들이 여러 가지 출현한 것은 그리 놀라운 일이 아니다. 이는 기본적으로 연구자들이 몸담았던 모母학문의 방법론적·개념적 관습을 반영하는 것으로 보인다. 상이한 접근방법이 때로 상충된 듯한 견해를 내놓는 것은 불가피하다.

그러나 모든 학파들의 견해를 좀 더 자세히 검토해보면, 그들의 설명이나 방법론 중에서 절대적으로 양립 불가능한 것은 거의 없다는 것을 알 수 있다. 물론 약간의 이론적 차이는 있지만, 이는 궁극적으로 실증연구를 통해 해소될 수 있다. 한편, 전술한 영아살해에 관한 사례연구에서 살펴본 바와 같이, 상이한 연구방법을 통해 얻은 정보들 간에는 상보성이 존재한다. 또한 하인드의 「전쟁과 선전에 관한 연구」에서 봤던 것처럼, 개별 연구자들은 상이한 접근방법들을 자유롭게 이용하여 통합적·다원적인 진화론적 분석을 완성할 수 있다.

더욱이 신생학문이 출범했을 때, '학문적 발전을 위한 최선의 방법이 무엇인가?'라는 문제를 놓고 연구자들 사이에서 갑론을박이 벌어지더라도 절대로 놀라서는 안 된다. 앞에서도 언급한 것처럼, 여러 진화론 학파들은 종종 논쟁을 벌였으며 때로는 과열로 치닫기까지 했다. 그러나 그들이 반목과 질시로만 일관했던 것은 아니다. 지난 30년 동안 발간된 인간행동 및 진화론에 관한 문헌들을 읽어보면, 라이벌 진영의 진화론 연구자들이 종종 입을 모아 이렇게 외쳤던 것을 확인할 수 있다. "상호간의 견해차를 해소하고 공통의 기반 위에서 일치단결하여, 사회과학자들의 집단적 적대의식에 대항해야 한다."

그러나 특정 진영의 이론이 타당하지 않고 방법론이 미약하다고 판단될 경우, '우린 모두 한배를 탔다"는 주장만으로는 진정한 통합을 이루기 어렵다. 우리는 "진화론자들끼리 논쟁을 벌이고 방법론의 차이를 논의할 경우 분열을 조장할 뿐만 아니라, 자칫 해당행위害黨行爲로 이어질 수 있다"는 견해에 동의하지 않는다. 정말로 통합을 가로막는 것은 ―인간사회생물학자들과 그 후계자들이 그랬던 것처럼― 동료 연구자들 간의 자유로운 비판적 토론을 의식적·무의식적으로 억누르는 행위가 아닐까?

자신의 분야에서 나름 성실하고 철저하게 연구한다고 자부하는 사람들이 선정적 주장이나 피상적 분석을 앞세우는 사람들을 달가워할 리 없다. 진화론자들이 선동적 선언, 성급한 대중화, 적당히 꾸며낸 이야기로 일관한다면, 사회과학자들의 엄청난 반발에 부딪힐 것을 각오해야 한다.[84] 지금까지 많은 학파들의 손을 거쳐 탄생한 '진화와 인간행동'에 관한 소중한 연구성과를 감안할 때, 이는 커다란 수치일 뿐 아니라 불필요한 비극이 아닐 수 없다. '진화와 인간행동'이라는 분야는 이제 더 이상 허약한 묘목이 아니다. 그것은 뿌리 깊은 나무로 우뚝 서서, 가지치기가 필요할 정도로 무성하게 자랐다.

오늘날 진화론은 세련된 균형을 필요로 한다. 비록 방법론상으로는 진정한 다원론이 필요하지만, 그렇다고 해서 진화론적 추측에 바탕을 둔 두루뭉술한 분석이 모두 유익한 것은 아니다. 열광하는 동료를 무조건적으로 지지하는 것보다, 연구의 수준을 높게 유지하는 것이야말로 외부의 반감에 대응하는 최상의 방책이다. 진화론이 필요로 하는 것은, 다원적이지만 엄격하고, 다산적多産的이지만 자기비판적인 과학을 구축하는 것이다. 또한 참된 진화론적 방법과 추론을 옹호하지만, 무분별한 담론이나 해롭거나 지나친 진화론적 추론은 엄격하게 단속하는 것이기도 하다. 생물학과 사회과학의 참된 결합은 센스와 넌센스의 비율이 개선될 때 비로소 이루어질 것이다.

더 읽을거리

진화와 인간행동에 관한 광범위한 관점들을 다룬 교과서로서는 배럿 등이 쓴 『인간진화심리학』(2002)이 있다. 진화론적 접근방법의 통합에 대해서는 스미스(2000)의 책이나, 갠지스태드와 심프슨이 함께 저술한 『정신의 진화』The Evolution of Mind(2007)에 수록된 여러 논문들을 참조하라. 플린(1997)도 여러 진화론적 접근방법들을 비교하면서 대안이 될 만한 관점을 제공한다. 전쟁론에 대해서는 하인드와 왓슨의 『전쟁: 가혹하지만 불가피한 것?』War: A Cruel Necessity?(1995)에 수록된 여러 논문을 참고하라. 비교인식론의 입문서로는 토마젤로와 콜의 『영장류의 인식』Primate Cognition(1997)을 참고하라. 마지막으로, 인간과 비인간의 행동을 비교분석한 논문집으로는 캐펄러와 실크가 함께 엮은 『간격을 조심하라: 인간 보편성의 기원 추적』Mind the Gap: Tracing the Origins of Human Universals(2010)을 참고하라.

토론할 문제들

1. 진화와 인간행동을 연구하는 데 가장 적절한 접근방법이 있다면 무엇이며, 그 이유는 무엇인가?
2. 다양한 진화론적 접근방법들을 통합하는 것은 가능한가? 통합을 막는 주된 장애물은 무엇인가?
3. 종간 비교연구가 접근방법의 통합에 기여할 수 있을까?
4. 진화와 인간행동을 다루는 분야의 강점과 약점은 무엇인가?
5. 진화와 인간행동을 다루는 연구가 갖춰야 할 덕목은 무엇일까? 그러한 덕목을 갖추지 못한 연구는 어떤 어려움에 직면할까?
6. 진화와 인간행동을 다루는 분야의 연구자들이 센스와 넌센스를 구분하려면 어떤 자질을 갖춰야 할까?

| 추천의 글 |

이기적 유전자와 환원적 통섭을 넘어

– 인간을 진화적으로 이해하려는 진지하고 공정한 노력

이상욱(한양대, 과학철학)

최근 토론식 수업이 강조되면서 대학에서 토론대회가 자주 열린다. 이런 토론대회의 심사를 몇 번 한 적이 있는데 그때마다 불편한 느낌이 드는 것을 피하기 어렵다. 토론대회는 대개 '사형제는 폐지되어야 하는가?'처럼 논쟁적인 주제에 대해 서너 명으로 구성된 두 팀이 찬반양론을 '모두' 준비해 와서, 토론대회 직전 추첨에 의해 자신이 옹호할 의견을 '지정받고' 주어진 형식에 따라 토론을 진행하는 방식으로 이루어진다. 이는 찬반양론에 대해 미리 보다 공정한 시각에서 공부해 볼 기회를 양 팀 모두 주는 것으로 이해할 수도 있다.

하지만 토론 '내용'의 공정성을 위한 이런 절차는 실제 토론 '과정'의 공정성을 위해 도입된 절차를 통해 무력화된다. 토론은 양 팀이 번갈아 가며 입론 개진과 이에 대한 반론, 그리고 이에 대한 재반론 및 보충 설명, 정리 등의 형식으로 진행된다. 각 단계마다 주어진 시간을 엄격하게 지켜야 하고 단계마다 점수가 부여되기에 각 팀은 점수를 따기 위해 상대방의 말실수나 논리적 허점을 주로 공략하는 전략을 쓰게 된다. 그에 비해 자신이 옹호하는 주장을 보다 정교화하려는 노력이나 자신의 입장과 상대방의 입장을 공평하게 평가하려는 노력에는 상대적으로 소홀하기 쉽다. 제한된 시간을 상대방을 공격하는 데 사용하는 편이 점수

얻기에 유리하기 때문이다. 사실 자신이 옹호할 입장을 추첨으로 지정받는다는 토론대회 설정 자체가 진정으로 생산적인 토론이 이루어지기 어려운 요인이라 할 수 있다.

이런 형식의 토론대회가 가진 보다 근본적 문제는 대부분의 어려운 문제가 그러하듯 논쟁적인 주제에 대한 현명한 대응은 찬반 어느 한쪽이 아니라 양쪽 견해 모두에 일리가 있음을 이해하는 것에서 출발해야 한다는 사실이다. 설사 현실적 필요에 의해 어느 한쪽으로 결론을 내릴 수밖에 없는 상황에서조차 우리는 이 점을 충분히 이해하고 결정을 내려야 한다.

사형제처럼 특정 제도를 사회적으로 결정해야 하는 순간이라면 이런 편 가르기가 어쩔 수 없는 측면이 있겠지만, 학술적인 영역에서 서로 경쟁하는 주장들이 가진 장단점을 정확히 파악하고 보다 더 발전할 수 있는 방향을 찾는 일은 누가 '절대적으로 옳은지'를 가르는 일보다 훨씬 중요하다. 실제로 인간이 만든 이론 중에서 모든 면에서 절대적으로 옳은 이론이 있기는 매우 어렵기 때문이다.

물론 서로 정면으로 충돌하는 주장을 그저 대충 절충하여 묶는다고 더 좋은 입장에 도달할 수 있는 것은 아니다. 각각의 주장이 가진 장점을 모순 없이 엮어낼 수 있는 통찰력이 필요하고 이런 통찰력을 발휘하여 진정으로 만족스러운 입장을 발견하는 일은 극단적 주장을 펴는 일보다 훨씬 더 어렵다. 그럼에도 불구하고 학술적 상황에서 이런 통찰력을 발휘하여 보다 통합적인 견해에 도달하려는 노력은 흔히 학문적 엄밀성을 결여한 게으른 절충주의로 오해되기 쉽다. 선명하고 극단적인 주장이 사람들의 시선을 잡아끌기에 훨씬 유리한 것 역시 분명한 사실이기도 하다.

인간의 본성에 대한 이야기는 불온하게 느껴질 정도로 논쟁적이다. 인간 본성이나 인간이 아닌 동물과 인간이 공유하는 특징에 대한 언급만 해도 알레르기 반응을 보이는 분들이 분명 있다. 이런 언급 자체가 인간이 지닌 고결한 품성을 부인하려는 시도라고 판단하기 때문일 것이다. 다른 한편에서는 동물의 행동을 이해하기 위해 개발된 동물행동학의 방법론을 그대로 적용해서 인간의 행동을 남김없이 설명하고 이해할 수 있다고 대담하게 주장하는 분들도 있다. 이런 분들의 주장이 각자의 지지자들에게는 매력적으로 느껴지겠지만, 실제로 냉정하게 평가해보면 경험적, 이론적으로 지지되기 어려운 주장일 수밖에 없다.

우선 인간 본성에 대한 생물학적 논의까지 언급하지 않더라도 이미 사회과학자들은 설사 개인이 자신의 자유의지와 주관적 판단에 의해 개별적으로 행동하더라도 집단이나 사회 수준에서 일정하게 등장하는 구조적 패턴이 있다는 사실을 잘 알고 있었다는 점부터 지적하고 넘어가자. 에밀 뒤르켐은 자살에 대한 고전적 연구를 통해 구체적 개인이 왜 자살을 하는지에 대한 서술을 넘어선 '사회적 사실social facts'이 엄연히 존재하며 이에 대한 연구가 사회학의 핵심이라고 역설한 바 있다. 사회학자들이 이런 사회적 사실을 강조한다고 해서, 예를 들어 인류학자들이 관심을 갖는 문화적 특이성이나 심리학자들이 관심을 갖는 개인적 수준에서의 심리 현상의 중요성을 무시하는 것은 아니다. 오히려 뒤르켐의 입장은 사회학의 주요 연구 주제와 그에 특화된 연구 방법론이 인류학 및 심리학과 다르며, 궁극적으로 이들 다양한 분과학문의 연구가 인간과 사회에 대한 보다 만족스러운 이해에 도달할 가능성을 전제하고 있다고 보아야 한다.

인간은, 물론 인간이 아닌 동물과 여러 측면에서 수없이 다르다. 현재까지의 연구에 따르면, 다른 동물 중에서 인간처럼 풍부한 의식 세계를 경험하는 동물이나, 목적을 이해하면서 성취하려는 행동을 하는 동물은 없는 것으로 판단된다. 이런 인간의 고유한 특징이 풍성한 문화적 성취의 밑바탕이 되었을 것이다. 하지만 마찬가지로 분명한 사실은 인간이 동물과 공유하는 수많은 특징이 있고 그중에서 '공감 능력'처럼 우리 본성에 본질적으로 내재한 능력은 도덕적 판단이나 사회적 상호작용에 매우 핵심적인 역할을 한다는 것이다. 이 말은, 예를 들어 개미 사회와 인간 사회가 모든 면에서 동일하다는 것이 아니라 그 두 사회의 특징을 공통적으로 설명하고 이해할 수 있는 방식이 존재한다는 것이다. 흰개미의 집과 인간이 만든 건축물은 구조공학적 측면에서 놀랄 만큼 유사하면서도 몇 가지 결정적 차이점이 있다. 아무리 인간의 우주 안에서 인간의 유일무이함에 대해 확신을 가진 사람이라도 이런 공통점과 차이점에 주목하여 학술적으로 의미 있는 분석을 제공하는 것이 충분히 가능하고 유용하다는 점을 부인하기는 어려울 것이다.

그러므로 인간에 대해 생물학적으로 탐구하려는 노력 자체를 특별히 의심의 눈초리로 바라볼 이유는 없다. 개별 과학 연구는 자신에게 고유한 방법론을 활용하여 개별 현상을 가로질러 발견될 수 있는 패턴을 최대한 규명하고 이해하려는 노력이다. 생물학적 접근을 통해 인간이 자연세계에서 인간이 아닌 동물과 맺고 있는 다양한 층위의 연관성을 발견하고 이해하는 것은 인간이란 무엇인가라는 오래된 질문에 대한 답을 완성하는 데 훌륭한 기여를 할 수 있다.

하지만 이런 훌륭한 기여가 단지 여러 기여 중 하나가 아니라 인간이란 무엇인가에 대한 완전한 답을 제공할 가능성은 없을까? 예를 들어, 최근 진화심리학자들의 대담한 주장처럼 우리의 심리기제가 보여주는 여러 특징은 '단지' 인간이 진화적으로 현대사회에 제대로 적응하지 못하고 있는 홍적세 시기의 유인원에 불과하기 때문에 나타난 현상은 아닐까? 혹은 우리가 존재론적으로 '궁극적으로는' 이기적 유전자의 지배를 받는 생존기계에 불과하다는 주장은 어떨까? 결국 이런 주장들에 근거하여 생물학으로 모든 것을 설명할 수 있다는 윌슨류의 환원적 통섭이 가능한 것은 아닐까?

필자는 이런 급진적 주장들이 여러 매체를 통해 대중적으로 널리 퍼지면서 마치 인간을 유전적으로 혹은 보다 넓은 의미에서 생물학적으로 연구하려는 시도가 반드시 이처럼 환원적이고 학문제국주의적인 성격을 필연적으로 가질 것이라는 비판도 함께 등장하는 현상에 주목했다. 이는 마치 토론대회에서 한 극단적 생각이 다른 극단적 생각을 부추기는 꼴이었다. 하지만 토론대회를 지켜보면서 양쪽 의견에 모두 일리가 있음을 깨닫는 청중들처럼 우리도 보다 공정한 마음을 갖고 이런 논쟁을 지켜보다 보면 진실은 이 두 극단적 주장을 통찰력 있게 종합하는 과정에서 얻어질 수 있음을 알 수 있다.

여러분이 방금 읽은 이 책이 정확히 그런 통찰력을 인상적으로 보여주고 있다. 필자에게 이 책은 각별한 의미가 있다. 2000년대 초 국내 서점가에서 필자가 발견할 수 있었던, 인간을 진화생물학적으로 이해하려는 이론적 논의는 도킨스와 윌슨류의 환원주의적 유전자 담론과 진화심리학 정도였다. 이들 각각은 국내외에서 상당한 학문적 성공과 대중적 인기를 누린 것이 사실이지만, 이들이 진화적으로 인간을 이해하려는 학술적 노력의 전부를 대표하지도 않을뿐더러 당파성이 강한 입장이어서 다른 접근법에 대해 최소한 경쟁관계에 있거나 어떤 경우에는 배타적이기까지 하다는 점이 문제였다. 이 책에도 소개되어 있듯이 이들은 자신들의 학문적 위상을 높이기 위해 자신들에게 가해진 다른 연구자들의 비판은 무시하고 저돌적으로 세력을 확장하려는 모습을 보이기도 했다. 사회생물학이나 진화심리학의 학문적 성공에는 이처럼 조직적인 학문 공동체의 노력 또한 상당한 기여를 했던 것이다.

이에 비해 인류학적 관점에서 진화론적 시각으로 인간행동을 연구한 새라 블래퍼 허디 등의 인간행동생태학 연구 전통이나 유전자와 문화의 공진화를 수학적 모형으로 탐색한 리처슨과 보이드의 공진화이론 등은 국내에 거의 소개되지 않았다. 이런 상황에서 이 책의 초판을 2003년 발견하고 필자는 '바로 이 책이다!'라는 생각을 하게 되었고 책의 번역출판을 동아시아 출판사에 권유하게 되었던 것이다.

저명한 진화생물학자인 랠런드와 진화심리학자인 브라운이 공저한 이 책은 처음부터 끝까지 매우 공정하다. 예를 들어, 인간을 진화심리학적으로 이해하려는 이론적 논의가 국내에 널리 알려진 코스미디스와 투비의 상당히 과격한 진화심리학만이 아니라는 점을 이 책은 플로트킨이나 던바 등의 보다 포괄적인 접근을 골고루 소개하면서 알려주고 있다.

저자들은 책 처음부터 끝까지 일관되게 인간을 진화적으로 연구하려는 노력이 가치 있다는 점에 굳은 확신을 가지면서도 이러한 노력에 '왕도'가 없다는 점을 강조하고 있다. 각각의 접근법은 나름대로 장점을 가지지만 다른 한편으로는 한계를 갖는다. 예를 들어, 사회생물학은 윌슨의 과격한 주장으로 대중적으로는 상당한 악명을 떨쳤지만 잘 정의된 연구 방법론 덕택에 진화생물학계에서는 현재 표준적 연구방법론으로 정착되었다. 반면, 도킨스의 '밈' 개념은 구글 검색에서 엄청난 조회 수를 기록할 정도의 대중적 성공을 거두었음에도 불구하고 명확한 연구방법론을 제시할 수 없었기에 학술적으로는 거의 미미한 영향밖에 끼치지 못하고 있다. 이런 진단을 통해 이 책은 인간의 본성에 대한 진화론적 탐색에서도 학술적 성공과 대중적 인기가 반드시 함께 가는 것은 아님을 잘 보여주고 있다.

이처럼 이 책은 인간의 본성을 진화적으로 이해하려는 노력이 우리가 이기적 유전자에 종속된 생존기계에 불과하다는 선정적 주장이나 사회과학은 결국 생물학으로 환원되고 말 것이라는 단정적 예언을 넘어 진정으로 의미 있는 방식으로 인간을 이해하는 데 도움을 줄 수 있음을 설득력 있게 보여주고 있다. 그리고 이 책의 장점은 이러한 노력이 이론적 다원주의pluralism의 형태로 진행될 때 가장 생산적이라는 점을 강조한다는 사실이다. 즉, 특정 이론적 접근이 가진 장점을 되도록 살리되 다른 이론적 연구의 결과와 통합적으로 연결될 때 인간에 대한 진화생물학적 이해의 폭을 넓힐 수 있음을 다양한 사례를 분석함으로써 옹호하고 있는 것이다. 이런 의미에서 이 책이 허디, 베이트슨, 플로트킨처럼 인류학, 생물학, 심리학의 대가들로부터 넓은 지지를 받고 있다는 사실은 결코 우연이 아니다.

필자가 이 책의 초판에 매료되어 적극적으로 지인들에게 이 책을 홍보하고 다녔던 게 벌써 10년 전이다. 이제 개정판이 이처럼 깔끔하게 번역되어 보다 많은 독자를 만날 수 있게 되어 무척 기쁘다. 벌써부터 필자는 이 책을 활용하여 인간을 보다 통합적으로 이해하려는 시도가 어떻게 진화생물학의 관점에서 다원주의적으로 이루어질 수 있는지를 지적 호기심이 가득한 학생들과 즐겁게 토론할 기대에 부풀어 있다.

| 미주 |

■ 초판 서문

1) Diamond(1991)
2) Boyd and Richerson(1985)
3) Barkow, Cosmides, Tooby(1992)
4) Cronk, Chagnon, Irons(2000)
5) Aunger(2000)
6) Smith, Borgerhoff Mulder, and Hill(2001)

■ 제1장

1) Segerstråle(2000), pp.240~241에서 인용.
2) Maynard Smith(1975)
3) 존 메이너드 스미스 외에도 중도적 입장을 취했던 과학자는 또 있었다. 예컨대 세예르스트롤레는 2000년에 발표한 저서에서 영국의 동물행동학자 팻 베이트슨을 가리켜, 중도의 입장을 취하면서 논쟁의 주역들 사이에서 조정자 역할을 자임했던 '유별난 과학자'라고 평가했다.
4) Segerstråle(2000), p.241에서 인용.
5) Segerstråle(2000)
6) 다양한 접근방법들 간의 차이를 강조하는 연구자에는 보이드 & 리처슨(1985), 시먼스(1989), 투비 & 코스미디스(1989), 블랙모어(1999), 허디(1999), 스미스 등(2000)이 있다. 이에 대한 반론을 제기한 연구자에는 데일리 & 윌슨(2000)이 있다.
7) 세예르스트롤레(2000)에 의하면, 도킨스는 종전에는 자신의 책이나 글에서 스스로를 '동물행동학자'라고 부르다가, 1985년부터 전략적 이유로 자신을 '사회생물학자'로 분류하기 시작했다고 한다. 도킨스는 로즈, 르원틴, 카민 등이 『우리 유전자에는 없다』(1984)에서 내놓은 주장에 대해, (자신을 포함한) 반대파를 대표하여 반론을 제기하고 싶어 했던 것 같다.
8) Wilson(2000), p.vii
9) Smith et al.(2000)
10) Tinbergen(1963)
11) 예컨대 Bagemihl(1999)
12) Dixson(1998)
13) Schröder(1993)
14) Burley(1979)
15) Daniels(1983)
16) Burt(1992); Daly and Wilson(1983); Pawlowski(1999)
17) Hrdy(1999), (2009)
18) Smuts, Cheney, Seyfarth, Wrangham, and Strusaker(1987)
19) Fragaszy and Perry(2003); Laland and Galef(2009)
20) Whiten et al.(1999)

21) 오랑우탄에 대해서는 van Schaik et al.(2003), 원숭이는 Perry et al.(2003), 고래는 Krützen et al.(2005) 그리고 Redell and Whitehead(2001) 참조.

22) Brown, 1991

23) 예컨대 Dawkins(1976)

24) 예컨대 Bateson(1981)

25) Ridley(2003)

26) Bateson and Martin(1999)

27) Bateson and Martin(1999); Oyama, Gray, and Griffiths(2001)

28) Buller(2005a); Rose and Rose(2000)

29) Durham(1991); Simoons(1969)

■ **제 2 장**

1) Beer(2000)

2) Endler(1986a); Jones(1999)

3) Darwin(1859), p.458

4) Bonner and May(1981).

5) Desmond(1997)

6) 같은 책

7) Bonner and May(1981)

8) Darwin(1871), p.327

9) Wallace(1869)

10) Darwin(1871), p.36

11) Darwin(1872), p.43

12) Goodall(1986)

13) Darwin(1872), p.39

14) Darwin(1871), p.60

15) Boakes(1984)

16) Desmond and Moore(2009)

17) Darwin(1871), p.316

18) Darwin(1871), p.320

19) Darwin(1871), p.325

20) Darwin(1871), p.326

21) 같은 곳

22) Darwin(1871), p.329

23) Desmond and Moore(2009)

24) Blackmore and Page(1989)

25) Boakes(1984)

26) Gruber(1974)

27) Bulmer(2003); Forrest(1974)

28) Boakes(1984)

29) Galton(1869)

30) Galton(1869), p.336
31) Forrest(1974)
32) Galton, 앞의 책, p.344
33) Darwin(1871), p.169
34) Bulmer(2003)
35) 같은 책
36) Bonner and May(1981)
37) Blackmore and Page(1989)
38) Boakes(1984)
39) 21세기에 들어서면서 후성학적 유전이 관찰된 것을 계기로 하여, 과학계는 '라마르크적 유전'의 의미를 다시 한 번 재평가하고 있다. 후성학적 유전이란 유전자 코드의 변화 없이 표현형의 안정적인 유전이 이루어지는 것을 말하는데, 일례로 DNA의 메틸화를 들 수 있다(Jablonka and Lamb, 2005). 후성학적 유전이 얼마나 일반적 현상인지는 두고 봐야 하겠지만, 그 사례에 관한 보고는 꾸준히 늘어나고 있다.
40) Oldroyd(1983)
41) Spencer(1857), p.465
42) '진화'를 뜻하는 영어 'evolution'은 '펼침'을 뜻하는 라틴어 'evolutio'에서 유래하는데, 여기서 '펼친다'는 것은 책을 펼치는 것을 의미한다. 로마인들은 긴 양피지에 글을 쓴 뒤 나무 막대에 둘둘 말아 보관했으므로, 책을 읽으려면 두루마리를 펼쳐야 했기 때문이다(Carneiro, 2003).
43) Oldroyd(1983)
44) 같은 책
45) 같은 책
46) 같은 책
47) 여기서 생물발생이란 '생물체는 자신과 전체적으로 닮은 부모로부터만 탄생할 수 있다'는 원칙을 기반으로 하며, 자연발생은 인정하지 않는다.
48) Boakes(1984)
49) Oldroyd(1983)
50) Boakes(1984)
51) Harris(2001); Oldroyd(1983)
52) Oldroyd(1983)
53) Desmond and Moore(2009)
54) Mayr(1982)
55) Boakes(1984)
56) Boakes(1984)
57) Costall(1993)
58) Richards(1987)
59) Richards(1987); Sulloway(1979)
60) Sulloway(1979)
61) Plotkin(2004)
62) James(1890)
63) Plotkin(2004)

64) 같은 책
65) Boakes(1984)
66) 같은 책
67) 같은 책
68) 같은 책
69) Bateson and Martin(1999)
70) Boakes(1984); Plotkin(2004)
71) Thorpe(1979)
72) Burkhardt(1983)
73) Wasson(1987)
74) Kruuk(2004)
75) Hinde(1982)
76) Thorpe(1979)
77) Lorenz(1965)
78) Hinde(1966)
79) Lorenz(1950)
80) Hinde(1956)
81) Berridge(2004)
82) Hinde(1982)
83) 자세한 내용은 Bateson and Martin(1999)과 Ridley(2003) 참조.
84) Hinde(1982)
85) Bateson(1996)
86) Hailman(1967)
87) 이반 파블로프도 1904년에 노벨 생리학상을 받았지만, 동물의 행동을 연구했기 때문이 아니라 주로 소화기 계통의 연구에 공헌했기 때문이었다.
88) Evans(1975)
89) 로버트 하인드와의 사적인 대화에서 인용.
90) Salzen(1996)
91) Lorenz(1966), p.40
92) 같은 책, p.239
93) Salzen(1996)
94) 같은 책
95) 같은 책
96) Cranach, Foppa, Lepenies, and Ploog(1979)
97) Hinde(1982),(1987)
98) Morris(1967), p.16.
99) 같은 책, p.26
100) 같은 책, p.63, p.128, p.66
101) 같은 책
102) Evans(1975)
103) Segerstråle(2000)

104) Gruber(1974)

105) Futuyma(1986)

■ 제 3 장

1) 그 후 여러 해에 걸쳐, 사회생물학자들 가운데서 인과관계를 강조하는 쪽으로 회귀하는 조짐이 나타났다. 존 크레브스John Krebs와 닉 데이비스는 공저『행동생태학』제4판(1997, p.5)에서 "1975년 윌슨은 동물행동학의 종말을 예견하며, '인과관계는 신경생물학의 영역이 되고 기능과 진화는 사회생물학의 영역이 될 것'이라고 했다. 이 예견은 최근 몇 년 전까지만 해도 들어맞는 것처럼 보였지만, 이제 인과관계와 기능을 연결하는 방법론이 새로운 관심을 받고 있다"라고 썼다.

2) Kuper(1994)

3) Segerstråle(2000)

4) Wilson(1975), p.4

5) 같은 곳

6) Williams(1966), p.251

7) Darwin(1859), p.257

8) Segerstråle(2000)

9) Trivers(1985), p.47

10) Wilson(1994), p.315

11) Hamilton(1970)

12) Wilson(1975), p.555

13) Nowak, Tarnita and Wilson(2010) 참고.

14) Segerstråle(2000)

15) Wilson(1994) p.325

16) Bateson(1994)

17) 같은 책

18) Clarke(2000)

19) Brow(2001); Sieff(1990); Trillmich(1996)

20) Clutton-Brock(2009)

21) Dawkins(1976), p.164

22) 구체적 사례로는《게임과 경제행동》Games and Economic Behavior에 최근 기고된 몇 편의 논문들과, Fernando Vega-Redondo(1996), Ken Binmore(1998), Herbert Gintis(2009) 등이 쓴 책들이 있다.

23) Wilson(1994), pp.332~333

24) 예컨대 Segerstråle(1986),(2000)

25) Allen et al.(1975)

26) 같은 책

27) Wilson(1994)

28) Ruse(1999); Segerstråle(2000)

29) Segerstråle(2000)

30) 같은 책

31) Wilson(1994), p.350

32) 메이너드 스미스와 워런(1982)은 『유전자, 정신, 문화』에 대한 서평에서 '1,000년 법칙'의 결론을 비판하면서, 그것은 저자들이 가정한 3대 조건, 즉 강한 선택, 약한 문화, 높은 유전 가능성이 성립할 때만 가능하다고 주장했다.

33) Wilson(1994)

34) 예컨대 Maynard Smith and Warren(1982); Kitcher(1985) 참조

35) 인간사회생물학이 사회과학계에서 거부당했다고 간주되는 정도는 개념정의와 관점에 따라 부분적으로 달라진다. 만약 인간사회생물학이 인간행동 연구에 관한 현대의 모든 진화론적 접근방법을 포함한다고 느슨하게 정의한다면, 그것은 여전히 번성하고 있다고 말할 수 있다. 예컨대 오늘날 여러 권의 사회생물학 전문지가 발간되고 있고, 인간행동 및 진화학회Human Behaviour and Evolution Society의 회원 수가 지속적으로 증가하고 있다. 또한 1975년 이후 이 주제를 다룬 책이 200권 이상 출판되었는데, 거의 모든 책들이 사회생물학의 입장을 지지하고 있다(Wilson, 2000). 하지만 대다수의 사회과학자들은 여전히 진화론적 관점에 공감하지 않고 있는 실정이다.

36) Danchin, Giraldeau, and Cezilly(2008); Krebs and Davies(1997)

37) Lewontin(1984), p.236

38) 예컨대 Bateson(1981)

39) Wilson(1978), p.56

40) Lewontin(1991), p.107

41) Wilson(1978), p.172

42) Wilson(1975a), p.554

43) Segerstråle(1986)

44) Wilson(1994), p.333

45) Rose, Lewontin, and Kamin(1984)

46) Segerstråle(2000)

47) 같은 책

48) Dawkins(1981), p.528

49) Rose et al.(1984), p.258

50) 그 후 여러 해 동안 동성애에 영향을 미치는 생물학적 요인에 대한 증거가 축적되었지만(Rahman and Wilson, 2003) 이론이 분분한 것은 여전하다. 동성애자의 평균 자녀수가 이성애자보다 적다는 설(Kirkpatrick, 2000)에 대한 증거는 제한적이다. 그리고 바브로와 베일리에 의하면, 동성애 남성이나 이성애 남성이나 가족들에게 자원을 제공할 가능성은 엇비슷하다고 한다(Bobrow and Bailey, 2001).

51) Wilson(1975a), p.551

52) Harvey and Pagel(1991) 참조

53) Dawkins(1976), pp.2~3

54) Wilson(1975b), p.48

55) Hrdy(1999, 2009)

■ **제 4 장**

1) Moran(1984)

2) Cronk(1991); Moron(1984)

3) Borgerhoff Mulder(1991), p.69

4) Crook(1964; 1965); Crook and Gartlan(1966)

5) Kuper(1994)

6) Segerstråle(2000)

7) 같은 책, p.81

8) 인간행동생태학이 다루는 주제의 범위는 Bogerhoff Mulder(1991; 2004), Cronk(1991), Voland(1998), Winterhalder, Smith(2000) 등에 의해 검토된 바 있다.

9) Smith(2000); Weinrich(1977)

10) Endler(1986a)

11) Stephens and Krebs(1986)

12) Danchin, Giraldeau, and Cézilly(2008); Stephens and Krebs(1986)

13) Stephens and Krebs(1986)

14) Stearns(1992)

15) Voland(1998)

16) van Noordwijk and de Jong(1986)

17) de Heij, van den Hout, and Tinbergen(2006)

18) 예컨대 Sear(2007)

19) Lawson and Mace(2011)

20) Borgerhoff Mulder(2000)

21) Mangel and Clark(1988)

22) 같은 책

23) Gurven(2004)

24) Gurven and Hill(2009); Hawkes and Blige Bird(2002)

25) Crook and Crook(1988)

26) Trivers(1972)

27) Hartung(1982)

28) Hartung(1976), (1982)

29) Orians(1969)

30) Oriana(1969); Verner(1964); Verner and Willson(1966)

31) Borgerhoff Mulder(1990)

32) Gibson and Mace(2007)

33) Arnqvist and Rowe(2005)

34) Bogerhoff Mulder and Rauch(2009); Muller and Wrangham(2009)

35) Borgerhoff Mulder and Rauch(2009)

36) Pizzari and Snook(2003)

37) Blurton Jones(1986)

38) 같은 책

39) Blurton Jones(1997)

40) 비판으로는 Harpending(1994)과 Pennington and Harpending(1988) 참조. 비판에 대한 반론으로는 Blurton Jones(1994),(1997) 참조.

41) Hill and Hurtado(1996)

42) Kaplan and Lancaster(2000); Hopcroft(2006); Low(2000)

43) 현대 아프리카의 사례 중 가나의 경우는 Meij et al.(2009)를 말리의 경우 Strassmann

and Gillespie(2002)를 참조하고, 과거 유럽의 경우는 Gillespie, Russell, and Lummaa(2008)를 참조.

44) Lawson and Mace(2011)

45) Mace(1996)

46) Borgerhoff Mulder(1998)

47) Vinig(1986)

48) Borgerhoff Mulder(1998)

49) Irons(1983); Turke(1989)

50) Kaplan(1996); Kaplan and Lancaster(2000)

51) Kaplan, Lancaster, Bock and Johnson(1995); Rogers(1990)

52) Kaplan, Lancaster, Tucker and Anderson(2002); Kaplan and Lancaster(2000)

53) Draper(1989); Sear and Mace(2008)

54) Mace(2000),(2008)

55) Field and Huber(2007); Hopcroft(2006); Nettle and Pollet(2008)

56) Lawson and Mace(2011)

57) 같은 책

58) Symons(1987), (1989)

59) Symons(1990), p.430

60) Williams(1966), pp.14~15

61) Symons(1990), p.435

62) Cosmides and Tooby(1987); Tooby and Cosmides(1990a)

63) Grafen(1984)

64) Smith(2000),(2003)

65) Borgerhoff Mulder, Richerson, Thornhill, and Voland(1997)

66) Luttbeg, Borgerhoff Mulder, and Mangel(2000) 참조.

67) Ellis(2001)

68) Simons(1987), (1989); Cosmides and Tooby(1987)

69) Turke(1990)

70) Alexander(1979), Borgerhoff Mulder(1991)

71) Kaplan and Gangestad(2005)

72) 예컨대 Simons(1987); Tooby and Cosmides(1990a)

73) Caro and Borgerhoff Mulder(1987)

74) Williams(1957)

75) Hawkes et al.(1997)

76) Sear and Mace(2008)

77) Hill and Hurtado(1997)

78) Peccei(2001)

79) Hawkes, O'Connell, and Blurton Jones(1989); Williams(1957)

80) Williams(1957)

81) Weiss(1981)

82) Hill and Hurtado(1991); Rogers(1993)

83) Cohen(2004)
84) Hawkes, O'Connell, Blurton Jones, Alvarez, Charnov(1998),(2000)
85) Bogin and Smith(1996)
86) Cant and Johnstone(2008); Pavard, Metcalf, and Heyer(2008); Sear and Mace(2005); Shanley, Sear, Mace, and Kirkwood(2007)
87) Endler(1986a)
88) Symons(1990), p.427
89) Endler(1986a)
90) Turke(1990)
91) Laland and Brown(2006); Laland, Odling-Smee, and Feldman(2000)
92) Turke(1990)
93) Maynard Smith(1978)
94) Simons(1990)
95) 같은 책, p.433
96) Cosmides and Tooby(1987)
97) Feldman and Laland(1996); Richerson and Boyd(2005)
98) Hartl and Clark(1989)
99) Smith(2000)
100) Hill(1988)
101) Kim Hill(1988), Christine Hawkes(1991)
102) Kaplan and Hill(1985)
103) 예컨대 Bloch(2000)
104) Smith(2000), pp.29~30
105) Hinde(1987)
106) Borgerhoff Mulder(1991); Voland(1998) 참조.

■ 제 5 장

1) Cosmides and Tooby(1987), pp.278~279
2) Symons(1987)
3) Bowlby(1969)
4) 플라이스토세(Pleistocene)는 170만 년 전부터 1만 년 전까지의 기간이다.
5) Tooby and Cosmides(1992)
6) Marr(1982)
7) Barrett, Dunbar, and Lycett(2002); Buss(1999); Daly and Wilson(1999); Heyes and Huber(2000)
8) Smith, Borgerhoff Mulder, and Hill(2000)
9) Cosmides and Tooby(1987), p.281
10) 예컨대 Buss(1999),(2008)
11) Buss(1994)
12) Pinker(1994), p.18
13) Bateson and Martin(1990); Mameli and Bateson(2011)

14) Buss(2008), p.53

15) 르원틴의 사적인 언급에서 인용.

16) Brown(1991)

17) Bateson and Martin(1999)

18) Cosmides and Tooby(2005), p.5

19) Gangestad and Simpson(2000)

20) Gangestad and Simpson(2000); Tooby and Cosmides(1992)

21) Gould and Vrba(1982)

22) Cosmides and Tooby(1987), pp.280~281

23) Buss(2008), p.54

24) Cosmides and Tooby(1987)

25) Garcia and Koelling(1966)

26) Cosmides and Tooby(1989), p.41

27) Hamilton(1964a),(1964b)

28) Lieberman et al.(2007)

29) Barrett et al.(2002); Daly and Wilson(1999); Dunbar and Barrett(2007)

30) Buss(2008)

31) J. H. Barkow, L.. Cosmides, and J. Tooby, *The Adapted Mind: Evolutionary Psychology and the Generation of Culture*(1996), 옥스퍼드 대학교 출판부의 허락을 얻어 재수록.

32) Cosmides(1989); Cosmides and Tooby(1992)

33) Cosmides and Tooby(1992)

34) 이들 실험에 대한 자세한 설명은 Cosmides and Tooby(1992) 참조

35) Sugiyama, Tooby, and Cosmides(2002)

36) Harris, Núnez, and Brett(2001)

37) Fodor(2000); Buller(2005); Buller, Fodor, and Crume(2005a),(2005b)

38) Buss(1994)

39) 같은 책

40) 같은 책

41) Buss(1994)에 요약됨

42) Buss et al.(1990)

43) Buss(1994), p.25

44) Buss(1994), p.70

45) Buss(1994), p.85

46) Buss(1994), p.68

47) Buss(2008)

48) 사회적 성의 문화적 차이는 Lippa(2009)와 Schmitt(2005), 남성이 보유한 자원에 대한 여성의 선호도는 Moore and Cassidy(2007), 체질량지수는 Anderson, Crawford, Nadeau, and Lindberg(1992), 남성적 용모는 DeBruine, Jones, Crawford, Weling, and Little(2010), 양호한 건강상태는 Stone, Shackelford and Buss(2008) 참조.

49) Gangestad and Simpson(2000)

50) Brown, Dickins, Sear, and Laland(2011); Brown, Laland, and Borgerhoff

Mudder(2009); Eagly and Wood(1999); Wood and Eagly(2007)
51) Daly and Wilson(2005), (2007)
52) Buller(2005a), (2005b)
53) Brown et al.(2009)
54) Curtis, Aunger and Rabie(2004); Fessler and Haley(2006), Nesse(1990)
55) Fessler and Navarrete(2003)
56) Rozin, Haidt, and McCauley(2000)
57) Curtis et al.(2004); Fessler and Navarrete(2003)
58) 예컨대 Rose and Rose(2000)
59) Daly and Wilson(2007)에서 인용함
60) Cosmides and Tooby(1987), pp.280~281
61) Boyd and Silk(1997); Foley(1996); Irons(1998)
62) Foley(1996)
63) Tooby and Cosmides(1990a), pp.386~387
64) Hinde(1987)
65) Bateson and Martin(1999)
66) Tooby and Cosmides(1989)
67) Laland and Brown(2006)
68) Nielsen, Hellmann, Hubisz, Bustamante, and Clark(2007)
69) Pawlowski, Dunbar, and Lipowicz(2000)
70) Lewontin(1983a)
71) 제7장 참조; Odling-Smee, Laland, and Feldman(2003)
72) Flinn(1997)
73) Cosmides and Tooby(1987)
74) Laland and Brown(2006)
75) Pinker(2002)도 참조
76) Roberts(2007) 참조.
77) McCorduck(2004)
78) Buss(2008)
79) Dickinson(1980); Mackintosh(1974)
80) Rescorla and Wagner(1972)
81) 예컨대 Shettleworth(2000)
82) Bolhuis and MacPhail(2001)
83) Buss(1995)
84) Karmiloff-Smith(2000)
85) Li(2003)
86) Shettleworth(2000)
87) Mithen(1996)
88) Fodor(2000)
89) Barrett(2007)

90) McCorduck(2004)

91) 예컨대 Brase, Cosmides, and Tooby(1998)

92) Cosmides, Barrett and Tooby(2010), p.9007

93) Atkinson and Wheeler(2004); Chiappe and MacDonald(2005); Fessler and Machery, in press

94) Lloyd and Feldman(2002); Lynch(2007)

95) Barton, Briggs, Eisen, Goldstein, and Patel(2007); Endler(1986b); Futuyma(1998); Lynch(2007)

96) Lynch(2007)

97) Martin Nowak(2006), p.10952

98) Rice(1995); Sober and Wilson(1998); Stearns(1986); 그리고 Rose and Lauder(1996)에 수록된 논문들도 참조.

99) Boyd and Richerson(2002); Bowles(2009); Bowles and Gintis(2004)

100) Lewontin(1974)

101) Endler(1986a), p.33

102) Cosmides and Tooby(1987); Ketelaar and Ellis(2000)

103) Lloyd and Feldman(2002); Lynch(2007); Nowak et al.(2010)

104) Wagner(2001)

105) Fox and Westneat(2010)

106) Cosmides and Tooby(1987); Tooby and Cosmides(1990a)

107) Fox and Westneat(2010); Rose and Lauder(1996)

108) Fox and Westneat(2010); Orzack and Sober(2001); Rose and Lauder(1996); Sinervo and Basolo(1996)

109) Cosmides and Tooby(1987), p.34

110) 예컨대 Dwyer, Levin, and Bu(1990); Grant and Grant(1995); Reznick, Shaw, Rodd, and Shaw(1997); Thompson(1998)

111) Gingerich(1983)

112) Voight, Kudaravalli, Wen, and Pritchard(2006); Wang, Kodama, Baldi, and Moyzis(2006)

113) Khaitovich et al.(2006)

114) Wilson(1975a), p.569

115) 예컨대 Buss(1994)

116) Brown et al.(2009)

117) Kokko and Johnstone(2002); Kokko and Monaghan(2001)

118) Brown et al.(2009)

119) Zahavi(1975)

120) 예컨대 Møller(1990)

121) Cartwright(2000)

122) 헤더 프록터Heather Proctor는 물진드기의 구애행동에 관한 멋진 연구를 통해, 외견상 성 선택에 의해 형성된 듯한 형질이 실제로는 자연선택의 산물인 경우를 잘 설명했다(Proctor, 1991; 1992). 물진드기의 암수 개체는 앞다리를 벌리고 물 위에 앉아 물의 진동을 통해 찾아낸 수생 무척추동물을 낚아채 먹는다. 수컷은 이 같은 암컷의 반응을 이용한다. 먹이와 똑

같은 빈도로 앞다리를 흔드는 구애행동을 진화시켜, 암컷이 자신을 움켜잡을 때 정자 주머니를 들이대는 것이다. 일련의 실험과 비교분석 결과, 성 선택이 암컷의 배우자 선택을 형성한 증거는 발견되지 않았지만 감각이용 가설sensory exploitation hypothesis의 신빙성은 상당히 높아졌다. 하지만 성 행동에만 초점을 맞춰 연구하다 보면, "암컷이 좋은 유전자 또는 단백질이 풍부한 정자 주머니를 가진 수컷을 선택한다"는 잘못된 결론을 도출하기 쉽다.

123) 마코Markow(1995)와 클라크Clarke(1995)는 FA와 적합성 간의 관련성은 보잘것없고 추측에 불과하며 특정 형질에 한정된 것이라고 결론지었다. 파머Palmer(2000)의 메타분석에서는 FA와 개체의 매력 또는 적합성 간의 관련성은 선택적 보고의 결과 탄생한 인공물일지 모른다는 결론이 나왔다. 슐리히팅Schlichting과 필리우치Pigliucci(1998)는 선행연구 결과들을 인용하면서, "동일한 유기체의 안정성을 측정한 상이한 값들 사이에는 일관된 상관관계가 없는 것 같다"고 결론지었다. 파머와 스트로벡Strobeck(1997)은 측정오류의 교란효과를 다룬 훌륭한 논의를 제공했다. 리미Leamy(1997)는 묄레르Møller와 손힐Thornhill(1997)이 FA의 유전 가능성을 추정한 연구들을 비판하면서, 그 값을 평균 0.11, 중앙값 0.03이라고 계산했다.

124) Durham(1991); Pawlowski, Dunbar and Lipowicz(2000); Smith et al.(2000)

125) Coyne and Berry(2000); Lloyd and Feldman(2001); Lynch(2007)

126) Michael Lynch(2007), p.8597

127) Endler(1986a)

128) Wagner(2001)

129) Orzack and Sober(2001); Sinervo and Basolo(1996)

130) Harvey and Pagel(1991)

131) Endler(1986a); Lande and Arnold(1983)

132) Cosmides et al.(2005), p.505

133) 예컨대 Bolhuis and Wynne(2009) 그리고 Heyes(2000) 참고.

134) 문화에 대해서는 Sperber(1996), 의사결정은 Gigerenzer et al.(1999)와 Todd(2001), 정서는 Fessler and Haley(2006)와 Nesse(1990), 언어는 Pinker(1994), 임신은 Flaxman and Sherman(2000)과 Profet(1988), 정신질환은 Nesse and Williams(1995), 성적 행동과 성차는 Daly and Wilson(1983)과 Miller(1997), 낙인찍기는 Kurzban and Leary(2001), 시각 인식은 Shepard(1992)를 참고.

135) 전반적인 내용에 대해서는 Barrett et al.(2002) 또는 Buss(2005) 참고.

136) Heyes and Huber(2000); Plotkin(1994), (1997); Sear, Lawson, and Dickins(2007)

137) 예컨대 Buss(2005), (2008); Crawford and Krebs(2008)

■ **제 6 장**

1) Dennett(1995), p.63

2) Darwin(1871), p.61

3) Burnet(1959)

4) Plotkin(1982), (1994)

5) Dennett(1995); Hull(1982); Popper(1979)

6) Edelman(1987); Lorenz(1965)

7) Carneiro(2003)

8) Campbell(1960)

9) Dawkins(1976), p.206

10) 같은 책, p.19

11) Dennett(1995), p.342

12) Dawkins(1976), p.206

13) Tylor(1871), p.1

14) Durham(1991); Keesing(1974); Kroeber and Kluckhohn(1952)

15) Richerson and Boyd(2005), p.5

16) Boyd and Richerson(1985); Cavalli-Sforza and Feldman(1981)

17) Boyd and Richerson(1985)

18) Laland and Galef(2009)

19) Whiten et al.(1999)

20) Guglielmino, Viganotti, Hewlett, and Cavalli-Sforza(1995)

21) Cavalli-Sforza and Wang(1986)

22) Boyd & Richerson(1985); Cavalli-Sforza & Feldman(1981); Mesoudi, Whiten, and Laland(2004), (2006b); 〈표 6-1〉 참조.

23) Steward(1955)

24) Basalla(1989)

25) Grimes(2002)

26) Barrett, Kurian, and Johnson(2001)

27) Pagel, Atkinson, and Meade(2007)도 참조.

28) Baddeley(1990)

29) O'Brien and Lyman(2000)

30) Boyd and Richerson(1985)

31) Cavalli-Sforza, Feldman, Chen, and Dornbusch(1982)

32) Hewlett and Cavalli-Sforza(1986)

33) Aunger(2000c)

34) Reyes-Garcia et al.(2009)

35) Diamond(1997); Durham(1991)

36) Lewontin(1970)

37) Cavalli-Sforza and Feldman(1981)

38) Mesoudi et al.(2004)

39) Perrin(1980)

40) Henrich(2004)

41) Hinde and Barden(1985)

42) Gould(1980)

43) Diamond(1997)

44) Rogers(1995)

45) Boyd and Richerson(1985)

46) Cavalli-Sforza and Feldman(1981)

47) 더럼(1991)에 의하면, 인간의 의사결정은 1차 가치와 2차 가치에 의해 유도된다고 한다. 여기서 1차 가치란 신경계에서 생성되고 유전자로부터 정보를 제공받는 가치 피드백valuative feedback을 뜻하며, 2차 가치란 사회적 전달을 통해 습득한 사전지식을 뜻한다.

48) Boyd and Richerson(1985)

49) Cavalli-Sforza and Feldman(1981)
50) Futuyma(1998)
51) 가메다·나카니시 다이스케(2002),(2003)
52) Boyd and Richerson(1985); Feldman, Aoki, and Kumm(1996); Rogers(1988)
53) Boyd and Richerson(1995)
54) Efferson, Lalive, Richerson, McElreath, and Lubell(2008b)
55) Henrich and Boyd(1998)
56) Eriksson, Enquist, and Ghirlanda(2007)
57) Bettinger and Eerkens(1999)
58) Christine Caldwell and Alisa Millen(2008),(2009)
59) Kirby, Cornish, and Smith(2008)
60) Fay, Garrod, and Roberts(2008)도 참조.
61) Cavalli-Sforza, Minch, and Mountain(1992); Cavalli-Sforza and Wang(1986)
62) Gray and Atkinson(2003)
63) Atkinson, Meade, Venditti, Greenhill, and Pagel(2008)
64) Gray and Jordan(2000)
65) Rendell et al.(2010)
66) Slater(1986); Slater, Ince, and Colgan(1980)
67) Bentley, Hahn, and Shennan(2004)
68) Bentley, Hahn, and Shennan(2004); Shennan and Wikinson(2001); Simkin and Roychowdhury(2003)
69) Herzog, Bentley, and Hahn(2004)
70) Tooby and Cosmides(1989)
71) Boyd and Richerson(1985)
72) Bouchard, Lykken, McGue, Segal, and Tellegen(1990); Eaves, Eysenck, and Martin(1989)
73) Mesoudi, Whiten, and Dunbar(2006)
74) Heath, Bell, and Sternberg(2001)
75) Boyer(1994); Sperber(1996)
76) Boyd and Richerson(1985); Cavalli-Sforza and Feldman(1981); Henrich, Boyd, and Richerson(2008)
77) Boyd and Richerson(1985); Henrich and McElreath(2006)
78) Tooby and Cosmides(1992)
79) Atran(2001); Boyer(1998); Sperber(1996)
80) Sperber(1996)
81) Dennett(1995)
82) Bloch(2000); Sperber(2000)
83) Boyd and Richerson(1985); Cavalli-Sforza and Feldman(1981); Henrich and Boyd(2002)
84) Boyd and Richerson(1985)
85) Gould(1991), p.65

86) Tehrani and Collard(2002)

87) Schwartz and Dayhoff(1978)

88) Doolittle(1999)

89) Borgerhoff Mulder(2001); Borgerhoff Mulder, Nunn, and Towner(2006); Nunn, Mulder, and Langley(2006)

90) Greehill, Currie, and Gray(2009)

91) Gray, Bryant, Greenhill(2010)

92) Hull(1982)

93) Laland and Brown(2002)

94) Dennett(1995), p.355에서 인용.

95) Henrich, Boyd, and Richerson(2008)

96) Kandler and Laland(2009)

97) Mesoudi(2008); Mesoudi et al.(2004)

98) Simonton(1995)

99) Simonton(1995)

100) Basalla(1988)

101) Mesoudi et al.(2006b)

■ **제 7 장**

1) Smith(2000)

2) 예컨대 Flinn(1997)

3) Segerstråle(1986)

4) Cavalli-Sforza and Feldman(1981), p.1

5) Kitcher(1985); Lewontin(1983b); Maynard-Smith and Warren(1982)

6) Cavalli-Sforza and Feldman(1973); Otto, Christianesn, and Feldman(1995)

7) Boyd and Richerson(1985); Enquist, Eriksson, and Ghirlanda(2007); Feldman, Aoki, and Kumm(1996); Rogers(1988)

8) Aoki and Feldman(1987), (1989); Lachlan and Feldman(2003); Laland, Kumm, Van Horn, and Feldman(1995); Laland(2008)

9) Kumm, Laland, and Feldman(1994)

10) Aoki, Shida, and Shigesada(1996)

11) Aoki and Feldman(1991)

12) Aoki and Feldman(1997)

13) Laland, Odling-Smee, and Feldman(2001); Laland, Odling-Smee, and Myles(2010)

14) Mesoudi and Laland(2007)

15) Boyd and Richerson(1985); Fehr and Fischbacher(2003); Gintis(2004)

16) Adenzato(2000)

17) Voight, Kudaravalli, Wen, and Prithard(2006); Wang, Kodama, Baldi, and Moyzis(2006)

18) Williamson, Hubisz, Clark, Pasyeur, Bustamante, and Nielsen(2007)

19) Laland et al.(2010); Richerson, Boyd, and Henrich(2010)

20) Lopez Herraez et al.(2009); Williamson et al.(2007)

21) Enard et al.(2002)

22) Stedman et al.(2004)

23) Bowles(2000)

24) Feldman and Laland(1996)

25) Ehrlich(2000); Laland et al.(2010); Richerson and Boyd(2005)

26) Odling-Smee, Laland, and Feldman(2003)

27) Kylafis and Loreau(2008); Odling-Smee et al.(2003)

28) Lehmann(2008)

29) Borenstein, Kendal, and Feldman(2006); Laland et al.(2001)

30) Guglielmino et al.(1995); Mace and Jordan(2011)

31) 좀 더 전문적인 설명은 Feldman and Cavalli-Sforza(1976), Laland, Kumm, and Feldman(1995), McElreath and Boyd(2007) 등을 참조.

32) 특정한 유전형과 문화활동의 조합을 전문용어로 표현-유전형이라고 한다(Feldman and Cavalli-Sforza, 1976). 이것은 유전자-문화 공진화를 다룰 때 사용하는 최소 단위로, 더 이상 분리할 수 없다. 유전자와 문화활동 간의 비(非)독립적 관계를 표현-유전자형phenogenotype 불균형이라고 하는데, 이에 대한 포괄적 분석은 Feldman and Zhivotovsky(1992)를 참조.

33) 성별과 달리, 다른 형질들은 유전되기 때문에 유전자-문화 공진화 분석이 더욱 복잡해진다.

34) 많은 유전자-문화 공진화 모델들이 '개인의 유전형은 특정 문화정보가 채택될 가능성에 영향을 미친다'는 가정을 포함하고 있지만, 일선 연구자들은 이러한 가정에 얽매이지 않고 '정보는 적합성 결과와 무관하게 채택될 수 있다'고 가정하고 있음을 주목하라. 연구자들은 합리적인 가정을 바탕으로 모델을 만들어, 그 결과 나타나는 행동이 적응적인지 아닌지 알아낼 수 있다.

35) Enattah et al.(2008)

36) Tishkoff et al.(2007)

37) Durham(1991); Simoons(1969)

38) Durham(1991)

39) Holden and Mace(1997); Itan, Powell, Beaumont, Burger, and Thomas, 2009)

40) Voight et al.(2006)

41) Bersaglieri et al.(2004)

42) Beja-Pereira et al.(2003)

43) Burger, Kirchner, Bramanti, Haak, and Thomas(2007)

44) Laland et al.(2010); Richards, Schulting, and Hedges(2003); Richerson et al.(2010)

45) Perry et al.(2007)

46) Voight et al.(2006); Williamson et al.(2007)

47) Kelley and Swanson(2008); Soranzo et al.(2005)

48) Fehr and Fischbacher(2003)

49) Clutton-Brock(2009)

50) 이에 대한 반대 의견은 Lehmann, Keller, West, and Roze(2007) 참조.

51) Boyd, Gintis, Bowles, and Richerson(2003); Fehr and Fischbacher(2003); Gintis(2003)

52) Price(1970); Uyenoyama and Feldman(1980)

53) Dawkins(1976); Williams(1966)

54) 이와 반대되는 입장에 대해서는 Sober and Wilson(1998) 참조

55) Bowles(2009)도 참조.

56) 이 연구는 Cavalli-Sforza and Feldman(1973)의 초기 분석을 바탕으로 한 것이다.

57) Efferson et al.(2008b); Henrich and Boyd(1998); Pike, Kendal, Rendell, and Laland(2010); Richerson and Boyd(2005)

58) Efferson, Lalive, and Fehr(2008)

59) Fehr and Fischbacher(2003)

60) Boyd et al.(2003)

61) Boyd, Gintis, and Bowles(2010)

62) Soltis, Boyd, and Richerson(1995)

63) Henrich et al.(2001),(2004)

64) Boyd and Richerson(1985)

65) 유전학자들은 유전 가능성이라는 용어를 두 가지 의미(광의와 협의)로 사용한다(Falconer and Mackay, 1996). 광의의 유전 가능성은 표현형 변이(VP) 중에서 유전적 요인으로 귀속되는 부분(VG)의 비율을 의미한다(VG/VP). 이에 반해, 협의의 유전 가능성은 표현형 변이(VP) 중에서 유전자의 부가효과로 귀속되는 부분(AP)의 비율을 의미한다(VA/VP). 즉, 협의의 유전 가능성은 '부모에게서 자녀에게로 전달되며, 선택반응에 영향을 미치는 유전적 요인'만을 다룬다. 대부분의 행동유전학 분석에서는 협의의 유전 가능성 개념을 채용하고 있으며, 이 책도 마찬가지다.

66) Bateson and Martin(1999)

67) 같은 책

68) Feldman and Otto(1997)

69) Bouchard et al.(1990); Plomin et al.(1993)

70) Devlin, Daniels, and Roeder(1997); Feldman and Otto(1997)

71) Goldberger(1978)

72) Feldman and Otto(1997) 참조. 또 하나의 가능한 설명은, '일란성 쌍둥이를 더욱 비슷하게 만들지만 다른 친척들과의 유사성에는 거의 기여하지 않는 유전자 상호작용(상위성)이 존재한다'는 것이다(Feldman and Otto, 1997).

73) Eaves, Eynsenck, and Martin(1989)

74) Maher(2008)

75) Bloch(2000); Midgley(2000)

76) 이 문제에 대한 광범위한 논의는 Hull(2000) 참조.

77) Portin(1993),(2002)

78) Stoltz and Griffiths(2004)

79) Henrich et al.(2008)

80) 이 주장에 대한 설득력 있는 증거는, 뇌 손상을 입은 사람들 중에서 '범주 특이적 명명命名 능력장애'categoty-specific naming impairment를 겪는 환자들이 있다는 것이다. 현재 이 문제는 인지신경심리학 분야에서 상당한 관심을 모으고 있다. 이들 환자는 특정 범주(예: 과일이나 채소, 나라 이름, 동물, 병원과 관련된 물건 등)를 제외하면 모든 사물의 이름을 정확하게 말하는 것으로 보고되었다(Crosson, Moberg, Boone, Gonzalez Rothi, and Raymer, 1997). 이 연구는 "학습을 통해 획득되어 사람의 뇌 속에 저장되어 있는 지식 중에서, 적어도 일부는

'별개의 의미론적 범주'로 조직화되어 있다"는 것을 시사한다.

81) Daly(1982); Flinn(1997); Flinn and Alexander(1982); Tooby and Cosmides(1989)

82) Laland, Kumm, and Feldman(1995); Laland, Kumm, Van Horn, and Feldman(1995); Otto et al.(1995)

83) Feldman and Cavalli-Sforza(1989); Kumm, Laland, and Feldman(1994)

84) Boyd and Richerson(1985)

85) Feldman and Laland(1996)

86) Laland et al.(2010)

87) Plotkin(1994),(1997)

88) Khaitovich et al.(2006); Voight et al.(2006); Wang et al.(2006)

89) Moalic, le Strat, and Lepagnol-Bestel(2010)

90) 뇌의 크기에 대한 것으로는 Evans et al.(2005)과 Mekel-Bobrov et al.(2005)을 언어에 대한 것으로는 Dediu and Ladd(2007)와 Enard et al.(2002)을 참조.

91) Khaitovich et al.(2006)

92) Varki, Geschwind, and Eichler(2008)

93) Wang et al.(2004)

94) 같은 책

95) Hawks, Wang, Cochran, Harpending, and Moyzis(2007)

96) Buss(2008); Cosmides and Tooby(1987); Tooby and Cosmides(1990),(2005)

97) Varki et al.(2008)

98) Holden and Mace(1997); Oding-Smee et al.(2003)

99) Itan et al.(2009)

100) Laland et al.(2010)

101) Itan et al.(2009)

102) Cronk(1995)

103) Wilson(1994), p.353

■ 제8장

1) Smith(2000)

2) Daly and Wilson(2000)

3) Brown et al.(2011); Buss(2005); Crawford and Krebs(2008); Dunbar and Barrett(2007); Gangestad and Simpson(2007)

4) Hull(1982); Dennett(1995); Popper(1979)

5) Aunger(2000)

6) Alcock(2001)

7) Rose, Lewontin, and Kamin(1984); Segerstråle(2000)

8) Call and Tomasello(2008); Clayton and Dickinson(1998); Emery and Clayton(2004); Rendell and Whitehead(2001); Whiten et al.(1999)

9) Harvey and Pagel(1991)

10) Fehr and Fischbacher(2003); Richerson and Boyd(2005)

11) Call and Tomasello(2008); Herrmann, Call, Hernández-Lloreda, Hare, and

Tomasello(2007); Whiten and Custance(1996)

12) Call and Tomasello(2008)

13) Call, Hare, Carpenter, and Tomasello(2004); Call and Tomasello(1998)

14) Call and Tomasello(2008)

15) Onishi and Baillargeon(2005)

16) Laland and Brown(2008)

17) Herrmann, Call, Hernández-Lloreda, Hare, and Tomasello(2007)

18) Dunbar and Bever(1998); Shultz and Dunbar(2006)

19) Emery(2004); Emery and Clayton(2004); Seed, Emery, and Clayton(2009)

20) Mulcahy and Call(2006); Seed, Tebbich, Emery, and Clayton(2006)

21) Clayton, Dally, and Emery(2007)

22) Paz-Y-Miño, Bond Kamil, and Balda(2004)

23) Seed et al.(2009)

24) Clayton and Dickinson(1998)

25) Emery and Clayton(2004)

26) Zuk(2002)

27) 모범적인 연구사례는 Hrdy(1999; 2009) 참조

28) Hrdy(2009)

29) Voland(1998)

30) 같은 책

31) Voland and Stephan(2000)

32) Hill and Hurtado(1996)

33) Pagel(1997)

34) Alvergne, Faurie, and Raymond(2007)

35) Alvergne, Faurie, and Raymond(2010); Apicella and Marlowe(2004)

36) Li, Feldman, and Li(2000)

37) Clarke(2000); Guilmoto(2009)

38) Kumm, Laland, and Feldman(1994)

39) 예컨대 Dunbar and Barrett(2007); Kaplan and Gangestad(2005); Sear Lawson, and Dickins(2007)

40) Kaplan and Gangestad(2005)

41) 예컨대 Lickliter and Honeycutt(2003)

42) Mace and Holden(2005); Pagel and Mace(2004)

43) Tomasello and Call(1997)

44) Feldman and Laland(1996); Richerson and Boyd(2005)

45) Hinde(1991),(1997); Hinde and Watson(1995)

46) Hinde and Watson(1995)

47) Hinde(1991)

48) Hinde(1997)

49) 이 표는 에릭 올든 스미스(2000)의 비교분석을 바탕으로 하여 작성되었다. 상이한 접근방법의 상호 보완적 성격에 대한 논의는 Borgerhoff Mulder and colleagues(1997)를 참조.

50) 예컨대 Blackmore(1999)

51) 예컨대 Borgerhoff Mulder(1998); Draper(1989); Kaplan and Gangestad(2005); Smith(2000); Turke(1990)

52) Buss(1999); Kaplan and Gangestad(2005)

53) Henrich and McElreath(2003)

54) Smith(2000), p.35

55) 스미스(2000)가 유전자-문화 공진화론을 이중유전이론(DIT)이라고 부른다는 점에 주목하라.

56) Smith(2000), p.35

57) Kaplan and Gangestad(2005)

58) 예컨대 Mesoudi et al.(2006a), (2006b) 참고

59) Kroeber and Kluckholm(1952)

60) Alexander(1979)

61) 예컨대 Wilson(1975a)

62) Lumsden and Wilson(1981); Wilson(1975)

63) Segerstråle(2000)

64) Flinn(1997)

65) Rosenberg et al.(2002)

66) Coop et al.(2009)

67) Pickrell et al.(2009)

68) 예컨대 Fincher, Thornhill, Murray, and Schaller(2008); Schaller and Murray(2008)

69) Brown et al.(2011)

70) Buss(2005); Dunbar and Barrett(2007); Kaplan and Gangestad(2005)

71) Blackmore(1999)

72) Tooby and Cosmides(1992); Smith(2000)

73) Boyd and Richerson(1985)

74) Galef(1995)

75) Laland and Williams(1998)

76) Flinn(1997)

77) Smith(2000)

78) 같은 책

79) Aunger(1992),(1994a),(1994b)

80) Laland and Williams(1998)

81) Boyd and Richerson(1985); Henrich et al.(2001)

82) Henrich and Boyd(1998); Henrich and Gil-White(2001)

83) Buss(2008)

84) 이러한 문제점을 정확히 지적한 사람들은 Smith et al.(2001)이다.

Adenzato, M.(2000). Gene-culture coevolution does not replace standard evolutionary theory. *Behavioral and Brain Sciences*, 23, 146~147.

Alcock, J.(2001). *The Triumph of Sociobiology*. Oxford: Oxford University Press. 한국어판, 『사회생물학의 승리』, 김산하·최재천 옮김(동아시아, 2013)

Alexander, R. D.(1974). The evolution of social behavior. *Annual Review of Ecology and Systematics*, 5, 325~383.

Alexander, R. D.(1979). *Darwinism and Human Affairs*. London: Pitman.

Alexander, R. D. & Noonan, K. M.(1979). Concealment of ovulation, parental care, and human social evolution. In N. A. Chagnon & W. Irons(Eds.), *Evolutionary Biology and Human Social Behavior: An Anthropological Perspective*(pp.436~453). North Scituate, MA: Duxbury Press.

Allen, E., Beckwith, B., Beckwith, J., Chorover, S., Culver, D., Duncan, M., et al.(1975). Against "Sociobiology"(Letter). *New York Review of Books*, 182, 184~186.

Alvard, M.(Ed.)(2004). *Socioeconomic Aspects of Human Behavioral Ecology*(*Research in Economic Anthropology*, vol.23). Oxford: Elsevier.

Alvergne, A., Faurie, C., & Raymond, M.(2007). Differential facial resemblance of young children to their parents: Who do children look like more? *Evolution and Human Behavior*, 28, 135~144.

Alvergne, A., Faurie, C., & Raymond, M.(2010). Are parents' perceptions of offspring facial resemblance consistent with actual resemblance? Effects on parental investment. *Evolution and Human Behavior*, 31, 7~15.

Anderson, J. L., Crawford, C. B., Nadeau, J., & Lindberg, T.(1992). Was the Duchess of Windsor right? A cross-cultural review of the socioecology of ideals of female body shape. *Ethology and Sociobiology*, 13, 197~277.

Aoki, K.(1986). A stochastic model of gene-culture coevolution suggested by the 'culture historical hypothesis' for the evolution of adult lactose absorption in humans. *Proceedings of the National Academy of Sciences, USA*, 83, 2929~2933.

Aoki, K. & Feldman, M. W.(1987). Toward a theory for the evolution of cultural communication: Coevolution of signal transmission and reception. *Proceedings of the National Academy of Sciences USA*, 84, 7164~7168.

Aoki, K. & Feldman, M. W.(1989). Pleiotropy and pre-adaptation in the evolution of human language capacity. *Theoretical Population Biology*, 35, 181~194.

Aoki, K. & Feldman, M. W.(1991). Recessive hereditary deafness, assortative mating, and persistence of a sign language. *Theoretical Population Biology*, 39, 358~372.

Aoki, K. & Feldman, M. W.(1997). A gene-culture coevolutionary model for brother-sister mating. *Proceedings of the National Academy of Sciences, USA*, 94, 13046~13050.

Aoki, K., Shida, M., & Shigesada, N.(1996). Travelling wave solutions for the spread of farmers into a region occupied by hunter-gatherers. *Theoretical Population Biology*, 50, 1~17.

Apicella, C. L. & Marlowe, F. W.(2004). Perceived mate fidelity and paternal resemblance predict men's investment in children. *Evolution and Human Behavior*, 25, 371~378.

Ardrey, R.(1966). *The Territorial Imperative*. London: Collins.

Arnqvist, G. & Rowe, L.(2005). *Sexual Conflict*. Princeton, NJ: Princeton University Press.

Atkinson, A. P. & Wheeler, M.(2004). The grain of domains: the evolutionary psychological case against domain-general cognition. *Mind and Language*, 19, 147~176.

Atkinson, Q. D., Meade, A. Venditti, C., Greenhill, S. J., & Pagel, M.(2008). Language evolves in punctuational bursts. *Science*, 319, 588.

Atran, S.(2001). The trouble with memes. *Human Nature*, 12, 351~381.

Aunger, R.(1992). The nutritional consequences of rejecting food in the Ituri forest of Zaire. *Human Ecology*, 30, 1~29.

Aunger, R.(1994a). Are food avoidances maladaptive in the Ituri Forest of Zaire? *Journal of Anthropological Research*, 50, 277~310.

Aunger, R.(1994b). Sources of variation in ethnographic interview data: Food avoidances in the Ituri Forest, Zaire. *Ethnology*, 33, 65~99.

Aunger, R.(Ed.).(2000). *Darwinizing Culture: The Status of Memetics as a Science*. Oxford: Oxford University Press.

Aunger, R.(2000a). Introduction. In *Darwinizing Culture: The Status of Memetics as a Science*(pp.1~23). Oxford: Oxford University Press.

Aunger, R.(2000b). Conclusion. *In Darwinizing Culture: The Status of Memetics as a Science*(pp.205~232). Oxford: Oxford University Press.

Aunger, R.(2000c). The life history of culture learning in a face-to-face society. *Ethos*, 28, 1~38.

Aunger, R.(2002). *The Electric Meme: A New Theory of How We Think and Communicate*. New York: The Free Press.

Baddeley, A. D.(1990). *Human Memory*. Needham Heights, MA: Allyn and Bacon.

Bagemihl, B.(1999). *Biological Exuberance: Animal Homosexuality and Natural Diversity*. London: Profile Books.

Barkow, J. H., Cosmides, L., & Tooby, J.(1992). *The Adapted Mind: Evolutionary Psychology and the Generation of Culture*. Oxford: Oxford University Press.

Barrett, D. B., Kurian, G. T., & Johnson, T. M.(2001). *World Christian Encyclopedia: A Comparative Survey of Churches and Religions in the Modern World*.(2 vols). Oxford: Oxford University Press.

Barrett, H. C.(2007). Modules in the flesh. In S. Gangestad & J. Simpson(Eds.), *The Evolution of Mind*(pp.161~168). New York: The Guilford Press.

Barrett, L., Dunbar, R., & Lycett, J.(2002). *Human Evolutionary Psychology*. London: Macmillan.

Barton, N. H., Briggs, D., Eisen, J., Goldstein, D., & Patel, N.(2007). *Evolution*. Cold Spring Harbor, NY: Cold Spring Harbor Laboratory Press.

Basalla, G.(1988). *The Evolution of Technology*. Cambridge: Cambridge University Press.

한국어판, 『기술의 진화』,김동광 옮김(까치, 1996)

Bateman, A. J.(1948). Intra-sexual selection in *Drosophila. Heredity*, 2, 349~368.

Bateson, P.(1996). Design for a life. In D. Magnusson(Ed.), *The Lifespan Development of Individuals*(pp.1~20). Cambridge, UK: Cambridge University Press.

Bateson, P. & Martin, P.(1999). *Design for a Life: How Behaviour Develops*. London: Jonathan Cape.

Bateson, P. P. G.(1981). Sociobiology and genetic determinism. *Theoria to Theory*, 14, 291~300.

Bateson, P. P. G.(1994). The dynamics of parent-offspring relationships in mammals. *Trends in Ecology and Evolution*, 9, 399~402.

Beer, G.(2000). *Darwin's Plots. Evolutionary Narrative in Darwin, George Eliot and Nineteenth-Century Fiction*(2nd ed.). Cambridge, UK: Cambridge University Press.

Beja-Pereira, A., Luikart, G., England, P. R., Bradley, D. G., Jann, O. C., Bertorelle, G., et al.(2003). Gene-culture coevolution between cattle milk protein genes and human lactase genes. *Nature Genetics*, 35, 311~313.

Bentley, R. A., Hahn, M. W., & Shennan, S. J.(2004). Random drift and culture change. *Proceedings of the Royal Society of London, B*, 271, 1443~1450.

Berridge, K.(2004). Motivation concepts in behavioral neuroscience. *Physiology and Behavior*, 81, 179~209.

Bersaglieri, T., Sabeti, P. C., Patterson, N., Vanderploeg, T., Schaffner, S. F., Drake, J. A., et al.(2004). Genetic signatures of strong recent positive selection at the lactase gene. *American Journal of Human Genetics*, 74, 1111~1120.

Bettinger, R. L. & Eerkens, J.(1999). Point typologies, cultural transmission, and the spread of bow-and-arrow technology in the prehistoric Great Basin. *American Antiquity*, 64, 231~242.

Betzig, L.(Ed.).(1997). *Human Nature: A Critical Reader*. Oxford: Oxford University Press.

Blige Bird, R., Smith, E. A., & Bird, D. W.(2001). The hunting handicap: Costly signaling in human foraging strategies. *Behavioral Ecology and Sociobiology*, 50, 9~19.

Binmore K.(1998). *Game Theory and the Social Contract: Just Playing. vol.2*. Cambridge, MA: MIT Press.

Blackmore, S.(1999). *The Meme Machine*. Oxford: Oxford University Press. 한국어판, 『밈』, 김명남 옮김(바다출판사, 2010)

Blackmore, V. & Page, A.(1989). *Evolution: The Great Debate*. Oxford: Lion Publishing.

Blackwell, A. B.(1875). The Sexes throughout Nature. New York: G. P. Putnam.

Bloch, M.(2000). A well-disposed social anthropologist's problems with memes. In R. Aunger(Ed.), *Darwinizing Culture: The Status of Memetics as a Science*(pp.189~203). Oxford: Oxford University Press.

Blurton Jones, N.(1986). Bushman birth spacing: A test for optimal interbirth interval. *Ethology and Sociobiology*, 7, 91~105.

Blurton Jones, N.(1994). A reply to Dr. Harpending. *American Journal of Physical Anthropology*, 93, 391~397.

Blurton Jones, N.(1997). Too good to be true? Is there really a trade-off between number and care of offspring in human reproduction? In L. Betzig(Ed.), *Human Nature: A Critical Reader*(pp.83~86). Oxford: Oxford University Press.

Blurton Jones, N. & Sibly, R. M.(1978). Testing adaptiveness of culturally determined behaviour: Do bushman women maximise their reproductive success by spacing births widely and foraging seldom? In N. Blurton Jones & V. Reynolds(Eds.), *Human Behaviour and Adaptation*(pp.135~158). London: Francis Taylor.

Blute, M.(2010). *Darwinian Sociocultural Evolution*. Cambridge, UK: Cambridge University Press.

Boakes, R.(1984). *From Darwin to Behaviourism: Psychology and the Minds of Animals*. Cambridge, UK: Cambridge University Press.

Bobrow, D. & Bailey, J. M.(2001). Is male homosexuality maintained via kin selection? *Evolution and Human Behavior*, 22, 361~368.

Bogin, B. & Smith, B. H.(1996). Evolution of the human life cycle. *American Journal of Human Biology*, 8, 703~716.

Bolhuis, J. J. & Hogan, J. A.(1999). *The Development of Animal Behavior: A Reader*. Oxford: Blackwell.

Bolhuis, J. J. & MacPhail, E. M.(2001). A critique of the neuroecology of learning and memory. *Trends in Cognitive Sciences*, 5, 426~433.

Bolhuis, J. J. & Wynne, C. D. L.(2009). Can evolution explain how minds work? *Nature*, 458, 832~833.

Bonner, J. T. & May, R. M.(1981). Introduction. In C. Darwin, *The Descent of Man, and Selection in Relation to Sex*(pp.1~8). Princeton, NJ: Princeton University Press.

Borenstein, E., Kendal, J., & Feldman, M. W.(2006). Cultural niche construction in a metapopulation. *Theoretical Population Biology*, 70, 92~104.

Borgerhoff Mulder, M.(1990). Kipsigis women's preference for wealthy men: Evidence for female choice in mammals? *Behavioral Ecology and Sociobiology*, 27, 255~264.

Borgerhoff Mulder, M.(1991). Human behavioural ecology. In J. R. Krebs & N. B. Davies(Eds.), *Behavioural Ecology: An Evolutionary Approach*(3rd ed., pp.69~98). Oxford: Blackwell Scientific Publications.

Borgerhoff Mulder, M.(1998). The demographic transition: Are we any closer to an evolutionary explanation? *Trends in Ecology and Evolution*, 13, 266~270.

Borgerhoff Mulder, M.(2000). Optimizing offspring: The quantity-quality tradeoff in agropastoral Kipsigis. *Evolution and Human Behavior*, 21, 391~410.

Borgerhoff Mulder, M.(2001). Using phylogenetically based comparative methods in anthropology: More questions than answers. *Evolutionary Anthropology*, 10, 99~111.

Borgerhoff Mulder, M.(2004). Human behavioural ecology. *Nature Encyclopedia of Life Sciences* doi:10.(1038)/npg.els. 0003 671(http://www.els.net/).

Borgerhoff Mulder, M., Nunn, C. L., & Towner, M. C.(2006). Macroevolutionary studies of cultural trait transmission. *Evolutionary Anthropology*, 15, 52~64.

Borgerhoff Mulder, M. & Rauch, K. L.(2009). Sexual conflict in humans: Variations and solutions. *Evolutionary Anthropology*, 18, 201~214.

Borgerhoff Mulder, M., Richerson, P. J., Thornhill, N. W., & Voland, E.(1997). The place of behavioral ecological anthropology in evolutionary social science. In P. Weingart, S. D. Mitchell, P. J. Richerson, & S. Maasen(Eds.), *Human by Nature: Between Biology and the Social Sciences*(pp.253~282). New Jersey: Erlbaum.

Bouchard, T. J. & McGue, M.(1981). Familial studies of intelligence. *Science*, 212, 1055~1059.

Bouchard, T. J. Lykken, D.T., McGue, M., Segal, N. L., & Tellegen, A.(1990). Sources of human psychological differences: The Minnesota study of twins reared apart. *Science*, 250, 223~228.

Bowlby, J.(1969). *Attachment and Loss: Volume 1 Attachment*. London: Hogarth Press. 한국어판, 『애착』, 김창대 옮김(나남, 2009)

Bowles, S.(2000). Economic institutions as ecological niches. *Behavioral and Brain Sciences*, 23, 148~149.

Bowles, S.(2009). Did warfare among ancestral hunter-gatherers affect the evolution of human social behaviors? *Science*, 324, 1293~1298.

Bowles, S. & Gintis, H.(2004). The evolution of strong reciprocity: Cooperation in heterogeneous populations *Theoretical Population Biology*, 65, 17~28.

Boyd, R. & Richerson, P. J.(1982). Cultural transmission and the evolution of cooperative behavior. *Human Ecology*, 10, 325~351.

Boyd, R. & Richerson, P.(1983). The cultural transmission of acquired variation: Effects on genetic fitness. *Journal of Theoretical Biology*, 100, 567~596.

Boyd, R. & Richerson, P. J.(1985). *Culture and the Evolutionary Process*. Chicago: Chicago University Press.

Boyd, R. & Richerson, P. J.(1995). Why does culture increase human adaptability? *Ethology and Sociobiology*, 16, 125~143.

Boyd, R. & Richerson, P. J.(2002). Group beneficial norms can spread rapidly in a structured population. *Journal of Theoretical Biology*, 215, 287~296.

Boyd, R. & Silk, J. B.(1997). *How Humans Evolved*. New York: Norton.

Boyd, R. & Silk, J. B.(2009). *How Humans Evolved*(5th ed.). New York: Norton.

Boyd, R., Gintis, H., & Bowles, S.(2010). Coordinated punishment of defectors sustains cooperation and can proliferate when rare. Science, 328, 617~620.

Boyd, R., Gintis, H., Bowles, S., & Richerson, P. J.(2003). The evolution of altruistic punishment. *Proceedings of the National Academy of Sciences, USA*, 100, 3531~3535.

Boyer, P.(1994). *Naturalness of Religious Ideas*. Berkeley, CA: University of California Press.

Boyer, P.(1998). Cultural transmission with an evolved intuitive ontology: Domain-specific cognitive tracks of inheritance. *Behavioral and Brain Sciences*, 21, 570~571.

Brase, G. L., Cosmides, L., & Tooby, J.(1998). Individuation, counting, and statistical inference: the role of frequency and whole-object representations in judgment under uncertainty. *Journal of Experimental Psychology: General*, 127, 3~21.

Brodie, R.(1996). *Virus of the Mind: The New Science of the Meme*. Seattle, WA: Integral Press. 한국어판, 『마인드 바이러스』, 윤미나 옮김(흐름출판, 2010)

Brown, D. E.(1991). *Human Universals*. New York: McGraw-Hill.

Brown, G. R.(2001). Sex-biased investment in nonhuman primates: Can Trivers and Willard's theory be tested? *Animal Behaviour*, 61, 683~694.

Brown, G. R., Dickins, T. E., Sear, R., & Laland, K. N.(2011). Evolutionary accounts of human behavioural diversity. *Philosophical Transactions of the Royal Society, B*, 366, 313~324.

Brown, G. R., Laland, K. N., & Borgerhoff-Mulder, M.(2009). Bateman's principles and human sex roles. *Trends in Ecology and Evolution*, 24, 297~304.

Buller, D. J.(2005a). *Adapting Minds. Evolutionary Psychology and the Persistent Quest for Human Nature*. Cambridge, MA: MIT Press.

Buller, D. J.(2005b). Evolutionary psychology: The emperor's new paradigm. *Trends in Cognitive Sciences*, 9, 277~283.

Buller, D. J., Fodor, J., & Crume, T.(2005) The emperor is still under-dressed. *Trends Cognitive Sciences*, 9, 508~510.

Bulmer, M.(2003). *Francis Galton. Pioneer of Heredity and Biometry*. Baltimore: John Hopkins University Press.

Burger, J., Kirchner, M., Bramanti, B., Haak, W., & Thomas, M. G.(2007). Absence of the lactase-persistence-associated allele in early Neolithic Europeans. *Proceedings of the National Academy of Sciences, USA*, 104, 3736~3741.

Burkhardt, R. W.(1983). The development of an evolutionary ethology. In D. S. Bendall(Ed.), *Evolution from Molecules to Men*(pp.429~444). Cambridge: Cambridge University Press.

Burley, N.(1979). The evolution of concealed ovulation. *American Naturalist*, 114, 835~858.

Burnet, F. M.(1959). *The Clonal Selection Theory of Acquired Immunity*. Nashville: Vanderbilt University Press.

Burt, A.(1992). 'Concealed ovulation' and sexual signals in primates. *Folia Primatologica*, 58, 1~6.

Buss, D. M.(1994). *The Evolution of Desire: Strategies of Human Mating*. New York: HarperCollins. 한국어판, 『욕망의 진화』, 전중환 옮김(사이언스북스, 2007)

Buss, D. M.(1995). Evolutionary psychology: A new paradigm for psychological science. *Psychological Inquiry*, 6, 1~30.

Buss, D. M.(1999). *Evolutionary Psychology: The New Science of the Mind*. London: Allyn and Bacon. 한국어판, 『진화심리학』, 이충호 옮김(웅진지식하우스, 2012)

Buss, D. M.(Ed.).(2005). The Handbook of Evolutionary Psychology. Hoboken, NJ: Wiley.

Buss, D. M.(2008). Evolutionary Psychology: The New Science of the Mind(3rd ed.). New York: Pearson.

Buss, D. M., Abbott, M., Angleitner, A., Asherian, A., Biaggio, A., Blanco-Villasenor, A., et al.(1990). International preferences in selecting mates: A study of 37 cultures. *Journal of Cross-Cultural Psychology*, 21, 5~47.

Caldwell, C. A. & Millen, A. E.(2008). Experimental models for testing hypotheses about cumulative cultural evolution. *Evolution and Human Behavior*, 29, 165~171.

Caldwell, C. A. & Millen, A. E.(2009). Social learning mechanisms and cumulative cultural evolution: Is imitation necessary? *Psychological Science*, 12, 1478~1453.

Call, J. & Tomasello, M.(1998). Distinguishing intentional from accidental actions in orangutans(*Pongo pygmaeus*), chimpanzees(Pan troglodytes) and human children(*Homo sapiens*). *Journal of Comparative Psychology*, 112, 192~206.

Call, J. & Tomasello, M.(2008). Does the chimpanzee have a theory of mind? 30 years later. *Trends in Cognitive Sciences*, 12, 187~192.

Call, J., Hare, B., Carpenter, M., & Tomasello, M.(2004). Unwilling or unable? Chimpanzees' understanding of intentional actions. *Developmental Science*, 7, 488~498.

Campbell, D. T.(1960). Blind variation and selective retention in creative thought as in other knowledge processes. *Psychological Review*, 67, 380~400.

Campbell, D. T.(1974). Evolutionary epistemology. In P. A. Schipp(Ed.), *The Philosophy of Karl R. Popper*(pp.412~463). La Salle, IL: Open Court.

Cant, M. A. & Johnstone, R. A.(2008). Reproductive conflict and the separation of reproductive generations in humans. *Proceedings of the National Academy of Sciences, USA*, 105, 5332~5336.

Carneiro, R. L.(2003). *Evolutionism in Cultural Anthropology*. Boulder, CO: Westview Press.

Caro, T. M. & Borgerhoff Mulder, M.(1987). The problem of adaptation in the study of human behavior. *Ethology and Sociobiology*, 8, 61~72.

Caro, T. M., Sellen, D. W., Parish, A., Frank, R., Brown, D. M., Voland, E., et al.(1995). Termination of reproduction in nonhuman and human female primates. *International Journal of Primatology*, 16, 205~220.

Cartwright, J.(2000). *Evolution and Human Behaviour*. London: Macmillan.

Catchpole, C. K. & Slater, P. J. B.(1995). *Bird Song: Biological Themes and Variations*. Cambridge, UK: Cambridge University Press.

Cavalli-Sforza, L. L. & Feldman, M. W.(1973). Models for cultural inheritance. I. Group mean and within group variation. *Theoretical Population Biology*, 4, 42~55.

Cavalli-Sforza, L. L. & Feldman, M. W.(1981). *Cultural Transmission and Evolution: A Quantitative Approach*. Princeton, NJ: Princeton University Press.

Cavalli-Sforza, L. L., Feldman, M. W., Chen, K. H., & Dornbusch, S. M.(1982). Theory and observation in cultural transmission. *Science*, 218, 19~27.

Cavalli-Sforza, L. L., Minch, E., & Mountain, J. L.(1992). Coevolution of genes and languages revisited. *Proceedings of the National Academy of Science, USA*, 89, 6020~6024.

Cavalli-Sforza, L. L. & Wang, W. S.-Y.(1986). Spatial distance and lexical replacement. *Language*, 62, 38~55.

Chagnon, N. A. & Irons, W.(1979). *Evolutionary Biology and Human Social Behavior: An Anthropological Perspective*. North Scituate, MA: Duxbury Press.

Charlesworth, B. & Charlesworth, D.(2003). *Evolution: A Very Short Introduction*. Oxford: Oxford University Press.

Chiappe, D. & MacDonald, K.(2005). The evolution of domain-general mechanisms in intelligence and learning. *Journal of General Psychology*, 132, 5~40.

Christenfeld, N. & Hill, E.(1995). Whose baby are you? *Nature*, 378, 669.

Clarke, G. M.(1995). Relationships between developmental stability and fitness: Applications for conservation biology. *Conservation Biology*, 9, 18~24.

Clarke, J. I.(2000). *The Human Dichotomy: The Changing Numbers of Males and Females*. Oxford: Elsevier Science.

Clayton, N. S., Dally, J. M., & Emery, N. J.(2007). Social cognition by food-caching corvids: The Western scrub jay as a natural psychologist. *Philosophical Transactions of the Royal Society of London, Series B*, 362, 507~522.

Clayton, N. S. & Dickinson, A.(1998). Episodic-like memory during cache recovery by scrub jays. *Nature*, 395, 272~274.

Clutton-Brock, T.(2009). Cooperation between non-kin in animal societies. *Nature*, 462, 51~57.

Clutton-Brock, T. H. & Parker, G. A.(1995). Sexual coercion in animal societies. *Animal Behaviour*, 49, 1345~1365.

Cochran, G. & Harpending, H.(2009). *The 10,000 Year Explosion*. New York: Basic

Books. 한국어판, 『1만 년의 폭발』, 김명주 옮김(글항아리, 2010)

Cohen, A. A.(2004). Female post-reproductive lifespan: a general mammalian trait. *Biological Reviews*, 79, 733~750.

Coop, G., Pickrell, J. K., Novembre, J., Kudaravalli, S., Li, J., Absher, D., et al.(2009). The role of geography in human adaptation. *PLoS Genetics* 5: e1000500.

Cosmides, L.(1989). The logic of social exchange: has natural selection shaped how humans reason? Studies with the Wason selection task. *Cognition*, 31, 187~276.

Cosmides, L., Barrett, H. C., & Tooby, J.(2010). Adaptive specializations, social exchange, and the evolution of human intelligence. *Proceedings of the National Academy of Sciences, USA*, 107, 9007~9014.

Cosmides, L. & Tooby, J.(1987). From evolution to behavior: evolutionary psychology as the missing link. In J. Dupré(Ed.), *The Latest on the Best: Essays on Evolution and Optimality*(pp.277~307). Cambridge, MA: MIT Press.

Cosmides, L. & Tooby, J.(1992). Cognitive adaptations for social exchange. In J. H. Barkow, L. Cosmides, & J. Tooby(Eds.), *The Adapted Mind: Evolutionary Psychology and the Generation of Culture*(pp.163~228). Oxford: Oxford University Press.

Coyne, J. A. & Berry, A.(2000). Rape as an adaptation: Is this contentious hypothesis advocacy, not science? *Nature*, 404, 121~122.

Cranach, M. von, Foppa, K., Lepenies, W., & Ploog, D.(Eds.).(1979). *Human Ethology: Claims and Limits of a New Discipline*. Cambridge, UK: Cambridge University Press.

Crawford, C. & Krebs, D.(Eds.).(2008). *Foundations of Evolutionary Psychology*. New York: Lawrence Erlbaum Associates.

Cronk, L.(1991). Human behavioral ecology. *Annual Review of Anthropology*, 20, 25~53.

Cronk, L.(1995). Commentary. *Current Anthropology*, 36, 147.

Cronk, L., Chagnon, N., & Irons, W.(Eds.)(2000). *Adaptation and Human Behavior: An Anthropological Perspective*. New York: Aldine de Gruyter.

Crook, J.(1964). The evolution of social organization and visual communication in the weaver birds(*Ploceinae*). *Behaviour*, 10, 1~178.

Crook, J.(1965). The adaptive significance of avian social organization. *Symposia of the Zoological Society of London*, 4, 181~218.

Crook, J. & Crook, S. J.(1988). Tibetan polyandry: Problems of adaptation and fitness. In L. Betzig, M. Borgerhoff Mulder, & P. Turke(Eds.), *Human Reproductive Behaviour: A Darwinian Perspective*(pp.97~114). Cambridge, UK: Cambridge University Press.

Crook, J. & Gartlan, J. S.(1966). Evolution of primate societies. *Nature*, 210, 1200~1203.

Crosson, B., Moberg, P. J., Boone, J. R., Gonzalez Rothi, L. J., & Raymer, A.(1997). Category-specific naming deficit for medical terms after dominant thalamic/capsular hemorrhage. *Brain and Language*, 60, 407~442.

Crow, J. F.(2001). The beanbag lives on. *Nature*, 409, 771.

Curtis, V., Aunger, R., & Rabie, T.(2004). Evidence that disgust evolved to protect for risk of disease. *Proceedings of the Royal Society London, Series B*, 271, S131~S133.

Daly, M.(1982). Some caveats about cultural transmission models. *Human Ecology*, 10, 401~408.

Daly, M. & Wilson, M. I.(1982). Whom are newborn babies said to resemble? *Ethology and Sociobiology*, 3, 69~78.

Daly, M. & Wilson, M.(1983). *Sex, Evolution and Behavior*(2nd ed.). Belmont, CA:

Wadsworth.

Daly, M. & Wilson, M.(1988). *Homicide*. New York: Aldine.

Daly, M. & Wilson, M. I.(1999). Human evolutionary psychology and animal behaviour. *Animal Behaviour*, 57, 509~519.

Daly, M. & Wilson, M.(2000). Reply to Smith et al. *Animal Behaviour*, 60, F27~F29.

Daly, M. & Wilson, M.(2005). The 'Cinderella effect' is no fairy tale. Trends in *Cognitive Sciences*, 9, 507~508.

Daly, M. & Wilson, M.(2007). Is the 'Cinderella effect' controversial? A case study of evolution-minded research and critiques thereof. In C. Crawford & D. Krebs(Eds.), *Foundations of Evolutionary Psychology*(pp.383~400). New York: Taylor and Francis.

Danchin, É, Giraldeau, L.-A., & Cézilly, F.(Eds.).(2008). *Behavioural Ecology*. Oxford: Oxford University Press.

Daniels, D.(1983). The evolution of concealed ovulation and self-deception. *Ethology and Sociobiology*, 4, 69~87.

Darwin, C.(1859). *The Origin of Species by Means of Natural Selection, or the Preservation of Favoured Races in the Struggle for Life*. London: John Murray(1st ed. repr. Penguin Books, London; 1968). 한국어판, 『종의 기원』, 송철용 옮김(동서문화사, 2009)

Darwin, C.(1871). *The Descent of Man and Selection in Relation to Sex*. London: John Murray(1st ed. repr. Princeton University Press, Princeton NJ; 1981). 한국어판, 『인간의 유래』, 김관선 옮김(한길사, 2006)

Darwin, C.(1872). *The Expression of the Emotions in Man and Animals*. London: John Murray(3rd ed. repr. Harper-Collins, London; 1998). 한국어판, 『인간과 동물의 감정 표현』, 김홍표 옮김(지만지, 2014)

Davies, N. B.(1989). Sexual conflict and the polygamy threshold. *Animal Behaviour*, 38, 226~234.

Dawkins, R.(1976). The Selfish Gene. Oxford: Oxford University Press. 한국어판, 『이기적 유전자』, 홍영남 이상임 옮김(을유문화사, 2010)

Dawkins, R.(1981). Selfish genes in race or politics. *Nature*, 289, 528.

Dawkins, R.(1982). *The Extended Phenotype*. Oxford: Oxford University Press. 한국어판, 『확장된 표현형』, 홍영남 옮김(을유문화사, 2004)

DeBruine, L. M., Jones, B. C., Crawford, J. R., Weling, L. L. M., & Little, A. C.(2010). The health of a nation predicts their mate preferences: Cross-cultural variation in women's preferences for masculinised male faces. *Proceedings of the Royal Society of London, Series B*, 277, 2405~2410.

Dediu, D. & Ladd, D. R.(2007). Linguistic tone is related to the population frequency of the adaptive haplogroups of two brain size genes, ASPM and Microcephalin. *Proceedings of the National Academy of Sciences, USA*, 104, 10944~10949.

Delius, J. D.(1991). The nature of culture. In M. S. Dawkins, T. R. Halliday, & R. Dawkins(Eds.), *The Tinbergen Legacy*(pp.75~99). London: Chapman & Hall.

Dennett, D.(1991). *Consciousness Explained*. London: Penguin Books. 한국어판, 『의식의 수수께끼를 풀다』, 유자화 옮김(옥당, 2013)

Dennett, D.(1995). *Darwin's Dangerous Idea: Evolution and the Meanings of Life*. London: Penguin Books.

Desmond, A.(1997). *Huxley: Evolution's High Priest*. London: Michael Joseph.

Desmond, A. & Moore, J.(2009). *Darwin's Sacred Cause: Race, Slavery and the Quest for Human Origins*. London: Penguin.

Devlin, B., Daniels, M., & Roeder, K.(1997). The heritability of IQ. *Nature*, 388, 468~471.

Diamond, J.(1991). *The Rise and Fall of the Third Chimpanzee*. London: Vintage.

Diamond, J.(1997). *Guns, Germs and Steel*. London: Jonathan Cape. 한국어판, 『총, 균, 쇠』, 김진준 옮김(문학사상사, 2005)

Dickemann, M.(1979). Female infanticide, reproductive strategies, and social stratification: A preliminary model. In N. A. Chagnon & W. Irons(Eds.), *Evolutionary Biology and Human Social Behavior: An Anthropological Perspective*(pp.321~367). North Scituate, MA: Duxbury Press.

Dickinson, A.(1980). *Contemporary Animal Learning Theory*. Cambridge, UK: Cambridge University Press.

Dixson, A. F.(1998). *Primate Sexuality: Comparative Studies of the Prosimians, Monkeys, Apes and Human Beings*. Oxford: Oxford University Press.

Dobzhansky, T.(1937). *Genetics and the Origin of Species*. Columbia University Press: New York.

Dobzhansky, T.(1962). *Mankind Evolving*. New Haven, CT: Yale University Press.

Doolittle, W. F.(1999). Phylogenetic classification and the universal tree. *Science*, 284, 2124~2128.

Draper, P.(1989). African marriage systems: perspectives from evolutionary ecology. *Ethology and Sociobiology*, 10, 145~169.

Dunbar, R. I. M.(1995). Neocortex size and group size in primates: a test of the hypothesis. *Journal of Human Evolution*, 28, 287~296.

Dunbar, R. & Barrett, L.(Eds.).(2007). *The Oxford Handbook of Evolutionary Psychology*. Oxford: Oxford University Press.

Dunbar, R. I. M. & Bever, J.(1998). Neocortex size predicts group size in carnivores and some insectivores. *Ethology*, 104, 695~708.

Durham, W. H.(1991). *Coevolution: Genes, Culture and Human Diversity*. Stanford, CA: Stanford University Press.

Dwyer, G., Levin, S. A., & Buttel, L.(1990). A simulation model of the population dynamics of myxomatosis. *Ecological Monographs*, 60, 423~447.

Eagly, A. H. & Wood, W.(1999). The origins of sex differences in human behavior: Evolved dispositions versus social roles. *American Psychologist*, 54, 408~423.

Eaves, L. J., Eynsenck, H. J., & Martin, N. G.(1989). *Genes, Culture and Personality: An Empirical Approach*. San Diego: Academic Press.

Edelman, G. M.(1987). *Neural Darwinism: The Theory of Neurological Group Selection*. New York: Basic Books.

Efferson, C., Lalive, R., & Fehr, E.(2008a). The coevolution of cultural groups and ingroup favoritism. *Science*, 321, 1844~1849.

Efferson, C., Lalive, R., Richerson, P. J., McElreath, R., & Lubell, M.(2008b). Conformists and mavericks: The empirics of frequency-dependent cultural transmission. *Evolution and Human Behavior*, 29, 56~64.

Ehrlich, P. R.(2000). *Human Natures. Genes, Cultures, and the Human Prospect*. Washington, DC: Island Press. 한국어판, 『인간의 본성(들)』, 전방욱 옮김(이마고, 2008)

Ellis, P.(Ed.).(2001). *Reproductive Ecology and Human Evolution*. New York: Aldine de Gruyter.

Emery, N. J.(2004). Are corvids 'feathered apes'? Cognitive evolution in crows, jays, rooks and jackdaws. In S. Watanabe(Ed.), *Comparative Analysis of Minds*(pp.181~213). Keio University Press.

Emery, N. J. & Clayton, N. S.(2004). The mentality of crows: Convergent evolution of intelligence in corvids and apes. *Science*, 306, 1903~1907.

Enard, W., Przeworski, M., Fisher, S. E., Lai, C. S., Wiebe, V., Kitano, T., et al.(2002). Molecular evolution of FOXP2, a gene involved in speech and language. *Nature*, 418, 869~872.

Enattah, N. S. Jensen, T.G.K., Nielsen, M, Lewinski, R., Kuokkanan, M., Rasinpera, H., et al.(2008). Independent introduction of two lactase-persistence alleles into human populations reflects different history of adaptation to milk culture. *American Journal of Human Genetics*, 82, 57.

Endler, J. A.(1986 a). *Natural Selection in the Wild*. Princeton, NJ: Princeton University Press.

Endler, J. A.(1986 b). The newer synthesis? Some conceptual problems in evolutionary biology. *Oxford Surveys in Evolutionary Biology*, 3, 224~243.

Enquist, M., Eriksson, K., & Ghirlanda, S.(2007). Critical social learning: A solution to Roger's paradox of nonadaptive culture. *American Anthropologist*, 109, 727~734.

Eriksson, K., Enquist, M., & Ghirlanda, S.(2007). Critical points in current theory of conformist social learning. *Journal of Evolutionary Psychology*, 5, 67~87.

Evans, P. D., Gilbert, S. L., Mekel-Bobrov, N., Vallender, E. J., Anderson, J. R., Vaez-Aziz, L. M., et al.(2005). Microcephalin, a gene regulating brain size, continues to evolve adaptively in humans. *Science*, 309, 1717~1720.

Evans, R. I.(1975). *Konrad Lorenz: The Man and His Ideas*. New York: Harcourt Brace.

Falconer, D. S. & Mackay, T. F. C.(1996). *Introduction to Quantitative Genetics*(4th ed.). Harlow: Longman.

Fay, N., Garrod, S., & Roberts, L.(2008). The fitness and functionality of culturally evolved communication systems. *Philosophical Transactions of the Royal Society, B*, 363, 3553~3561.

Feldman, M. W., Aoki, K., & Kumm, J.(1996). Individual versus social learning: evolutionary analyses in a fluctuating environment. *Anthropological Science*, 104, 209~231.

Feldman, M. W. & Cavalli-Sforza, L. L.(1976). Cultural and biological evolutionary processes, selection for a trait under complex transmission. *Theoretical Population Biology*, 9, 238~259.

Feldman, M. W. & Cavalli-Sforza, L. L.(1989). On the theory of evolution under genetic and cultural transmission with application to the lactose absorption problem. In M. W. Feldman(Ed.), *Mathematical Evolutionary Theory*(pp.145~173). Princeton: Princeton University Press.

Feldman, M. W. & Laland, K. N.(1996). Gene-culture coevolutionary theory. *Trends in Ecology and Evolution*, 11, 453~457.

Feldman, M. W. & Otto, S. P.(1997). Twin studies, heritability, and intelligence. *Science*, 278, 1383~1384.

Feldman, M. W. & Zhivotovsky, L. A.(1992). Gene-culture coevolution: Towards a general theory of vertical transmission. *Proceedings of the National Academy of Sciences, USA*, 89, 11935~11938.

Fehr, E. & Fischbacher, U.(2003). The nature of human altruism. *Nature*, 425, 785~791.

Fessler, D. M. T., Eng, S. J., & Navarrette, C.D.(2005). Elevated disgust sensitivity in the first trimester of pregnancy. Evidence supporting the compensatory prophylaxis hypothesis. *Evolution and Human Behavior*, 26, 344~351.

Fessler, D. M. T. & Haley, K.(2006). Guarding the perimeter: The outside-inside dichotomy in disgust and bodily experience. *Cognition and Emotion*, 20, 3~19.

Fessler, D. M. T. & Machery, E.(in press). Culture and Cognition. In E. Margolis, R. Samuels, and S. Stich(Eds.), *The Oxford Handbook of Philosophy of Cognitive Science*. Oxford: Oxford University Press.

Fessler, D. M. T. & Navarrette, C. D.(2003). Domain-specific variation in disgust sensitivity across the menstrual cycle. *Evolution and Human Behavior*, 24, 406~417.

Fieder, M. & Huber, S.(2007). The effects of sex and childlessness on the association between status and reproductive output in modern society. *Evolution and Human Behavior*, 28, 392~398.

Fincher, C. L., Thornhill, R., Murray, D. R., & Schaller, M.(2008). Pathogen prevalence predicts human cross-cultural variability in individualism/collectivism. *Proceedings of the Royal Society B*, 275, 1279~1285.

Flaxman, S. M. & Sherman, P. W.(2000). Morning sickness: A mechanism for protecting mother and embryo. *Quarterly Review of Biology*, 75, 113~148.

Flinn, M. V.(1997). Culture and the evolution of social learning. *Evolution and Human Behavior*, 18, 23~67.

Flinn, M. V. & Alexander, R. D.(1982). Culture theory: The developing synthesis from biology. *Human Ecology*, 10, 383~400.

Fodor, J. A.(1983). *The Modularity of Mind*. Cambridge, MA: MIT Press.

Fodor, J. A.(2000). *The Mind Doesn't Work That Way*. Cambridge, MA: MIT Press. 한국어판, 『마음은 그렇게 작동하지 않는다』, 김한영 옮김(알마, 2013)

Foley, R.(1996). The adaptive legacy of human evolution: A search for the environment of evolutionary adaptedness. *Evolutionary Anthropology*, 4, 194~203.

Forrest, D. W.(1974). *Francis Galton: The Life and Work of a Victorian Genius*. London: Paul Elek.

Fox, C. & Westneat, D.(2010). Adaptation. In D. Westneat & C. Fox(Eds.), *Evolutionary Behavioral Ecology*(pp.16~31). Oxford: Oxford University Press.

Fragaszy, D. M. & Perry, S.(Eds.).(2003). *The Biology of Traditions: Models and Evidence*. Cambridge, UK: Cambridge University Press.

Futuyma, D. A.(1986). *Evolutionary Biology*(2nd ed.). Sunderland, MA: Sinauer.

Futuyma, D. J.(1998). *Evolutionary Biology*(3rd ed.). Sunderland, MA: Sinauer.

Galef, B. G.(1995). Why behaviour patterns that animals learn socially are locally adaptive. *Animal Behaviour*, 49, 1325~1334.

Galton, F.(1869). *Hereditary Genius*. London: Julian Friedman Publishers.

Galton, F.(1883). *Inquiries into Human Faculty and Its Development*. London: Macmillan.

Gangestad, S. & Simpson, J.(2007) *The Evolution of Mind: Fundamental Questions and Controversies*. New York: The Guilford Press.

Gangestad, S. W. & Simpson, A. J.(2000). The evolution of human mating: trade-offs and strategic pluralism. *Behavioral and Brain Sciences*, 23, 573~644.

Garcia, J. & Koelling, R. A.(1966). Prolonged relation of cue to consequence in avoidance learning. *Psychonomic Science*, 4, 123~124.

Gatherer, D.(1998). Meme pools, World 3, and Averro s's vision of immortality. *Zygon*, 33, 203~219.

Gaulin, S. & Schegel, A.(1980). Paternal confidence and paternal investment: a cross-cultural test of a sociobiological hypothesis. *Ethology and Sociobiology*, 1, 301~309.

Gibson, M. A. & Mace, R.(2007). Polygyny, reproductive success and child health in rural Ethiopia: Why marry a married man? *Journal of Biosocial Sciences*, 39, 287~300.

Gigerenzer, G., Todd, P. M., & the ABC Research Group.(1999). *Simple Heuristics That Make Us Smart*. Oxford: Oxford University Press.

Gillespie, D. O. S., Russell, A. F., & Lummaa, V.(2008). When fecundity does not equal fitness: Evidence of an offspring quantity versus quality trade-off in pre-industrial humans. *Proceedings of the Royal Society B*, 275, 713~722.

Gingerich, P. D.(1983). Rates of evolution: Effects of time and temporal scaling. *Science*, 222, 159~161.

Gintis, H.(2003). The hitchhiker's guide to altruism: Gene-culture coevolution, and the internalization of norms. *Journal of Theoretical Biology*, 220, 407~418.

Gintis, H.(2004). The genetic side of gene-culture coevolution: Internalization of norms and prosocial emotions. *Journal of Economic Behavior and Organization*, 53, 57~67.

Gintis, H.(2009). *Game Theory Evolving*(2nd ed.). Princeton, NJ: Princeton University Press.

Goldberger, A. S.(1978). *Models and Methods in the IQ Debate: Part I Revised*. Wisconsin: Social Systems Research Institute, University of Wisconsin.

Goodall, J.(1986). *The Chimpanzees of Gombe: Patterns of Behavior*. Cambridge, MA: Harvard University Press.

Goodenough, O. R. & Dawkins, R.(1994). The St Jude mind virus. *Nature*, 371, 23~24.

Goodenough, W. H.(1999). Outline of a framework for a theory of cultural evolution. *Cross-Cultural Research*, 33, 84~107.

Gottlieb, G.(1971). *Development of Species Identification in Birds*. Chicago: University of Chicago Press.

Gould, S. J.(1980). *The Panda's Thumb*. Middlesex: Penguin. 한국어판, 『판다의 엄지』, 김동광 옮김(세종서적, 1998)

Gould, S. J.(1991). *Bully for Brontosaurus. Reflections in Natural History*. New York: Norton and Co. 한국어판, 『힘내라 브론토사우루스』, 김동광 옮김(현암사, 2014)

Gould, S. J. & Vrba, E.(1982). Exaptation: A missing term in the science of form. *Paleobiology*, 8, 4~15.

Grafen, A.(1984). Natural selection, kin selection and group selection. In J. Krebs & N. B. Davies(Eds.), *Behavioural Ecology: An Evolutionary Approach*(2nd ed.)(pp.62~84). Oxford: Blackwell Scientific Publications.

Grant, P. R. & Grant, B. R.(1995). Predicting microevolutionary responses to directional selection on heritable variation. *Evolution*, 49, 241~251.

Gray, R. D. & Atkinson, Q. D.(2003). Language-tree divergence times support the

Anatolian theory of Indo-European origin. *Nature*, 426, 435~439.

Gray, R. D., Bryant, D., & Greenhill, S. J.(2010). On the shape and fabric of human history. *Philosophical Transaction of the Royal Society B*, 365, 3923~3933.

Gray, R. D. & Jordan, F. M.(2000). Language trees support the express-train sequence of Austronesian expansion. *Nature*, 405, 1052~1055.

Greenhill, S. J., Currie, T. E., & Gray, R. D.(2009). Does horizontal transmission invalidate cultural phylogenies? *Proceedings of the Royal Society London B*, 276, 2299~2306.

Grimes, B. F.(2002). *Ethnologue: Languages of the World*(14th ed.). Dallas: Summer Institute of Linguistics.

Gruber, H. E.(1974). *Darwin on Man*. New York: Dutton.

Guglielmino, C. R., Viganotti, C., Hewlett, B., & Cavalli-Sforza, L. L.(1995). Cultural variation in Africa: Role of mechanism of transmission and adaptation. *Proceedings of the National Academy of Sciences, USA*, 92, 7585~7589.

Guilmoto, C. Z.(2009). The sex ratio transition in Asia. *Population and Development Review*, 35, 519~549.

Gurven, M.(2004). To give and to give not: The behavioral ecology of human food transfers. *Behavioral and Brain Sciences*, 27, 543~583.

Gurven, M. & Hill, K.(2009). Why do men hunt? A reevaluation of 'man the hunter' and the sexual division of labor. *Current Anthropology*, 50, 51~74.

Hahn, M. W. & Bentley, R. A.(2003). Drift as a mechanism for cultural change: An example from baby names. *Proceedings of the Royal Society B*, 2 70, S120~S123.

Hailman, J. P.(1967). The ontogeny of an instinct: The pecking response in chicks of the laughing gull(*Larus atricilla* L.) and related species. *Behaviour* 15(Suppl.), 1~196.

Haldane, J. B. S.(1955). Population genetics. *New Biology*, 18, 34~51.

Haldane, J. B. S.(1956). The argument from animals to man: an examination of its validity for anthropology. *Journal of the Royal Anthropological Institute*, 86, 1~14.

Haldane, J. B. S.(1964). A defense of beanbag genetics. *Perspectives in Biology and Medicine*, 7, 343~359.

Hamilton, W.(1964a). The genetical evolution of social behaviour: I. *Journal of Theoretical Biology*, 7, 1~16.

Hamilton, W.(1964b). The genetical evolution of social behaviour: II. *Journal of Theoretical Biology*, 7, 17~32.

Hamilton, W. D.(1970). Selfish and spiteful behaviour in an evolutionary model. *Nature*, 228, 1218~1220.

Harpending, H.(1994). Infertility and forager demography. *American Journal of Physical Anthropology*, 93, 385~390.

Harris, M.(2001). *The Rise of Anthropological Theory: A History of Theories of Culture*. Walnut Creek: AltaMira Press.

Harris, P. L., Núnez, M., & Brett, C.(2001). Let's swap: Early understanding of social exchange by British and Nepali children. *Memory and Cognition*, 29, 757~764.

Hartl, D. L. & Clark, A. G.(1989). *Principles of Population Genetics*(2nd ed.). Sunderland: Sinauer.

Hartung, J.(1976). On natural selection and inheritance of wealth. *Current Anthropology*, 17, 607~613.

Hartung, J.(1982). Polygyny and the inheritance of wealth. *Current Anthropology*, 23, 1~12.

Harvey, P. H. & Pagel, M. D.(1991). *The Comparative Method in Evolutionary Biology*. Oxford: Oxford University Press.

Hawks, J., Wang, E. T., Cochran, G. M., Harpending, H. C., & Moyzis, R. K.(2007). Recent acceleration of human adaptive evolution. *Proceedings of the National Academy of Sciences, USA*, 104, 20753~20758.

Hawkes, K.(1991). Showing off: tests of another hypothesis about men's foraging goals. *Ethology and Sociobiology*, 11, 29~54.

Hawkes, K. & Blige Bird, R.(2002). Showing off, handicap signalling, and the evolution of men's work. *Evolutionary Anthropology*, 11, 58~67.

Hawkes, K., O'Connell, J. F., & Blurton Jones, N. G.(1989). Hardworking Hadza grandmothers. In V. Standen & R. A. Foley(Eds.), *Comparative Socioecology: The Behavioural Ecology of Humans and Other Mammals*(pp.341~366). Oxford: Blackwell Scientific Publications.

Hawkes, K., O'Connell, J. F., Blurton Jones, N. G., Gurven, M., Hill, K., H ames, R., et al.(1997). Hadza women's time allocation, offspring provisioning, and the evolution of long postmenopausal life spans(and comments and reply). *Current Anthropology*, 38, 551~577.

Hawkes, K., O'Connell, J. F., Blurton Jones, N. G., Alvarez, H., & Charnov, E. L.(1998). Grandmothering, menopause, and the evolution of human life histories. *Proceedings of the National Academy of Sciences, USA*, 95, 1336~1339.

Hawkes, K., O'Connell, J. F., Blurton Jones, N. G., Alvarez, H., & Charnov, E. L.(2000). The grandmothering hypothesis and human evolution. In L. Cronk, N. Chagnon, & W. Irons(Eds.), *Adaptation and Human Behavior: An Anthropological Perspective*(pp.237~258). New York: Aldine de Gruyter.

Heath, C., Bell, C., & Sternberg, E.(2001). Emotional selection in memes: The case of urban legends. *Journal of Personality and Social Psychology*, 81, 1028~1041.

de Heij, M. E., van den Hout, & Tinbergen, J. M.(2006). Fitness cost of incubation in great tits(*Parus major*) is related to clutch size. *Proceedings of the Royal Society*, B, 273, 2353~2361.

Henrich, J.(2004). Demography and cultural evolution: How adaptive cultural processes can produce Maladaptive losses: The Tasmanian case. *American Antiquity*, 69, 197~214.

Henrich, J. & Boyd, R.(1998). The evolution of conformist transmission and the emergence of between-group differences. *Evolution and Human Behavior*, 19, 215~242.

Henrich, J. & Boyd, R.(2002). On modeling cognition and culture: Why cultural evolution does not require replication of representations. *Journal of Cognition and Culture*, 2, 87~112.

Henrich, J., Boyd, R., Bowles, S., Camerer, C., Fehr, E., & Gintis, H.(2004). *Foundations of Human Sociality*. Oxford: Oxford University Press.

Henrich, J., Boyd, R., Bowles, S., Camerer, C., Fehr, E., Gintis, H., et al.(2001). In search of Homo economicus: Behavioral experiments in 15 small-scale societies. *American Economic Review*, 91, 73~77.

Henrich, J., Boyd, R., & Richerson, S.(2008). Five misunderstandings about cultural evolution. *Human Nature*, 19, 119~137.

Henrich, J. & Gil-White, F. J.(2001). The evolution of prestige: Freely conferred deference as a mechanism for enhancing the benefits of cultural transmission. *Evolution and Human Behavior*, 22, 165~196.

Henrich, J. & McElreath, R.(2003). The evolution of cultural evolution. *Evolutionary Anthropology*, 12, 123~135.

Henrich, J. & McElreath, R.(2006). Dual inheritance theory: The evolution of human cultural capacities and cultural evolution. In R. Dunbar, & L. Barrett(Eds.), *The Oxford Handbook of Evolutionary Psychology*(pp.555~570). Oxford: Oxford University Press.

Herrmann, E., Call, J., Hernández-Lloreda, M. V., Hare, B., & Tomasello, M.(2007). Humans have evolved specialized skills of social cognition: The cultural intelligence hypothesis. *Science*, 317, 1360~1366.

Herzog, H. A., Bentley, R. A., & Hahn, M. W.(2004). Random drift and large shifts in popularity of dog breeds. *Proceedings of the Royal Society, B*, 271, S353~S356.

Hewlett, B. S. & Cavalli-Sforza, L. L.(1986). Cultural transmission among Aka pygmies. *American Anthropologist*, 88, 922~934.

Heyes, C.(2000). Evolutionary psychology in the round. In C. Heyes and L. Huber(Eds.), The Evolution of Cognition(pp.3~22). Cambridge, MA: MIT Press.

Heyes, C. M. & Galef, B. G.(1996). *Social Learning in Animals: The Roots of Culture*. San Diego, CA: Academic Press.

Heyes, C. & Huber, L.(Eds.).(2000). *The Evolution of Cognition*. Cambridge, MA: MIT Press.

Hill, K.(1988). Macronutrient modifications of optimal foraging theory: An approach using indifference curves applied to some modern foragers. *Human Ecology*, 16, 157~197.

Hill, K. & Hurtado, A. M.(1991). The evolution of premature reproductive senescence and menopause in human females: an evaluation of the 'grandmother' hypothesis. *Human Nature*, 2, 313~350.

Hill, K. & Hurtado, A. M.(1996). *Ache Life History: The Ecology and Demography of a Foraging People*. New York: Aldine de Gruyter.

Hill, K. & Hurtado, A. M.(1997). How much does grandma help? In L. Betzigs(Ed.), *Human Nature: A Critical Reader*(pp.140~143). Oxford: Oxford University Press.

Hinde, R. A.(1956). Ethological models and the concept of 'drive'. *British Journal of the Philosophy of Science*, 6, 321~331.

Hinde, R. A.(1974). *Biological Bases of Human Social Behaviour*. New York: McGraw-Hill.

Hinde, R. A.(1966). *Animal Behaviour: A synthesis of Ethology and Comparative Psychology*. New York: McGraw-Hill.

Hinde, R. A.(1982). *Ethology*. Glasgow: Fontana Press.

Hinde, R. A.(1987). *Individuals, Relationships and Culture*. Cambridge, UK: Cambridge University Press.

Hinde, R. A.(Ed.).(1991). *The Institution of War*. London: Macmillan.

Hinde, R. A.(1997). War: Some psychological causes and consequences. *Interdisciplinary Science Reviews*, 22, 229~245.

Hinde, R. A.(1999). *Why Gods Persist: A Scientific Approach to Religion*. London: Routledge.

Hinde, R. A. & Barden, L. A.(1985). The evolution of the teddy bear. *Animal Behavior*, 33, 1371~1373.

Hinde, R. A. & Watson, H. E.(Eds.).(1995). *War: A Cruel Necessity?* London: Tauris.

Hitler, A.(1943). *Mein Kampf.* London: Pimlico(repr. 1992). 한국어판, 『나의 투쟁』, 이명성 옮김(홍신문화사, 2006)

Holden, C. & Mace, R.(1997). Phylogenetic analysis of the evolution of lactose digestion in adults. *Human Biology*, 69, 605~628.

Hopcroft, R. L.(2006). Sex, status and reproductive success in the contemporary United States. *Evolution and Human Behavior*, 27, 104~120.

Howell, N.(1979). *Demography of the Dobe area !Kung*. New York: Academic Press.

Hrdy, S. B.(1977). *The Langurs of Abu: Female and Male Strategies of Reproduction*. Cambridge, MA: Harvard University Press.

Hrdy, S. B.(1981). *The Woman That Never Evolved*. Cambridge, MA: Harvard University Press. 한국어판, 『여성은 진화하지 않았다』, 유병선 옮김(서해문집, 2006)

Hrdy, S. B.(1999). *Mother Nature: Natural Selection and the Female of the Species*. London: Chatto and Windus. 한국어판, 『어머니의 탄생』, 황희선 옮김(사이언스북스, 2010)

Hrdy, S. B.(2009). *Mothers and Others: The Evolutionary Origins of Mutual Understanding*. Cambridge, MA: Harvard University Press.

Hull, D. L.(1982). The naked meme. In H. C. Plotkin(Ed.), *Learning, Development, and Culture*(pp.273~327). Chicester: Wiley.

Hull, D. L.(1988). Interactors versus vehicles. In H. C. Plotkin(Ed.), *The Role of Behaviour in Evolution*(pp.19~50). Cambridge MA: MIT Press.

Hull, D.(2000). Taking memetics seriously: Memetics will be what we make it. In R. Aunger(Ed.), *Darwinizing Culture: the Status of Memetics as a Science*(pp.43~67). Oxford: Oxford University Press.

Huxley, J. S.(1942). *Evolution: The Modern Synthesis*. London: Allen and Unwin.

Huxley, T. H.(1863). *Evidence as to Man's Place in Nature*. London: Williams and Norgate.

Insko, C. A., Gilmore, R., Moehle, D., Lipsitz, A., Drenan, S., & Thibaut, J. W.(1982). Seniority in the generational transition of laboratory groups: The effects of social familiarity and task experience. *Journal of Experimental Social Psychology*, 18, 577~580.

Insko, C. A., Gilmore, R., Drenan, S., Lipsitz, A., Moehle, D., & Thibaut, J.(1983). Trade versus expropriation in open groups: A comparison of two types of social power. *Journal of Personality and Social Psychology*, 44, 977~999.

Irons, W. G.(1983). Human female reproductive strategies. In S. K. Wasser(Ed.), *Social Behavior of Female Vertebrates*(pp.169~213). New York: Academic Press.

Irons, W.(1998). Adaptively relevant environments versus the environment of evolutionary adaptedness. *Evolutionary Anthropology*, 6, 194~204.

Itan, Y., Powell, A., Beaumont, M. A., Burger, J., & Thomas, M. G.(2009). The origins of lactase persistence in Europe. *PLoS Computational Biology*, 5, e(1000)491.

Jablonka E., & Lamb M. J.(2005). *Evolution in Four Dimensions*. Cambridge, MA: MIT Press.

Jacobs, R. C. & Campbell, D. T.(1961). The perpetuation of an arbitrary tradition through several generations of laboratory microculture. *Journal of Abnormal and Social Psychology*, 62, 649~658.

James, W.(1890). *Principles of Psychology*. New York: Holt. 한국어판, 『심리학의 원리』, 정양은

옮김(아카넷, 2005)

Jensen, K., Call, J., & Tomasello, M.(2007). Chimpanzees are rational maximizers in an ultimatum game. *Science*, 318, 107~109.

Jones, S.(1999). *Almost Like a Whale: The Origin of Species Updated*. London: Doubleday. 한국어판, 『진화하는 진화론』, 김혜원 옮김(김영사, 2008)

Kameda, T. & Nakanishi, D.(2002). Cost-benefit analysis of social/cultural learning in a nonstationary uncertain environment: an evolutionary simulation and an experiment with human subjects. *Evolution and Human Behavior*, 23, 373~393.

Kameda, T. & Nakanishi, D.(2003). Does social/cultural learning increase human adaptability? Roger's question revisited. *Evolution and Human Behavior*, 24, 242~260.

Kandler, A. & Laland, K. N.(2009). An investigation of the relationship between innovation and cultural diversity. *Theoretical Population Biology*, 76, 59~67.

Kant, I.(1781). *Critique of Pure Reason*. London: Everyman(repr. 1993). 한국어판, 『순수이성비판』, 백종현 옮김(아카넷, 2006)

Kaplan, H.(1996). A theory of fertility and parental investment in traditional and modern human societies. *Yearbook of Physical Anthropology*, 39, 91~135.

Kaplan, H. S. & Gangestad, S. W.(2005). Life history theory and evolutionary psychology. In D. M. Busss(Ed.), *Handbook of Evolutionary Psychology*(pp.68~95). New York: Wiley.

Kaplan, H. S. & Hill, K.(1985). Hunting ability and reproductive success among male Ache foragers. *Current Anthropology*, 26, 131~133.

Kaplan, H. S. & Lancaster, J. B.(2000). The evolutionary economics and psychology of the demographic transition to low fertility. In L. Cronk, N. Chagnon, & W. Irons(Eds.), *Adaptation and Human Behavior: An Anthropological Perspective*(pp.283~322). New York: Aldine de Gruyter.

Kaplan, H. S., Lancaster, J. B., Bock, J. A., & Johnson, S. E.(1995). Fertility and fitness among Albuquerque men: A competitive labour market theory. In R. I. M.(Ed.), *Dunbar Human Reproductive Decisions*(pp.99~136). London: St Martin's Press.

Kaplan, H., Lancaster, J. B., Tucker, W. T., & Anderson, K. G.(2002). Evolutionary approach to below replacement fertility. *American Journal of Human Biology*, 14, 233~256.

Kappeler, P. & Silk, J.(Eds.)(2010). *Mind the Gap: Tracing the Origins of Human Universals*. Berlin: Springer.

Karmiloff-Smith, A.(2000). Why babies' minds aren't Swiss Army Knives. In H. Rose & S. Rose(Eds.), *A las Poor Darwin: Arguments against Evolutionary Psychology*(pp.144~156). London: Cape.

Keesing, R. M.(1974). Theories of Culture. *Annual Review of Anthropology*, 3, 73~97.

Kelley, J. L. & Swanson, W. J.(2008). Dietary change and adaptive evolution of enamelin in humans and among primates. *Genetics*, 178, 1595~1603.

Kendal, J. R. & Laland, K. N.(2000). Mathematical models for memetics. *Journal of Memetics: Evolutionary Modes of Information Transmission* 3. http://www.cpm.mmu.ac.uk/jom-emit/(2000)/vol4/kendal_jr&laland_kn.html

Ketelaar, T. & Ellis, B. J.(2000). Are evolutionary explanations unfalsifiable? Evolutionary psychology and the lakatosian philosophy of science. *Psychological Inquiry*, 11, 1~21.

Khaitovich, P., Tang, K., Franz, H., Kelso, J., Hellmann, I., Enard, W., et al.(2006). Positive selection on gene expression in the human brain. *Current Biology*, 16, R356~R358.

Kingsolver, J. G., Hoekstra, H. E., Hoekstra, J. M., Berrigan, D., Vignieri, S. N., Hill, C. E., et al.(2001). The strength of phenotypic selection in natural populations. *American Naturalist*, 157, 245~261.

Kirby, S., Cornish, H., & Smith, K.(2008). Cumulative cultural evolution in the laboratory: An experimental approach to the origins of structure in human language. *Proceedings of the National Academy of Sciences, USA*, 105, 10681~10686.

Kirkpatrick, R. C.(2000). The evolution of human homosexual behavior. *Current Anthropology*, 41, 385~413.

Kitcher, P.(1985). *Vaulting Ambition. Sociobiology and the Quest for Human Nature*. Cambridge, MA: MIT Press.

Kokko, H. & Johnstone, R. A.(2002). Why is mutual mate choice not the norm? Operational sex ratios, sex roles and the evolution of sexually dimorphic and monomorphic signalling. *Philosophical Transactions of the Royal Society, B*, 357, 319~330.

Kokko, H. & Monaghan, P.(2001). Predicting the direction of sexual selection. *Ecology Letters*, 4, 159~165.

Krebs, J. R. & Davies, N. B.(1997). *Behavioural Ecology: An Evolutionary Approach*(4th ed.). Oxford: Blackwell Science.

Kroeber, A. L. & Kluckholm, C.(1952). Culture: A critical review of concepts and definitions. *Papers of the Peabody Museum of American Archaeology and Ethnology*, 47, 1~223.

Krützen, M., Mann, J., Heithaus, M. R., Connor, R. C., Bejder, L., & Sherwin, W. B.(2005). Cultural transmission of tool use in bottlenose dolphins. *Proceedings of the National Academy of Sciences, USA*, 102, 8939~8943.

Kruuk, H.(2004). *Niko's Nature*. Oxford: Oxford University Press.

Kumm, J., Laland, K. N., & Feldman, M. W.(1994). Gene-culture coevolution and sex ratios: the effects of infanticide, sex-selective abortion, and sex-biased parental investment on the evolution of sex ratios. *Theoretical Population Biology*, 46, 249~278.

Kuper, A.(1994). *The Chosen Primate*. Cambridge, MA: Harvard University Press. 한국어판, 『네안데르탈인 지하철 타다』, 유명기 옮김(한길사, 2000)

Kurzban, R. & Leary, M. R.(2001). Evolutionary origins of stigmatization: the functions of social exclusion. *Psychological Bulletin*, 127, 187~208.

Kylafis, G. & Loreau, M.(2008). Ecological and evolutionary consequences of niche construction for its agent. *Ecology Letters*, 11, 1072~1081.

Lachlan, R. F. & Feldman, M. W.(2003). Evolution of cultural communication systems: The coevolution of cultural signals and genes encoding learning preferences. *Journal of Evolutionary Biology*, 16, 1084~1095.

Lack, D.(1954). *The Natural Regulation of Animal Numbers*. Oxford: Oxford University Press.

Lack, D.(1966). *Population Studies of Birds*. Oxford: Oxford University Press.

Laland, K. N.(1994). Sexual selection with a culturally transmitted mating preference. *Theoretical Population Biology*, 45, 1~15.

Laland, K. N.(1999). Exploring the dynamics of social learning with rats. In H. O.

Box and K. Gibson(Eds.), *Mammalian Social Learning: Comparative and Ecological Perspectives*(pp.174~187). Cambridge, UK: Cambridge University Press.

Laland, K. N.(2008). Exploring gene-culture interactions: insights from handedness, sexual selection and niche construction case studies. *Philosophical Transactions of the Royal Society, B*, 363, 3577~3589.

Laland, K. N. & Brown, G. R.(2002). *Sense and Nonsense*(1st ed.). Oxford: Oxford University Press.

Laland, K. N. & Brown, G. R.(2006). Niche construction, human behaviour and the adaptive-lag hypothesis. *Evolutionary Anthropology*, 15, 95~104.

Laland, K. N. & Brown, G. R.(2008). Commentary of 'The chimpanzee has no clothes' by Sayers and Lovejoy. *Current Anthropology*, 49, 101~102.

Laland, K. N. & Galef, B. G.(Eds.).(2009). *The Question of Animal Culture*. Cambridge, MA: Harvard University Press.

Laland, K. N., Kumm, J., & Feldman, M. W.(1995). Gene-culture coevolutionary theory: A test case. *Current Anthropology*, 36, 131~156.

Laland, K. N., Kumm, J., Van Horn, J. D., & Feldman, M. W.(1995). A gene-culture model of handedness. *Behavior Genetics*, 25, 433~445.

Laland, K. N., Odling-Smee, J., & Feldman, M. W.(1996). On the evolutionary consequences of niche construction. *Journal of Evolutionary Biology*, 9, 293~316.

Laland, K. N., Odling-Smee, J., & Feldman, M. W.(2000). Niche construction, biological evolution, and cultural change. *Behavioral and Brain Sciences*, 23, 131~175.

Laland, K. N., Odling-Smee, J., & Feldman, M. W.(2001). Cultural niche construction and human evolution. *Journal of Evolutionary Biology*, 14, 22~33.

Laland, K. N., Odling-Smee, J., & Myles, S.(2010). How culture has shaped the human genome: Bringing genetics and the human sciences together. *Nature Reviews: Genetics*, 11, 137~148.

Laland, K. N. & Williams, K.(1998). Social transmission of maladaptive information in the guppy. *Behavioral Ecology*, 9, 493~499.

Lande, R. & Arnold, S. J.(1983). The measurement of selection on correlated characters. *Evolution*, 37, 1210~1226.

Lawson, D. & Mace, R.(2010). Optimizing modern family size: Trade-offs between fertility and the economic costs of reproduction. *Human Nature*, 21, 39~61.

Lawson, D. W. & Mace, R.(2011). Parental investment and the optimization of human family size. *Philosophical Transactions of the Royal Society, B*, 366, 333~343.

Leach, E.(1981). Biology and social science: Wedding or rape? *Nature*, 291, 267~268.

Leamy, L.(1997). Is developmental stability heritable? *Journal of Evolutionary Biology*, 10, 21~29.

Lee, R. B.(1979). *The !Kung San: Men, Women, and Work in a Foraging Society*. Cambridge, UK: Cambridge University Press.

Lehmann, L.(2008). The adaptive dynamics of niche constructing traits in spatially subdivided populations: Evolving posthumous extended phenotypes. *Evolution*, 62, 549~566.

Lehmann, L., Keller, L., West, S., & Roze, D.(2007). Group selection and kin selection: Two concepts but one process. *Proceedings of the National Academy of Sciences, USA*, 104, 6736~6739.

Lehrman, D. S.(1953). A critique of Konrad Lorenz's theory of instinctive behaviour. *Quarterly Review of Biology*, 28, 337~363.

Lehrman, D. S.(1965). Interaction between internal and external environments in the regulation of the reproductive cycle of the ring dove. In F. A. Beach(Ed.), *Sex and Behavior*(pp.355~380). New York: Wiley.

Lewin, R. & Foley, R.(2004). *Principles of Human Evolution*. Oxford: Blackwell Publishing.

Lewontin, R. C.(1970). The units of selection. *Annual Review of Ecology and Systematics*, 1, 1~18.

Lewontin, R. C.(1974). *The Genetic Basis of Evolutionary Change*. New York: Columbia University Press.

Lewontin, R. C.(1983a). Gene, organism and environment. In D. S. Bendall(Ed.), *Evolution from Molecules to Men*(pp.273~285). Cambridge, UK: Cambridge University Press.

Lewontin, R. C.(1983b). The corpse in the elevator. *The New York Review of Books*, 29, 34~37.

Lewontin, R. C.(1991). *Biology as Ideology: The Doctrine of DNA*. Toronto: Anasi. 한국어판, 『DNA 독트린』, 김동광 옮김(궁리, 2001)

Lewontin, R. C.(2000). *The Triple Helix: Gene, Organism, and Environment*. Cambridge, MA: Harvard University Press. 한국어판, 『3중 나선』, 김병수 옮김(잉걸, 2001)

Li, N., Feldman, M. W., & Li, S.(2000). Cultural transmission in a demographic study of sex ratio at birth in China's future. *Theoretical Population Biology*, 58, 161~172.

Li, S. C.(2003). Biocultural orchestration of developmental plasticity across levels: the interplay of biology and culture in shaping the mind and behavior across the life span. *Psychological Bulletin*, 129, 171~194.

Lickliter, R. & Honeycutt, H.(2003). Developmental dynamics: Toward a biologically plausible evolutionary psychology. *Psychological Bulletin*, 129, 819~835.

Lieberman, D., Tooby, J., & Cosmides, L.(2007). The architecture of human kin detection. *Nature*, 445, 727~731.

Lippa, R. A.(2009). Sex differences in sex drive, sociosexuality, and height across 53nations: Testing evolutionary and social structural theories. *Archives of Sexual Behavior*, 38, 631~651.

Lloyd, E. A.(1994). *The Structure and Confirmation of Evolutionary Theory*. Princeton, NJ: Princeton University Press.

Lloyd, E. A. & Feldman, M. W.(2002). Evolutionary psychology: A view from evolutionary biology. *Psychological Inquiry*, 13, 150~156.

Lopez Herraez, D., Bauchet, M., Tang, K., Theunert, C., Pugach, I., Li, J., et al.(2009). Genetic variation and recent positive selection in worldwide human populations: evidence from nearly 1million SNPs. *PLoS ONE*, 4, e(7888).

Lorenz, K.(1935). Der kumpan in der unwelt des vogels. *Journal fur Ornithologie*, 83, 137~213.

Lorenz, K.(1950). The comparative method in studying innate behaviour patterns. *Symposium of the Society of Experimental Biology*, 4, 221~268.

Lorenz, K.(1965). *Evolution and Modification of Behavio*r. Chicago: University of Chicago Press.

Lorenz, K.(1966). *On Aggression*. London: Methuen(repr. in 1996 by Routledge).

Low, B. S.(2000). Sex, wealth, and fertility: Old rules, new environments. In L. Cronk, N. Chagnon, & W. Irons(Eds.), *Adaptation and Human Behavior: An Anthropological Perspective*(pp.323~344). New York: Aldine de Gruyter.

Lumsden, C. J. & Wilson, E. O.(1981). *Genes, Mind and Culture: The Coevolutionary Process*. Cambridge, MA: Harvard University Press.

Luttbeg, B., Borgerhoff Mulder, M., & Mangel, M.(2000). To marry again or not: A dynamic model for demographic transition. In L. Cronk, N. Chagnon, and W. Irons(Eds.), *Adaptation and Human Behavior: An Anthropological Perspective*(pp.345~368). New York: Aldine de Gruyter.

Lynch, A.(Aaron).(1996). *Thought Contagion: How Belief Spreads through Society*. New York: Basic Books.

Lynch, A.(Alejandro).(1996). The population memetics of birdsong. In D. E. Kroodsma and E. H. Miller(Eds.), *Ecology and Evolution of Acoustic Communication in Birds*(pp.181~197). Ithaca: Cornell University Press.

Lynch, M.(2007). The frailty of adaptive hypotheses for the origins of organismal complexity. *Proceedings of the National Academy of Sciences*, 104, 8597~8604.

Mace, R.(1996). When to have another baby: A dynamic model of reproductive decision-making and evidence from Gabbra pastoralists. *Ethology and Sociobiology*, 17, 263~273.

Mace, R.(2000). An adaptive model of human reproductive rate where wealth is inherited: Why people have small families. In L. Cronk, N. Chagnon, & W. Irons(Eds.), *Adaptation and Human Behavior: An Anthropological Perspective*(pp.261~281). New York: Aldine de Gruyter.

Mace, R.(2008). Reproducing in cities. Science, 319, 764~766.

Mace, R. & Holden, C. J.(2005). A phylogenetic approach to cultural evolution *Trends in Ecology and Evolution*, 20, 116~121.

Mace, R. & Jordan, F. M.(2011). Macro-evolutionary studies of cultural diversity: a review of empirical studies of cultural transmission and cultural adaptation. *Philosophical Transactions of the Royal Society, B*, 366, 402~411.

Mackintosh, N. J.(1974). *The Psychology of Animal Learning*. New York: Academic Press.

Maher, B.(2008). The case of the missing heritability. *Nature*, 456, 18~21.

Mameli, M. & Bateson, P.(2011). An evaluation of the concept of innateness. *Philosophical Transactions of the Royal Society, B*, 366, 436~443.

Mangel, M. & Clark, C. W.(1988). *Dynamic Modeling in Behavioral Ecology*. Princeton, NJ: Princeton University Press.

Marler, P.(2005). Ethology and the origins of behavioral endocrinology. *Hormones and Behavior*, 47, 493~502.

Marlowe, F.(2010). *Hadza: Hunter-Gatherers of Tanzania*. Berkeley: University of California Press.

Markow, T. A.(1995). Evolutionary ecology and developmental instability. *Annual Review of Entomology*, 40, 105~120.

Marr, D.(1982). *Vision: A Computational Investigation into the Human Representation and Processing of Visual Information*. San Francisco: Freeman.

Maynard Smith, J.(1964). Group selection and kin selection. *Nature*, 201, 1145~1147.

Maynard Smith, J.(1975). Survival through suicide. *New Scientist*, 28, 496~497.

Maynard Smith, J.(1978). Optimization theory in evolution. *Annual Review of Ecology and Systematics*, 9, 31~56.

Maynard Smith, J. & Price, G.(1973). The logic of animal conflict. *Nature*, 246, 15~18.

Maynard Smith, J. & Warren, N.(1982). Models of cultural and genetic change. *Evolution*, 36, 620~627.

Mayr, E.(1942). *Systematics and the Origin of Species*. New York: Columbia University Press.

Mayr, E.(1963). *Animal Species and Evolution*. Cambridge, MA: Harvard University Press.

Mayr E.(1982). *The Growth of Biological Thought. Diversity, Evolution and Inheritance*. Cambridge, MA: Cambridge University Press.

McCorduck, P.(2004). *Machines Who Think*. Natick: A. K. Peters.

McElreath, R. & Boyd, R.(2007). *Mathematical Models of Social Evolution: A Guide for the Perplexed*. Chicago: University of Chicago Press.

McElreath, R., Lubell, M., Richerson, P. J., Waring, T. M., Baum, W. Edsten, E., et al.(2005). Applying evolutionary models to the laboratory study of social learning. *Evolution and Human Behavior*, 26, 483~508.

Meij, J. J., van Bodegom, D., Ziem, J. B., Amankwa, J., Polderman, A. M., K irkwood, T. B. L., et al.(2009). Quality-quantity trade-off of human offspring under adverse environmental conditions. *Journal of Evolutionary Biology*, 22, 1014~1023.

Mekel-Bobrov, N., Gilbert, S. L., Evans, P. D., Vallender, E. J., Anderson, J. R., Hudson, R. R., et al.(2005). Ongoing adaptive evolution of ASPM, a brain size determinant in Homo sapiens. *Science*, 309, 1720~1722.

Mesoudi, A. & Laland, K. N.(2007). Extending the behavioral sciences framework: Clarifying methods, predictions and concepts. *Behavioural and Brain Sciences*, 30, 1~61.

Mesoudi, A. & O'Brien, M. J.(2008). The cultural transmission of Great Basin projectilepoint technology I: An experimental simulation. *American Antiquity*, 73, 3~28.

Mesoudi, A. & Whiten, A.(2004). The hierarchical transformation of event knowledge in human cultural transmission. *Journal of Cognition and Culture*, 4, 1~24.

Mesoudi, A., Whiten, A. & Dunbar, R.(2006a). A bias for social information in human cultural transmission. *British Journal of Psychology*, 97, 405~423.

Mesoudi, A., Whiten, A. & Laland, K. N.(2004). Is human cultural evolution Darwinian? Evidence reviewed from the perspective of The Origin of Species. *Evolution*, 58, 1~11.

Mesoudi, A., Whiten, A., & Laland, K. N.(2006b). Towards a unified science of cultural evolution. *Behavioural and Brain Sciences*, 29, 329~365.

McNamara, J. & Houston, A.(2006). State and value: A perspective from behavioral ecology. In J. Wells, S. Strickland, & K. Laland(Eds.), *Social Information Transmission and Human Biology*(pp.59~88). London: Taylor and Francis.

Midgley, M.(2000). Why Memes? In H. Rose & S. Rose(Eds.), *A las, Poor Darwin*(pp.67~84). New York: Vantage Press.

Miller, G. F.(1997). Mate choice: From sexual cues to cognitive adaptations. In Gregory R. Bock & Gail Cardew(Eds.), *Characterising Human Psychological Adaptations. Ciba Foundation Symposium 208*(pp.71~87). Chicester: Wiley.

Miller, G. F. & Todd, P.(1995). The role of mate choice in biocomputation: Sexual selection as a process of search, optimization, and diversification. In W. Banzaf & F. H. Eeckman(Eds.), *Evolution and Biocomputation: Computational Models of Evolution*(pp.169~204). Berlin: Springer-Verlag.

Mithen, S.(1996). *The Prehistory of the Mind*. New York: Thames and Hudson.

Moalic, J. M., le Strat, Y., & Lepagnol-Bestel, A. M.(2010). Primate-accelerated evolutionary genes: Novel routes to drug discovery in psychiatric disorders. *Current Medicinal Chemistry*, 17, 1300~1316.

Møller, A. P.(1990). Fluctuating asymmetry in male sexual ornaments may reliably reveal male quality. *Animal Behaviour*, 40, 1185~1187.

Møller, A. P. & Thornhill, R.(1997). A meta-analysis of the heritability of developmental stability. *Journal of Evolutionary Biology*, 10, 1~16.

Moore, F. R. & Cassidy, C.(2007). Female status predicts female mate preferences across nonindustrial societies. *Cross-Cultural Research*, 41, 66~74.

Moran, E. F.(1984). Limitations and advances in ecosystems research. In E. F. Moran(Ed.), *The Ecosystem Concept in Anthropology*(pp.3~320). Washington, DC: AAAS.

Morgan, C. L.(1896). *Habit and Instinct*. London: Edward Arnold.

Morgan, C. L.(1900). *Animal Behaviour*. London: Edward Arnold.

Morgan, C. L.(1930). *The Animal Mind*. London: Edward Arnold.

Morgan, L. H.(1877). *Ancient Society, or Researches in the Lines of Human Progress from Savagery through Barbarism to Civilization*. New York: Holt.

Morris, D.(1967). *The Naked Ape*. Vintage: London. 한국어판, 『털없는 원숭이』, 김석희 옮김(문예춘추, 2011)

Mulcahy, N. J. & Call, J.(2006). How great apes perform on a modified trap-tube test. *Animal Cognition*, 9, 193~199.

Muller, M. N. & Wrangham, R. W.(Eds.).(2009). *Sexual Coercion in Primates and Humans*. Cambridge, MA: Harvard University Press.

Nesse, R. M.(1990). Evolutionary explanations of emotions. *Human Nature*, 1, 261~289.

Nesse, R. M. & Williams, G. C.(1995). *Why We Get Sick: The New Science of Darwinian Medicine*. New York: Times Books. 한국어판, 『인간은 왜 병에 걸리는가』, 최재천 옮김(사이언스북스, 1996)

Nettle, D. & Pollet, T. V.(2008). Natural selection on male wealth in humans. *American Naturalist*, 172, 658~666.

Nielsen, R., Hellmann, I., Hubisz, M., Bustamante, C., & Clark, A. G.(2007). Recent and ongoing selection in the human genome. *Nature Reviews: Genetics*, 8, 857~868.

Nisbett, R. E. & Wilson, T. D.(1977). Telling more than we can know: Verbal reports on mental processes. *Psychological Review*, 84, 231~249.

Nowak, M. A., Tarnita, C. E. & Wilson, E. O.(2010). The evolution of eusociality. *Nature*, 466, 1057~1062.

van Noordwijk, A. J. & De Jong, G.(1986). Acquisition and allocation of resources: Their influence on variation in life history tactics. *American Naturalist*, 128, 127~142.

Nunn, C. L, Mulder, M. B., & Langley, S.(2006). Comparative methods for studying cultural trait evolution: A simulation study. *Cross-Cultural Research, 40*, 177~209.

O'Brien, M. J. & Lyman, R. L.(2000). *Applying Evolutionary Archaeology*. New York: Kluwer Academic.

Odling-Smee, F. J., Laland, K. N., & Feldman, M. W.(1996). Niche construction. *American Naturalis*t, 147, 641~648.

Odling-Smee, F. J., Laland, K. N., & Feldman, M. W.(2003). *Niche Construction: The Neglected Process in Evolution* Princeton, NJ: Monographs in Population Biology 37; Princeton University Press.

Oldroyd, D. R.(1983). *Darwinian Impacts: An Introduction to the Darwinian Revolution*(2nd ed.). Milton Keynes: Open University Press.

Onishi, K. H. & Baillargeon, R.(2005). Do 15-month-old infants understand false beliefs? *Science*, 308, 255~258.

Orians, G. H.(1969). On the evolution of mating systems in birds and mammals. *American Naturalist*, 103, 589~603.

Orzack, S. H. & Sober, E.(2001). Adaptation, phylogenetic inertia, and the method of controlled comparisons. In S. H. Orzack & E. Sober(Eds.), *Adaptationism and Optimality*(pp.45~63). Cambridge, UK: Cambridge University Press.

Otto, S. P., Christiansen, F. B., & Feldman, M. W.(1995). Genetic and cultural inheritance of continuous traits. *Morrison Institute for Population and Resource Studies Paper* no.64. Stanford, CA: Stanford University Press.

Oyama, S., Gray, R., & Griffiths, P.(2001). *Cycles of Contingency: Developmental Systems and Evolution*. Cambridge, MA: MIT Press.

Packer, C., Tatar, M., & Collins, A.(1998). Reproductive cessation in female mammals. *Nature*, 392, 807~811.

Pagel, M.(1994). Detecting correlated evolution on phylogenies: A general method for the comparative analysis of discrete characters. *Proceedings of the Royal Society, London Series B*, 255, 37~45.

Pagel, M.(1997). Desperately concealing fathers: A theory of parent-infant resemblance. *Animal Behaviour*, 53, 973~981.

Pagel, M. & Mace, R.(2004). The cultural wealth of nations. *Nature*, 428, 275~278.

Pagel, M., Atkinson, Q. D., & Meade, A.(2007). Frequency of word-use predicts rates of lexical evolution throughout Indo-European history. *Nature*, 449, 717~720.

Palmer, A. R.(2000). Quasireplication and the contract of error: Lessons from sex ratios, heritabilities and fluctuating asymmetry. *Annual Review of Ecology and Systematics*, 31, 441~480.

Palmer, A. R. & Strobeck, C.(1997). Fluctuating asymmetry and developmental stability: Heritability of observed variation vs. heritability of inferred cause. *Journal of Evolutionary Biology*, 10, 39~49.

Pavard, S., Metcalf, C. J. E., & Heyer, E.(2008). Senescence of reproduction may explain adaptive menopause in humans: A test of the 'mother' hypothesis. *American Journal of Physical Anthropology*, 136, 194~203.

Pawlowski, B.(1999). Loss of oestrus and concealed ovulation in human evolution: The case against the sexual-selection hypothesis. *Current Anthropology*, 40, 257~275.

Pawlowski, B., Dunbar, R. I. M., & Lipowicz, A.(2000). Tall men have more reproductive success. *Nature*, 403, 156.

Paz-y-Mi o, C. G., Bond, A. B., Kanil, A. C., & Balda, R. P.(2004). Pinyon jays use transitive inference to predict social dominance. *Nature*, 430, 778~781.

Peccei, J. S.(2001). Menopause: adaptation or exaptation? *Evolutionary Anthropology*, 10, 43~57.

Pennington, R. & Harpending, H.(1988). Fitness and fertility among Kalahari !Kung. *American Journal of Physical Anthropology*, 77, 303~319.

Perrin, N.(1980). *Giving Up the Gun: Japan's Reversion to the Sword, 1543-1879*. Boulder: Shambhala Publications.

Perry, G. H., Dominy, N. J., Claw, K. G., Lee, A. S., Fiegler, H., Redon, R., et al.(2007). Diet and the evolution of human amylase gene copy number variation. *Nature Genetics*, 39, 1256~1260.

Perry, S., Baker, M., Fedigan, L., Gros-Louis, J., Jack, K., MacKinnon, K. C., et al.(2003). Social conventions in wild white-faced capuchin monkeys: Evidence for traditions in a neotropical primate. *Current Anthropology*, 44, 241~268.

Pickrell, J. K., Coop, G., Novembre, J., Kudaravalli, S., Li, J. Z., Absher, D., et al.(2009). Signals of recent positive selection in a worldwide sample of human populations. *Genome Research*, 19, 826~837.

Pike, T. W., Kendal, J. R., Rendell, L. E., & Laland, K. N.(2010). Learning by proportional observation in a species of fish. *Behavioral Ecology*, 21, 570~575.

Pinker, S.(1994). *The Language Instinct*. London: Penguin Books. 한국어판, 『언어본능』, 김한영·문미선·신효식 옮김(동녘사이언스, 2008)

Pinker, S.(1997). *How the Mind Works*. London: Penguin Books. 한국어판, 『마음은 어떻게 작동하는가』, 김한영 옮김(동녘사이언스, 2007)

Pinker, S.(2002). *The Blank Slate*. London: Penguin Books. 한국어판, 『빈 서판』, 김한영 옮김(사이언스북스, 2004)

Pizzari, T. & Snook, R. R.(2003). Sexual conflict and sexual selection: chasing away paradigm shifts. *Evolution*, 57, 1223~1236.

Plomin, R., Kagan, J., Emde, R. N., Reznick, J. S., Braungart, J. M., Robinson, J., et al.(1993). Genetic change and continuity from fourteen to twenty months: The McArthur longitudinal twin study. *Child Development*, 64, 1354~1376.

Plotkin, H. C.(Ed.)(1982). *Learning, Development, and Culture: Essays in Evolutionary Epistemology*. Chichester: Wiley.

Plotkin, H.(1994). *Darwin Machines and the Nature of Knowledge*. London: Penguin Books.

Plotkin, H.(1997). *Evolution in Mind: An Introduction to Evolutionary Psychology*. London: Penguin Books.

Plotkin, H.(2000). Culture and psychological mechanisms. In R. Aunger(Ed.), *Darwinizing Culture: The Status of Memetics as a Science*(pp.69~82). Oxford: Oxford University Press.

Plotkin, H.(2004). *Evolutionary Thought in Psychology: A Brief History*. Oxford: Blackwell.

Plotkin, H.(2007). *Necessary Knowledge*. Oxford: Oxford University Press.

Plotkin, H. C. & Odling-Smee, F. J.(1981). A multi-level model of evolution and its implications for sociobiology. *Behavioral and Brain Sciences*, 4, 225~268.

Popper, K. R.(1979). *Objective Knowledge: An Evolutionary Approach*. Oxford: Clarendon Press.

Portin, P.(1993). The concept of the gene: Short history and present status. *Quarterly Review of Biology*, 68, 173~223.

Portin, P.(2002). Historical development of the concept of the gene. *Journal of Medical*

Philosophy, 27, 257~286.

Premack, D. & Woodruff, G.(1978). Does the chimpanzee have a theory of mind? *Behavioral Brain Sciences*, 1, 515~526.

Price, G. R.(1970). Selection and covariance. *Nature*, 277, 520~521.

Proctor, H. C.(1991). Courtship in the water mite *Neumania papillator*: Males capitalize on female adaptations for predation. *Animal Behaviour*, 42, 589~598.

Proctor, H. C.(1992). Sensory exploitation and the evolution of male mating behaviour: A cladistic test using water mites(Acari: Parasitengona). *Animal Behaviour*, 44, 745~752.

Profet, M.(1988). The evolution of pregnancy sickness as protection to the embryo against Pleistocene teratogens. *Evolutionary Theory*, 8, 177~190.

Rahman, Q. & Wilson, G. D.(2003). Born gay? The psychobiology of human sexual orientation. *Personality and Individual Differences*, 34, 1337~1382.

Reader, S. M. & Laland, K. N.(1999). Do animals have memes? *Journal of Memetics: Evolutionary Modes of Information Transmission* 3. http://www.cpm.mmu.ac.uk/ jom-emit/(1999)/vol3/reader _sm&laland_kn.html.

Rendell, L. & Whitehead, H.(2001). Culture in whales and dolphins. *Behavioral and Brain Sciences*, 24, 309~324.

Rendell, L., Boyd, R., Cownden, D., Enquist, M., Eriksson, K., Feldman, M. W., et al.(2010). Why copy others? Insights from the social learning strategies tournament. *Science*, 328, 208~213.

Rescorla, R. A. & Wagner, A. R.(1972). A theory of Pavlovian conditioning: Variations in the effectiveness of reinforcement and nonreinforcement. In A. H. Black & W. F. Prokasy(Eds.), *Classical Conditioning II: Current Research and Theory*(pp.64~99). New York: Appleton.

Reyes-Garcia, V., Broesch, J., Calvet-Mir, L., Fuentes-Pelaez, N., McDade, T. W., Parsa, S., et al.(2009). Cultural transmission of ethnobotanical knowledge and skills: an empirical analysis from an Amerindian society. *Evolution and Human Behavior*, 30, 274~285.

Reznick, D. N., Shaw, F. H., Rodd, H., & Shaw, R. G.(1997). Evaluation of the rate of evolution in natural populations of guppies(*Poecilia reticulata*). *Science*, 275, 1934~1937.

Rice, S. H.(1995). A genetical theory of species selection. *Journal of Theoretical Biology*, 177, 237~245.

Richards, M. P., Schulting, R. J., & Hedges, R. E. M.(2003). Archaeology: Sharp shift in diet at onset of Neolithic. *Nature*, 425, 366.

Richards, R. J.(1987). *Darwin and the Emergence of Evolutionary Theories of Mind and Behavior*. Chicago: University of Chicago Press.

Richardson, R. C.(2007). *Evolutionary Psychology as Maladapted Psychology*. Cambridge, MA: The MIT Press.

Richerson, P. J. & Boyd, R.(1998). The evolution of human ultra-sociality. In I. Eibl-Eibesfeldt & F. K. Salter(Eds.), *Indoctrinability, Warfare and Ideology: Evolutionary Perspectives*(pp.71~95). Oxford: Berghahn Books.

Richerson, P. J. & Boyd, R.(2001). The evolution of subjective commitment to groups: A tribal instincts hypothesis. In R. M. Nesse(Ed.), *Evolution and the Capacity for Commitment*(pp.186~202). New York: Russell Sage.

Richerson, P. J. & Boyd, R.(2005). *Not by Genes Alone: How Culture Transformed Human Evolution*. Chicago: Chicago University Press. 한국어판, 『유전자만이 아니다』, 김준홍 옮김(이음, 2009)

Richerson, P. J., Boyd, R., & Henrich, J.(2010). Gene-culture coevolution in the age of genomics. *Proceedings of the National Academy of Sciences, USA*, 107 Suppl 2: 8985~8992.

Ridley, M.(1997). *Evolution*(2nd ed.). Oxford: Blackwell Scientific Publications.

Ridley, M.(2003). *Nature via Nurture: Genes, Experience and What Makes Us Human*. New York: Harper Collins.

Roberts, M. J.(Ed.).(2007). *Integrating the Mind*. New York: Psychology Press.

Rogers, A. R.(1988). Does biology constrain culture? *American Anthropologist*, 90, 819~831.

Rogers, A. R.(1990). Evolutionary economics of human reproduction. *Ethology and Sociobiology*, 11, 479~495.

Rogers, A. R.(1993). Why menopause? *Evolutionary Ecology*, 7, 406~420.

Rogers, E.(1995). *Diffusion of Innovations*. New York: The Free Press. 한국어판, 『개혁의 확산』, 김영석·강내원·박현구 옮김(커뮤니케이션북스, 2005)

Romanes, G. J.(1882). *Animal Intelligence*. London: Kegan, Paul, Trench & Co.

Rose, H. & Rose, S.(Eds.).(2000). *Alas Poor Darwin: Arguments against Evolutionary Psychology*. London: Jonathan Cape.

Rose, M. R. & Lauder, G. V.(1996). *Adaptation*. San Diego, CA: Academic Press.

Rose, S.(1981). Genes and race. Letter. Nature, 289, 335.

Rose, S., Lewontin, R. C., & Kamin, L. J.(1984). *Not in Our Genes: Biology, Ideology, and Human Nature*. London: Penguin Books. 한국어판, 『우리 유전자 안에 없다』, 이상원 옮김(한울, 2009)

Rosenberg, N. A., Pritchard, J. K., Weber, J. L., Cann, H. M., Kidd, K. K., Zhivotovsky, L. A., et al.(2002). Genetic structure of human populations. *Science*, 298, 2381~2385.

Royer, C.(1870). *Origine de l'Homme et des Societés*. Paris: Guillaumin.

Rozin, P., Haidt, J., & McCauley, C. R.(2000). Disgust. In M. Lewis & J. Haviland(Eds.), *Handbook of Emotions*(pp.637~653). New York: Guilford Press.

Ruse, M.(1999). *Mystery of Mysteries: Is Evolution a Social Construction*? Cambridge, MA: Harvard University Press.

Sahlins, M.(1976). *The Use and Abuse of Biology. An Anthropological Critique of Sociobiolgy*. Ann Arbor: University of Michigan Press.

Salzen, E. A.(1996). Introduction to the Routledge edition. In K. Lorenz(Ed.), *On Aggression*. London: Routledge.

van Schaik, C. P., Ancrenaz, M., Borgen, G., Galdikas, B., Knott, C., Singleton, I., et al.(2003). Orangutan cultures and the evolution of material culture. *Science*, 299, 102~105.

Schaller, M. & Murray, D. R.(2008). Pathogens, personality, and culture: disease prevalence predicts worldwide variability in sociosexuality, extraversion, and openness to experience. *Journal of Personality and Social Psychology*, 95, 212~221.

Schlichting, C. D. & Pigliucci, M.(1998). *Phenotypic Evolution: A Reaction Norm Perspective*. Sunderland, MA: Sinauer.

Schmitt, D. P.(2005). Sociosexuality from Argentina to Zimbabwe: A 48-nation study of sex, culture, and strategies of human mating. *Behavioral and Brain Sciences*, 28, 247~311.

Schröder, I.(1993). Concealed ovulation and clandestine copulation: A female contribution to human evolution. *Ethology and Sociobiology*, 14, 381~389.

Schwartz, R. M. & Dayhoff, M. O.(1978). Origins of prokaryotes, eukaryotes, mitochondria, and chloroplasts. *Science*, 199, 395~403.

Sear, R.(2007). The impact of reproduction on Gambian women: Does controlling for phenotypic quality reveal costs of reproduction? *American Journal Physical Anthropology*, 132, 632~641.

Sear, R., Lawson, D. W., & Dickins, T. E.(2007). Synthesis in the human evolutionary behavioural sciences. *Journal of Evolutionary Psychology*, 5, 3~28.

Sear, R. & Mace, R.(2005). Are humans cooperative breeders? In E. Voland, A. Chasoitis, & W. Schiefenhoevel(Eds.), *Grandmotherhood: The Evolutionary Significance of the Second Half of Female Life*(pp.143~159). Piscataway: Rutgers University Press.

Sear, R. & Mace, R.(2008). Who keeps children alive? A review of the effects of kin on child survival. *Evolution and Human Behavior*, 29, 1~18.

Seed, A. M., Emery, N. J., & Clayton, N. S.(2009). Intelligence in corvids and apes: A case of convergent evolution? *Ethology*, 115, 401~420.

Seed, A. M., Tebbich, S., Emery, N. J. & Clayton, N. S.(2006). Investigating physical cognition in rooks, Corvus frugilegus. *Current Biology*, 16, 697~701.

Segerstråle, U.(1986). Colleagues in conflict: An 'in vivo' analysis of the sociobiology controversy. *Biology and Philosophy* 1, 53~87.

Segerstråle, U.(2000). *Defenders of the Truth: The Sociobiology Debate*. Oxford: Oxford University Press.

Sellen, D. W., Borgerhoff Mulder, M., & Sieff, D. F.(2000). Fertility, offspring quality, and wealth in Datoga pastoralists. In L. Cronk, N. Chagnon, & W. Irons(Eds.), *Adaptation and Human Behavior: An Anthropological Perspective*(pp.91~114). New York: Aldine de Gruyter.

Shanley, D. P, Sear, R., Mace, R., & Kirkwood, T. B. L.(2007). Testing evolutionary theories of menopause. *Proceedings of the Royal Society, B*, 274, 2943~2949.

Shennan, S. J. & Wilkinson, J. R.(2001). Ceramic style change and neutral evolution: A case study from Neolithic Europe. *American Antiquity*, 66, 577~594.

Shepard, R. N.(1992). The perceptual organization of colors: An adaptation to regularities of the terrestrial world. In J. H. Barkow, L. Cosmides, & J. Tooby(Eds.), *The Adapted Mind: Evolutionary Psychology and the Generation of Culture*(pp.495~532). Oxford: Oxford University Press.

Sherman, P. W.(1998). The evolution of menopause. *Nature*, 392, 759~761.

Shettleworth, S.(2000). Modularity and the evolution of cognition. In C. Heyes & L. Huber(Eds.), *The Evolution of Cognition*(pp.43~60). Cambridge, MA: MIT Press.

Shultz, S. & Dunbar, R. I. M.(2006). Both social and ecological factors predict ungulate brain size. *Proceedings of the Royal Society, B*, 273, 207~215.

Sieff, D. F.(1990). Explaining biased sex ratios in human populations. *Current Anthropology*, 31, 25~48.

Simkin, M. V. & Roychowdhury, V. P.(2003). Read before you cite! *Complex Systems*, 14, 269.

Simonton, D. K.(1995). Foresight in insight? A Darwinian answer. In R. J. Sternberg & J. E. Davidson(Eds.), *The Nature of Insight*(pp.465~494). Cambridge, MA: MIT Press.

Simoons, F. J.(1969). Primary adult lactose intolerance and the milking habit: A problem in biological and cultural interrelations: I. Review of the medical research. *American Journal of Digestive Diseases*, 14, 819~836.

Simpson, G. G.(1944). *Tempo and Mode in Evolution*. New York: Columbia University Press.

Sinervo, B. & Basolo, A. L.(1996). Testing adaptation using phenotypic manipulations. In M. R. Rose & G. V. Lauder(Eds.), *Adaptation*(pp.149~185). San Diego: Academic Press.

Slater, P. J. B.(1986). The cultural transmission of bird song. *Trends in Ecology and Evolution*, 1, 94~97.

Slater, P. J. B., Ince, S. A., & Colgan, P. W.(1980). Chaffinch song types: Their frequencies in the population and distribution between repertoires of different individuals. *Behaviour*, 75, 207~218.

Smith, E. A.(1985). Inuit foraging groups: Some simple models incorporating conflicts of interest, relatedness, and central place sharing. *Ethology and Sociobiology*, 6, 27~47.

Smith, E. A.(1992). Human behavioral ecology: II. *Evolutionary Anthropology*, 1, 50~55.

Smith, E. A.(1998). Is Tibetan polyandry adaptive? Methodological and metatheoretical analyses. *Human Nature*, 9, 225~261.

Smith, E. A.(2000). Three styles in the evolutionary analysis of human behavior. In L. Cronk, N. Chagnon, & W. Irons(Eds.), *Adaptation and Human Behavior: An Anthropological Perspective*(pp.27~46). New York: Aldine de Gruyter.

Smith, E. A.(2003). Human behavioral ecology. In L. Nadel(Ed.), *Encyclopedia of Cognitive Science vol.2*(pp.377~385). London: Nature Publishing Group.

Smith, E. A. & Winterhalder, B.(Eds.)(1992). *Evolutionary Ecology and Human Behavior*. New York: Aldine de Gruyter.

Smith, E. A., Borgerhoff Mulder, M., & Hill, K.(2000). Evolutionary analyses of human behaviour: A commentary on Daly and Wilson. *Animal Behaviour*, 60, F21~F26.

Smith, E. A., Borgerhoff Mulder, M., & Hill, K.(2001). Controversies in the evolutionary social sciences: A guide for the perplexed. *Trends in Ecology and Evolution*, 16, 128~135.

Smuts, B. B. & Smuts, R. W.(1993). Male aggression and sexual coercion of females in nonhuman primates and other mammals: Evidence and theoretical implications. *Advances in the Study of Behavior*, 22, 1~63.

Smuts, B. B., Cheney, D. L., Seyfarth, R. M., Wrangham, R. W., & Strusaker, T. T.(1987). *Primate Societies*. Chicago: University of Chicago Press.

Sober, E. & Wilson, D. S.(1998). *Unto Others: The Evolution and Psychology of Unselfish Behavior*. Cambridge, MA: Harvard University Press. 한국어판, 『타인에게로』, 설선혜 · 김민우 옮김(서울대학교출판문화원, 2013)

Soltis, J., Boyd, R., & Richerson, P. J.(1995). Can group-functional behaviors evolve by cultural group selection? An empirical test. *Current Anthropology*, 36, 473~494.

Soranzo, N., Bufe, B., Sabeti, P. C., Wilson, J. F., Weale, M. E., Marguerie, R., et al.(2005). Positive selection on a high-sensitivity allele of the human bitter-taste receptor TAS2R16. Current Biology, 15, 1257~1265.

Speel, H. C.(1995). *Memetics: On a Conceptual Framework for Cultural Evolution*. Paper presented at the symposium 'Einstein meets Magritte', Free University of Brussels, June.

Spencer, H.(1855),(1870). *Principles of Psychology*(1st ed., 2nd ed.). London: Longman.

Spencer, H.(1857). Progress: Its law and cause. *The Westminster Review*, 67, 445~485.

Sperber, D.(1996). *Explaining Culture: A Naturalistic Approach*. Oxford: Blackwell.

Sperber, D.(2000). An objection to the memetic approach to culture. In R. Aunger(Ed.), *Darwinizing Culture: The Status of Memetics as a Science*(pp.163~173). Oxford: Oxford University Press.

Stearns, S. C.(1986). Natural selection and fitness, adaptation and constraint. In D. Jablonski & D. Raup(Eds.), *Patterns and Processes in the History of Life: A Report of the Dahlem Workshop*(pp.23~44). Berlin: Springer-Verlag.

Stearns, S.(1992). *The Evolution of Life History*. Oxford: Oxford University Press.

Stedman, H. H., Kozyak, B. W., Nelson, A., Thesier, D. M., Su, L. T., Low, D. W., et al.(2004). Myosin gene mutation correlates with anatomical changes in the human lineage. *Nature*, 428, 415~418.

Stephens, D. W. & Krebs, J. R.(1986). *Foraging Theory*. Princeton, NJ: Princeton University Press.

Steward, J.(1955). *Theory of Cultural Change*. Urbana: University of Illinois Press.

Stone, E. A., Shackelford, T. K., & Buss, D. M.(2008). Socioeconomic development and shifts in mate preferences. *Evolutionary Psychology*, 6, 447~455.

Stotz, K. & Griffiths, P.(2004). Genes: Philosophical analysis put to the test. *History and Philosophy of the Life Sciences*, 26, 5~28.

Strassmann, B. I.(1981). Sexual selection, paternal care, and concealed ovulation in humans. *Ethology and Sociobiology*, 2, 31~40.

Strassmann, B. I.(2000). Polygyny, family structure, and child mortality: A prospective study among the Dogon of Mali. In L. Cronk, N. Chagnon, & W. Irons(Eds.), *Adaptation and Human Behavior: An Anthropological Perspective*(pp.49~67). New York: Aldine de Gruyter.

Strassmann, B. I. & Gillespie, B.(2002). Life-history theory, fertility and reproductive success in humans. *Proceedings of the Royal Society, B*, 269, 553~562.

Stringer, C. & Andrews, P.(2005). *The Complete World of Human Evolution*. London: Thames and Hudson.

Sugiyama, L. S., Tooby, J., & Cosmides, L.(2002). Cross-cultural evidence of cognitive adaptations for social exchange among the Shiviar of Ecuadorian Amazonia. *Proceedings of the National Academy of Sciences, USA*, 99, 11537~11542.

Sulloway, F. J.(1979). *Freud, Biologist of the Mind: Beyond the Psychoanalytic Legend*. London: Burnett Books.

Symons, D.(1987). If we're all Darwinians, what's the fuss about ? In C. Crawford, M. Smith, & D. Krebs(Eds.), *Sociobiology and Psychology: Ideas, Issues and Applications*(pp.121~146). Hillsdale: Erlbaum.

Symons, D.(1989). A critique of Darwinian anthropology. *Ethology and Sociobiology*, 10, 131~144.

Symons, D.(1990). Adaptiveness and adaptation. *Ethology and Sociobiology*, 11, 427~444.

Tehrani, J. J. & Collard, M.(2002). Investigating cultural evolution through biological phylogenetic analyses of Turkmen textiles. *Journal of Anthropological Archaeology*, 21, 443~463.

Thompson, J. N.(1998). Rapid evolution as an ecological process. *Trends in Ecology and Evolution*, 13, 329~332.

Thorndike, E. L.(1911). *Animal Intelligence*. New York: Macmillan.

Thorpe, W. H.(1979). *The Origins and Rise of Ethology*. London: Heinemann.

Tiger, L.(1969). *Men in Groups*. New York: Random House.

Tiger, L. & Fox, R.(1971). *The Imperial Animal*. New York: Holt, Rinehart, Winston.

Tinbergen, N.(1951). *The Study of Instinct*. Oxford: Oxford University Press.

Tinbergen, N.(1953). *The Herring Gull's World*. London: Collins.

Tinbergen, N.(1963). On aims and methods of ethology. *Zeitschrift für Tierpsychologie*, 20, 410~433.

Tishkoff, S. A., Reed, F. A., Ranciaro, A., Voight, B. F., Babbitt, C. C., S ilverman, J. S., et al.(2007). Convergent adaptation of human lactase persistence in Africa and Europe. *Nature Genetics*, 39, 31~40.

Todd, P. M.(2001). Fast and frugal heuristics for environmentally bounded minds. In G. Gigerenzer & R. Selten(Eds.), *Bounded Rationality: The Adaptive Toolbox*(pp.51~70). Cambridge, MA: MIT Press.

Tomasello, M. & Call, J.(1997). *Primate Cognition*. New York: Oxford University Press.

Tooby, J. & Cosmides, L.(1989). Evolutionary psychology and the generation of culture, part I. Theoretical considerations. *Ethology and Sociobiology*, 10, 29~49.

Tooby, J. & Cosmides, L.(1990a). The past explains the present: Emotional adaptations and the structure of ancestral environments. *Ethology and Sociobiology*, 11, 375~424.

Tooby, J. & Cosmides, L.(1990b). On the universality of human nature and the uniqueness of the individual: The role of genetics and adaptation. *Journal of Personality*, 58, 17~67.

Tooby, J. & Cosmides, L.(1992). The psychological foundations of culture. In J. H. Barkow, L. Cosmides, & J. Tooby(Eds.), *The Adapted Mind. Evolutionary Psychology and the Generation of Culture*(pp.137~159). New York: Oxford University Press.

Tooby, J. & Cosmides, L.(2005). Conceptual foundations of evolutionary psychology. In D. Buss(Ed.), *The Handbook of Evolutionary Psychology*(pp.5~67). Hoboken: Wiley.

Traulsen, A. & Nowak, M. A.(2006). Evolution of cooperation by multilevel selection. *Proceedings of the National Academy of Sciences, USA*, 103, 10952~10955.

Trillmich, F.(1996). Parental investment in pinnipeds. *Advances in the Study of Behavior*, 25, 533~577.

Trivers, R. L.(1971). The evolution of reciprocal altruism. *Quarterly Review of Biology*, 46, 35~57.

Trivers, R. L.(1972). Parental investment and sexual selection. In B. Campbell(Ed.), *Sexual Selection and the Descent of Man, 1871-1971*(pp.136~179). Chicago: Aldine.

Trivers, R. L.(1974). Parent-offspring conflict. *American Zoologist*, 14, 249~264.

Trivers, R. L.(1985). *Social Evolution*. Menlo Park: Benjamin Cumins.

Trivers, R. L. & Willard, D. E.(1973). Natural selection of parental ability to vary the sex ratio of offspring. *Science*, 179, 90~92.

Turke, P. W.(1984). Effects of ovulatory concealment and synchrony on protohominid mating systems and parental roles. *Ethology and Sociobiology*, 5, 33~44.

Turke, P. W.(1989). Evolution and the demand for children. *Population and Development Review*, 15, 61~90.

Turke, P. W.(1990). Which humans behave adaptively, and why does it matter? *Ethology and Sociobiology*, 11, 305~339.

Tylor, E. B.(1865). *Researches into the Early History of Mankind and the Development of Civilization*. London: John Murray.

Tylor, E. B.(1871). *Primitive Culture: Researches into the Development of Mythology, Philosophy, Religion, Art, and Custom, etc. 2 vols*. London: John Murray.

Uyenoyama, M. & Feldman, M. W.(1980). Theories of kin and group selection: A population genetics perspective. *Theoretical Population Biology*, 17, 380~414.

Varki, A., Geschwind, D. H., & Eichler, E. E.(2008). Explaining human uniqueness: genome interactions with environment, behaviour and culture. *Nature Reviews: Genetics*, 9, 749~763.

Vega-Redondo, F.(1996). *Evolution, Games, and Economic Behaviour*. Oxford, Oxford University Press.

Verner, J.(1964). Evolution of polygamy in the long-billed marsh wren. *Evolution*, 18, 252~261.

Verner, J. & Willson, M. F.(1966). The influence of habitats on mating systems of the North American passerine birds. *Ecology* 47, 143~147.

Vining, D. R., Jr.(1986). Social versus reproductive success: The central theoretical problem of human sociobiology. *Behavioral and Brain Sciences* 9, 167~216.

Voight, B. F., Kudaravalli, S., Wen, X., & Pritchard, J. K.(2006). A map of recent positive selection in the human genome. *PLoS Biology* 4, e72.

Voland, E.(1998). Evolutionary ecology of human reproduction. *Annual Review of Anthropology* 27, 347~374.

Voland, E., Chasiotis, A., & Schiefenhovel, W.(Eds.).(2005). *G randmotherhood: The Evolutionary Significance of the Second Half of Female Life*. Piscataway: Rutgers University Press.

Voland, E. & Stephan, P.(2000). 'The hate that love generated' sexually selected neglect of one's own offspring in humans. In C. P. van Schaik & C. H. Janson(Eds.), *Infanticide by Males and Its Implications*(pp.447~465). Cambridge, UK: Cambridge University Press.

Wagner, G. P.(Ed.)(2001). *The Character Concept in Evolutionary Biology*. San Diego, CA: Academic Press.

Wallace, A. R.(1869). Geological climates and the origin of species. *Quarterly Review*, 126, 359~394.

Wang, E., Ding, Y. C., Flodman, P., Kidd, J. R., Kidd, K. K., Grady, D. L., et al.(2004). The genetic architecture of selection at the human dopamine receptor D4(DRD4) gene locus. *American Journal of Human Genetics*, 74, 931~944.

Wang, E. T., Kodama, G., Baldi, P., & Moyzis, R. K.(2006). Global landscape of recent inferred Darwinian selection for Homo sapiens. *Proceedings of the National Academy of Sciences, USA*, 103, 135~140.

Washburn, S. L.(1981). Longevity in primates. In J. March & J. McGaugh(Eds.), *Aging,*

Biology and Behavior(pp.11~29). New York: Academic Press.

Wason, P.(1966). Reasoning. In B. M. Foss(Ed.), *New Horizons in Psychology*(pp.135~151). London: Penguin.

Wasson, T.(1987). *Nobel Prize Winners*. New York: Wilson.

Watson, J. B.(1913). Psychology as the behaviorist views it. Psychological Review, 20, 158~177.

Watson, J. B.(1924). Behaviorism. New York: Norton.

Weinrich, J.(1977). Human sociobiology: Pair bonding and resource predictability(effects of social class and race). *Behavioral Ecology and Sociobiology*, 2, 91~118.

Weiss, K. M.(1981). Evolutionary perspectives on human aging. In P. Amoss & S. Harrell(Eds.), *Other Ways of Growing Old*(pp.25~58). Stanford: Stanford University Press.

Westneat, D. F. & Sargent, R. C.(1996). Sex and parenting: The effects of sexual conflict and parentage on parental strategies. *Trends in Ecology and Evolution*, 11, 87~91.

Whiten, A. & Custance, D. M.(1996). Studies of imitation in chimpanzees and children. In B. Galef & C. Heyes(Eds.), *Social Learning in Animals: The Roots of Culture*(pp.291~318). San Diego, CA: Academic Press.

Whiten, A., Goodall, J., McGrew, W. C., Nishida, T., Reynolds, V., Sugiyama, Y., et al.(1999). Cultures in chimpanzees. *Nature*, 399, 682~685.

Wilkinson, G. S.(1984). Reciprocal food sharing in the vampire bat. *Nature*, 308, 181~184.

Williams, G. C.(1957). Pleiotropy, natural selection, and the evolution of senescence. *Evolution*, 11, 398~411.

Williams, G. C.(1966). *Adaptation and Natural Selection: A Critique of Some Current Evolutionary Thought*. Princeton, NJ: Princeton University Press(repr. 1996). 한국어판, 『적응과 자연선택』, 전중환 옮김(나남, 2013)

Williams, G. C.(1992). *Natural Selection: Domains, Levels, and Challenges*. Oxford, UK: Oxford University Press.

Wilson, D. S.(1999). Flying over uncharted territory [review of *The Meme Machine* by Susan Blackmore]. *Science*, 285, 206.

Williamson, S. H., Hubisz, M. J., Clark, A. G., Payseur, B. A., Bustamante, C. D., & Nielsen, R.(2007). Localizing recent adaptive evolution in the human genome. *PloS Genetics*, 3, e90.

Wilson, E. O.(1975a). *Sociobiology: The New Synthesis*. Cambridge, MA: Harvard University Press. 한국어판, 『사회생물학』, 이병훈 옮김(민음사, 1992)

Wilson, E. O.(1975b, 12 October). Human decency is animal. *The New York Times Magazine*, 38~50.

Wilson, E. O.(1978). *On Human Nature*. Cambridge, MA: Harvard University Press. 한국어판, 『인간 본성에 대하여』, 이한음 옮김(사이언스북스, 2000)

Wilson, E. O.(1994). *Naturalist*. Washington, DC: Island Press. 한국어판, 『자연주의자』, 이병훈 옮김(사이언스북스, 1996)

Wilson, E. O.(2000). Sociobiology at the end of the century. In *Sociobiology: The New Synthesis*. 25th Anniversary Edition. Cambridge, MA: Harvard University Press.

Winterhalder, B. & Smith, E. A.(2000). Analyzing adaptive strategies: Human behavioral ecology at twenty-five. *Evolutionary Anthropology*, 9, 51~72.

Wood, W. & Eagly, A.(2007). Social structural origins of sex differences in human mating. In S. Gangested & J. Simpson(Eds.), *The Evolution of Mind*(pp.383~390). New York: The Guilford Press.

Wright, R.(1994). The Moral Animal: Why We Are the Way We Are(The New Science of Evolutionary Psychology). London: Abacus. 한국어판, 『도덕적 동물』, 박영준 옮김(사이언스북스, 2003)

Wynne-Edwards, V.(1962). Animal Dispersion in Relation to Social Behaviour. Edinburgh: Oliver and Boyd Ltd.

Zahavi, A.(1975). Mate selection: selection for a handicap. *Journal of Theoretical Biology*, 53, 205~214.

Zuk, M.(2002). *Sexual Selections: What We Can and Can't Learn about Sex from Animals*. Berkeley: University of California Press.

| 찾아보기 |

ㄱ~ㄷ

ㄹ~ㅂ

ㅅ~ㅇ

ㅈ~ㅊ

ㅋ~ㅎ